全国普通高等院校生命科学类“十二五”规划教材

酶　工　程

主　　编　杜翠红　方　俊　刘　越

副 主 编　（以姓氏拼音排序）

胡永红　金黎明　金明飞

林爱华　徐　伟　薛胜平

编写人员　（以姓氏拼音排序）

陈　琛　陕西理工学院

杜翠红　集美大学

方　俊　湖南农业大学

符晨星　湖南农业大学

耿丽晶　辽宁医学院

胡　超　湖南农业大学

胡永红　南京工业大学

金黎明　大连民族学院

金明飞　华东师范大学

林爱华　中南民族大学

刘　越　中央民族大学

徐　伟　聊城大学

薛胜平　河北经贸大学

华中科技大学出版社

中国·武汉

内容简介

本书是全国普通高等院校生命科学类"十二五"规划教材。

本书系统介绍了酶学理论、酶的发酵生产和分离纯化、酶的工业催化过程、新型酶的开发和酶的改性及酶的应用等酶工程所涉及的相关内容。本书共10章,内容主要包括:绪论、酶学基础、酶的生产、酶与细胞的固定化、酶的非水相催化、酶反应器、化学酶工程、生物酶工程、核酸类酶及酶的应用。

本书可作为高等院校生物工程、生物制药、生物技术、生物化工等专业学生的教材和参考书,也可供有关专业教师、科研人员及工程技术人员参考。

图书在版编目(CIP)数据

酶工程/杜翠红,方俊,刘越主编. —武汉:华中科技大学出版社,2014.5 (2022.1 重印)
ISBN 978-7-5609-9695-0

Ⅰ.①酶… Ⅱ.①杜… ②方… ③刘… Ⅲ.①酶工程-高等学校-教材 Ⅳ.①Q814

中国版本图书馆 CIP 数据核字(2014)第 101457 号

酶工程 **杜翠红 方 俊 刘 越 主编**

策划编辑:罗 伟
责任编辑:罗 伟
封面设计:刘 卉
责任校对:李 琴
责任监印:周治超
出版发行:华中科技大学出版社(中国·武汉) 电话:(027)81321913
武汉市东湖新技术开发区华工科技园 邮编:430223
录 排:华中科技大学惠友文印中心
印 刷:武汉邮科印务有限公司
开 本:787mm×1092mm 1/16
印 张:18
字 数:477 千字
版 次:2022 年 1 月第 1 版第 3 次印刷
定 价:58.00 元

全国普通高等院校生命科学类“十二五”规划教材 组编院校

（排名不分先后）

北京理工大学
广西大学
广州大学
哈尔滨工业大学
华东师范大学
重庆邮电大学
滨州学院
河南师范大学
嘉兴学院
武汉轻工大学
长春工业大学
长治学院
常熟理工学院
大连大学
大连工业大学
大连海洋大学
大连民族学院
大庆师范学院
佛山科学技术学院
阜阳师范学院
广东第二师范学院
广东石油化工学院
广西师范大学
贵州师范大学
哈尔滨师范大学
合肥学院
河北大学
河北经贸大学
河北科技大学
河南科技大学
河南科技学院
河南农业大学
菏泽学院
贺州学院
黑龙江八一农垦大学
华中科技大学
华中师范大学
暨南大学
首都师范大学
南京工业大学
湖北大学
湖北第二师范学院
湖北工程学院
湖北工业大学
湖北科技学院
湖北师范学院
湖南农业大学
湖南文理学院
华侨大学
华中科技大学武昌分校
淮北师范大学
淮阴工学院
黄冈师范学院
惠州学院
吉林农业科技学院
集美大学
济南大学
佳木斯大学
江汉大学文理学院
江苏大学
江西科技师范大学
荆楚理工学院
军事经济学院
辽东学院
辽宁医学院
聊城大学
聊城大学东昌学院
牡丹江师范学院
内蒙古民族大学
仲恺农业工程学院
云南大学
西北农林科技大学
中央民族大学
郑州大学
新疆大学
青岛科技大学
青岛农业大学
青岛农业大学海都学院
山西农业大学
陕西科技大学
陕西理工学院
上海海洋大学
塔里木大学
唐山师范学院
天津师范大学
天津医科大学
西北民族大学
西南交通大学
新乡医学院
信阳师范学院
延安大学
盐城工学院
云南农业大学
肇庆学院
浙江农林大学
浙江师范大学
浙江树人大学
浙江中医药大学
郑州轻工业学院
中国海洋大学
中南民族大学
重庆工商大学
重庆三峡学院
重庆文理学院

前言

酶工程作为现代生物技术的重要组成部分，它是以研究酶及其应用为主要内容的一门综合性学科，其具有综合性、应用性及发展性等特点。

本书主要是按以下五大模块进行编写的。

第一模块为酶学理论(第 1 至 2 章)。主要介绍酶和酶工程的基本概念、发展历程及酶学基础知识。

第二模块为酶的生产(第 3 章)。主要包括酶的发酵生产、酶的分离纯化和酶制剂的制备及典型酶制剂的生产实例。

第三模块为酶的工业催化过程(第 4 至 6 章)。为了使酶能够更好地应用于大规模工业化催化过程，一方面需要将酶或含酶细胞进行固定化，以提高其稳定性和重复利用性(第 4 章)；另一方面可以通过改善酶催化的反应体系(如采用非水相介质)，以改善酶的催化特性及扩展其使用范围(第 5 章)，同时设计合理的酶催化反应器，以最大限度地提高酶的催化效率及优化其催化过程(第 6 章)。

第四模块为酶的改性及新型酶的开发(第 7 至 9 章)。主要包括化学酶工程(第 7 章)、生物酶工程(第 8 章)及核酸类酶(第 9 章)。其中，化学酶工程一方面对天然酶进行化学修饰以改善其催化性能，另一方面可根据人们的实际需要设计和合成一些人工酶，从而获得自然界中不存在的新型酶；生物酶工程主要介绍基因工程技术在酶工程中的应用，包括酶分子的基因克隆与重组表达、酶分子的改造(酶的定点突变及其定向进化)、抗体酶及杂合酶等；另外，在 20 世纪 80 年代，人们发现酶的化学本质除了蛋白质以外，有些核酸或脱氧核酸也具有酶的催化功能，其作为一种新型的酶类也越来越受到人们的关注。

第五模块为酶的应用(第 10 章)。主要包括酶在医药、食品、轻工、化工、能源及环保方面的应用。

本书作为全国普通高等院校生命科学类“十二五”规划教材，在编写过程中主要体现了以下三个特点。

(1)通俗性。在教材编写过程中力求将深奥难懂的抽象概念进行通俗化，尽量列举一些与日常生活密切相关的例子，采用比对或比喻的方式使其更易被学生所理解，尽量避免一些复杂的理论公式的推导。

(2)应用性。酶工程作为生物工程、生物化工、生物制药等专业的主修专业课之一，主要是以工科专业的学生为主，因此，在本书的编写过程中充分体现了工科特色，具有较强的应用性。在编写过程中各位编写人员结合了其所在课题组的科研工作，列举了一些具体的应用实例，从而达到理论与实践相结合的目的。

(3)前沿性。酶工程作为现代生物技术的重要组成部分，近年来，随着现代生物技术的快速发展，酶工程技术也在不断更新，有关新型酶及酶工程的科研成果层出不穷。因此，在本书编写过程中尽量结合近几年国内外发表的高层次的学术论文，将其研究成果融入到本书中，体现出本书的先进性和前沿性，以提高学生的学习兴趣和培养学生的创新能力。

本书的第 1 章由方俊编写；第 2 章由金黎明和刘越编写；第 3 章由徐伟和金明飞编写；第 4 章由胡永红编写；第 5 章由陈琛编写；第 6 章由耿丽晶编写；第 7 章由林爱华编写；第 8 章和第 9 章由杜翠红编写；第 10 章由薛胜平和胡超编写；附录由符晨星编写。

由于编者水平有限，书中难免存在不足之处，真诚希望得到广大读者的批评指正。

杜翠红

目录

第1章 绪论

1.1 酶概念的形成及其研究历史

早在几千年前我们的祖先就曾有酿酒、制醋、做酱的记载，所有这些，实际上都是酶知识的应用。四千多年前的夏禹时代酿酒已盛行，酒是酵母发酵的产物，是细胞内酶作用的结果。约3000年前，周朝就有人利用麦曲含有的淀粉酶将淀粉降解为麦芽糖，制造了饴糖。2500年前，人们就懂得用曲来治疗消化不良等疾病，曲富含酶和维生素，至今仍是常用健胃药。当时漆也已被广为利用，那时所用的漆是漆树的树脂被漆酶作用的氧化产物。

酶的发现来源于人们对发酵机理的逐渐了解。早在18世纪末和19世纪初，人们就认识到食物在胃中被消化，用植物的提取液可以将淀粉转化为糖，但对于其对应的机理则并不了解。真正认识酶的存在和作用是从19世纪30年代开始的，人们对酶的认识经历了一个不断发展、逐步深入的过程。

1833年Payen和Persoz从麦芽的水抽提物中用酒精沉淀得到了一种对热不稳定的活性物质，它可以促进淀粉水解成可溶性糖。他们把这种物质称为淀粉酶制剂(diastase)，其意为"分离"，表示可从淀粉中分离出可溶性糖来。虽然现在已知他们当时得到的是一种很粗的淀粉酶制剂，但是由于他们采用了最简单的抽提、沉淀等提纯方法，得到了一个无细胞制剂，并指出了它的催化特性和不稳定性，至少开始触及了酶的一些本质问题，所以有人认为Payen和Persoz首先发现了酶。

到了19世纪中叶，法国科学家Pasteur对蔗糖转化为酒精的发酵过程进行了研究，认为在酵母细胞中存在一种活力物质，命名为"酵素"(ferment)。1878年，德国生理学家Kunne首次提出了"酶"(enzyme)这一概念，"enzyme"这个词来自希腊文，意思是"在酵母中"。随后，酶被用于专指胃蛋白酶等一类非活体物质，而酵素(ferment)则指由活体细胞产生的催化活性物质。

1896年德国学者Buchner兄弟发现了用石英砂磨碎的酵母细胞或无细胞滤液能和酵母细胞一样将葡萄糖转化成酒精，说明了上述化学变化是由溶解于细胞液中的酶引起的。此项发现促进了酶的分离和对其理化性质的探讨，也促进了对有关各种生命过程中酶系统的研究。一般认为酶学研究始于1896年Buchner的发现。这一贡献打开了通向现代酶学与现代生物化学的大门，其本人也因"发现无细胞发酵及相应的生化研究"而获得了1907年度的诺贝尔化学奖，在此之后，酶和酵素两个概念合二为一。

进入20世纪，酶学得到了迅速发展，发现了更多的酶，并注意到某些酶的作用需要有低分子物质(辅酶)参与。其中,最重要的研究成果是 Michaelis Menton 总结了前人工作,根据中间产物学说于 1913 年提出了酶促反应动力学原理——米氏学说。这一学说的提出,对酶反应机理的研究是一个重要突破。

1926 年,美国生物化学家 Sumner 完成了一个决定性的实验。他首次从刀豆中分离纯化得到尿素酶结晶(这是第一个酶结晶),并证明了尿素酶的化学本质是蛋白质,由此提出了酶本身就是一种蛋白质,但这个观点直到若干年后获得了胃蛋白酶、胰凝乳蛋白酶、胰蛋白酶等结晶后才被普遍接受,而 Sumner 也因此获得了 1946 年度的诺贝尔化学奖。

1982 年 Cech 小组发现,四膜虫的 rRNA 前体能在完全没有蛋白质的情况下进行自我加工,催化得到成熟的 rRNA 产物,由此说明 RNA 具有生物催化功能,并提出了酶并不一定是蛋白质的问题。1983 年,Altman 等也发现核糖核酸酶 P(RNase P)的 RNA 部分 M1RNA 具有催化活性,而该酶的蛋白质部分 C5 蛋白却没有酶活性。1986 年,Cech 将这类具有生物催化功能的 RNA 正式定义为核酶(ribozyme,Rz),它与核糖核酸酶(ribonuclease,RNase)是两个完全不同的概念。核酶的发现,从根本上推翻了以往只有蛋白质才具有催化功能的观念,使"酶"的化学本质得到了扩展。基于 Cech 和 Altman 的创造性工作,二位共同获得了 1989 年度的诺贝尔化学奖。

此后 20 多年,新发现的核酶越来越多。此外,由于 DNA 与 RNA 具有相似的结构特点,人们便设想是否存在具有催化功能的 DNA 分子。1994 年,Breaker 等利用体外选择技术首次发现了切割 RNA 的单链 DNA 分子,并将其命名为脱氧核酶(deoxyribozyme,DRz)。脱氧核酶的发现进一步延伸了酶的概念。由此引出"酶是具有生物催化功能的生物大分子(蛋白质或核酸类物质)"的新概念。

1.2 酶工程及其发展历程

1.2.1 酶工程的基本概念

简而言之,酶工程就是酶的生产与应用的技术过程。酶工程是将酶或者微生物细胞、动植物细胞及细胞器等在一定的生物反应装置中,利用酶所具有的生物催化功能,借助工程手段将相应的原料转化成有用物质并应用于社会生活的一门科学技术。它包括酶的生产、酶的改性、酶生物反应器及酶的应用等方面的内容。其中,酶的生产包括酶的产生和分离纯化,它是酶应用的前提;酶生物反应器是酶发挥其生物催化功能的主要场所;酶的应用是酶工程的最终目标,目前主要集中于食品工业、轻工业、医药工业及环保等方面。在酶的生产和应用过程中,人们发现天然酶具有一些缺陷(如稳定性差、酶的分离纯化工艺复杂及不可重复利用等),因此,有必要对酶进行改性(如酶的固定化、酶的非水相催化体系的建立、酶的分子修饰及酶的定向进化等),以促进酶的优质生产和高效应用。

1.2.2 酶工程的发展历程

酶的应用研究促进了酶工程的形成。1894 年,日本的高峰让吉用米曲霉制备得到淀粉酶,开创了酶技术走向商业化的先例。1908 年,德国的 Rohm 用动物胰脏制得胰蛋白酶,用于皮革的软化及洗涤。1908年，法国的Boidin制备得到细菌淀粉酶，用于纺织品的退浆。1911年，Warlerstein从木瓜中获得木瓜蛋白酶，用于啤酒的澄清。1917年，法国人将枯草杆菌产生的淀粉酶用作纺织工业上的退浆剂。此后，酶的生产和应用逐步发展。然而在该阶段，酶工程仍停留在从微生物、动物或植物中提取天然酶，并加以利用阶段。但由于天然酶在生物体内含量很低，而且当时生产力落后，使酶的生产工艺较繁杂，酶制剂的生产成本较高，难以进行大规模工业化生产。

1949年，日本采用深层培养法生产α-淀粉酶获得成功，酶制剂的生产和应用进入工业化阶段。1959年，葡萄糖淀粉酶催化淀粉生产葡萄糖新工艺研究成功，彻底革除了原来葡萄糖生产中需要高温高压的酸水解工艺，并使淀粉得糖率从80%上升为100%，致使日本在1960年葡萄糖产量猛增10倍。这项新工艺改革的成功，大大地促进了酶在工业上的应用。1960年，法国科学家Jacob和Monod提出的操纵子学说，阐明了酶生物合成的调节机制，使酶的生物合成可以按照人们的意愿加以调控。在酶的发酵生产中，依据操纵子学说，通过酶的诱导和解除阻遏等调节控制，可显著提高酶的产量。从此，酶的大量生产和优质利用得到快速发展。

然而，在酶的生产和应用过程中，人们注意到酶的一些不足之处，如稳定性差、对强酸碱敏感、分离纯化困难及不可重复利用等。解决的方法之一就是对酶进行固定化，以提高其稳定性和可重复使用性。采用各种方法，将酶与水不溶性的载体结合，制备固定化酶的过程称为酶的固定化。1916年，Nelson和Griffin发现蔗糖酶吸附到骨炭上仍具催化活性，从此，出现了酶的固定化技术。1969年，日本千佃一郎首次在工业规模上用固定化氨基酰化酶拆分DL-氨基酸生产L-氨基酸。1971年，第一届国际酶工程会议在美国Hennileer召开，会议的主题是固定化酶。此后，固定化天冬氨酸酶合成L-天冬氨酸、固定化葡萄异构酶生产高果糖浆等的工业化生产取得成功。同时根据酶反应动力学理论，运用化学工程成果建立了多种类型的酶反应器，在此基础上逐渐形成了酶工程。

在固定化酶的基础上又逐渐发展了固定化细胞技术。20世纪70年代开始，大规模开展的微生物和动植物细胞的固定化、酶与辅酶共固定化等研究，使固定化酶的概念进一步扩展为“固定化生物催化剂”。从此，后来居上的固定化细胞技术在实际应用方面已大大超过固定化酶。在工业应用方面，利用固定化酵母细胞发酵生产酒精、啤酒的研究引人注目。日本Toshio Onaka等用海藻酸钙凝胶包埋酵母细胞，可在一天内获得质量优良的啤酒。法国Corriell等将酵母细胞固定在聚氯乙烯碎片和多孔砖等载体上进行啤酒发酵中型试验，可连续运转8个月。中国上海市工业微生物研究所等单位也从20世纪70年代后期进行过类似的研究工作，用固定化酵母发酵啤酒的规模不断扩大，已正式投入大规模生产。

以往对微生物细胞的固定化多集中在细菌和酵母。然而，很多具有工业生产价值的代谢产物(如酶、抗生素、有机酸和甾体化合物等)都是由丝状真菌生产的。目前用于固定丝状真菌的方法主要是吸附法和包埋法。但包埋法由于限制了足够的氧气供给细胞，使固定化丝状真菌生产代谢产物的效率非常低。另外，许多具有药用价值的细胞因子大多存在于动植物细胞中。1984年，瑞典Mosbach等提出一种利用高分子聚合物包埋各种细胞的通用的固定化方法，能固定细菌、酵母、动植物细胞及人工组建的细胞，生产各种代谢产物或细胞因子。如利用琼脂糖凝胶分别包埋杂交瘤细胞LSP21和淋巴细胞MLA144生产单克隆抗体和白细胞介素，从而使细胞固定化技术的应用范围得到扩展。有关藻类等各种植物细胞和原生动物等各种动物细胞固定化研究也十分活跃。1980年，Lim和Sun报道，用海藻酸钙包埋胰岛细胞可用于大白鼠糖尿病的治疗研究。

20世纪70年代后期以来，由于微生物学、遗传工程及细胞工程的发展为酶工程进一步向纵深发展带来勃勃生机，从酶的制备方法、酶的应用范围到后处理工艺都受到巨大冲击。尽管目前已发现和鉴定的酶有8 000多种，但大规模生产和应用的商品酶只有数十种。自然酶在工业应用上受到限制的原因主要有：①大多数酶脱离其生理环境后极不稳定，而酶在生产和应用过程中的条件往往与其生理环境相去甚远；②酶的分离纯化工艺复杂，使酶制剂生产成本较高。因此，根据研究和解决上述问题的手段不同把酶工程分为化学酶工程和生物酶工程。前者是指自然酶、化学修饰酶、固定化酶及化学人工酶的研究和应用；后者则是酶学和以基因重组技术为主的现代分子生物学技术相结合的产物，主要包括3个方面：①利用基因工程技术大量生产酶（克隆酶）；②修饰酶基因产生遗传修饰酶（突变酶）；③设计新的酶基因合成自然界不存在的新酶。1980年，Wagner等报道，将大肠杆菌ACTT11105的青霉素酰化酶基因克隆到质粒上，获得产酶活力更高的大肠杆菌5K(PHM12)杂交株，并将此大肠杆菌杂交株固定，用于生产青霉素酰化酶，这是基因工程与酶工程相结合的第一例。在第7届国际酶工程会议上，以酶分子改造和修饰为主要内容的提高酶稳定性的研究占较大比例，它与基因工程的应用、活细胞的固定化一起，成为1983年国际酶工程会议最为活跃的三大领域。通常将改变酶蛋白一级结构的过程称为改造，而将酶蛋白侧链基团的共价变化称为修饰。酶分子经加工改造后，可导致有利于应用的许多重要性质与功能的变化。如美国Davis等还利用蛋白质侧链基团的修饰作用，研究降低或解除异体蛋白的抗原性及免疫原性。如以聚乙二醇修饰治疗白血病的特效药L-天冬酰胺酶，使其抗原性完全解除。

此外，在酶工程研究中，与酶分子本身不直接有关的两项重要内容是酶生物反应器和酶抑制剂的研究，但其与酶的应用直接相关。其中，酶生物反应器往往可以提高催化效率、简化工艺，从而增加经济效益。在固定化技术的基础上，已进一步研制出酶电极、酶膜反应器、免疫传感器及多酶反应器等新技术，这些在化学分析、临床诊断与工业生产过程的监测等方面成为很有价值的应用技术。而酶抑制剂，尤其是微生物来源的酶抑制剂多是重要抗生素。酶抑制剂还可在代谢控制、生物农药、生物除草剂等方面发挥特殊作用，其低毒性备受人们欢迎。酶抑制剂的开发已受到国际产业部门的重视，从酶工程的进展和动态中可以预料，今后将会出现一批基因工程表达的酶抑制剂。而利用酶与酶抑制剂之间的生物亲和作用，亲和层析技术将会广泛应用于酶或酶抑制剂的分离纯化中。同时，基因工程重组表达技术使酶抑制剂的分子改造与修饰成为可能，从而使异体酶的抗原性得到解决。另外，在酶活性的控制方面，酶抑制剂与激活剂仍将受到极大重视，并在临床及工农业生产中发挥重要作用。在化学合成工业中，酶法生产将有重大贡献，模拟酶、突变酶、抗体酶、杂交酶将成为活跃的研究领域。非水系统酶反应技术（反向胶团中的酶促反应，有机溶剂中的酶反应）也仍将是研究热点之一。

1.3 现代酶工程的发展趋势

当前人类社会面临着医疗、环境、能源的压力，可持续发展成为全世界高度关注的问题。酶在制药、食品、纺织、洗涤用品等行业有着广泛深入的用途，已经发展成为全球性的酶工程产业。一方面，随着人们对酶生物合成、结构与催化分子机理的深入了解和现代生物技术的长足进展，酶学与酶工程领域的研究也得到了迅速发展，酶工程在研究内容和手段上与生物物理、基因工程、蛋白质工程、细胞工程、发酵工程等学科相互交融，形成了现代酶工程；另一方面，由于在工农业生产、生物能源、环境保护与治理、人类健康方面的重大需求,酶工程研究将迎来快速发展的大好时机。“十一五”以来,我国科研投入的力度显著加大,重塑我国酶工程的自主创新能力已具备客观条件,近年来我国在酶工程研究方面取得了较大进步,目前已研究开发了多种较成熟的工业酶制剂。其中,已获批的食品加工助剂用酶制剂达 50 余种;饲料用酶和纺织用酶近几年快速增长;生物能源用酶、石油开采用酶和造纸用酶正在发展。

合成生物学是现代酶工程应用研究的热点之一。其基本原理是在对自然生物体系了解的基础上,将系统生物学理论与酶工程技术相结合,通过对不同代谢途径的关键酶进行合理组合,理性设计人工生物体系,打破自然进化的限制,使重要医药、能源、精细化工产品在人为设计的生物体系中高效合成;其核心内容就是利用酶来高效转化各种物质,需要在基因组水平、转录水平、翻译与翻译后修饰水平等不同层次,通过代谢途径的调控和不同途径的协同对酶的活性进行精确控制,从而高效转化和生产所需要的目标产物。由于人工合成体系大多由酶分子组装而成,但酶在异源宿主体系中常常出现表达量低、功能丧失及对非天然底物作用力差等弱点,因此,有必要利用酶分子进化理论和技术对关键催化元件进行设计、改造与组装,最终实现合成生物学所期望的“订制”生物元件功能的目标。正因为如此,合成生物学的兴起给酶工程研究带来了新的机遇与挑战。一方面,酶工程研究从单个酶的结构、功能与调控的研究,转变为在代谢途径,甚至细胞水平上的系统研究;另一方面,在酶工程的应用方面也正经历着从单个或几个酶的酶促降解或转化,到不同酶促反应过程的组合与协同。2010 年,由美国文特研究所克雷格·文特(Craig Venter)带领的研究小组通过人工合成的方法成功创造了一个新的、具有生存能力的细菌物种。该研究是合成生物学的突破性进展,为创造可用于生产药物、生物燃料、化工原料等的人工合成细胞奠定了基础;同时也在全球范围内掀起了合成生物学研究的热潮,甚至还有人乐观地估计,到 2015 年将有 1/5 的化学工业可以依赖合成生物学。

如今已进入后基因组时代,全世界投入大量资金和人力获得了海量的生物信息数据,并且供大家免费使用,这就为我们设计和合成新颖独特的工业用酶,用于高效而廉价合成精细及大宗化学品,提供了非常宝贵的资源和千载难逢的机遇。通过应用多学科交叉技术,基于计算机辅助设计、半理性设计及定向进化等策略,揭示了酶分子作用机制,从不同结构层次解析了蛋白质功能进化的模块性;通过对多种酶的催化活性、底物特异性、热稳定性等进行分子改造,拓展了酶序列空间。研究表明,通过酶分子进化理论和技术创新获得高效酶催化元件的新模式,即从被动的微生物酶基因筛选,发展为主动的新功能酶理性设计,提升新功能酶的产生速度,将极大地促进合成生物学领域的发展。同时,应用非培养技术寻找新酶也成为一个热点。相信随着酶学与酶工程的深入研究,以及人们对酶生物合成机理的系统而深入的了解,酶工程将在工农业生产、生物能源、环境保护与治理、人类健康方面满足人类社会的需求。

1.4 酶工程在生物工程中的重要地位

生物工程学(biotechnology)也称生物技术或生物工艺学,是 20 世纪 70 年代在分子生物学和细胞生物学基础上发展起来的一个新兴技术领域。酶工程(enzyme engineering)是生物工程的主要内容之一,是随着酶学研究迅速发展,特别是酶的应用推广使酶学和工程学相互渗透结合,发展而成的一门新的技术科学,也是酶学、微生物学的基本原理与化学工程有机结合而产生的边缘科学技术。酶工程是从应用的目的出发研究酶，是在一定生物反应装置中利用酶的催化性质，将相应原料转化成有用物质的技术，是生物工程的重要组成部分。它和发酵工程、细胞工程、基因工程、蛋白质工程等是相互依存、相互促进的。目前大量生产的酶都是由发酵法生产的产品，酶生产菌种的改良离不开细胞工程和基因工程技术，天然酶催化性能优化的重要手段也要利用基因工程技术，抗体酶的研制开发需要利用细胞工程技术（单克隆抗体技术），许多工程酶的研制开发都要利用蛋白质工程技术去完成。而在基因工程、蛋白质工程、细胞工程和发酵工程中，都要用酶和各种各样的工具酶以及生产用的酶制剂。可以说，没有基因工程工具酶，就没有基因工程和蛋白质工程。

1.5 酶工程对国民经济发展的重要意义

生物技术产业化经历了三个浪潮，即医药生物技术、农业生物技术和工业生物技术。工业生物技术产业的核心是工业生物催化，其主要包括酶的发现、酶的优化和酶催化三个技术平台。世界经济合作与发展组织（Organization for Economic Co-operation and Development，OECD）指出“生物催化技术是工业可持续发展最有希望的技术”。欧、美、日已经不同程度地制定出今后几十年内用生物工程取代化学工程的战略计划。美国政府报告指出，到2020年，通过生物催化技术，实现化学工业的原料、水资源及能量的消耗降低30%，同时酶的发现与获得被列为生物催化与生物转化的重要课题。

现在已知的酶有几千种，但是还远远不能满足人们对酶日益增长的需要。随着科技的发展，人们正在发现更多、更好的酶。其中，引人注目的有核酸类酶、抗体酶、端粒酶、糖生物学和糖基转移酶以及极端环境微生物和不可培养微生物的新酶种。此外，新的固定化、分子修饰和非水相催化等技术越来越受到人们关注。伴随着人类基因组计划取得的巨大成果，基因组学和蛋白质组学的诞生，生物信息学的兴起，以及DNA重组技术的发展，预期在不久的将来，众多新酶的出现将使酶的应用达到前所未有的广度和深度。可以预计，随着各种高新技术的广泛应用及酶工程研究工作的不断深入，酶工程研究和酶制剂工业必将取得更快、更大的发展。利用酶工程，逐步以生物可再生资源取代石化能源为原料，大规模生产所需要的化学品、医药、能源、材料等，是解决能源及环境危机的有效手段，是我国实现21世纪化工行业生产方式变更，产品结构调整与新型清洁高效工业制造的有力保证，也是我国实现可持续发展和21世纪建设全面小康社会的有力保证。

可以相信，将来人们不仅可以构造出各种性能优异的人工合成酶和模拟酶，而且可以采用生物学方法在生物体外构造出性能优良的产酶工程菌为生产和生活服务，酶工程技术必将在工业、医药、农业、化学分析、环境保护、能源开发和生命科学理论研究等各个方面发挥越来越大的作用，为国民经济可持续发展做出更大贡献。

（本章内容由方俊编写、胡永红初审、杜翠红审核）

思考题

1. 简述酶概念的形成过程。

2. 何谓酶工程？

3. 自然酶在工业应用上受限的主要原因是什么？

参考文献

[1] 查宝萍，郑联合，王莉，等. 固定化脂肪酶催化椰子油制备月桂酸单甘油酯[J]. 中国油脂，2013，38(11)：64-67.

[2] 陈国强. 合成生物学专刊序言[J]. 生物工程学报，2013，29(8)：1041-1043.

[3] 陈宁，王健. 酶工程[M]. 北京：中国轻工业出版社，2011.

[4] 陈守文. 酶工程[M]. 北京：科学出版社，2008.

[5] 郭勇. 酶工程原理与技术[M]. 北京：高等教育出版社，2005.

[6] 郭勇. 酶工程[M]. 北京：科学出版社，2009.

[7] 黄璐琦，高伟，周雍进. 合成生物学在中药资源可持续利用研究中的应用[J]. 药学学报，2014，49(1)：37-43.

[8] 金城. 酶工程专刊序言[J]. 生物工程学报，2012，28(4)：391-392.

[9] 居乃琥. 酶工程手册[M]. 北京：中国轻工业出版社，2011.

[10] 罗贵民. 酶工程[M]. 北京：化学工业出版社，2003.

[11] 孙君社. 酶与酶工程及其应用[M]. 北京：化学工业出版社，2006.

[12] 施巧琴. 酶工程[M]. 北京：科学出版社，2005.

[13] 王方，王慧媛，陈大明，等. 合成生物学发展的情报分析[J]. 生命的化学，2013，33(2)：19-25.

[14] 汪海林. 蛋白质的同时双重标记[J]. 色谱，2013，32(12)：1141-1142.

[15] 吴士筠，周岿，张凡. 酶工程技术[M]. 武汉：华中师范大学出版社，2009.

[16] 禹邦超，胡耀星. 酶工程[M]. 2 版. 武汉：华中师范大学出版社，2007.

[17] 由德林. 酶工程原理[M]. 北京：科学出版社，2011.

[18] 袁勤生，赵健. 酶与酶工程[M]. 上海：华东理工大学出版社，2005.

[19] 周晓云. 酶学原理与酶工程[M]. 北京：中国轻工业出版社，2005.

第2章 酶学基础

【本章要点】

本章主要讲述酶的分类命名、化学本质、分子组成特点、催化反应原理、反应动力学及酶活力的测定。重点讲述酶的催化机理和酶反应动力学，特别是各种可逆抑制作用的动力学特征，需要了解酶活力的定义及测定的方法。

2.1 酶的分类与命名

目前酶的种类已达几千种，随着生物化学、分子生物学等生命科学的发展，还会发现更多的酶，为了准确识别某一种酶，避免发生混乱和误解，要求每一种酶都有准确的名称和明确的分类。

2.1.1 酶的分类

1. 按酶的化学本质分类

按照化学本质的不同，酶可以分为两大类：一类主要由蛋白质组成的酶，称为蛋白类酶（P酶）；另一类主要由核酸类物质（包括 RNA 和 DNA）组成的酶，称为核酸类酶（R 酶）。

2. 按酶催化反应类型分类

（1）蛋白类酶的分类　蛋白类酶的分类一开始较为混乱，1961 年，由国际生物化学联合会（International Union of Biochemistry，IUB）中的酶学委员会（Enzyme Commission，EC）公布了酶的命名法（enzyme nomenclature）及其分类的报告。1972 年、1978 年和 1984 年又三次作了修改、补充，这一系统现在已得到国际上普遍认同。主要是根据目前已知的约 3 000 种酶催化的反应类型和作用的底物，将酶分为六大类（表 2-1）。每个酶的编号用三个圆点隔开的数字表示，编号前冠以 EC（酶学委员会）的缩写符号。

编号的第一个数字表示这个酶属于哪一大类。

编号的第二个数字表示在此类以下的大组。对于氧化还原酶类来说，这个数字表示氧化反应供体基团的类型；转移酶类表示被转移基团的性质；水解酶类表示被水解键的类型；裂解酶类表示被裂解键的类型；异构酶类表示异构作用的类型；连接酶类表示生成键的类型。

第三个数字表示大组下面的小组，各个数字在不同类别、不同大组中都有不同的含义。

第四个数字是小组中各种酶的流水编号。

表 2-1　酶的国际分类

第一个数字	酶的分类	催化反应类型		实　例
1	氧化还原酶类	氧化还原反应	$A^- + B \longrightarrow A + B^-$	醇脱氢酶
2	转移酶类	在两个分子间转移了一个原子或基团(包括在其他大类的反应除外)	$A-B+C \longrightarrow A+B-C$	己糖激酶
3	水解酶类	水解反应	$A-B+H_2O \longrightarrow A-H+B-OH$	胰蛋白酶
4	裂解(合)酶类	从底物上移去一个基团(不通过水解作用)	$\underset{X}{A}-\underset{Y}{B} \longrightarrow A{=}B+X-Y$	丙酮酸脱羧酶
5	异构酶类	异构化反应	$\underset{X}{A}-\underset{Y}{B} \longrightarrow \underset{Y}{A}-\underset{X}{B}$	顺丁烯二酸异构酶
6	连接酶类	两个分子合成一种物质并与核苷三磷酸的焦磷酸键分解相偶联	$A+B \longrightarrow A-B$	丙酮酸羧化酶

酶的分类和编号简单说明如下：

①氧化还原酶类(oxidoreductases)：指催化底物进行氧化还原反应的酶类，在体内参与产能、解毒和某些生理活性物质的合成。例如，乳酸脱氢酶、琥珀酸脱氢酶、细胞色素氧化酶、过氧化氢酶等。氧化还原酶类包括氧化酶(转移 H 到 O_2)和脱氢酶(转移 H 到另一个受体，不是 O_2)。

②转移酶类(transferases)：指催化底物之间进行某些基团的转移或交换的酶类，在体内将某基团从一个化合物转移到另一个化合物，参与核酸、蛋白质、糖及脂肪的代谢和合成。重要的转移酶类有一碳基转移酶、酮醛基转移酶、酰基转移酶、糖苷基转移酶、含氮基转移酶、磷酸基转移酶、含硫基团转移酶等。

转移酶类催化的反应：$A-X+B \rightleftharpoons B-X+A$，但氧化还原酶除外。

③水解酶类(hydrolases)：指催化底物发生水解反应的酶类。水解酶在体内、外起降解作用，也是人类应用最广的酶类。重要的水解酶有各种脂肪酶、糖苷酶、肽酶等，水解酶一般不需要辅酶。

水解酶类催化的反应：$A-X+H-OH \rightleftharpoons X-OH+A-H$。

④裂解酶类(lyases)：指催化一个底物分解为两个化合物或两个化合物合成为一个化合物的酶类，这类酶可脱去底物上的某一基团而留下双键，或可相反地在双键处加入某一基团。它们分别催化 C—C、C—O、C—N、C—S、C—X(F,Cl,Br,I)和 P—O 键，例如柠檬酸合成酶、醛缩酶等。

⑤异构酶类(isomerases)：指催化各种同分异构体之间相互转化的酶类。例如，磷酸丙糖异构酶、消旋酶等。此类酶为生物代谢需要而对某些物质进行分子异构化，分别进行外消旋、差向异构、顺反异构、醛酮异构、分子内转移、分子内裂解等。

⑥连接酶类(ligases)：指催化两分子底物合成为一分子化合物，同时还必须偶联有 ATP 的磷酸键断裂的酶类，有的还需金属离子辅助因子，分别形成 C—O 键(与蛋白质合成有关)、C—S 键(与脂肪酸合成有关)、C—C 键和磷酸酯键。例如，谷氨酰胺合成酶、氨基酸、tRNA 连接酶等。

(2)核酸类酶的分类　对于核酸类酶(R 酶)来说,根据酶催化反应的类型,可分为分子内催化 R 酶和分子间催化 R 酶,根据作用方式将 R 酶分为 3 类:剪切酶、剪接酶和多功能酶。现将 R 酶的初步分类简介如下。

①分子内催化 R 酶:分子内催化的 R 酶是指催化本身 RNA 分子进行反应的一类核酸类酶,这类酶是最早发现的 R 酶。该大类酶均为 RNA 前体。由于这类酶是催化本身 RNA 分子反应,所以冠以"自我"(self)字样。根据酶所催化的反应类型,可以将该大类酶分为自我剪切和自我剪接两个亚类。

a. 自我剪切酶(self-cleavage ribozyme)。自我剪切酶是指催化本身 RNA 进行剪切反应的 R 酶。具有自我剪切功能的 R 酶是 RNA 的前体。它可以在一定条件下催化本身 RNA 进行剪切反应,使 RNA 前体生成成熟的 RNA 分子和另一个 RNA 片段。

b. 自我剪接酶(self-splicing ribozyme)。自我剪接酶是在一定条件下催化本身 RNA 分子同时进行剪切和连接反应的 R 酶。自我剪接酶都是 RNA 前体。它可以同时催化 RNA 前体本身的剪切和连接两种类型的反应。根据其结构特点和催化特性的不同,该亚类分为两个小类,即含Ⅰ型间隔序列(intervening sequence,IVS)的 R 酶和含Ⅱ型 IVS 的 R 酶。

②分子间催化 R 酶:分子间催化 R 酶是催化其他分子进行反应的核酸类酶。根据所作用的底物分子的不同,可以分为若干亚类。

a. 作用于其他 RNA 分子的 R 酶。该亚类的酶可催化其他 RNA 分子进行反应。根据反应的类型不同,可以分为若干小类,如 RNA 剪切酶、多功能 R 酶等。

b. 作用于 DNA 的 R 酶。该亚类的酶是催化 DNA 分子进行反应的 R 酶。1990 年,发现核酸类酶除了以 RNA 为底物外,有些 R 酶还可以 DNA 为底物,在一定条件下催化 DNA 分子进行剪切反应。据目前所知的资料,该亚类 R 酶只有 DNA 剪切酶一个小类。

c. 作用于多糖的 R 酶。该亚类的酶是能够催化多糖分子进行反应的核酸类酶。兔肌 1,4-α-D-葡聚糖分支酶[EC 2.4.1.18]是一种催化直链葡聚糖转化为支链葡聚糖的糖链转移酶,分子中含有蛋白质和 RNA。其 RNA 组分由 31 个核苷酸组成,单独具有分支酶的催化功能,即该 RNA 可以催化糖链的剪切和连接反应,属于多糖剪接酶。

d. 作用于氨基酸酯的 R 酶。1992 年,发现了以催化氨基酸酯为底物的核酸类酶。该酶同时具有氨基酸酯的剪切作用、氨酰基-tRNA 的连接作用和多肽的剪接作用等功能。

3. 按酶的作用底物分类

在酶工程研究初期,许多酶按照作用底物进行分类。如催化水解淀粉的酶叫淀粉酶,催化水解蛋白质的酶称为蛋白酶。有时还加上来源以区别来源不同的同一类酶,如胃蛋白酶、胰蛋白酶。

2.1.2　酶的命名

1. 习惯命名法

许多酶是由它的底物名称加上后缀"-ase"命名的。因此,脲酶(urease)是催化尿素(urea)水解的酶,果糖-1,6-二磷酸酶(fructose-1,6-diphosphatase)是水解果糖-1,6-二磷酸的酶。然而有些酶的命名并未表示它的底物的名称,如胰蛋白酶和胰凝乳蛋白酶。习惯命名法简单,应用历史长,但缺乏系统性,有时出现一酶数名或一名数酶的现象。

习惯命名法主要有以下几种情况。

(1)采用底物加反应类型而命名　如蛋白水解酶、乳酸脱氢酶、磷酸己糖异构酶等。

(2)依据其催化反应的性质来命名　如水解酶、转氨酶等。

(3)结合(1)和(2)的命名　如琥珀酸脱氢酶、乳酸脱氢酶、磷酸己糖异构酶等。

(4)在底物名称前冠以酶的来源或其他特点命名　如血清谷氨酸-丙酮酸转氨酶、唾液淀粉酶、碱性磷酸酯酶和酸性磷酸酯酶等。

2. 酶学委员会推荐的命名法

由于酶的命名历来相当混乱，为了改变这种情况，酶学委员会推荐采用了一套酶的系统分类命名法。按照这套系统，将酶分为如表 2-1 中所述的六大类，然后再细分。每个酶都有一个系统名和一个推荐的俗名(习惯名)。由系统名可以确定每个酶催化的反应类型和它的分类号，它一般由酶催化的底物名加上该酶所属大类的名称组成。如果是双底物反应，两个底物都列出，中间用一个冒号分开。酶(名)都用“-ase”做后缀。但也有一些例外，这些例外主要是在习惯上已经广泛采用，得到了公认而又不至于引起误解的那些酶的名称。属于肽-肽键水解酶这一小组里的酶，基本上都是采用习惯名称。

按“EC”命名法，如乳酸脱氢酶称为 L-乳酸：NAD^+ 氧化还原酶，其编号为 EC 1. 1. 1. 27。第一个“1”表示氧化还原酶类；第二个“1”表示底物氢的供体基团是 >CH—OH基；第三个“1”表示氢的底物受体是 NAD^+ 或 $NADP^+$；第四个数字“27”表示以 NAD^+ 或 $NADP^+$ 为受体的这一小组酶中的流水编号。

有一些酶由于可催化的反应还没有确定，因而还没有 EC 编号。

酶的分类和命名仅仅基于酶所催化的反应而与酶的来源无关。各种不同物种来源的催化同一反应的酶，其分子的氨基酸顺序、催化机理等可能不同，但系统分类无法区别。如线粒体内膜和肌浆来源的腺苷三磷酸酶(ATPase)，前者转运 H^+ 穿过线粒体内膜，后者却是转运 Ca^+ 穿过肌浆，两者都催化 ATP 水解。又如从人胎盘和马胎盘分离出来的雌二醇脱氢酶，虽然同样催化雌二醇与雌二酮之间的相互转换，但动力学研究发现两者的活性中心结构并不完全相同，这些差异的地方是无法用命名和分类加以区别的。因此，更准确地描述一个酶应进一步指出来源，甚至同工酶的类型。

“EC”规定在有关酶为主要论题的文章里，应该将酶的编号、系统命名和来源在第一次叙述时写出来，以后可以按个人习惯，或者采用习惯名称，或者采用系统命名的名称。

3. 同工酶的命名

同一物种内，可能存在着几种不同形式的催化同一反应的酶，它们之间氨基酸的顺序、某些共价修饰(如丝氨酸羟基的磷酸化)或三维空间结构等可能不同，同工酶仅指由于遗传决定氨基酸顺序不同的酶，而不是指同一氨基酸顺序经修饰的衍生物。如细胞质和线粒体中都存在心肌苹果酸脱氢酶(催化苹果酸氧化为草酰乙酸)，这两种形式的酶称为苹果酸脱氢酶的同工多型酶，也称为同工酶(isoenzyme)。同样，在血清或肌肉抽提物中，有各种形式的乳酸脱氢酶，也是同工酶。由于不同物种(或同一物种在不同的发展进程中)酶的分布会发生变化，因而现在推荐同工酶的分类命名是基于电泳过程中的迁移程度，而不是基于生物组织中的分布。

4. 多酶体系的命名

多酶(multienzymes)是指具有一个以上催化活性的若干种蛋白质。酶学委员会推荐这种多酶应称为一个系统。如含有所有脂肪酸合成的催化体系，称为脂肪酸合成酶系统。由于每一个酶反应的酶都有一个 EC 编号和推荐命名，因而多功能酶在分类系统中具有一个以上的

EC 编号和位置。如催化除去糖原上的 1,6-分支的脱支酶是单一的多肽链,其有两个催化活性:淀粉-1,6-葡萄糖苷酶活性和 4-α-D-葡聚糖转移酶活性,编号分别为 EC 3.2.1.33 和 EC 2.4.1.25。同样,来自大肠杆菌的一种多功能酶,具有高丝氨酸脱氢酶和天冬氨酸激酶活性,编号分别为 EC 1.1.1.3 和 EC 2.7.2.4。

多酶系统命名产生的问题是,有些酶由几条肽链非共价连接而成,每一条肽链各具有一个不同的活性,而有些酶是在一条肽链上存在多个活性位点。如上述两例酶,IUB 推荐的分类命名系统没有进一步描述这些术语。

2.2 酶的组成及结构特点

2.2.1 酶的化学本质

迄今为止,除了某些具有催化活性的 RNA 和 DNA 外,所发现的酶的化学本质均为蛋白质。其主要依据是:①酶的相对分子质量很大:如胃蛋白酶的相对分子质量为 36 000,属于典型的蛋白质相对分子质量的数量级,且酶的水溶液具有亲水胶体的性质。②酶由氨基酸组成:酶经酸碱水解后最终产物为氨基酸。③酶具两性性质:酶同蛋白质一样,在不同 pH 下可解离成不同的离子状态,每种酶都有其特定的等电点。④酶易变性失活:一切可使蛋白质变性的因素均可使酶变性失活。

2.2.2 酶分子组成

蛋白质分为简单蛋白质和结合蛋白质两类。同样,按照化学组成,酶也可分为简单蛋白酶(simple proteinases)和结合蛋白酶(conjugated proteinases)两大类。如脲酶、蛋白酶、淀粉酶、脂肪酶、核糖核酸酶等一般水解酶都属于简单蛋白酶,这些酶的活性仅仅取决于它们的蛋白质结构,酶只由氨基酸组成,此外不含其他成分。而像转氨酶(transaminases)、乳酸脱氢酶(lactate dehydrogenase,LDH)、碳酸酐酶(carbonic anhydrase)及其他氧化还原酶类(oxidoreductases)等均属结合蛋白酶。这些酶除了蛋白质组分外,还含对热稳定的非蛋白小分子物质。前者称为酶蛋白(apoenzyme),后者称为辅助因子(cofactors)。酶蛋白与辅助因子单独存在时,均无催化活力。只有二者结合成完整的分子时,才具有酶活力。此完整的酶分子称为全酶(holoenzyme),即全酶=酶蛋白+辅助因子。许多辅助因子只是简单的离子,例如,Cl^- 是唾液淀粉酶的辅助因子,Mg^{2+} 是参与葡萄糖降解的一些酶的辅助因子,Fe^{2+} 是过氧化物酶等的辅助因子,Cu^{2+} 是细胞色素氧化酶等的辅助因子等,这些离子有把底物和酶结合起来或者使酶分子的构象(conformation)稳定,从而保持其活性的作用,有些离子还是酶促反应时的作用中心;除离子外,有的辅助因子是小分子有机化合物。有时这两者对酶的活性都是需要的,通常将这些小分子有机化合物称为辅酶(coenzymes)或辅基。许多种维生素就是辅酶,如生物素(B 族维生素)就是一种羧化酶的辅酶。辅酶的作用主要是在酶促反应中携带和传递底物的电子、原子或作用基团。这里只将一些重要的辅酶列于表 2-2。表 2-2 中,辅酶Ⅰ和辅酶Ⅱ都含有烟酰胺,而烟酰胺则来自一种水溶性维生素烟酸。FMN 和 FAD 都含有核黄素(维生素 B_2)。辅酶 A 含有另一种维生素泛酸。

表 2-2　辅酶

辅　酶	传　递
烟酰胺腺嘌呤二核苷酸(NAD^+,辅酶Ⅰ)	H 原子(电子)
烟酰胺腺嘌呤二核苷酸磷酸($NADP^+$,辅酶Ⅱ)	H 原子(电子)
黄素单核苷酸(FMN)	H 原子(电子)
黄素腺嘌呤二核苷酸(FAD)	H 原子(电子)
辅酶 Q(CoQ 或 Q)	H 原子(电子)
辅酶 A(CoA)	酰基
生物素(biotin)	羧基(—COOH)

在全酶的催化反应中,酶蛋白与辅助因子所起的作用不同,酶蛋白本身决定酶反应的专一性及高效性,而辅助因子直接作为电子、原子或某些化学基团的载体起传递作用,参与反应并促进整个催化过程。

通常一种酶蛋白只能与一种辅酶结合,组成一个酶,作用一种底物,向着一个方向进行化学反应。而一种辅酶,则可以与若干种酶蛋白结合,组成若干个酶,催化若干种底物发生同一类型的化学反应。如乳酸脱氢酶的酶蛋白,只能与 NAD^+ 结合,组成乳酸脱氢酶,使底物乳酸发生脱氢反应。但可以与 NAD^+ 结合的酶蛋白则有很多种,如乳酸脱氢酶、苹果酸脱氢酶(malate dehydrogenase,MDH)及磷酸甘油脱氢酶(glycerophosphate dehydrogenase,GDH)中都含 NAD^+,能分别催化乳酸、苹果酸及磷酸甘油发生脱氢反应。由此也可看出,酶蛋白决定了反应底物的种类,即决定该酶的专一性,而辅酶(基)决定底物的反应类型。

2.2.3　酶的存在形式

根据蛋白质结构上的特点,酶可以三种形式存在:单体酶、寡聚酶和多酶复合体系。

1. 单体酶

只有一条多肽链的酶称为单体酶(monomeric enzymes),它们不能解离为更小的单位。其相对分子质量为 13 000～35 000。属于这类酶的为数不多,而且大多是促进底物发生水解反应的酶,即水解酶,如溶菌酶、蛋白酶及核糖核酸酶等。

2. 寡聚酶

由几个或多个亚基组成的酶称为寡聚酶(oligomeric enzymes)。寡聚酶中的亚基可以是相同的,也可以是不同的。亚基间以非共价键结合,容易为酸、碱、高浓度的盐或其他的变性剂分离。寡聚酶的相对分子质量从 35 000 到几百万不等。如磷酸化酶 a(phosphorylase a)、乳酸脱氢酶等。

3. 多酶复合体系

由几个酶彼此嵌合形成的复合体称为多酶体系(multienzyme system)。多酶复合体有利于细胞中一系列反应的连续进行,以提高酶的催化效率,同时便于机体对酶的调控。多酶复合体的相对分子质量都在几百万以上。如丙酮酸脱氢酶系(pyruvate dehydrogenase system)和脂肪酸合成酶复合体(fatty acid synthetase complex)都是多酶体系。

2.2.4　酶的结构特征

虽然目前研究表明有些核酸类物质(如有些 RNA 或 DNA 分子)具有催化活性,但绝大部分酶的化学本质是蛋白质，因此酶具有一般蛋白质所具有的结构层次，其中一级结构是指蛋白质氨基酸残基的排列顺序，二级结构是指在一级结构中相近的氨基酸残基由氢键的相互作用而形成的肽链中局部肽段的构象，包括 α-螺旋（α-helix）、β-折叠（β-sheet）、β-转角（β-turn）和无规则卷曲（random coils），这些结构都是完整肽链结构的结构单元，也是蛋白质复杂空间构象的基础。在肽链结构中，两个或几个二级结构单元通过肽键连接起来，进一步组成有特殊的几何排列的局域空间结构。这些局域空间结构称为超二级结构，或简称 Motif。几个或多个超二级结构组成复杂超二级结构后，常常与一些二级结构单元进一步组合，形成紧密的球形结构，称为结构域（structural domain）。三级结构是指肽链中所有肽键和残基（包括侧链）间的相对位置。四级结构是指一些具有特定三级结构的肽链通过共价键形成的大分子体系的组合方式。组成四级结构组分的肽链称为亚基。酶与其他蛋白质的不同之处就在于，酶分子在空间结构上具有特定的有催化功能的区域。研究酶结构的方法主要有 X 射线晶体学，多维核磁共振技术，蛋白质溶液构象的光谱技术，计算机图像分析与分子模拟技术，利用数据库进行蛋白质结构预测等。基因工程技术的发展大大加快了酶结构与功能之间的研究。

具有酶活性的蛋白质都是球蛋白（globin），通常是由几百个氨基酸组成的。其作用的底物大多数为小分子，因此酶分子与底物直接发生作用的仅仅只有一小部分氨基酸侧链。这些与酶催化活性有关的氨基酸侧链称为酶的活性中心。酶的活性中心是指与底物结合并使之反应的区域，一般位于酶分子表面的裂缝或凹槽中，往往是疏水区，可容纳一个或多个小分子底物或大分子底物的一部分。酶的活性中心由结合基团、催化基团组成：结合基团具有与底物结合的作用，催化基团则直接参与催化，可使底物敏感键断裂。结合基团和催化基团属于酶的必需基团。这些功能基团是一些一级结构可能较远，但在空间位置上比较接近的氨基酸残基或基团，辅酶分子或其某一部分也可参与其中。

还有一些属于酶的活性中心以外的基团，对于空间结构的维持，以及酶活性的发挥不可缺少，也属于酶的必需基团。非必需基团虽然对酶活性没有贡献，但它们具有其他的生物学作用，如决定酶的专一性，或参与活性调节、免疫、分子识别等过程。

酶的活性中心区域出现频率较高的氨基酸主要有 Ser、His、Asp、Cys、Tyr、Glu 等。一般来说，不同类型的酶，其活性中心的氨基酸残基序列都有一定的特征，而且同一种类型的酶的活性中心的空间结构非常保守，如丝氨酸蛋白酶家族等。

2.3 酶的催化原理

2.3.1 酶催化反应特点

酶作为生物催化剂，与化学催化剂相比具有显著的特点。主要表现在三个方面，即高催化效率、强专一性及酶活性可以调控。下面将分别论述。

1. 高催化效率

一般催化剂的催化能力比非催化剂高 $10 \sim 10^7$ 倍，而酶的催化能力比一般催化剂高 $10^7 \sim 10^{14}$ 倍。但酶催化反应速度和在相同 pH 及温度条件下非酶催化反应速度的可直接比较的例子很少，这是因为非酶催化的反应速度太低，不易观察。对那些可比较的反应，可发现反应速度大大加快，如乙酰胆碱酯酶接近 10^{13} 倍，丙糖磷酸异构酶为 10^9 倍，分支酸变位酶为 1.9×10^6 倍，四膜虫核酶接近 10^{11} 倍（表 2-3）。酶催化反应的最适条件几乎都为温和的温度和非极端 pH。以固氮酶为例，NH_3 的合成在植物中通常是在 25 ℃和中性条件下由固氮酶催化完成。它是由两个解离的蛋白质组分组成的一个复杂的系统，其中一个含金属铁，另一个含铁和钼，反应需消耗一些 ATP 分子，精确的计量关系还未知，但工业上由氮和氢合成氨时，需在 700～900 K，10～90 MPa 下，还要有铁及其他微量金属氧化物作催化剂才能完全反应。

表 2-3　天然酶催化能力举例

酶	非催化半衰期 $t_{1/2uncat}$	专一性因子 $K_{cat}\cdot K_m^{-1}/(s^{-1}\cdot mol^{-1}\cdot L)$	反应加速倍数 K_{cat}/K_{uncat}
OMP 脱羧酶	7.8×10^7 年	5.6×10^7	1.4×10^{17}
乙酰胆碱酯酶	约 3 年	$>10^8$	约 10^{13}
丙糖磷酸异构酶	1.9 天	2.4×10^8	1.0×10^9
分支酸变位酶	7.4 h	1.1×10^6	1.9×10^6
四膜虫核酶	约 430 年	1.5×10^6	约 10^{11}

注：K_{cat} 为催化反应速度；K_m 为米氏常数；K_{uncat} 为非酶催化反应速度。

2. 强专一性

大多数酶对所作用的底物和催化的反应都是高度专一的。不同的酶专一性程度不同，有些酶专一性很低（键专一性），如肽酶、磷酸（酯）酶、酯酶，可以作用很多底物，只要求化学键相同。例如它们可分别作用肽、磷酸酯、羧酸酯。生物分子降解中常见到低专一性的酶，而在合成中很少见到，这是因为前者是起降解作用，低专一性可能更为经济。具有中等程度专一性的为基团专一性，如己糖激酶可以催化很多己醛糖的磷酸化。大多数酶呈绝对或几乎绝对的专一性，它们只催化一种底物进行快速反应，如脲酶只催化尿素的反应或以很低的速度催化结构非常相似的类似物。

基团专一性和绝对专一性对低相对分子质量的底物来说容易理解。对大分子底物而言，由于酶的活性中心只与大分子的一部分相互作用，因此情形有点不同，限制性核酸内切酶一般可识别 DNA 上 4～6 对碱基，然后切除双链间的磷酸二酯键，一般切成黏性末端。现已知道有 400 多种不同专一性的这类酶，虽然酶对含有合适序列的任何 DNA 分子或片断都能起作用，但每一个酶的活性中心接触底物的特定区域具有绝对的专一性。

酶的另一个显著特点就是催化反应的立体专一性。以 NAD^+ 和 $NADP^+$ 为辅因子的脱氢酶为例，用适当标记的底物做实验，发现脱氢酶催化底物上的氢转移到尼克酰胺环特异的一面，称为 A 型脱氢酶和 B 型脱氢酶（图 2-1）。几乎所有的脱氢酶作用时都需要 NAD^+ 和 $NADP^+$。

对那些已知立体结构的脱氢酶，如肝乙醇脱氢酶、乳酸脱氢酶、甘油醛-3-磷酸脱氢酶，其专一性机制已经研究清楚。在酶催化反应中，还存在潜手性例子，虽然底物本身不具有手性，但反应却是立体专一性的。以延胡索酸水合酶催化延胡索酸生成苹果酸为例，在 ^3H_2O 溶液中，^3H 以立体专一性方式加入到底物上（图 2-2）。

近年来，人们更加认识到酶专一性在蛋白质合成和 DNA 复制时的重要意义。生物体内 DNA 复制的错误率非常低，在聚合核苷酸时，只有 $10^{-10}\sim10^{-8}$ 的错误，转录 DNA 且转译 mRNA 为蛋白质的整个过程中氨基酸的错误率只有 10^{-4}。从结构相似的氨基酸和氨酰-

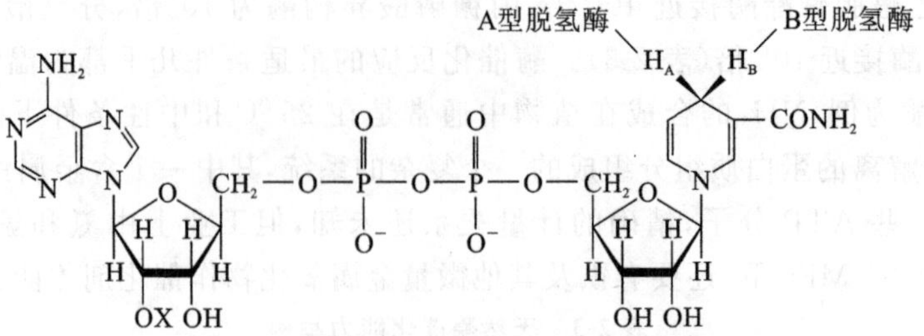

图 2-1　需要 NAD^+ 和 $NADP^+$ 为辅因子的脱氢酶的立体专一性

A 型脱氢酶包括：乙醇脱氢酶（NAD^+），乳酸脱氢酶（NAD^+），苹果酸脱氢酶（NAD^+），莽草酸脱氢酶（$NADP^+$），细胞色素 b_5 还原酶（NAD^+），乙酰载体蛋白还原酶（$NADP^+$）。B 型脱氢酶包括：甘油醛-3-磷酸脱氢酶（NAD^+），3-羟丁酸还原酶（NAD^+），葡萄糖脱氢酶（NAD^+），高丝氨酸脱氢酶（$NADP^+$），甘油-3-磷酸脱氢酶（NAD^+），葡萄糖-6-磷酸脱氢酶（$NADP^+$）

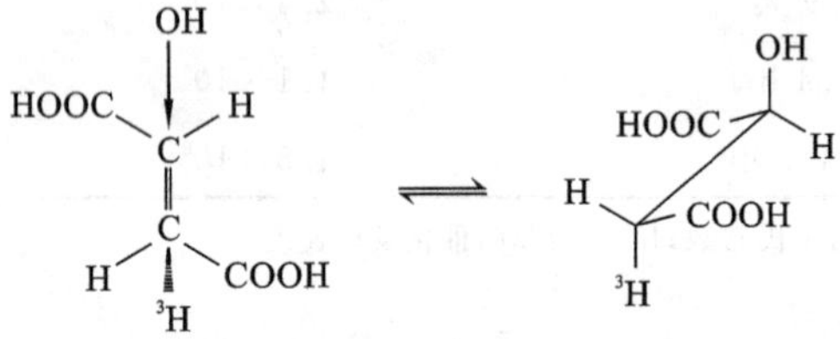

图 2-2　延胡索酸转化为苹果酸时 ^3H 以立体专一性方式进行反应

tRNA 合成酶之间的相互作用的能量差异来看，酶的专一性远比预计的要高，这是由于酶存在着校读功能。这里要简要介绍一下氨酰-tRNA 合成酶作用机制的要点。氨酰-tRNA 合成酶催化的 tRNA 转运过程包括以下两个步骤。

$$\text{氨基酸} + \text{ATP} + \text{酶} \longrightarrow \text{酶-氨酰-AMP} + \text{焦磷酸}$$

$$\text{酶-氨酰-AMP} + \text{tRNA} \longrightarrow \text{氨酰-tRNA} + \text{AMP} + \text{酶}$$

式中，ATP 为腺苷三磷酸，AMP 为腺苷一磷酸。

酶需要识别专一性的氨基酸和 tRNA，后者因分子较大，与酶的接触位点多，因而可准确识别。而氨基酸分子很小，准确选择较难，跟踪反应第一、第二步，发现形成氨酰-腺苷酸中间产物时会发生明显错误，但氨酰-tRNA 合成却不会出错，错误的氨酰-腺苷酸会被水解。有证据表明酶分子上存在着与合成部位不同的校读部位，它可以水解错配的氨基酸。DNA 复制过程也有类似的情形，DNA 聚合酶Ⅲ在校读 DNA 复制时同样具有外切酶的活力，以保证 DNA 准确的复制。

3. 调节性

生命现象表现了它内部反应的有序性。这种有序性是受多方面因素调节和控制的，而酶活性的控制又是代谢调节作用的主要方式。酶活性的调节控制主要有下列 9 种方式。

(1)酶浓度的调节　酶浓度的调节主要有两种方式：一种是诱导或抑制酶的合成，一种是调节酶的降解。例如，在分解代谢中，β-半乳糖苷酶的合成，平时是处于被阻遏状态，当乳糖存在时，抵消了阻遏作用，于是酶受乳糖的诱导而合成。

(2)激素调节　激素调节也和生物合成有关，但调节方式有所不同。如乳糖合成酶有两个亚基，即催化亚基和修饰亚基。催化亚基本身不能合成乳糖，但可以催化半乳糖以共价键的方式连接到蛋白质上形成糖蛋白。修饰亚基和催化亚基结合后，改变了催化亚基的专一性，可以催化半乳糖和葡萄糖反应生成乳糖。修饰亚基的水平是由激素控制的。妊娠时，修饰亚基在乳腺生成，分娩时，由于激素水平急剧的变化，修饰亚基大量合成，它和催化亚基结合，大量合成乳糖。

(3)共价修饰调节　共价修饰这种调节方式本身又是通过酶催化进行的。在一种酶分子上，以共价键结合的方式引入一个基团从而改变它的活性。引入的基团又可以被第三种酶催化除去。例如，磷酸化酶的磷酸化和去磷酸化，大肠杆菌谷氨酰胺合成酶的腺苷酸化和去腺苷酸化就是以这种方式调节它们的活性。

(4)限制性蛋白水解作用于酶活力调控　限制性蛋白水解是一种高特异性的共价修饰调节系统。细胞内合成的新生肽大部分以无活性的前体形式存在，一旦生理需要，才通过限制性水解作用使前体转变为具有生物活性的蛋白质或酶，从而启动和激活以下各种生理功能，如酶原激活、血液凝固、补体激活等。除了参与酶活性调控外，还起着切除、修饰、加工等作用，因而具有重要的生物学意义。

酶原激活是指体内合成的非活化的酶前体，在适当条件下，受到 H^+ 或特异的蛋白酶限制性水解，切去某段肽或断开酶原分子上某个肽键而转变为活性的酶。如胰蛋白酶原在小肠里被其他蛋白水解酶限制性地切去一个六肽，活化为胰蛋白酶。

血液凝固是由体内十几种蛋白质因子参加的级联式酶促激活反应，其中大部分为蛋白水解酶。在凝血过程中首先由蛋白质因子(称为因子Ⅹa 的蛋白酶)激活凝血酶原，生成活性凝血酶；并由它再催化可溶性的纤维蛋白原，转变成不稳定的可溶性纤维蛋白，聚集成网状细丝，以网住血液的各种成分。在凝血酶作用下，收缩成血块，使破损的血管封闭而修复。

补体是一类血浆蛋白，和免疫球蛋白一样发挥防御功能。免疫球蛋白对外来异物有“识别”结合作用和激活补体作用。补体是一组蛋白酶(由 11 种蛋白组分组成)，通常以非活性前体形式存在于血清中，一旦接受到 Ig(免疫球蛋白)传来的抗原入侵信号，立即被限制性蛋白酶水解而激活，最终形成“攻膜复合物”执行其功能。

(5)制剂和激活剂的调节　抑制剂的调节是指酶的活性受到大分子抑制剂或小分子抑制剂抑制，从而影响活力。前者如胰脏的胰蛋白酶抑制剂(抑肽酶)，后者如 2,3-二磷酸甘油酸，其是磷酸变位酶的抑制剂。激活剂的调节指酶活性受到离子、小分子化合物或生物大分子的激活，从而提高酶的活性。金属离子对酶的激活最常见，小分子化合物如 2,6-二磷酸果糖是磷酸果糖激酶有效的激活剂，生物大分子如酶原的激活、cAMP 对蛋白激酶的激活等。

(6)反馈调节　许多小分子物质的合成是由一连串的反应组成的。催化此物质生成的第一步反应的酶，往往可以被它的终端产物所抑制，这种对自我合成的抑制称为反馈抑制。这在生物合成中是常见的现象。例如，异亮氨酸可抑制其合成代谢通路中的第一个酶——苏氨酸脱氨酶。当异亮氨酸的浓度降低到一定水平时，抑制作用解除，合成反应又重新开始。再如合成嘧啶核苷酸时，终端产物 UTP(尿苷三磷酸)和 CTP(胞苷三磷酸)可以控制合成过程一连串反应中的第一个酶。反馈抑制就是通过这种调节控制方式，调节代谢物流向，从而调节生物合成的。

(7)变构调节　变构调节源于酶反馈抑制的调节，如某一生物合成途径表示如下：

$$A \rightarrow B \rightarrow C \rightarrow D \rightarrow E \rightarrow F$$

产物 F 作为这一合成途径中几个早期的酶(A→B)的变构抑制剂，对这一合成途径加以反馈抑制，避免产物过量堆积。变构抑制剂与酶的结合引起酶构象的改变，使底物结合部位的性质发生变化并改变了酶的催化活性。变构酶大多为寡聚蛋白，因此变构调节的机理涉及亚基之间的相互作用，如将变构酶拆分成单亚基，即失去调节活性，但仍保持了酶的催化活性。

(8)金属离子和其他小分子化合物的调节　有一些酶需要 K^+ 活化，NH_4^+ 往往可以代替 K^+，但 Na^+ 不能活化这些酶，有时还有抑制作用，这一类酶有 L-高丝氨酸脱氢酶、丙酮酸激酶、天冬氨酸激酶和酵母丙酮酸羧化酶。另一些酶需要 Na^+ 活化，K^+ 起抑制作用，如肠中的蔗糖酶可受 Na^+ 激活，二价金属离子如 Ca^{2+}、Zn^{2+}、Mg^{2+}、Mn^{2+} 往往也为一些酶表现活力所必需，它们的调节作用还不很清楚，可能和维持酶分子一定的三级、四级结构有关，有的则和底物的结合和催化反应有关。这些离子的浓度变化都会影响有关的酶活力。

丙酮酸羧化酶催化的反应为

$$ATP+丙酮酸+HCO_3^- \rightleftharpoons 草酰乙酸+ADP(腺苷二磷酸)+Pi(磷酸)$$

这是丙酮酸合成葡萄糖途径中限速的一步。丙酮酸的浓度影响酶的活力，而丙酮酸的浓度是由 NAD^+ 和 NADH 的比值决定的，NAD^+ 和 NADH 的总量在体内差不多是恒定的。NADH 浓度相对地提高了，丙酮酸的浓度就要降低。

与此相类似，ATP、ADP、AMP 的总量在体内也是差不多恒定的，其中 ATP、ADP、AMP 的相对量的变化也可影响一些酶的活力。Atkinson 提出能荷(energy charge)作为一个物理量，其数值的变化和某些酶的活力变化有一定关系，即

$$能荷=\frac{[ATP]+[ADP]/2}{[ATP]+[ADP]+[AMP]}$$

能荷的数值是 0～1，当腺苷酸全部以 AMP 的形式存在时，能荷数值等于 0；全部以 ATP 形式存在时，能荷数值等于 1。细胞内的能荷数值一般在 0.8～0.9 之间，在这个范围内，能荷数值的增加可使和 ATP 再生有关的酶如糖磷酸激酶、丙酮酸激酶、丙酮酸脱氢酶、异柠檬酸脱氢酶和柠檬酸合成酶等的反应速度降低；而使另一类和利用 ATP 有关的酶如天冬氨酸激酶、磷酸核糖焦磷酸合成酶等的反应速度增加。

(9)蛋白质剪接　20 世纪 90 年代初，人们又发现了一种蛋白质活性的调节方式，即蛋白质剪接(protein splicing)。1990 年首次发现啤酒酵母细胞的基因 TFP_1 表达两种蛋白质：一种是液泡 H^+-ATPase 的催化亚基(69 kD)，由 TFP_1 基因的 5′端和 3′端的编码区编码；另一种是 50 kD 的蛋白，由 TFP_1 基因的中间区域编码。实验证明，50 kD 的蛋白是被剪切下来的蛋白内含子(intron)，蛋白内含子往往具有核酸内切酶的活性，而 69 kD 的蛋白是由两端的蛋白外显子(exon)连接起来的。此后，陆续在古细菌、真细菌和真核细胞中发现了蛋白质自我剪接的现象。蛋白质自我剪接说明成熟的蛋白序列与 mRNA 序列不一定顺序对应，一个单一的前体蛋白通过剪接机制可以产生多种蛋白质分子，这种新的蛋白质活性调节机理还有待进一步研究。

此外，酶的区室化(compartmentation)和多酶复合体等都和酶活力的调节控制有密切关系。

2.3.2　酶催化反应机制

酶与底物的作用一般是通过其活性中心进行的，通常是其氨基酸侧链基团先与底物形成一个中间复合物，随后再分解成产物，并释放出酶。酶的活性部位(active site)是酶结合底物并将底物转化为产物的区域，通常是整个酶分子中相当小的一部分，它是由在线形多肽链中可能相隔很远的氨基酸残基形成的三维实体。活性部位通常在酶的表面空隙或裂缝处，形成促进底物结合的优越的非极性环境。在活性部位，底物以多重的、弱的作用力(静电相互作用、氢

键、范德华键、疏水相互作用)结合,在某些情况下以共价键可逆地结合。酶结合底物分子,形成酶-底物复合物(enzyme-substrate complex)。酶活性部位的活性残基与底物分子结合,首先将它转变为过渡态,然后生成产物,释放到溶液中。这时游离的酶与另一分子底物结合,开始它的又一次循环。

氨基酸残基的性质和空间排布形式决定了酶的活性部位,而活性部位决定哪种分子能成为酶的底物与之结合。底物专一性(substrate specificity)通常是由活性部位相关的少数氨基酸的变化所决定的,这在 3 种消化酶即胰蛋白酶、胰凝乳蛋白酶和弹性蛋白酶中可清楚地看到。这 3 种酶属于丝氨酸蛋白酶(serine proteases)家族,“丝氨酸”是指它们在酶活性部位上有一个丝氨酸残基,它在催化进程中是至关重要的。“蛋白酶”是指它们催化蛋白质的肽键使之水解。3 种酶都能断裂蛋白质底物的肽键,作用在某些氨基酸残基的羧基端。

胰蛋白酶切断带正电荷的 Lys(赖氨酸)或 Arg(精氨酸)残基的羧基端,胰凝乳蛋白酶切断庞大的芳香族疏水氨基酸残基的羧基侧,弹性蛋白酶切断具有小的、不带电荷侧链残基的羧基侧。它们不同的专一性由它们的底物结合部位中氨基酸基团的性质所决定,它们与其作用的底物互补。如胰蛋白酶在它的底物结合部位有带负电荷的 Asp(天冬氨酸)残基,它与底物侧链上带正电荷的 Lys 和 Arg 相互作用(图 2-3(a))。胰凝乳蛋白酶在它的底物结合部位有带小侧链的氨基酸残基(如 Gly(甘氨酸)和 Ser(丝氨酸)),使底物的庞大侧链得以进入(图 2-3(b))。相反,弹性蛋白酶有相对大的 Val(缬氨酸)和 Thr(苏氨酸)不带电荷的氨基酸侧链,凸出在它的底物结合部位中,阻止了除 Gly 和 Ala(丙氨酸)小侧链以外的所有其他氨基酸(图 2-3(c))。

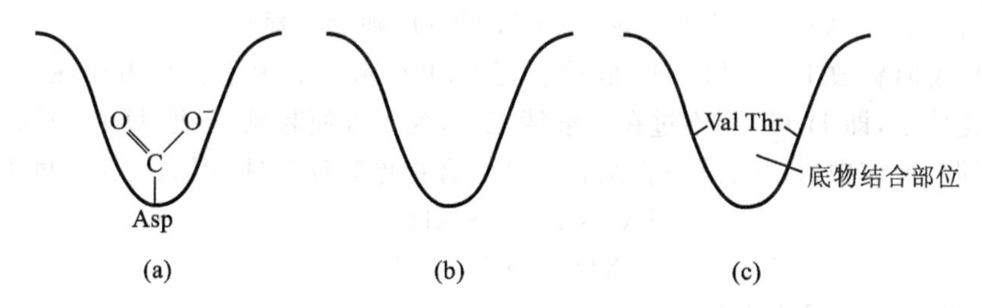

图 2-3　丝氨酸蛋白酶底物-结合部位的图形

(a)胰蛋白酶;(b)胰凝乳蛋白酶;(c)弹性蛋白酶

目前,已经提出两种模型来解释酶如何与它的底物结合。1894 年德国化学家 Emil Fischer 提出了锁和钥匙模型(lock-and-key model)(图 2-4(a)),底物的形状和酶的活性部位被认为彼此相结合,像钥匙插入锁中,两种形状被认为是刚性的(rigid)和固定的(fixed),当正确组合在一起时,正好互相补充。这一学说在一定程度上解释了酶促反应的特性。但实际上,酶的活性中心并不像这个模型中所显示的那样是固定不变的,并且这个模型不能解释可逆反应,因为底物和产物的结构是不同的。为什么这些不同的钥匙能开同一把锁? 1958 年由 Daniel E. Koshland Jr. 提出了诱导契合模型(induced-fit model)(图 2-4(b)),该学说克服了锁和钥匙模型的缺点,认为底物结合在酶的活性中心从而诱导出构象变化,酶与底物结合时,使酶分子能与底物很好地结合,从而发生催化作用。酶的 X 射线衍射研究证明,酶与底物结合时,酶分子的构象的确是发生了变化。此外,酶可以使底物变形,迫使其构象近似于它的过渡态。例如,葡萄糖与己糖激酶的结合,当葡萄糖刚刚与酶结合后,即诱导酶的结构产生一种构象变化,使活化部位与底物葡萄糖形成互补关系。不同的酶表现出两种不同的模型特征,某些是互补性的,某些是构象变化。

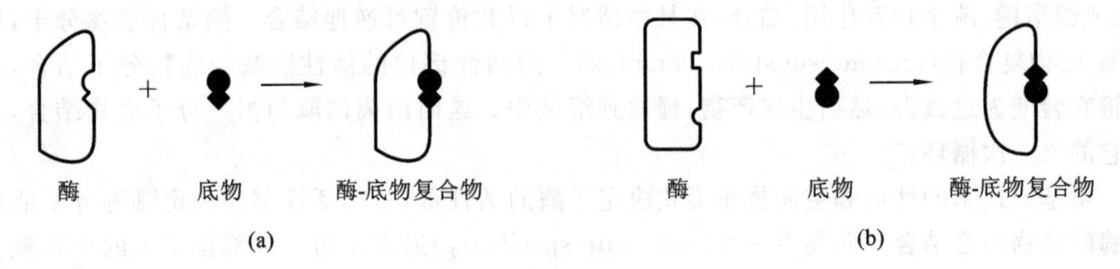

图 2-4 底物与酶的结合

(a)锁和钥匙模型；(b)诱导契合模型

研究酶的催化作用，一般有两种方法。一种方法是从非酶系统模式获得催化作用规律，其优点是反应简单，易于探究，而其缺点是非酶系统与酶系统不同，其实验结果不一定完全适合于阐明酶的催化作用。另一种方法是从酶的结构与功能研究中得到催化作用机理的证据。根据两种方法的研究结果，酶的催化作用可能来自 5 个方面，即广义的酸碱催化、共价催化、邻近效应及定向效应、变形或张力以及酶的活性中心为疏水区域。

1. 广义的酸碱催化

在酶反应中起到催化作用的酸与碱，在化学上应与非酶反应中的催化作用相同。酸与碱，在狭义上常指能离解出 H^+ 和 OH^- 的化合物。狭义的酸碱催化剂即 H^+ 和 OH^-。广义的酸碱是指能供给质子(H^+)与接受质子的物质。例如 $HA \rightleftharpoons A^- + H^+$。在狭义上 HA 是酸，因为它能离解 H^+，在广义上 HA 也为酸，是由于它能供给质子。在狭义上，A^- 既不是酸，也不是碱，但在广义上，它能接受质子，因此它是碱。由此可见，在广义上酸与碱可以存在成相关的或共轭的对，如 CH_3COOH 为共轭酸，而 CH_3COO^- 则为共轭碱。

虽然酸离解时释放 H^+，但是 H^+ 是质子，实际上在水溶液中不会自由存在。它通常和溶剂结合成水化质子，即 H_3O^+。不过在一般情况下，为了方便起见，仍把 H_3O^+ 看成 H^+。

在酸的催化反应中，H^+ 与反应物结合。其结合物更有反应性，因而反应速度大为加快。

$$HA + X^- \longrightarrow XH + A^- \tag{2-1}$$

$$XH \longrightarrow X^- + H^+ \tag{2-2}$$

式中，X、Y 泛指两种不同的化合物。

依同理，当碱为催化剂时，从反应物移去 H^+，反应速度也大为加快。许多反应中既受酸的催化，也受碱的催化，即在反应中有质子的供给，也有质子的减移，例如 X 转变为 Y 的反应主要靠酸与碱的催化。

$$HA(\text{酸}) + X \longrightarrow AXH(\text{酸催化}) \tag{2-3}$$

$$AXH + B\ (\text{碱}) \longrightarrow Y + BH + A^-\ (\text{碱催化}) \tag{2-4}$$

酸碱催化剂是催化有机反应中普遍、有效的催化剂。它们在酶反应中的协调一致可能起到特别重要的作用。由于生物体内酸碱度近于中性，在酶反应中起到催化作用的酸碱不是狭义的酸碱，而是广义的酸碱。在酶蛋白中可以作为广义酸碱的功能基团见表 2-4。

表 2-4 酶蛋白中作为广义酸碱的功能基团

质子供体(广义酸)	质子受体(广义碱)	质子供体(广义酸)	质子受体(广义碱)
—COOH	$—COO^-$	—SH	$—S^-$
$—NH_3^+$	$—NH_2$	咪唑基(酸)（CH=CH，HN，N^+H，CH）	咪唑基(碱)（CH=CH，HN，N:，CH）
—⟨苯环⟩—OH	—⟨苯环⟩—O^-		

在所有的广义酸碱的功能基团中以组氨酸的咪唑基特别重要，其理由有以下两点：一是咪唑基在中性溶液条件下有一半以质子供体（广义酸）形式存在，另一半以质子受体（广义碱）形式存在，它可在酶的催化反应中发挥重要作用；二是咪唑基供给质子或接受质子的速度十分迅速，而且两者的速度几乎相等，因此咪唑基是酶的催化反应中最有效、最活泼的一个功能基团。

2. 共价催化

有一些酶反应可通过共价催化来提高反应速度。所谓共价催化就是酶与底物以共价方式形成中间产物。这种中间产物可以很快转变为活化能大为降低的转变态，从而提高催化反应速度。例如糜蛋白酶与乙酸对硝基苯酯可结合成为乙酰糜蛋白酶的中间产物，同时生成对硝基苯酚。自复合中间物中乙酰基与酶的结合为共价形式。乙酰糜蛋白酶与水作用后，迅速生产乙酸并释放出糜蛋白酶。乙酰糜蛋白酶是共价结合的酶-底物（enzyme-substrate，ES）复合物。能形成 ES 复合物的酶还有一些，详见表 2-5。

表 2-5　某些酶-底物共价复合物

酶	与底物共价结合的酶功能基团	酶-底物共价复合物
葡萄糖磷酸变位酶	丝氨酸的羟基	磷酸酶
乙酰胆碱酯酶	丝氨酸的羟基	酰基酶
糜蛋白酶	丝氨酸的羟基	酰基酶
磷酸甘油醛脱氢酶	半胱氨酸的巯基	酰基酶
乙酰辅酶 A-转酰基酶	半胱氨酸的巯基	酰基酶
葡萄糖-6-磷酸酶	组氨酸的咪唑基	磷酸酶
琥珀酰辅酶 A 合成酶	组氨酸的咪唑基	磷酸酶
转醛酶	赖氨酸的 ε-氨基	Schiff 碱
D-氨基酸氧化酶	赖氨酸的 ε-氨基	Schiff 碱

共价催化的常见形式是酶的催化基团中亲核原子对底物的亲电子原子的攻击。它们类似亲核试剂与亲电试剂。所谓的亲电试剂就是一种试剂具有强烈亲和电子的原子中心。带正电离子如 Mg^{2+} 与 NH_4^+ 是亲电子的，含有 C═O 及 C═N 基团的化合物也是亲电子的，其中 C═O的 O 及 C═N 的 N 都有吸引电子的倾向，因而使得邻近的 C 原子缺乏电子。为了表示这种状态，可以 δ^+ 表示，而吸引电子的 O 与 N 则可以 δ^- 表示。其电子移动的方向则以从 δ^+ 到 δ^- 的弯曲箭头线表示，如图 2-5 所示。

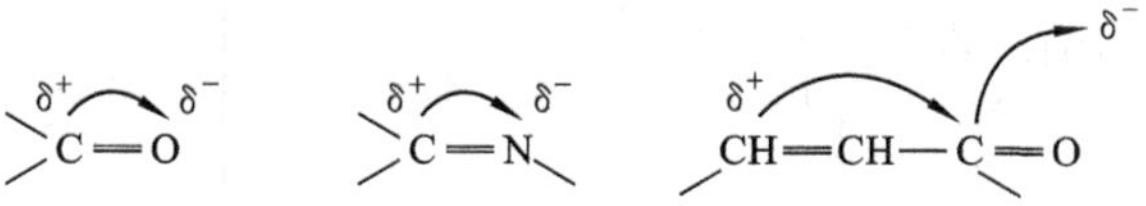

δ^+ C═O δ^-　　δ^+ C═N δ^-　　δ^+ CH═CH—C═O δ^-

图 2-5　共价催化的常见形式示意图

所谓亲核试剂就是一种试剂具有强烈供给电子的原子中心。如 H—N(H)：的 N：，(H)O：的 O：，(O═)C—O^-：的 O：及 (H)S：的 S：。酶的催化基团如丝氨酸的—OH 基团，半胱氨酸的—SH 基团及组氨酸的—CH_2—N=CH—基团。

亲核催化剂之所以能发挥催化作用，是由于它能供给底物一对电子。这种倾向是催化反应速度的部分或全部决定因素。由于给予电子，催化剂就可与底物共价结合，而这种共价结合的中间物可以很快地分解，结果反应速度大大加快。

亲电催化剂正好与亲核催化剂相反，它从底物移去电子的步骤才是反应速度的决定因素。事实上，亲电步骤与亲核步骤常常在一起发生。当催化剂为亲核催化剂时，它就会攻击底物中的亲电核心，反之亦然。在酶促反应中，酶的亲核基团对底物的亲电核心起作用要比酶的亲电基团对底物的亲核中心起作用的可能性大得多。

3. 邻近效应及定向效应

化学反应速度与反应物的浓度成正比。假使在反应系统的局部，底物浓度增高，则反应速度也相应增高；如果溶液中底物分子进入酶的活性中心，则活性中心区域内底物浓度可以大为提高。例如某底物在溶液中浓度为 0.001 mol/L，而在酶活性中心的浓度竟达到 100 mol/L，即其浓度比溶液中浓度高 10^5 倍，也就是反应速度可大为提高。

底物分子进入酶的活性中心，除因浓度增高因素使反应速度增快外，还有特殊的邻近效应及定位效应。所谓邻近效应，就是底物的反应基团与酶的催化基团越靠近，其反应速度越快。以双羧酸的单苯基酯的分子内催化为例，当—COO—与酯键相靠近时，酯水解相对速度为 1，而两者相隔很近时，酯水解速度可增加 53 000 倍，详见表 2-6。

表 2-6　双羧酸的单苯基酯的分子构造与酯水解的相对速度关系

酯	酯水解的相对速度
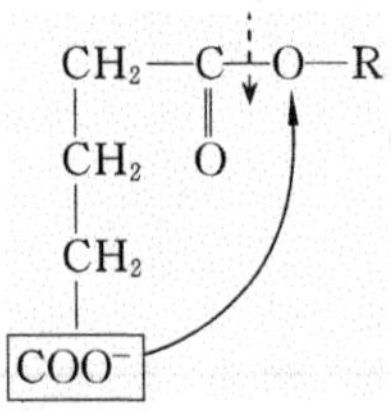 CH_2—C(=O)—O—R；CH_2—CH_2—CH_2—COO^-	1
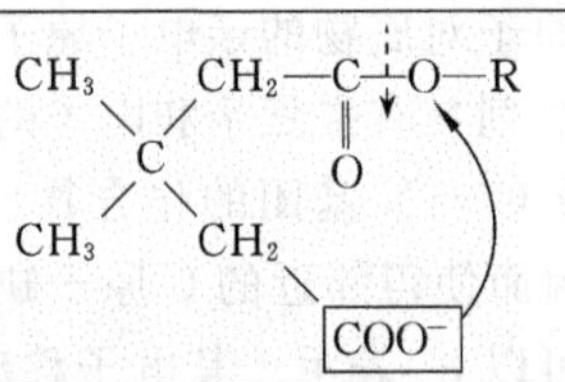 $(CH_3)_2C$(—CH_2—C(=O)—O—R)(—CH_2—COO^-)	20
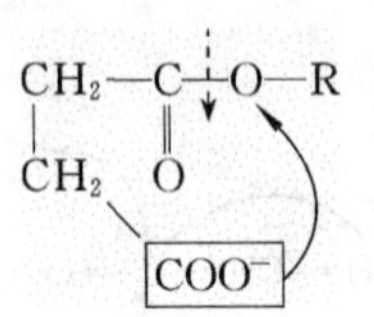 CH_2—C(=O)—O—R；CH_2—COO^-	230
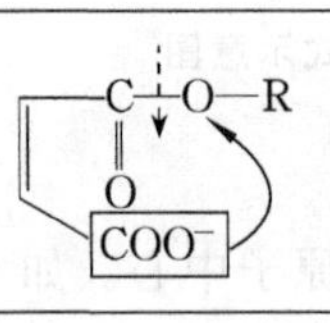 —C(=O)—O—R；—CH=CH—COO^-	1 000
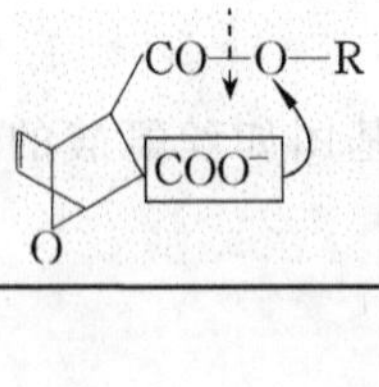 CO—O—R；COO^-（环状结构）	53 000

严格来讲，仅仅靠近还不能解释反应速度的提高。要使邻近效应达到提高反应速度的效果，必须是既靠近又定向，即酶与底物的结合达到最有利于形成转变态，使之反应加速（图 2-6）。有人认为，这种加速效应可能使反应增加 10^8 倍。要使酶既与底物靠近，又与底物定向，就要求底物必须为酶的最适宜底物。当特异底物与酶结合时，酶蛋白发生一定构象变化，与底物发生诱导契合。

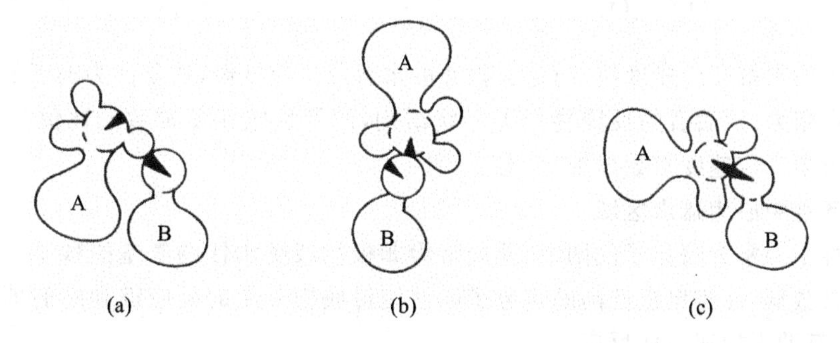

图 2-6　底物与酶的邻近效应的 3 种情形

(a)不靠近，不定向；(b)靠近，不定向；(c)靠近，又定向

4. 变形或张力

酶使底物分子中的敏感键发生变形或张力，从而使底物的敏感键更易于破裂，详见图 2-7。

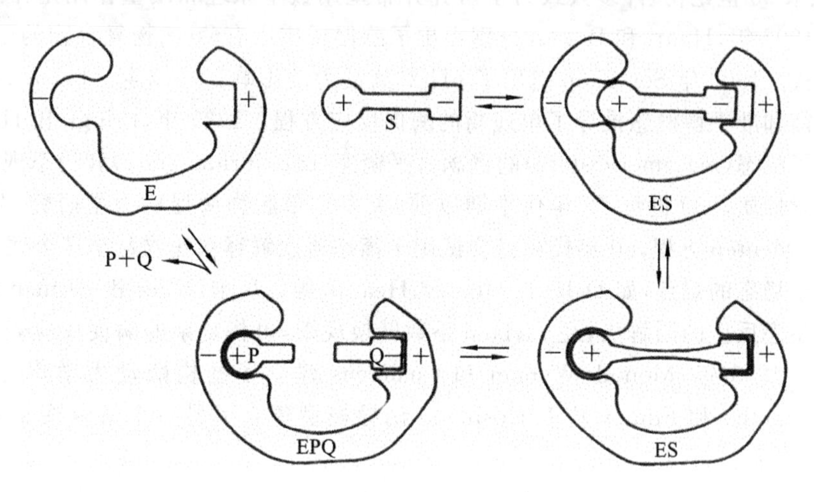

图 2-7　变形或张力示意图

E—酶；S—底物；P，Q—产物

下面是在非酶系统中存在变形或张力加速反应速度的实例。

化合物Ⅰ

HO
O
O　　O
P　$+H_2O \longrightarrow$　O^-—P═O
O^-　O　　　　O^-

化合物Ⅱ

$$\mathrm{(CH_3O)_2PO_2^-} + H_2O \longrightarrow CH_3OH + \mathrm{CH_3O{-}PO_3^{2-}}$$

化合物Ⅰ的水解反应速度快，而化合物Ⅱ的水解反应速度慢，这是因为前者的反应物中的环状结构存在张力，而后者的反应物却无环状结构，两者反应速度常数的比值为 10^8，这表明张力或变形可使反应速度常数增加 10^8 倍。

5. 酶的活性中心为疏水区域

酶的活性中心常为酶分子的凹穴，此处常为非极性或疏水性的氨基酸残基。疏水区域的特点是介电常数低，并排出极性高的水分子。这使得底物分子的反应键和酶的催化基团之间易发生反应，有助于加速酶促反应。

2.4 酶反应动力学

19 世纪末 20 世纪初，许多人致力于研究并希望用数学原理和质量作用定律解释酶促反应的进程。1902 年，Henri 和 Brown 分别提出了酶促反应中有酶-底物复合物的生成，并推导了数学关系式。1909 年 Sorenson 提出了 pH 对酶活力的影响。1913 年 Michaelis 和 Menten 用简单的平衡和准平衡概念推导了单底物的酶促反应方程。1925 年，Briggs 和 Haldane 对酶动力学引入了稳态(mesomeric state)的概念。平衡态(equilibrium state)和稳态现都已用于解释酶的动力学性质。20 世纪 50 年代中期以前，大多数单底物酶促动力学研究都基于 Henri 和 Michaelis-Menten 方程，60 年代初已尝试用平衡态概念解释双底物甚至三个底物的酶促反应。也有基于稳态的观点，如 Dalziel、Alberty、Hearon 等。后来，King 和 Altman 建立了一种推导复杂的稳态反应的图解法，经 Cleland 系数转换规则，可将复杂的酶促反应表示成简单的动力学方程。1965 年，Monod、Wyman 和 Changeus 建立了变构酶动力学模型。一年后，Koshland、Nemethy 和 Filmer 基于 Koshland 诱导模型建立了另一个解释变构酶动力学的模型。

2.4.1 酶动力学的概念

酶促反应动力学(kinetics of enzyme-catalyzed reactions)是研究酶促反应速度及其影响因素的科学。这些因素主要包括底物的浓度、酶的浓度、pH、温度、抑制剂和激活剂等。在研究某一因素对酶促反应速度的影响时，应该维持反应中其他因素不变，而只改变要研究的因素。但必须注意，酶促反应动力学中所指明的速度是反应的初速度，因为此时反应速度与酶的浓度成正比，这样避免了反应产物以及其他因素的影响。

酶促反应动力学的研究有助于阐明酶的结构与功能的关系，也可为酶作用机理的研究提供数据，有助于寻找最有利的反应条件，以最大限度地发挥酶催化反应的高效率，有助于了解酶在代谢中的作用或某些药物作用的机理等，因此对它的研究具有重要的理论意义和广泛的实践意义。

2.4.2　底物对酶促反应速度的影响

1. 底物浓度对酶促反应速度的影响

酶促反应速度对底物浓度[S]的依赖关系的正常模式是，在低的底物浓度下，反应速度随底物浓度的增加而急剧加快，两者成正比关系，[S]增加 1 倍，将导致起始速度 v_0 也增加一倍；然而，在较高底物浓度下，反应速度虽然随着底物浓度的升高而加快，但不再成正比例加快；当底物浓度增高到一定程度时，如果继续加大底物浓度，反应速度不再增加，说明酶已被底物所饱和(saturated)。这是因为在有效的饱和底物浓度下，所有酶分子已有效地与底物结合，这时，总的酶促反应速度依赖于产物自酶解离下来的速率，若进一步加入底物，对酶促反应速度也不发生影响。在酶的浓度不变的情况下，起始速度 v_0 对底物浓度[S]的关系图形称为双曲线(hyperbolic curve)(图 2-8)。

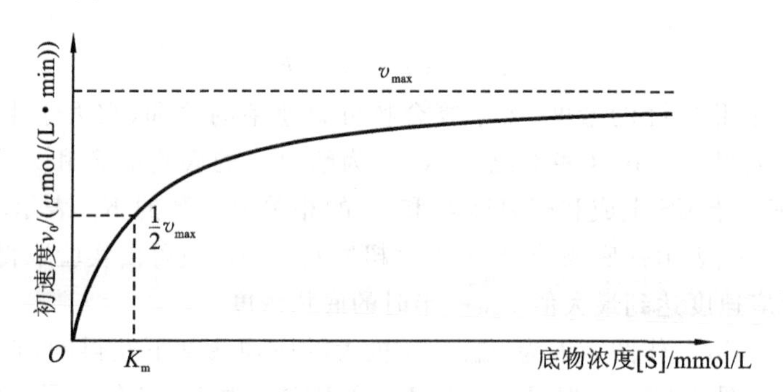

图 2-8　底物浓度[S]和起始反应速度 v_0 之间的关系

酶促反应速度与底物浓度之间的变化关系，反映了 ES 的形成与生成产物 P 的过程。在[S]很低时，酶的活性中心没有全部与底物结合，增加[S]，ES 的形成与 P 的生成均成正比关系增加；当[S]增高至一定值时，酶全部形成了 ES，此时再增加[S]也不会增加[ES]，反应速度趋于恒定。

(1)米-曼氏模式　米-曼氏模式(Michaelis-Menten model)使用如下的酶催化概念：

$$E + S \underset{k_2}{\overset{k_1}{\rightleftharpoons}} ES \xrightarrow{k_3} E + P \qquad (2\text{-}5)$$

式中，速率常数(rate constants)k_1、k_2 和 k_3 是描述与催化过程的每一步相联系的反应速率。酶(E)与它的底物(S)结合形成酶-底物(ES)复合物。ES 复合物能重新解离形成 E+S，或能继续进行化学反应形成 E 和产物 P。假设酶与产物(E+P)的逆向反应形成 ES 复合物的速率并不明显。对许多酶的性质的观察得知，在低的底物浓度([S])下，起始反应速率 v_0 直接与[S]成正比，而在高底物浓度([S])下，速度趋向于最大值，此时反应速率与[S]无关(图 2-9)。此最大速度(maximum velocity)称为 v_{max}(单位为 μmol/min)。

为了解释底物浓度与酶促反应速度的关系，1913 年 Mchaelis 和 Menten 把图 2-9(a)归纳为酶促反应动力学最基本的数学表达式——米氏方程：

$$v_0 = v_{max}[S]/(K_m + [S]) \qquad (2\text{-}6)$$

式中，v_{max} 为反应的最大速度；[S]为底物浓度；K_m 是米氏常数；v_0 是在某一底物浓度时相应的反应速度。

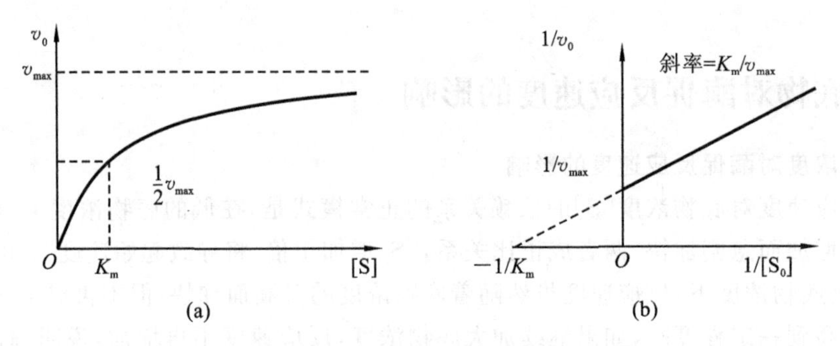

图 2-9 底物浓度[S]和起始反应速度(v_0)之间关系

(a)直接作图;(b)Lineweaver-Burk 双倒数作图

式(2-6)描述的双曲线形式,由实验数据在图 2-9(a)中表明。Michaelis 和 Menten 在推导此公式时,规定一新的常数即 K_m,称为米氏常数(其单位与物质的量浓度相同,用 mol/L 表示),有

$$K_m = (k_2 + k_3)/k_1 \tag{2-7}$$

K_m是 ES 复合物稳定性的量度,等于复合物分解速率的总和,它大于生成速率。对于许多酶而言,k_2 比 k_3 大得多。在这些情况下 K_m变为酶对它的底物的亲和力(affinity)的量度。因为它的值分别依赖于 ES 生成和解离即 k_1 和 k_2 的相关值。高的 K_m 表示弱的底物结合(k_2 大大超过 k_1),低的 K_m表示强底物结合(k_1大大超过 k_2)。K_m值可由实验取得,根据这一事实,即 K_m值等于当反应速度达到最大值 v_{max}一半时的底物浓度。

(2)Lineweaver-Burk 作图　因为 v_{max}是在极大的底物浓度下获得的,它不可能从双曲线测得(K_m 也是如此,图 2-9(a)),但是 v_{max} 和 K_m 可用实验求得,即在不同底物浓度下测定 v_0 值,然后根据 $1/v_0$ 对 $1/[S]$的双倒数(double reciprocal)或 Lineweaver-Burk 作图(图 2-9(b)),此种作图是从米-曼氏公式衍生得出的:

$$v_0 = v_{max}[S]/(K_m + [S]) \tag{2-8}$$

由式(2-8)得出一条直线,在纵轴上截距等于 $1/v_{max}$,横轴上截距等于 $-1/K_m$。直线的斜率等于 K_m/v_{max}。Lineweaver-Burk 作图也是测定抑制剂如何与酶结合的有用方法。

虽然米-曼氏模式对许多酶提供了很好的实验数据模式,但有少数酶与米-曼氏的动力学不相符合,如天冬氨酸转氨酶(ATCase),这些酶称为变构酶(allosteric enzyme)。

2. 双底物双产物反应

许多酶催化的反应比较复杂,包含一种以上底物,它们的反应按分子数分为几类,单分子称为 uni,双分子称为 bi,三分子为 ter,四分子为 quad。较为常见的是双底物双产物反应,称为 bi-bi 反应:

$$A + B \longrightarrow P + Q \tag{2-9}$$

目前认为大部分双底物反应可能有如下三种反应机理:

(1)依次反应机理　需要 NAD^+ 或 $NADP^+$ 的脱氢酶的反应就属于这种类型。辅酶作为底物 A 先与酶生成 EA,再与底物 B 生成三元复合物 EAB,脱氢后生成产物 P,最后放出还原型辅酶 NADH 或 NADPH。

(2)随机机理　底物的加入和产物的放出都是随机的,无固定顺序,如糖原磷酸化的反应。

(3)乒乓机制　转氨酶反应是典型的乒乓机制,酶首先与底物 A(氨基酸)作用,产生中间产物 EA,底物中的氨基转移到辅酶,使辅酶中的磷酸吡哆醛变成磷酸吡哆胺,即 EA 转变为

FP，然后放出产物 P(α-酮酸)，得到酶 F，再与底物 B(另一个酮酸)作用，放出产物 Q(相应的氨基酸)和酶 E。由乙酰辅酶 A、ATP 和 HCO_3^- 三个底物生成丙酰辅酶 A 的反应也属于乒乓机制。

2.4.3　酶浓度对酶催化反应速度的影响

在底物浓度饱和的情况下(即所有酶分子都与底物结合)，酶浓度的加倍将导致 v_0 的加倍。v_0 与酶浓度的关系图为直线形。

2.4.4　温度对酶催化反应速度的影响

温度从两方面影响酶促反应的速度。首先，升高温度增加底物分子的热能(thermal energy)，从而提高反应的速度。然而较高温度会带来第二种效应，增加构成酶本身蛋白质结构的分子热能，也就增加了多重弱的非共价键相互作用(氢键、范德华力等)破坏的机会。这些相互作用维系着整个酶的三维结构，最终将导致酶的变性。酶的三维构象甚至微小的变化都会改变活性部位的结构，导致催化活性的降低。升高温度以提高反应速度的总效应是这两个相反效应之间的平衡。因此温度对 v_0 关系的图形将为一条曲线，它可清楚地表示出最适温度(图 2-10)。多数哺乳动物的酶，其最适温度为 37 ℃左右，但也有些生物机体的酶适应在相当高或相当低的温度下工作。例如，用于聚合酶链式反应的 Taq 酶(Taq polymerase)是在生活在高温下的细菌中发现的，因此适于在高温下工作。

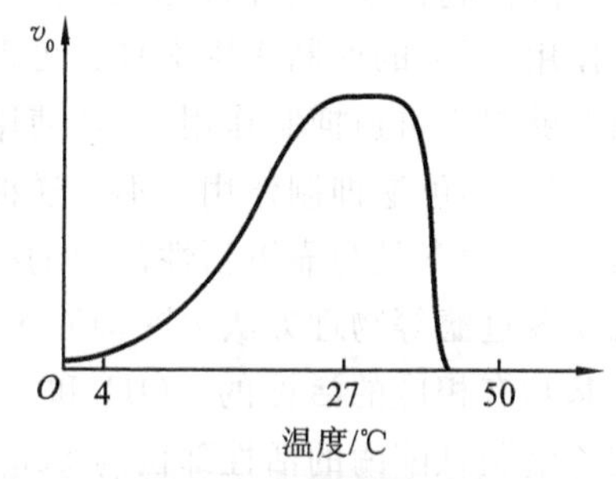

图 2-10　酶的温度效应

2.4.5　pH 值对酶催化反应速度的影响

每个酶都有最适 pH 值，在此 pH 值下催化反应的速率是它的最大值。最适 pH 值的微小偏离，由于使酶活性部位的基团离子发生变化而降低酶的活力。pH 值发生较大偏离时，维护酶三维结构的许多非共价键受到干扰，导致酶蛋白自身的变性。pH 值对酶活性的影响主要是：①使酶的空间结构破坏，引起酶活性丧失。这种失活分可逆和不可逆两种方式，可逆失活是指在不同 pH 值下保温的酶液在最适 pH 值测活时，酶活力完全恢复。②影响酶活性部位催化基团的解离状态，使底物不能分解为产物。③影响酶活性部位结合基团的解离状态，使其不能与底物结合。④影响底物的解离状态，使底物不能和酶结合，或结合后不能生成产物。综合上述种种原因，用酶活力对 pH 值作图往往呈钟形曲线(图 2-11)。与曲线顶峰相对应的 pH 值即为酶的最适 pH 值，然而最适 pH 值和酶的最稳定 pH 值不一定相同。由于最适 pH 值随底物浓度、温度和其他条件的变化而变化，所以谈到最适 pH 值应指明实验测定的条件。许多酶的最适 pH 值在 6.8 左右，但是各种酶的最适 pH 值是多种多样的，因为它们要适应不同环境进行工作。

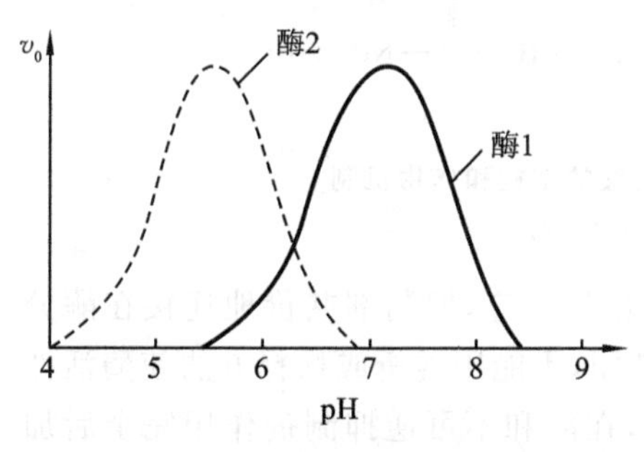

图 2-11　酶的 pH 效应

例如，消化酶胃蛋白酶(pepsin)要适应在胃的酸性环境(大约 pH 2.0)下工作。

2.4.6 酶抑制剂及其抑制作用动力学

1. 酶抑制剂的类型及特点

许多类型的分子有可能干扰个别酶的活性。任何直接作用于酶并使它的催化速率降低的分子即称为抑制剂(inhibitor)。某些酶的抑制剂是正常细胞代谢物，它抑制某一特殊酶，作为代谢途径中正常调控的一部分。其他抑制剂可以是外源物质，如药物式毒物。这里酶的抑制效应既可以有治疗作用，也可以是另一种极端，是致命的。酶受抑制时其蛋白部分并未变性。由于酶蛋白变性造成的酶失活作用，以及除去活化剂(如酶活力所必需的金属离子)而造成酶活力的降低或丧失，不属于酶抑制作用的范畴。

酶抑制作用具有两种主要类型：不可逆的(irreversible)抑制作用和可逆的(reversible)抑制作用，可逆的抑制作用本身又可再分为竞争性的和非竞争性的抑制作用。从酶中去除抑制剂能够制止可逆抑制作用，例如使用透析，但这是有限度的，对不可逆抑制作用则是不可行的。

(1)不可逆抑制作用　不可逆抑制作用(irreversible inhibition)是指抑制剂不可逆地与酶结合，它通常是与靠近活性部位的氨基酸残基形成共价键，永久地使酶失活，不能用透析、超滤或凝胶过滤等物理方法去除抑制剂而使酶活力恢复。敏感的氨基酸残基包括 Ser 残基和 Cys 残基具有相应的活性的—OH 和—SH。化合物二异丙基氟磷酸(DIPF)是神经毒气的组分，在乙酰胆碱酯酶的活性部位与 Ser 残基作用，不可逆地抑制酶活性，阻滞神经冲动的传导(图 2-12(a))。碘代乙酰胺修饰 Cys 残基，因此，可作为确定酶活性所必需的 Cys 残基是一个或多个的判断工具(图 2-12(b))。抗生素青霉素不可逆地抑制糖肽转肽酶(glycopeptide transpeptidase)，它与细菌细胞壁上的酶活性部位的 Ser 残基结合，形成交联结构。

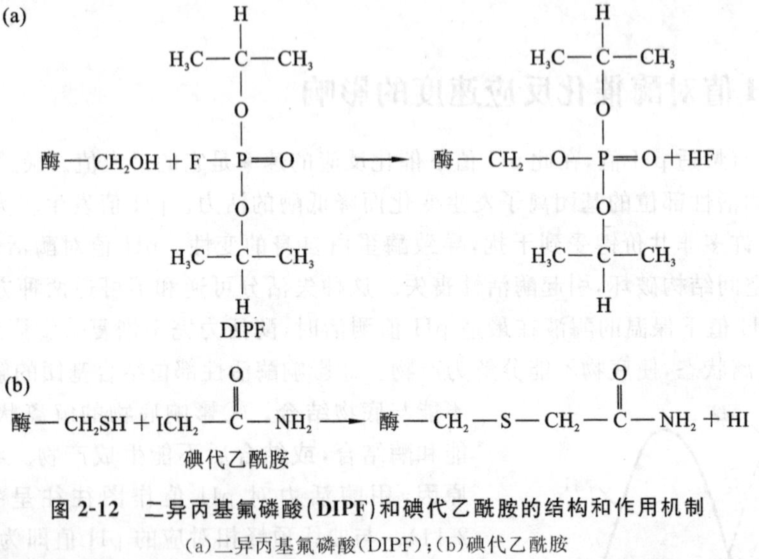

(a)

$$\text{酶}-CH_2OH + F-P(=O)[O-CH(CH_3)_2]_2 \longrightarrow \text{酶}-CH_2-O-P(=O)[O-CH(CH_3)_2]_2 + HF$$

DIPF

(b)

$$\text{酶}-CH_2SH + ICH_2-C(=O)-NH_2 \longrightarrow \text{酶}-CH_2-S-CH_2-C(=O)-NH_2 + HI$$

碘代乙酰胺

图 2-12　二异丙基氟磷酸(DIPF)和碘代乙酰胺的结构和作用机制

(a)二异丙基氟磷酸(DIPF)；(b)碘代乙酰胺

酶的不可逆抑制是指抑制剂与酶的活性中心发生了化学反应，抑制剂共价地连接在酶分子的必需基团上，阻碍了底物的结合或破坏了酶的催化基团，不能用透析或稀释方法使酶活性恢复。溶液中不可逆抑制剂的作用相当于失活的酶浓度，在酶和不可逆抑制剂作用完全后加入底物，则其动力学行为符合米氏动力学性质，K_m 不变，但 v_{max} 下降：

$$v'_{max}=k([E_0]-[I_0]) \tag{2-10}$$

$$\frac{v'_{max}}{v_{max}}=\frac{[E_0]-[I_0]}{[E_0]} \tag{2-11}$$

$$v'_{max}=v_{max}[E_0](1-\frac{[I_0]}{E_0}) \tag{2-12}$$

得到的双倒数图谱与可逆抑制中的非竞争性抑制图谱非常相似。因此，如果发现数倒数图谱中 K_m 不变，但 v_{max} 变小，首要问题是先鉴别到底属于可逆抑制还是不可逆抑制。可逆抑制剂与酶迅速建立平衡，并在初速度范围内保持不变，而不可逆抑制剂在这段时间内抑制程度增加。

不可逆抑制作用可以分为非专一性与专一性不可逆抑制作用两类。

①非专一性不可逆抑制作用：抑制剂作用于酶蛋白分子中一类或几类基团，对酶不表现专一性。这类抑制剂称为非专一性不可逆抑制剂，实际上是氨基酸侧链基团的修饰剂。目前已合成很多这类修饰剂。虽然这类修饰剂主要作用于某类特定的侧链基团，如氨基、羟基、胍基、巯基、酚基等，但对其所修饰基团的选择性常常是不强的。因此在进行化学修饰时，应注意控制反应条件及保护可能引起副反应的基团等，以增强对所修饰基团的选择性。

②专一性不可逆抑制作用：抑制剂只对某类或某一个酶起作用，这类抑制剂称为专一性不可逆抑制剂，包括亲和标记剂（affinity labeling reagent）和自杀底物（suicide substrate）两大类。a. 亲和标记剂，具有和底物类似的结构，是通过对酶的亲和力来对酶进行修饰的，所以又称 K_s 型不可逆抑制剂。它们能与特定的酶结合，其结构中还带有一个活泼的化学基团，可以与酶分子中的必需基团起反应使酶活力受到抑制。因而亲和标记剂只对底物结构与其相似的酶有抑制作用，显示出专一性。例如：L-苯甲磺酰赖氨酰氯甲酮（TLCK）是胰蛋白酶的亲和标记剂，而 L-苯甲磺酰苯丙氨酰氯甲酮（TPCK）则是胰凝乳蛋白酶的亲和标记剂。b. 自杀底物，有些酶的专一性较低，它们天然底物的某些类似物或衍生物都能和其发生作用。这些类似物或衍生物中的一类，在其结构中潜在着一种化学活性基团，当酶把它们作为一种底物来结合，并在这一酶促作用进行到一定阶段以后，潜在的化学基团能被活化，成为有活性的化学基团并和酶蛋白活性中心发生共价结合，使酶失活。这种过程称为酶的“自杀”或酶的自杀失活作用，而这类底物则称为“自杀底物”，也称为 K_{cat} 型不可逆抑制剂。自杀底物所作用的酶，称为自杀底物的靶酶。酶的自杀底物实际上是专一性很高的不可逆抑制剂，因此，设计出某些病原菌或异常组织中所特有的酶的自杀底物，对于制服病原菌或制止组织的异常生长是有用的。例如：由于广泛使用青霉素，很多菌株对青霉素产生了耐药性，其原因多半是细菌体内被诱导产生出一种能分解青霉素结构中具有杀菌能力的 β-内酰胺环的酶。近年来，合成了多种这个酶的自杀底物，如青霉素亚砜等，在杀死对青霉素有耐药作用的病原菌上很有效。

此外，动、植物体内还有一些生物大分子酶抑制剂，其中绝大多数是多肽及蛋白质类的酶抑制剂，例如在胰脏、大豆、绿豆中都存在着胰蛋白酶的抑制剂。这些大分子抑制剂与人体的生物调控有关。

(2)可逆抑制作用　可逆抑制作用（reversible inhibition）是指抑制剂与酶以共价键方式结合而引起的酶的活性降低或丧失，用透析、超滤等方法可除去抑制剂而使酶恢复活性，这种抑制作用称为可逆抑制作用。这类抑制剂与酶分子的结合部分可以是酶的活性中心，也可以是非活性中心部位。

2. 酶抑制剂的抑制作用动力学

对于酶抑制剂的抑制作用动力学的研究，这里主要研究的是可逆抑制作用。根据抑制剂与酶分子的结合关系，将可逆抑制作用分为下列四种。

(1)简单的可逆抑制　简单的可逆抑制类型有竞争性抑制(competitive inhibition)、非竞争性抑制(noncompetitive inhibition)、反竞争性抑制(uncompetitive inhibition)、混合型抑制(mixed competitive inhibition)。这些抑制类型的作用方式、动力学方程和双倒数作图方程见表 2-7。四种抑制类型的表观米氏常数见表 2-8。四种抑制类型的双倒数图(double-reciprocal plot)特征见图 2-13。

表 2-7　酶的可逆抑制基本类型

类　型	作用方式	动力学方程	双倒数作图方程
竞争性	$E+S \rightleftharpoons ES \longrightarrow E+P$；$I \Updownarrow K_i$：$EI$	$v_0=\dfrac{v_{max}\cdot[S]}{K_m\left(1+\dfrac{[I]}{K_i}\right)+[S]}$	$\dfrac{1}{v_0}=\dfrac{K_m}{v_{max}}\left(1+\dfrac{[I]}{K_i}\right)\cdot\dfrac{1}{[S]}+\dfrac{1}{v_{max}}$
非竞争性	$E+S \rightleftharpoons ES \longrightarrow E+P$；$I \Updownarrow K_i$，$I \Updownarrow K_i$；$EI+S \rightleftharpoons ESI$	$v_0=\dfrac{v_{max}\cdot[S]}{\left(1+\dfrac{[I]}{K_i}\right)+([S]+K_m)}$	$\dfrac{1}{v_0}=\dfrac{K_m}{v_{max}}\left(1+\dfrac{[I]}{K_i}\right)\cdot\dfrac{1}{[S]}+\dfrac{1}{v_{max}}\left(1+\dfrac{[I]}{K_i}\right)$
反竞争性	$E+S \rightleftharpoons ES \rightleftharpoons E+P$；$I \Updownarrow K_i$；$ESI$	$v_0=\dfrac{\dfrac{v_{max}\cdot[S]}{1+\dfrac{[I]}{K_i}}}{\dfrac{K_m}{1+\dfrac{[I]}{K_i}}+[S]}$	$\dfrac{1}{v_0}=\dfrac{K_m}{v_{max}}\cdot\dfrac{1}{[S]}+\dfrac{1}{v_{max}}\left(1+\dfrac{[I]}{K_i}\right)$
混合型	$E+S \rightleftharpoons ES \longrightarrow E+P$；$I \Updownarrow K'_i$，$I \Updownarrow K'$；$EI+S \rightleftharpoons ESI$	$v_0=\dfrac{v_{max}\cdot[S]}{\left(1+\dfrac{[I]}{K_i}\right)K_m+\left(1+\dfrac{[I]}{K_i}\right)[S]}$	$\dfrac{1}{v_0}=\dfrac{K_m}{v_{max}}\cdot\left(1+\dfrac{[I]}{K_i}\right)\cdot\dfrac{1}{[S]}+\dfrac{1}{v_{max}}\left(1+\dfrac{[I]}{K_i}\right)$

表 2-8　可逆抑制剂存在时的表观米氏常数

类　型	K'_m	v'_{max}	斜　率
竞争性抑制作用	$K_m(1+[I]/K_i)$	v_{max}	$(K_m/v_m)(1+[I]/K_i)$
非竞争性抑制作用	K_m	$v_{max}/(1+[I]/K_i)$	$(K_m/v_m)(1+[I]/K_i)$
反竞争性抑制作用	$K_m(1+[I]/K_i)$	$v_{max}/(1+[I]/K_i)$	K_m/v_m
混合型抑制作用	$K_m(1+[I]/K_i)/(1+[I]/K_i')$	$v_{max}/(1+[I]/K_i')$	$(K_m/v_m)(1+[I]/K_i)$

抑制常数 K_i 可用两次作图法求解，两次作图法是指用抑制剂存在下的表观米氏常数或双倒数图斜率(简称一次作图斜率)对抑制剂浓度作图(图 2-14)。抑制常数 K_i 也可用 Dixon 作图法和 Cornish-Bowden 作图法求解(图 2-15 和图 2-16)。

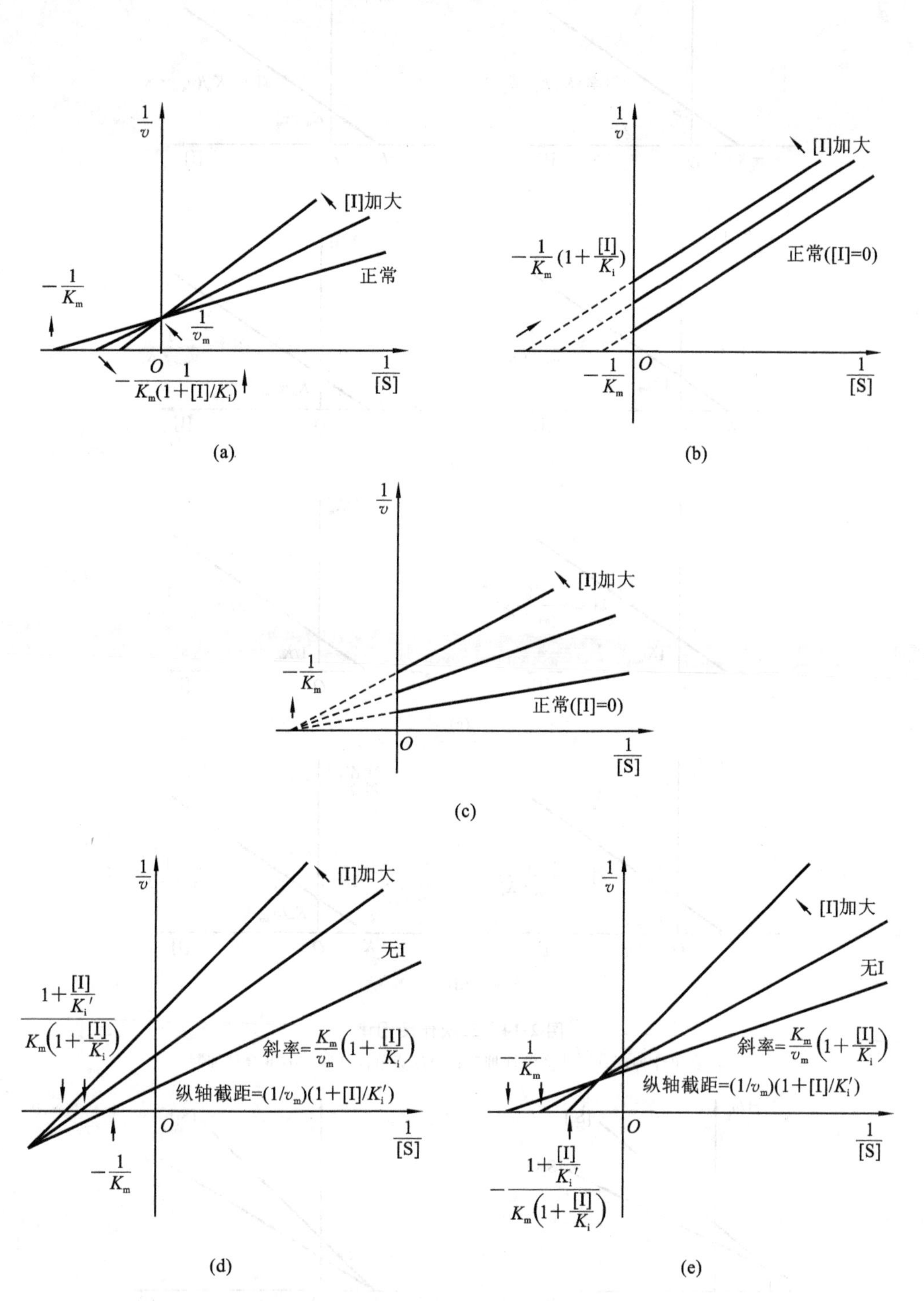

图 2-13　双倒数作图图谱

(a)竞争性抑制；(b)反竞争性抑制；(c)非竞争性抑制；

(d)非竞争性与反竞争性抑制相混合；(e)非竞争性与竞争性抑制相混合

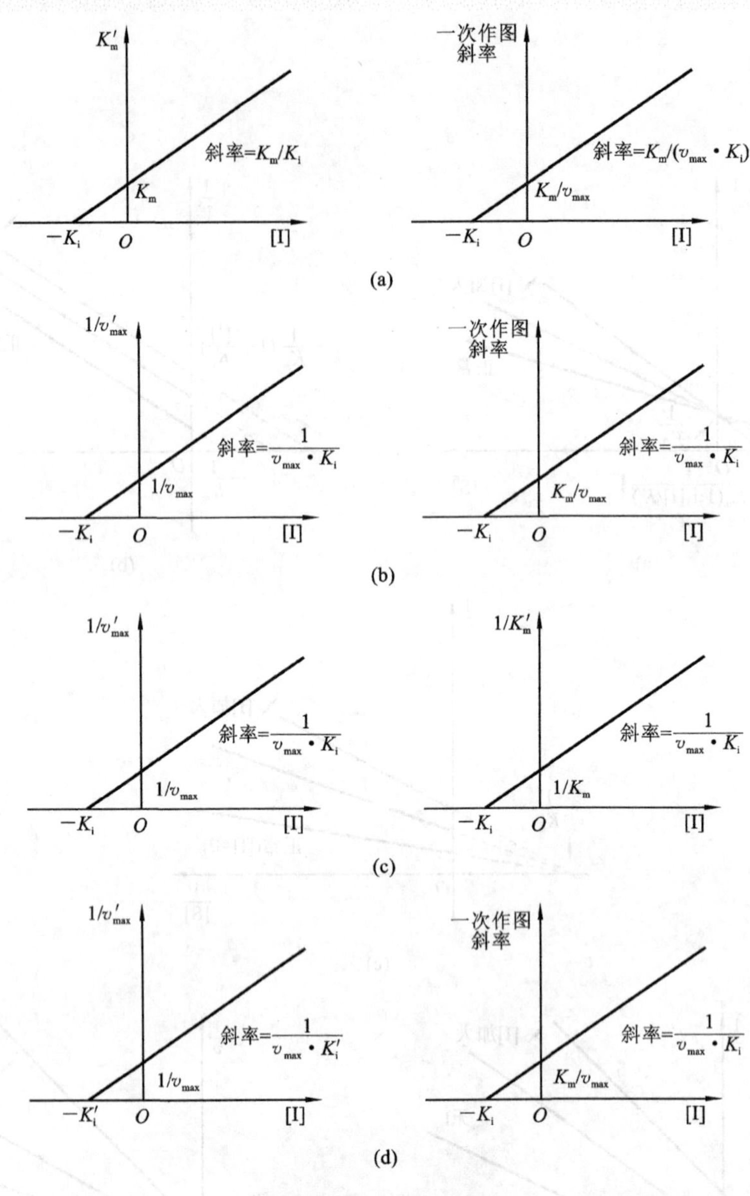

图 2-14　二次作图图谱

(a)竞争性抑制；(b)非竞争性抑制；(c)反竞争性抑制；(d)混合型抑制

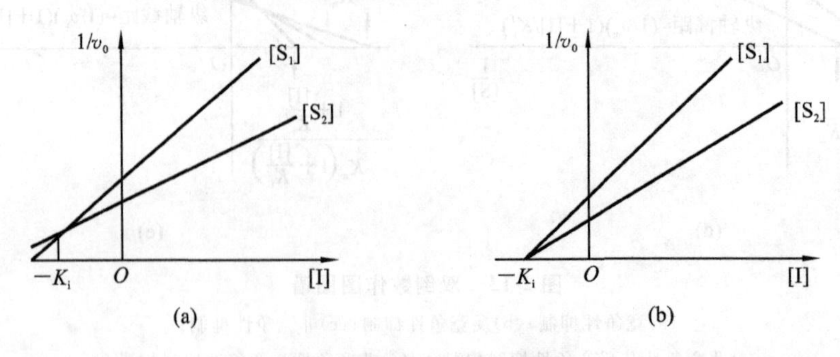

图 2-15　Dixon 作图图谱

(a)竞争性抑制；(b)非竞争性抑制

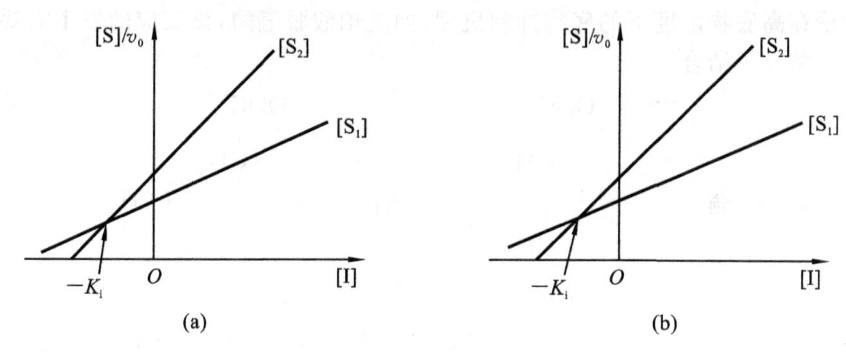

图 2-16　Cornish-Bowden 作图

(a)反竞争性抑制；(b)混合型抑制

竞争性抑制的 Dixon 方程

$$\frac{1}{v_0}=\frac{K_m}{v_{max}[S]}+\frac{1}{v_{max}}+\frac{K_m}{v_{max}[S]}\cdot\frac{[I]}{K_i} \tag{2-13}$$

非竞争性抑制的 Dixon 方程

$$\frac{1}{v_0}=\frac{K_m}{v_{max}[S]}+\frac{1}{v_{max}}+\frac{[I]}{v_{max}K_i}\left(\frac{K_m}{[S]}+1\right) \tag{2-14}$$

反竞争性抑制的 Cornish-Bowden 方程

$$\frac{[S]}{v_0}=\frac{K_m}{v_{max}}+\frac{[S]}{v_{max}}+\frac{[I]}{K_i}\cdot\frac{[S]}{v_{max}} \tag{2-15}$$

混合型抑制的 Cornish-Bowden 方程

$$\frac{[S]}{v_0}=\frac{K_m}{v_{max}}+\frac{[S]}{v_{max}}+\frac{[I]}{v_{max}}\left(\frac{K_m}{K_i}+\frac{[S]}{K_i'}\right) \tag{2-16}$$

(2)部分抑制　以上讨论的都是形成死端复合物的抑制，这些复合物不会释放产物。假如混合型抑制中 ESI 复合物也能释放产物，则有

$$ESI\xrightarrow{k_2'}E+P+I \tag{2-17}$$

这时，总的初速度为

$$v_0=k_2[ES]+k_2'[ESI]=k_2[ES]+k_2'\frac{[ES][I]}{K_i}=k_2[ES]\left(1+\frac{k_2'[I]}{k_2K_i'}\right) \tag{2-18}$$

推导过程如前，可得到如米氏方程的初速度表达式

$$v_0=\frac{v_{max}[S]\dfrac{1+\dfrac{k_2'[I]}{k_2K_i'}}{1+\dfrac{[I]}{K_i'}}}{[S]+\dfrac{K_m\left(1+\dfrac{[I]}{K_i}\right)}{1+\dfrac{[I]}{K_i'}}} \tag{2-19}$$

显然，双倒数作图呈线性，但斜率或截距对[I]的两次作图为非线性，这样就可区别部分抑制或形成死端复合物的抑制。

(3)底物抑制　在给定的酶浓度下，酶催化反应的速度随底物浓度的增加而加快，直到极限速度 v_{max}。有时在极高的底物浓度下，初速度仍高于最大值，有时认定为测定系统与过量底物之间有相互作用，但在有些情况下的确发现高浓度的底物会抑制自身转化为产物。

下面讨论在高底物浓度下的底物抑制机理，如琥珀酸脱氢酶，该反应的发生需要底物的两个羧基同时与酶分子结合：

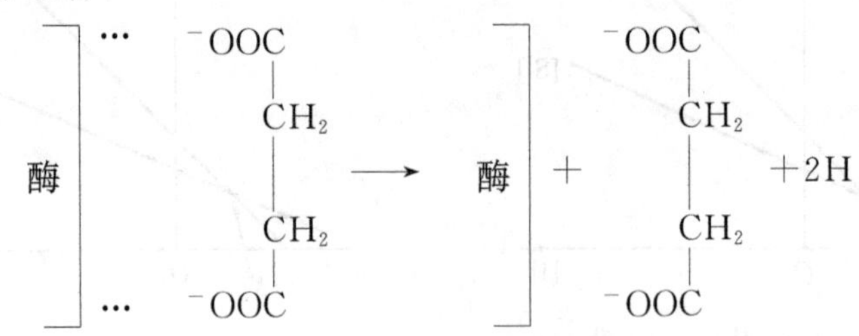

当底物浓度很高时，可能会产生以下情形：

$$\left|\begin{array}{l}\cdots{}^{-}OOC\cdot CH_2\cdot CH_2\cdot COO^{-}\\ \cdots{}^{-}OOC\cdot CH_2\cdot CH_2\cdot COO^{-}\end{array}\right.$$

所以反应不能发生，除非有一个分子解离，反应才能进行，底物抑制特征如图 2-17 所示。

一般当一分子底物与酶的一个位点结合时，另一个底物与酶上分开的位点结合，往往会形成死端复合物。过量的底物分子可视为反竞争性抑制剂。

v_0

O [S]

图 2-17 底物抑制的米氏作图

$$E \underset{}{\overset{k_1,[S]}{\rightleftharpoons}} ES \xrightarrow{k_2} E + P,\quad ES \underset{k_{-3}}{\overset{k_3,[S]}{\rightleftharpoons}} ES_2 \tag{2-20}$$

$$v = k_2[ES],K'_s = k_{-3}/k_3 \tag{2-21}$$

$$v = \frac{v_{max}}{1+\frac{K_m}{[S]}+\frac{[S]}{K'_s}} \tag{2-22}$$

由式(2-22)可以看出，当$[S] \ll K'_s$时，可化为 Michaelis 方程式，双倒数作图，可求出 K_m 和 v。当$[S] \gg K_m$ 时，可简化为

$$\frac{1}{v} = \frac{1}{v_{max}}\left(1+\frac{[S]}{K'_s}\right) \tag{2-23}$$

此时以$\frac{1}{v}$对[S]作图，取其直线延长部分，即可求得 K'_s和 v_1，如图 2-18 所示。

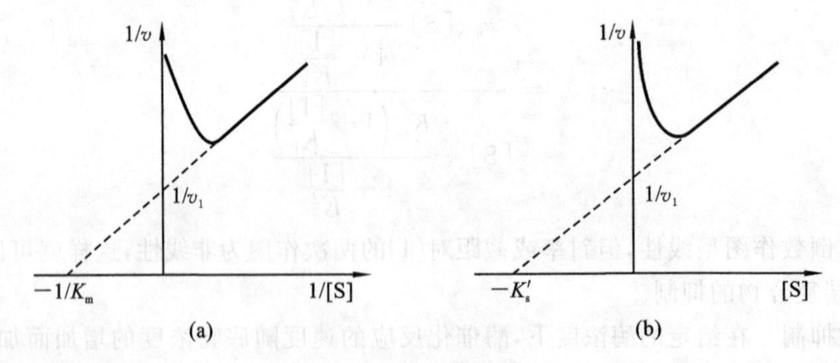

图 2-18 $1/v$ 对[S]作图

(a)底物抑制作用的双倒数图($[S] \ll K'_s$)；(b)底物抑制作用 $1/v$ 对[S]作图($K_m \ll [S]$)

(4)产物抑制　产物对酶反应的抑制作用在生物体中较为常见。在细胞内,酶反应的产物虽然不断地为另外的酶所作用,但 S 和 P 总是同时存在的。因此,考虑产物对反应速度的影响,可能具有一定的意义。

在单底物酶促反应中,例如

$$E+S \underset{k_{-1}}{\overset{k_1}{\rightleftharpoons}} (ES \rightleftharpoons EP) \underset{k_{-2}}{\overset{k_2}{\rightleftharpoons}} E+P \tag{2-24}$$

其速度方程为

$$v=\frac{v_{1\max}K_{mp}[S]-v_{2\max}K_{ms}[P]}{K_{ms}K_{mp}+K_{mp}[S]+K_{ms}[P]} \tag{2-25}$$

式中,$v_1=k_2[E_0]$,$v_2=k_{-1}[E_0]$,$K_{ms}=\frac{k_{-1}+k_2}{k_1}$,$K_{mp}=\frac{k_{-1}+k_2}{k_{-2}}$。

以 K_{mp} 去除分子、分母得

$$v=\frac{v_{1\max}\left([S]-\frac{v_{2\max}}{v_{1\max}}\frac{K_{ms}}{K_{mp}}[P]\right)}{K_{ms}\left(1+\frac{[P]}{K_{mp}}\right)+[S]} \tag{2-26}$$

因为

$$K_{eq}=v_{1\max}K_{mp}/v_{2\max}K_{ms} \tag{2-27}$$

所以

$$v=\frac{v_{1\max}([S]-[P]/K_{eq})}{K_{ms}\left(1+\frac{[P]}{K_{mp}}\right)+[S]} \tag{2-28}$$

式(2-28)在形式上与 Michaelis-Menten 方程一致,只是分子中以($[S]-[P]/K_{ep}$)代替了[S],分母中以 $K_{ms}(1+[P]/K_{mp})$ 代替了 K_m,这就是说产物 P 对反应速度的影响相对于底物 S 的竞争性抑制对反应速度的影响。

3. 酶抑制剂在药物设计中的开发及应用

酶抑制剂在药物设计中的开发及应用方面有着重要的作用。许多药物都是利用酶抑制剂的原理设计的,如磺胺类药物、某些抗癌药物、氨基叶酸等就是利用这竞争性抑制作用的原理而设计的。

磺胺类药物作用的基本原理:某些细菌的生长繁殖必须用对氨基苯甲酸合成叶酸;磺胺类药物的基本结构是对氨基苯磺酰胺,与对氨基苯甲酸的结构相似,可与对氨基苯甲酸竞争与叶酸合成酶结合,导致叶酸合成受阻,进而影响核苷酸和核酸的合成。由于人体能直接利用食物中的叶酸,而细菌不能,故磺胺类药物可抗菌消炎。

对抗流感药物的疏忽引发了全球性的抗流感药物短缺问题。目前市场上只有两种主要的抗流感药物。同时,对禽流感的担心,促使各国政府采取了相应的药物储备措施,结果导致抗流感药物的需求变得更加紧张。不过这也带来了一个积极的结果:抗流感药物研究领域开始复苏。自从 1983 年确定了流感病毒神经氨酸酶(NA)的晶体结构及其与天然底物唾液酸的共晶结构以来,流感病毒 NA 抑制剂的研究,尤其是其唾液酸类似物的研究取得了突破性进展。对晶体结构的了解允许人们进行分子模拟研究,进而设计开发高效、高选择性的抑制剂。如果能通过进一步结构优化提高其活性,将有望研制出一类新的高效抗流感病毒药物,而构效关系研究是药物设计的一种重要方法,它对于设计和筛选生物活性显著的药物以及阐述药物的作用机理等具有指导作用。因而构建这些化合物的分子结构与生物活性之间的定量相关模型对于研究、设计和开发出高效抗流感药物具有重要意义。

肿瘤是当今世界直接危及人类生命的一种常见的疾病。传统的细胞毒抗癌药因缺乏作用靶标的选择性而往往产生较为严重的毒副反应，极大地制约了其临床效果的发挥。随着分子医学和分子生物学的发展，对抗癌药物的研究已从传统的、非特异的细胞毒药物向作用于多信号传导分子、多环节的选择性药物发展。

组蛋白去乙酰化酶（HDAC）是目前最具有发展前景的一类非激酶抗癌靶标。HDAC 介导核小体结构改变和调节基因表达，参与细胞周期进程和分化，并且与多种疾病如癌症、急性髓性白血病、病毒和感染等的发生与发展有关。HDAC 和组蛋白乙酰化酶（histoneacetylases，HATs）共同决定组蛋白的乙酰化水平。通过对去乙酰化的抑制作用，可以导致染色质过乙酰化，促进癌细胞的基因活化，从而导致细胞分化或死亡。ZOLINZA(R)（SAHA）已于 2006 年底被美国 FDA 批准以皮肤 T 淋巴细胞瘤（CTCL）为适应证而上市应用。这标志着 HDAC 作为新颖药物靶标的概念验证性研究阶段的结束，也预示了 HDAC 抑制剂作为新型抗肿瘤药物的广阔开发前景。在非肿瘤疾病方面，已经进行了临床前的模型研究。目前已经有多种 HDAC 抑制剂进入临床实验研究，既可以单剂使用，也能够与其他药物联合使用。此外，由于 HDAC 抑制剂具有放射增敏作用，HDAC 抑制剂和放射治疗也成为联合应用治疗癌症的一个重要策略。

2.4.7 酶的激活剂

凡能提高酶活性，加速酶促反应进行的物质都称为该酶的激活剂（activator）。激活剂按其相对分子质量大小可分为以下三种。

1. 无机离子激活剂

无机阴离子（如 Cl^-、Br^-、I^-）和某些金属离子（如 Na^+、K^+、Mg^{2+}、Ca^{2+}、Zn^{2+}、Mn^{2+} 等）都可作为激活剂。如 Cl^- 是唾液淀粉酶的激活剂，Zn^{2+} 是羧肽酶的激活剂，而 Mg^{2+} 则是合成酶的激活剂等。一般认为金属离子的激活剂作用，主要是由于金属离子在酶和底物之间起了桥梁的作用，形成酶-金属离子-底物三元复合物，从而更有利于底物和酶的活性中心部位的结合。

2. 一些小分子的有机化合物

如抗坏血酸、半胱氨酸、谷胱甘肽等对某些含巯基的酶也有激活作用，它们主要是保护巯基酶分子中的巯基不被氧化，从而提高酶的活性。如 3-磷酸甘油醛脱氢酶就属于巯基酶，在其分离纯化过程中，往往要加上述还原剂，以保护其巯基不被氧化。另外，乙二胺四乙酸（EDTA）是金属离子的螯合剂，能解除重金属离子对酶的抑制作用，也可视为酶的激活剂。

3. 生物大分子激活剂

一些蛋白激酶对某些酶的激活，在生物体代谢活动中起重要的作用。如磷酸化酶 b 激酶可激活磷酸化酶 b，而磷酸化酶 b 激酶又受到 cAMP 依赖性蛋白激酶的激活。霍乱毒素由相对分子质量为 2.9×10^4 的 A 亚基和相对分子质量为 1.0×10^4 的 B 亚基组成，它可激活小肠黏膜上皮细胞上的腺苷酸环化酶。

激活剂对酶的作用具有一定的选择性，一种激活剂对某种酶可能具有激活作用，但对另一种酶可能具有抑制作用。如镁离子是脱酸酶、烯醇化酶、DNA 聚合酶等的激活剂，但对肌球蛋白腺三磷酶的活性有抑制作用。另外，各离子之间有时还有拮抗作用，如 Na^+ 能抑制 K^+ 激活的酶，Ca^{2+}能抑制Mg^{2+}激活的酶。有时金属离子之间还可相互替代，如Mg^{2+}作为激酶的激活剂可被Mn^{2+}代替。激活剂的浓度不同其作用也不一样，有时对同一种酶低浓度时起激活作用，而高浓度时则起抑制作用。

激活无活性的酶原转化为有活性的酶的物质也称为激活剂，这类激活剂往往都是蛋白质性质的大分子物质，如前所述的胰蛋白酶原的激活。但酶的激活与酶原的激活有所不同，酶的激活是使已具有活性的酶的活性增高，是活性由小变大；而酶原的激活则是使本来无活性的酶原变为有活性的酶。

2.5 酶活力的测定

2.5.1 酶活力单位的定义

1. 酶活力的定义

酶活力(enzyme activity)又称酶活性，是指酶催化某一化学反应的能力，酶活力的大小可以用在一定的条件下，酶催化某一化学反应的反应速率来表示。所以，酶活力的测定，实际上就是测定酶所催化的化学反应的速率。反应速率愈大，表示酶活力愈高。

反应速率可用单位时间内底物的减少量或产物的生成量来表示，所以反应速率的单位为mol/(L·min)。在一般的酶促反应体系中，底物的量往往是过量的。在测定出速率范围内，底物减少量仅为底物总量的很小一部分，测定不易准确；而产物从无到有，较易测定。故一般用单位时间内产物的生成量来表示酶催化的反应速率。

2. 酶活力单位的定义

酶活力高低即酶量的多少用酶活力单位(enzyme activity unit，U)来表示，也称酶单位。因此酶活力单位是表示酶量多少的单位。

在实际工作中，酶活力单位往往与所用的测定方法、反应条件等因素有关。同一种酶采用的测定方法不同，酶活力单位往往也不尽相同；如乳酸脱氢酶活力单位的定义是，在 25 ℃，pH 7.5条件下，每分钟$A_{340\ nm}$增加 0.1 个单位或 0.5 个单位为一个活力单位。也可用丙酮酸的增加量来表示：在最适条件下，每分钟增加 10 μmol/L 或者 5 μmol/L 丙酮酸为一个活力单位。为了便于比较和统一活力标准，1961 年国际生物化学学会(IUB)酶学委员会提出使用国际单位(IU)。一个国际单位是指在最适条件(温度 25 ℃、具有最适底物浓度、最适 pH 和离子强度系统)下，每分钟内能转化 1 μmol 底物或催化 1 μmol 产物形成所需要的酶量。如果酶的底物中有一个以上的可被作用的键或基团，则一个国际单位指的是每分钟催化 1 μmol/L 的有关基团或键的变化所需的酶量。

1972 年，国际生物化学学会酶学委员会为了使酶的活力单位与国际单位制中的反应速率表达方式一致，推荐使用一种新的单位“催量”，即 Katal(简称 Kat)来表示酶活力单位。1 Kat 单位定义为：在最适条件(25℃、具有最适底物浓度、最适 pH 和离子强度系统)下，每秒能使 1 mol/L底物转化为产物所需的酶量定义为 1 Kat 单位。同理，可使 1 μmol/L 底物转化的酶量定义为1 μKat单位；以此类推，有毫微 Kat(nKat)和微微 Kat(pKat)等。催量和国际单位之间的关系如下：

$$1\ \text{IU} = 1\ \mu\text{mol/(L·min)} = 1/60\ \mu\text{mol/(L·s)} = 1/60\ \mu\text{Kat} = 16.6\ \text{nKat}$$

虽然酶活力单位有国际上的统一定义，但实际上在各种文献中及商品酶制剂中，酶活力单位的定义一直处于混乱状态中，仍旧各自随意制定单位。因此，要比较文献报道的或者不同品牌酶制剂的酶活性大小时，必须注意它们的单位定义及检测系统和条件。

2.5.2 酶活力的测定方法

1. 酶活力测定

酶最重要的特征是具有催化一定化学反应的能力，在酶作用之下的化学反应进行的速率，就代表酶的活力。因此酶活力的测定，实质上就是一个测定为酶所催化的反应速率的问题。无论在酶的分离提纯过程或是在对酶的性质研究过程中，都需要对酶的活力进行经常的大量的测定工作。

2. 酶活力测定方法

酶活力的测定与底物浓度、酶浓度、pH、温度、激活剂、抑制剂的浓度以及缓冲液的种类和浓度都密切相关。酶活力测定可用终止（中止）反应法或连续反应法。

（1）终止（中止）反应法测定酶活力　终止反应法（stopped method）是在恒温系统中进行酶促反应，间隔一定的时间，分几次取出一定容积的反应液，使酶即刻停止作用，然后分析产物的生成量或底物的消耗量，算出酶活力。这是最古典的但仍然是经常使用的方法，几乎所有的酶都可以根据这一原理，设计测定其活力的具体方法。让酶停止作用常使用强酸、强碱、三氯乙酸或过氯酸，亦可用SDS（十二烷基磺酸钠）使酶失活，或迅速加热使酶变性等。酶反应的底物或产物一般可用普通化学法、放射性化学法、酶偶联法进行测定。

①普通化学法：化学法是利用化学反应使产物变成一个可用某种物理方法测定的化合物，如根据比色、酸碱测定等来计算酶的活性。分为比色法和滴定法。

a. 比色法。如果酶反应的产物可与特定的化学试剂反应而生成稳定的有色溶剂，生成颜色的深浅与产物浓度在一定的浓度范围内有线性关系可用此法，如蛋白酶的活力测定。蛋白酶可水解酪蛋白，产生的酪氨酸可与福林试剂反应生成稳定的蓝色化合物，在一定的浓度范围内，产生蓝色化合物颜色的深浅与酪氨酸的量之间有线性关系，可用于测定。

b. 滴定法。如果产物之一是自由的酸性物质或碱性物质可用此法。如酯酶催化脂肪水解出脂肪酸，脂肪酸的浓度可用 NaOH 溶液进行滴定。这种方法目前多被 pH 电极取而代之，即采用 pH 电极跟踪反应过程中 H^+ 的变化，用 pH 的变化来测定酶的反应速率。

化学分析法的优点是在分析底物或产物时，最常使用的滴定或比色方法都不需要特殊仪器，有恒温水槽、滴定管、小型离心机及比色计即可进行工作。对于绝大多数的酶，都可根据其底物及产物的化学性质，设计具体的测定方法，应用范围较广。其缺点是由于测定结果是根据间隔一定的时间取样分析所得，取样过多，则总的工作量较大，取样过少，则不能取得酶反应过程的全貌；并且在实际操作过程中，取样及停止作用时间不易准确控制，因此对于反应较快的酶反应，结果不够准确。

目前，市场上已有酶分析仪商品，将不同时间取样、停止反应、加入反应试剂、保温、比色或其他测量方法编排成程序，自动地依次完成，并将分析结果由打印机输出。有了这种仪器，我们对化学分析法也应作新的评价。

②放射性化学法：放射性化学法也称同位素测定法，经同位素标记的底物在酶活力测定中有很重要的价值。用于标记的同位素一般有^{3}H、^{14}C、^{32}P、^{35}S、^{131}I。当同位素衰变时放出 β 射线（粒子）。

放射性化学法原理与化学法相似，但反应终止后，必须把放射标记的底物与产物分离，多用层析和电泳法，然后测定产物（或底物）的放射性，就可得知酶的活性。^{32}P或^{131}I产生的高能β射线，可用Geiger muiller计数器直接计数，^{3}H、^{14}C和^{35}S产生的低能β射线，通常用液体闪烁计数器计数。

一般来说，放射性化学法非常灵敏，可直接应用于酶活力测定，也可用于体内酶活力测定。特别适用于低浓度的酶和底物的测定。缺点是操作烦琐，样品需分离，反应过程无法连续跟踪，且同位素对人体有损伤作用。此外，辐射淬灭会引起测定误差，如^{3}H发射的射线很弱，甚至会被纸吸收。

③酶偶联法：某些酶促反应本身没有光吸收的变化，通过偶联至另一个能引起光吸收变化的酶反应，是第一个酶反应的产物，转变成第二个酶的具有光吸收变化的产物来进行测定。如葡萄糖氧化酶的活力测定就是与过氧化氢酶相偶联而进行的。其基本方法：葡萄糖氧化酶催化葡萄糖氧化生成D-葡萄糖酸和过氧化氢，加入过氧化氢酶后，过氧化氢分解产生氧，氧又与邻联二茴香胺发生氧化反应，生成一棕色化合物，测定其在460 nm处的光吸收可确定反应的速率，计算出酶的活力。

（2）连续反应法测定酶活力　连续法（continuous method）测定酶活力，不需要取样中止反应，而是基于反应过程中光谱吸收、气体体积、pH、温度、黏度等的变化用仪器跟踪监测反应进行的过程，记录结果，算出酶活力。连续法使用方便，一个样品可多次测定，且有利于动力学研究，但很多酶反应还不能用该法测定。

①一般连续法：一般连续法根据测定原理不同，又分为光谱吸收法、电化学法、量气法、量热法及旋光法。

a. 光谱吸收法。该法主要是指分光光度法和荧光法。

分光光度法是利用反应物和产物在紫外光和可见光部分光吸收的不同，选择一适当的浓度，连续测定读出反应过程中光吸收的变化。该法适用于一些反应速率较快的酶。自动记录仪的普遍使用使该法更容易被人们接受。很多氧化还原酶都可以根据作用过程中反应混合物光吸收性质的改变而测定其活力。如脱氢酶以NAD^{+}或$NADP^{+}$作为辅酶，反应中形成NADH或NADPH，340 nm处可以观察到光吸收的变化。

荧光法是指有荧光性的化合物吸收了某一波长的光后发射出更长波长的光。只要酶反应的底物或产物之一具有荧光，测定荧光的变化就可表示出酶反应的速率。如NAD(P)H在340 nm处吸收光后发射出460 nm的光。因而，这两个辅因子的任何反应都可用荧光法测定。有荧光的双乙酸酯常用作酯酶的底物，强荧光性的4-methylumbeuifeone衍生物已广泛用作酯酶、糖苷酶、磷酸（酯）酶和硫酸（酯）酶研究的底物。由于酶分子中常有Tyr、Trp，它们在紫外光范围可以吸收和发射荧光，因此荧光法测定酶活性尽可能选择可见光范围。此外，测定中较麻烦的是由于荧光淬灭（吸收的光转移到另一个分子或基团，如碘化物、重铬酸盐而不再发射出来）导致荧光强度的降低。

b. 电化学法。很多不同类型的电化学方法已用于酶反应测定中，其中最重要的是电位计计数。其基本原理是溶液的电势取决于被测物质的浓度和性质。采用这一原理制成的离子选择性电极如pH电极可测定酶反应过程中反应液pH的变化，从而得知参与反应的酶的活力。实际上，H^{+}变化的酶促反应需要不断加入酸或碱来恒定溶液的pH，才能使酶活力不发生变化。滴加酸或碱的速率即表示反应速率，已有商品化的pH自动滴定仪，使用十分方便。

极谱法是另一种常用的电化学方法。溶液中浸入两个电极，其间加上一个恒定电位，通过监测反应过程中电流的变化来计算参与反应的酶活力。在有些酶促反应过程中，由于氧气的生成或消耗，引起溶液中溶氧的变化，从而引起电极之间电流大小的变化，即可计算酶活力，如葡萄糖氧化酶催化的反应，可通过检测电流随时间的变化，了解反应过程中氧气的生成或消耗，该法灵敏度较高。

进一步改进的方法是将氧电极（或其他专一性电极）与固定化酶偶联，形成可分析专一性底物的酶电极。如在氧电极上涂一层用聚丙烯酰胺凝胶固定的葡萄糖氧化酶膜，可用于分析D-葡萄糖，这一方法灵敏度高，专一性强，且非常方便。

电化学法的优点是测定系统如有某物质污染，不会影响结果。

c. 量气法。在酶反应中底物或产物之一为气体时，可以通过测量反应系统中气相的体积或压力的改变，计算出气体释放或吸收的量。根据气体变化与时间的关系，即可求出酶反应速率。最常用的气体测量仪器为瓦（勃）氏测压仪（Warburg manometric apparatus）。氨基酸脱羧酶、脲酶的活力测定，产生的二氧化碳量可用瓦（勃）氏测压仪测定。用测压仪测定酶活力的优点是可以连续取得读数，以了解整个酶反应的过程，缺点是灵敏度、准确程度都较光谱吸收法低。

d. 量热法。由于在反应过程中有反应热的变化，用非常灵敏的量热计可以测定酶促反应速率。该法灵敏，无干扰，且很通用，近年来逐渐引起了人们的重视。

与缓冲液发生的第二次反应，可以增加酶活力测定的灵敏性。如第一个反应产生的质子，可被缓冲液捕捉并放热。在 pH 8 的 Tris 缓冲液中，利用己糖激酶测定血液中葡萄糖浓度：

$$\text{葡萄糖} + \text{ATP} \longrightarrow \text{葡萄糖-6-磷酸} + \text{ADP} + \text{H}^+ \quad (\Delta H = -28\ \text{kJ/mol})$$

$$\text{Tris} + \text{H}^+ \longrightarrow \text{Tris-H}^+ \quad (\Delta H = -47\ \text{kJ/mol})$$

可见第二个反应比第一个反应释放的热量多。

e. 旋光法。在某些磷酸化的反应中，底物和产物的旋光有所不同，这时就可以根据旋光的变化来跟踪反应过程。在某些情况下，可通过形成配合物来提高旋光度。如乳酸与钼酸盐反应形成高比旋配合物，故可用旋光计跟踪 LDH 催化的乳酸和丙酸之间的转换。然而，在通常情况下，由于该法与其他方法相比灵敏度低，因而很少采用。

②偶联连续法：偶联连续法就是将指示酶直接加到待测酶促反应系统中，将其产物直接或间接转化成一个可用光谱吸收仪检测的化合物。连续的偶联反应必须在酶反应相同条件（pH、温度等）下进行，且加入的指示酶以及其他各种物质不能干扰原来的酶活力。

一般来说，偶联连续法测定酶活力操作比较方便，但为了保证指示反应在整个反应系统中为非限速步骤，指示酶需要量较大，且两种以上的酶在同一反应系统中进行反应，条件受到一定程度的限制。

(3)酶活力测定中应该注意的几个问题　酶促反应和一般化学反应一样，都是在一定条件下进行的，但酶促反应要比一般化学反应复杂得多，除了反应物以外，还有酶这样一个决定性因素。因此，酶活力测定除了必须遵照所用分析化学方法的操作要求外，又有它的一些特点。

首先，测定的酶促反应速率必须是初速率，只有初速率才与底物浓度成正比。初速率的确定一般指底物消耗量在 5%以内，或产物形成量占总产量的 15%以下时的速率。其次，底物浓度、辅因子的浓度必须大于酶浓度（即过饱和），否则，底物浓度本身是一个限制因子，此时的反应速率是两个因素的复变函数。再次，反应必须在酶的最适条件（如最适温度、pH 和离子强度等）下进行。最后，测定酶活力所用试剂中不应含有酶的激活剂、抑制剂，同时底物本身不要有裂解。用反应速率对酶浓度作图，应得一条通过原点的直线，即速率为酶浓度的线性函数。

2.5.3　常用酶的酶活力检测实例

1. 超氧化物歧化酶(SOD)活力测定

(1)基本原理　SOD 是一类专门清除体内超氧阴离子的酶，催化反应为

$$O_2\cdot^- + O_2\cdot^- + 2H^+ \longrightarrow H_2O_2 + O_2$$

由于 $O_2\cdot^-$ 在溶液中极不稳定，给酶活力测定带来许多不便。目前已有根据 $O_2\cdot^-$ 的物理性质测定 $O_2\cdot^-$ 的歧化量，从而直接测定的 SOD 活力的方法。如电子顺磁共振波谱(ESR)、核磁共振法(NMR)、紫外分光光度法等。这里只介绍化学法测定酶活力。以连苯三酚法为例：连苯三酚在一定条件下发生子氧化反应，产生的 $O_2\cdot^-$ 可通过自氧化速率来表示。加入 SOD，可抑制自氧化速率，由此计算出酶活力。

SOD 活力单位定义：一定的实验条件下(见操作)，抑制率达到 50%时 SOD 的浓度为 1 个酶单位。

(2)操作方法　在试管中加入 pH 8.2 的 50 mmol/L 连苯三酚溶液(对照管用 10 mol/L HCl 代替)10 μL，迅速摇匀倒入 1 cm 比色杯，每隔 30 s 在 325 nm 处测一次光吸收值，即可测出连苯三酚的自氧化速率。一般要求自氧化速率控制在 0.070 OD/min。测酶或粗酶液活力时，方法与测自氧化速率相同，所不同的仅是在加入缓冲液后再加入 10 μL 待测样品即可。

(3)酶活力计算方法

单位体积活力(U/mL)=[(0.07－样品速率)/0.07×100%]/50%
×反应液总体积×(样液稀释倍数/样液体积)

总活力(U)=单位体积活力(U/mL)×原液总体积

用这种方法测酶活力时，应注意由于连苯三酚和被测样液的加入量只有 10 μL，在整个反应系统中可忽略不计，故反应液总体积按 4.5 mL 计算。

2. 糖苷酶的活力测定

(1)基本原理　糖苷酶的活力测定多用人工底物，如对硝基苯基糖苷在糖苷水解酶的作用下，糖苷键断裂，产生等当量的糖和对硝基苯酚。对硝基苯酚在碱性条件下，于 $\lambda_{400\ nm}$ 处有特征光吸收。从对硝基苯酚对光吸收的标准曲线，可以计算出糖苷水解酶的活性。

(2)操作方法　在试管中加入 5 mmol/L 对硝基苯基糖苷 200 μL，pH 4.6 的 0.2 mol/L 磷酸氢二钠和 0.1 mol/L 柠檬酸配制的缓冲液 200 μL，37 ℃预保温 10 min，再加入 x μL 待测样品并用水补足到 100 μL，37 ℃反应 15 min，用 0.5 mol/L Na_2CO_3 1 mL 中止反应(注意空白管中用水代替对硝基苯基糖苷和待测样品)，在 $\lambda_{400\ nm}$ 处测定光吸收值。

(3)酶活力计算　酶活力单位定义为在上述测定条件下每分钟释放 1 μmol 对硝基苯酚的量为 1 个单位的酶，对照标准曲线，即可计算出酶活力。

(本章内容由金黎明和刘越编写、金明飞初审、方俊审核)

思考题

1. 辅酶、辅基与酶蛋白有何关系？辅酶、辅基在催化反应中起什么作用？
2. P 酶和 R 酶的分类和命名有何异同？

3.酶作为生物催化剂有哪些特点?
4.试分析酶的催化反应的机制。
5.解释下列名词:活化能、酶的转换数、米氏常数、别构酶以及酶偶联分析法。
6.什么叫核酶、脱氧核酶、抗体酶?它们的发现有何重要意义?

参考文献

[1] 龚仁敏.酶可逆抑制作用中线性混合型抑制的动力学[J].安徽师范大学学报(自然科学版),1998,21(1):46-49.
[2] 罗贵民.酶工程[M].北京:化学工业出版社,2002.
[3] 施巧琴.酶工程[M].北京:科学出版社,2005.
[4] 徐凤彩.酶工程[M].北京:中国农业出版社,2001.
[5] 袁勤生,赵健.酶与酶工程[M].上海:华东理工大学出版社,2005.

第3章 酶的生产

【本章要点】

本章主要包括酶的生产、酶的分离纯化和典型酶制剂的生产工艺。主要讲授：①微生物发酵产酶。通过了解产酶微生物的生理特征及酶的生物合成模式，选择合适的发酵方式和发酵工艺条件，提出了提高酶生物合成的策略。②蛋白类酶的分离纯化。通过梳理酶的纯化特点、策略、方法和基本原则等，具体介绍了蛋白类酶的纯化方法和原理，让读者了解酶纯化的一般过程和方法，掌握酶纯化的基本知识和概念。③介绍了典型酶制剂(包括蛋白酶、淀粉酶及脂肪酶等)的生产工艺及酶活力测定方法，从而使读者对酶制剂的生产有一个全面的、感性的认识，以达到理论联系实际的目的。

3.1 酶的生产方法概述

酶是活细胞产生的具有催化作用的生物大分子，广泛存在于动物、植物和微生物体内。酶的生产是指经过预先设计，并且通过人工控制而获得所需要酶的过程。酶的生产方法包括提取分离法、生物合成法和化学合成法，其中最常见的为生物合成法。生物合成法又包括微生物发酵产酶、植物细胞和动物细胞大量培养产酶。

3.1.1 提取分离法

提取分离法是从微生物细胞或动植物组织中提取粗酶，再通过各种生化分离纯化技术获得纯度较高的酶，最终制备酶制剂商品或用于酶催化反应。酶提取法主要有盐溶液提取、酸溶液提取、碱溶液提取或有机溶剂提取等，酶的分离纯化技术参见第3.3节。提取法虽简单易行，但必须有充足的原料，使提取法的广泛应用受到限制。

3.1.2 生物合成法

生物合成法是通过细胞的生命活动合成各种酶的过程。一般是经过预先设计，再通过人工操作，利用微生物、植物及动物细胞的生命活动，获得所需酶。其中，微生物发酵产酶是生物合成法生产酶的主要方法。

3.1.3 化学合成法

化学合成法是20世纪60年代末出现的一种生产酶的技术。1969年，美国科学家首次采用化学合成的方法获得了含有124个氨基酸的核糖核酸酶。但是,化学合成法的成本比较高,并且只能合成那些已知化学结构的酶。因此,化学合成法目前仍然停留在实验室内合成的阶段,并不适合大规模生产。

3.2 微生物发酵产酶

虽然所有的微生物细胞在一定的条件下都能合成多种多样的酶,但并不是所有的微生物都能够用于酶的生产。一般来说,可以用于酶生产的微生物应具有以下特点:①生长繁殖快,生活周期短,酶的产量高,有较好的开发应用价值;②容易培养和管理,即对培养基和工艺条件没有特别苛刻的要求,容易生长繁殖,适应性强,易于控制,便于管理;③产酶稳定性好,即在正常的生产条件下,能够稳定地生长和产酶,不易退化;④微生物有较强的适应性和应变能力,可以通过适应、诱导、诱变及基因工程等方法培育出新的产酶量高的菌种;⑤利于酶的分离纯化,即产酶微生物与其他杂质容易和酶分离,以便获得所需纯度的酶;⑥安全可靠,无毒性,不会对人体和环境产生不良影响,也不会对酶的应用产生其他不良影响。

3.2.1 常用的产酶微生物

优良的产酶菌种是提高酶产量的关键,筛选符合生产需要的菌种是发酵生产酶的首要环节,产酶菌种的筛选方法与发酵工程中微生物的筛选方法一致,主要包括以下几个步骤:含菌样品的采集、菌种分离、产酶性能测定及复筛等。产酶微生物主要包括细菌、放线菌、霉菌、酵母等,有不少性能优良的微生物菌株已经在酶的发酵生产中广泛应用。产酶微生物的基本要求:①不可用致病菌;②发酵周期短、产酶量高;③不易变异退化;④最好是产生胞外酶的菌种,利于分离;⑤对于医药和食品用酶,还应考虑安全性。凡从可食部分或食品加工中传统使用的微生物生产的酶是安全的;由非致病微生物制取的酶,需做短期毒性实验;由非常见微生物制取的酶,需做广泛的毒性实验,包括慢性中毒实验。

1. 细菌

细菌属于真细菌纲(Schizomycetes)、单细胞、横分裂或二分裂繁殖,在酶的生产中常用的细菌有大肠杆菌、枯草芽孢杆菌等。①大肠杆菌(*Escherichia coli*):大肠杆菌细胞呈杆状,大小为0.5 μm ×(1~3) μm,无芽孢,革兰氏阴性菌,菌落从白色到黄色,光滑闪光、扩展。可以用于谷氨酸脱羧酶、天冬氨酸酶、青霉素酰化酶、天冬酰胺酶、β-半乳糖苷酶、限制性核酸内切酶、DNA聚合酶、DNA连接酶、外切核酸酶等的生产。②枯草杆菌(*Bacillus subtilis*):枯草杆菌细胞呈杆状,大小为(0.7~0.8) μm ×(2~3) μm,单个,无荚膜,周生鞭毛,运动,革兰氏阳性菌,菌落粗糙,不透明,污白色或微带黄色。枯草杆菌是应用最广泛的产酶微生物,可以用于α-淀粉酶、蛋白酶、β-葡聚糖酶、5′-核苷酸酶和碱性磷酸酶等的生产。

2. 放线菌

放线菌(*Actinomycetes*)是具有分枝状菌丝的单细胞原核微生物。常用于酶发酵生产的放线菌主要是链霉菌(*Streptomyces*)。链霉菌菌落呈放射状,具有分枝的菌丝体,菌丝直径0.2~1.2 μm,革兰氏阳性菌,菌丝有气生菌丝和基内菌丝之分,基内菌丝不断裂,只有气生菌丝形成孢子链。链霉菌是生产葡萄糖异构酶的主要微生物,还可以用于生产青霉素酰化酶、纤维素酶、碱性蛋白酶、中性蛋白酶、几丁质酶、16α-羟化酶等。

3. 霉菌

霉菌(*Molds*)是曲霉属的一类丝状真菌。用于发酵产酶的霉菌主要有黑曲霉、米曲霉、红曲霉、青霉、木霉、根霉、毛霉等。①黑曲霉(*Aspergillus niger*):黑曲霉是曲霉属黑曲霉群霉菌。菌丝体由具有横隔的分枝菌丝构成,菌丛黑褐色,顶囊大球形,小梗双层,分生孢子球形,平滑或粗糙。可用于糖化酶、α-淀粉酶、酸性蛋白酶、果胶酶、葡萄糖氧化酶、过氧化氢酶、核糖核酸酶、脂肪酶、纤维素酶、橙皮苷酶和柚苷酶等的生产。②米曲霉(*Aspergillus oryzae*):米曲霉菌丛一般为黄绿色,后变为黄褐色,分生孢子头呈放射形,顶囊球形或瓶形,小梗一般为单层,分生孢子球形,平滑,少数有刺,分生孢子梗长达 2 mm 左右,粗糙。米曲霉中糖化酶和蛋白酶的活力较强,在我国传统的酒曲和酱油曲的制造中应用广泛。此外,米曲霉还可以用于氨酰化酶、磷酸二酯酶、果胶酶、核糖核酸酶 P 等的生产。③红曲霉(*Monascus*):红曲霉菌落初期白色,成熟后变为淡粉色、紫红色或灰黑色,通常形成红色色素。菌丝具有隔膜,多核,分枝甚繁。分生孢子着生在菌丝及其分枝的顶端,单生或成链,闭囊壳球形,有柄,其内散生 10 多个子囊,子囊球形,内含 8 个子囊孢子,成熟后子囊壁解体,孢子则留在闭囊壳内。红曲霉可用于 α-淀粉酶、糖化酶、麦芽糖酶、蛋白酶等的生产。④青霉(*Penicillium*):青霉属于半知菌纲。其营养菌丝体无色、淡色或具有鲜明的颜色,有横隔,分生孢子梗亦有横隔,光滑或粗糙,顶端形成帚状分枝,小梗顶端串生分生孢子,分生孢子球形、椭圆形或短柱形,光滑或粗糙,大部分在生长时呈蓝绿色。青霉菌种类很多,其中产黄青霉(*Penicillium chrysogenum*)用于葡萄糖氧化酶、苯氧甲基青霉素酰化酶、果胶酶、纤维素酶等的生产。橘青霉(*Penicillium citrinum*)用于 5′-磷酸二酯酶、脂肪酶、葡萄糖氧化酶、凝乳蛋白酶、核酸酶 S_1、核糖核酸酶 P_1 等的生产。⑤木霉(*Trichoderma*):木霉属于半知菌纲,生长时菌落生长迅速,呈棉絮状或致密丛束状,菌落表面呈不同程度的绿色,菌丝透明,有分隔,分生孢子近球形、椭圆形、圆筒形或倒卵形,光滑或粗糙,透明或亮黄绿色。它是生产纤维素酶的重要菌株。木霉生产的纤维素酶中包含有 C_1 酶、Cx 酶和纤维二糖酶等。此外,木霉中含有较强的 17α-羟化酶,常用于甾体转化。⑥根霉(*Rhizopus*):根霉生长时,由营养菌丝产生匍匐枝,匍匐枝的末端生出假根,在有假根的匍匐枝上生出成群的孢子囊梗,梗的顶端膨大形成孢子囊,囊内产生孢子囊孢子。孢子呈球形、卵形或不规则形状。根霉可用于生产糖化酶、α-淀粉酶、蔗糖酶、碱性蛋白酶、核糖核酸酶、脂肪酶、果胶酶、纤维素酶、半纤维素酶等。根霉有强的 11α-羟化酶,是用于甾体转化的重要菌株。⑦毛霉(*Mucor*):毛霉的菌丝体在基质上或基质内广泛蔓延,无假根。菌丝体上直接生出孢子囊梗,一般单生,分枝较少或不分枝。孢子囊梗顶端都有膨大成球形的孢子囊。毛霉常用于蛋白酶、糖化酶、α-淀粉酶、脂肪酶、果胶酶、凝乳酶等的生产。

4. 酵母

酵母是一群属于真菌的单细胞微生物。它分为两大类:一类能产生子囊孢子,称为真酵母;另一类不能生成子囊孢子,称为类酵母。通常以出芽方式进行无性繁殖,也有少数酵母进行有性繁殖。细胞形状因菌株而异,有球形、卵圆形、柠檬形、梨形、腊肠形,也有丝状。大小一般为 1～30 μm。①啤酒酵母(*Saccharomyces cerevisiae*):啤酒酵母是啤酒工业上广泛应用的酵母。细胞有圆形、卵形、椭圆形或腊肠形。在麦芽汁培养基上,菌落为白色,有光泽,平滑,边缘整齐。营养细胞可以直接变为子囊,每个子囊含有 1～4 个圆形、光亮的子囊孢子。啤酒酵母可以用于转化酶、丙酮酸脱羧酶、醇脱氢酶等的生产。②假丝酵母(*Candida*):假丝酵母的细胞为圆形、卵形或长形。无性繁殖为多边芽殖,形成假菌丝,也有真菌丝,可生成无节孢子、子囊孢子、冬孢子或掷孢子,不产生色素。在麦芽汁琼脂培养基上,菌落呈乳白色或奶油色。

假丝酵母可以用于脂肪酶、尿酸酶、尿囊素酶、转化酶、醇脱氢酶等的生产。另外假丝酵母具有较强的 17α-羟化酶，可以用于甾体转化。

5. 基因工程菌

基因工程的发展使得人们可以较容易地克隆各种各样天然的酶基因，使其在微生物中高效表达，并通过发酵进行大量生产。构建基因工程菌的优点：①改善原有酶的各种性能，如提高酶的产量、增加酶的稳定性、根据需要改变酶的适应温度、提高酶在有机溶剂中的反应效率和稳定性、使酶在提取和应用过程中更容易操作等；②将原来有害的、未经批准的微生物的产酶基因或生长缓慢的动植物的产酶基因，克隆到安全的、生长迅速的、产量很高的微生物体内，通过微生物发酵来生产酶；③通过增加该酶的基因的拷贝数，来提高微生物产生的酶的数量。目前，世界上最大的工业酶制剂生产厂商丹麦诺维信（Novozyme）公司，生产酶制剂的菌种约有 80%是基因工程菌。迄今已有 100 多种酶基因克隆成功，包括尿激酶基因、凝乳酶基因等。其中，基因克隆是产酶基因工程菌构建的关键；同时要构建一个具有良好产酶性能的菌株，还必须具备良好的宿主-载体系统。一个理想的宿主应具备以下几个特性：①所希望的酶占细胞总蛋白量的比例要高，能以活性形式分泌；②菌体容易大规模培养，生长无特殊要求，且能利用廉价的原料；③载体与宿主相容，克隆酶基因的载体能在宿主中稳定维持；④宿主的蛋白酶尽可能少，产生的外源酶不会被迅速降解；⑤宿主菌对人安全，不分泌毒素。纤溶酶原激活剂（plasminogen activator，t-PA）和凝乳酶是应用基因工程进行大量生产的最成功例子。有关酶基因的克隆及表达的详细内容参见第 8 章的 8.1.1 和 8.1.3 小节。

3.2.2 微生物发酵产酶的方式

微生物发酵产酶是指在人工控制的条件下，有目的地利用微生物培养来生产所需的酶。其技术包括培养基和发酵方式的选择及发酵条件的控制管理等方面的内容。根据微生物培养方式的不同，酶的发酵生产可以分为固体培养发酵、液体深层发酵、固定化微生物细胞发酵和固定化微生物原生质体发酵等。

1. 固体培养发酵

固体培养发酵的培养基以麸皮、米糠等为主要原料，加入其他必要的营养成分，制成固体或者半固体状态，经过灭菌、冷却后，接种产酶微生物菌株，在一定条件下进行发酵，以获得所需的酶。我国传统的各种酒曲、酱油曲等都是采用这种方式进行生产的。固体培养发酵的优点是设备简单，操作方便，酶的浓度较高；其缺点是劳动强度较大，原料利用率较低，生产周期较长。

2. 液体深层发酵

液体深层发酵采用液体培养基，置于生物反应器中，经过灭菌、冷却后，接种产酶微生物菌株，在一定的条件下进行发酵，生产得到所需的酶。液体深层发酵不仅适合于微生物细胞的发酵生产，也可以用于植物细胞和动物细胞的培养。液体深层发酵的机械化程度较高，技术管理较严格，酶的产率较高，质量较稳定，产品回收率较高，是目前发酵产酶的主要方式。

3. 固定化微生物细胞发酵

固定化微生物细胞发酵是指将微生物细胞固定在水不溶性的载体上，细胞仅在一定的空间范围内进行生命活动（生长、繁殖和新陈代谢等）的技术。固定化细胞发酵具有如下特点：①细胞密度大，可提高产酶能力；②发酵稳定性好，可以反复使用或连续使用较长的时间；③细胞固定在载体上，流失较少，可以在高稀释率的条件下连续发酵，利于连续化、自动化生产；

④发酵液中含菌体较少，利于产品分离纯化，提高产品质量。

4. 固定化微生物原生质体发酵

固定化微生物原生质体是指固定在载体上、在一定的空间范围内进行新陈代谢的微生物原生质体。固定化微生物原生质体发酵具有下列特点：①固定化微生物原生质体可以使原来属于胞内产物的胞内酶分泌到细胞外，这样就可以不经过细胞破碎直接从发酵液中分离得到所需的酶，为胞内酶的工业化生产开辟崭新的途径。②采用固定化微生物原生质体发酵，使原来存在于细胞间质中的物质如碱性磷酸酶等，游离到细胞外，变为胞外产物。③固定化微生物原生质体由于有载体的保护作用，稳定性较好，可以连续或重复使用较长的一段时间。

3.2.3　微生物发酵产酶的工艺过程

微生物发酵产酶的工艺过程主要包括细胞的活化和扩大培养、发酵和分离纯化等环节，微生物发酵产酶的一般工艺流程如图3-1所示。

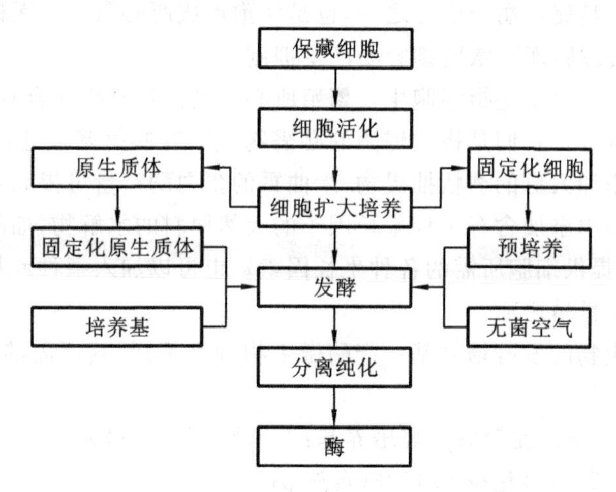

图3-1　微生物发酵产酶的工艺流程

1. 细胞活化与扩大培养

细胞活化是指保藏的菌种在用于发酵生产之前，必须接种于新鲜的固体培养基上，在一定的条件下进行培养，使细胞的生命活性得以恢复的过程。

细胞扩大培养是指活化了的细胞在种子培养基中经过一级乃至数级的扩大培养，以获得足够数量的优质细胞的过程。细胞扩大培养所使用的培养基和培养条件，应当是适合细胞生长、繁殖的最适条件。细胞扩大培养的时间一般以培养到细胞对数生长期为宜。有时需要采用孢子接种，则要培养至孢子成熟期才能用于发酵。

2. 培养基的组成

培养基是指人工配制的用于细胞培养和发酵的各种营养物质的混合物。微生物发酵产酶的培养基多种多样。不同的微生物，生产不同的酶，所使用的培养基不同。必须根据具体情况进行选择和优化。培养基的基本组分包括碳源、氮源、无机盐和生长因子等几大类。

(1)碳源　碳源是微生物细胞生命活动的基础，是合成酶的主要原料之一。工业生产上应考虑原料的价格及来源，通常使用各种淀粉及它们的水解物如糊精、淀粉水解糖、麦芽糖、葡萄糖等作为碳源，同时可以减少葡萄糖所引起的分解代谢物的阻遏作用。对于一些特殊的产酶菌需要特殊的碳源才能产酶，如利用黄青霉生产葡萄糖氧化酶，以甜菜糖蜜作碳源时不产生目的酶,而以蔗糖为碳源时产酶量显著提高。

(2)氮源　氮源是指能向细胞提供氮元素的营养物质。氮源可以分为有机氮源和无机氮源两大类。有机氮源主要是各种蛋白质及其水解产物,例如,酪蛋白、豆饼粉、花生饼粉、蛋白胨、酵母膏、牛肉膏、蛋白水解液、多肽、氨基酸等。无机氮源是各种含氮的无机化合物,如氨水、硫酸铵、磷酸铵、硝酸铵、硝酸钾、硝酸钠等铵盐和硝酸盐等。选用何种氮源因微生物或酶种类的不同而异,如用于生产蛋白酶、淀粉酶的发酵培养基,多数以豆饼粉、花生饼粉等为氮源,因为这些高分子有机氮对蛋白酶的形成有一定程度上的诱导作用;而利用绿木霉生产纤维素酶时,应选用无机氮为氮源,因为有机氮会促进菌体的生长繁殖,对酶的合成不利。

(3)无机盐　无机盐是提供细胞生命活动所必不可缺的各种无机元素,并对细胞内外的pH值、氧化还原电位和渗透压起调节作用。无机元素是通过在培养基中添加无机盐来提供的。一般采用添加水溶性的硫酸盐、磷酸盐、盐酸盐或硝酸盐等。有些微量元素在配制培养基所使用的水中已经足量,不必再添加。在微生物的发酵生产中,应特别注意有些金属离子是酶的组成成分,如钙离子是淀粉酶的成分之一,也是芽孢形成所必需的。无机盐一般在低浓度情况下有利于酶产量的提高,而高浓度则容易产生抑制。

(4)生长因子　生长因子是指细胞生长繁殖所必需的微量有机化合物,主要包括各种氨基酸、嘌呤、嘧啶、维生素等。它们是构成辅酶的必需物质。有些氨基酸还可以诱导或阻遏酶的合成,如在培养基中添加大豆的酒精抽提物,米曲霉的蛋白酶产量可提高约2倍。在酶的发酵生产中,一般在培养基中添加含有多种生长因子的天然原料的水解物,如酵母膏、玉米浆、麦芽汁、麸皮水解液等,以提供细胞所需的各种生长因素。也可以加入某种或某几种提纯的有机化合物,以满足细胞生长繁殖之需。

(5)常见产酶微生物的发酵培养基　产酶微生物种类不同,其所需的发酵培养基也不同。具体配方列举如下。

①枯草杆菌BF 7658 α-淀粉酶发酵培养基:玉米粉8%,豆饼粉4%,磷酸氢二钠0.8%,硫酸铵0.4%,氯化钙0.2%,氯化铵0.15%(自然pH)。

②枯草杆菌AS 1.398中性蛋白酶发酵培养基:玉米粉4%,豆饼粉3%,麸皮3.2%,米糠1%,磷酸氢二钠0.4%,磷酸二氢钾0.03%(自然pH)。

③黑曲霉糖化酶发酵培养基:玉米粉10%,豆饼粉4%,麸皮1%(pH 4.4~5.0)。

④地衣芽孢杆菌2709碱性蛋白酶发酵培养基:玉米粉5.5%,豆饼4%,磷酸氢二钠0.4%,磷酸二氢钾0.03%(pH 8.5)。

⑤黑曲霉AS 3.350酸性蛋白酶发酵培养基:玉米粉6%,豆饼粉4%,玉米浆0.6%,氯化钙0.5%,氯化铵1%,磷酸氢二钠0.2%(pH 5.5)。

⑥游动放线菌葡萄糖异构酶发酵培养基:糖蜜2%,豆饼粉2%,磷酸氢二钠0.1%,硫酸镁0.05%(pH 7.2)。

⑦橘青霉磷酸二酯酶发酵培养基:淀粉水解糖5%,蛋白胨0.5%,硫酸镁0.05%,氯化钙0.04%,磷酸氢二钠0.05%,磷酸二氢钾0.05%(自然pH)。

⑧黑曲霉AS 3.396果胶酶发酵培养基:麸皮5%,果胶0.3%,硫酸铵2%,磷酸二氢钾0.25%,硫酸镁0.05%,硝酸钠0.02%,硫酸亚铁0.001%(自然pH)。

⑨枯草杆菌AS 1.398碱性磷酸酶发酵培养基:葡萄糖0.4%,乳蛋白水解物0.1%,硫酸铵1%,氯化钾0.1%,氯化钙0.1 mmol/L,氯化镁1.0 mmol/L,磷酸氢二钠0.2 mol/L(用pH 7.4的Tris-HCl缓冲液配制)。

3. 发酵工艺条件控制

(1)pH值的调节控制　培养基的pH值与细胞的生长繁殖以及发酵产酶关系密切,在发酵过程中必须进行必要的调节控制。细胞发酵产酶的最适pH值与生长最适pH值往往有所不同。细胞生产某种酶的最适pH值通常接近于该酶催化反应的最适pH值。有些细胞可以同时产生若干种酶,在生产过程中,通过控制培养基的pH值,往往可以改变各种酶之间的产量比例。随着细胞的生长繁殖和新陈代谢产物的积累,培养基的pH值往往会发生变化。这种变化的情况与细胞特性有关,也与培养基的组成成分以及发酵工艺条件密切相关。调节pH值的方法包括改变培养基的组分或其比例,使用缓冲液来稳定pH值,在必要时也可添加适宜的酸、碱溶液。

(2)温度的调节控制　温度不仅影响微生物的生长繁殖,而且明显影响酶和其他代谢物的形成和分泌。不同的细胞有各自不同的最适生长温度。同时有些细胞发酵产酶的最适温度与细胞生长最适温度有所不同,而且往往低于最适生长温度。这是由于在较低的温度条件下,可以提高酶所对应的mRNA的稳定性,增加酶生物合成的延续时间,从而提高酶的产量。在细胞生长和发酵产酶过程中,细胞的新陈代谢作用和热量的散失,会使培养基的温度发生变化,所以必须经常及时地对温度进行调节控制,使培养基的温度维持在适宜的范围内。温度的调节一般采用热水升温、冷水降温的方法。为了及时地进行温度的调节控制,在发酵罐或其他生物反应器中,均应设计有足够传热面积的热交换装置,如排管、蛇管、夹套、喷淋管等,并且随时备有冷水和热水,以满足温度调控的需要。

(3)溶解氧的调节控制　细胞必须获得充足的氧气,使从培养基中获得的能源物质(一般是指各种碳源)经过有氧降解而生成细胞的生长繁殖和酶的生物合成过程所需要的大量能量ATP。在培养基中培养的细胞一般只能吸收和利用溶解氧,因此,在发酵过程中必须不断供给氧(一般通过供给无菌空气来实现),使培养基中的溶解氧保持在一定的水平。溶解氧的调节控制,就是要根据细胞对溶解氧的需要量,连续不断地进行补充,使发酵过程中的溶氧速率和耗氧速率相等,满足细胞生长和发酵产酶的需要。调节溶解氧的方法主要有:①调节通气量。通气量是指单位时间内流经单位体积培养液的空气量。也可以用与每分钟通入的空气体积之比(VVM)表示。②调节氧的分压。提高氧的分压,可以增加氧的溶解度,从而提高溶氧速率。③调节气液接触时间。气液两相的接触时间延长,可以使氧气有更多的时间溶解在培养基中,从而提高溶氧速率。④调节气液接触面积。氧气溶解到培养液中是通过气液两相的界面进行的。⑤改变培养液的性质。培养液的性质对溶氧速率有明显影响,若培养液的黏度大,在气泡通过培养液时,尤其是在高速搅拌的条件下,会产生大量泡沫,影响氧的溶解。可以通过改变培养液的组分或浓度等方法,有效地降低培养液的黏度;设置消泡装置或添加适当的消泡剂,可以减少或消除泡沫的影响,以提高溶氧速率。

3.2.4 酶的生物合成模式

微生物细胞在一定条件下培养,其生长过程一般经历调整期、生长期、平衡期和衰退期四个阶段。根据细胞生长与酶产生的关系,可以把酶的生物合成模式分为四种类型(图3-2),即同步合成型、延续合成型、中期合成型和滞后合成型。

1. 同步合成型

同步合成型是酶的生物合成与细胞生长同步进行的一种酶生物合成模式。该类型酶的生物合成速度与细胞生长速度紧密联系,又称为生长偶联型。同步合成型的酶,其生物合成伴随

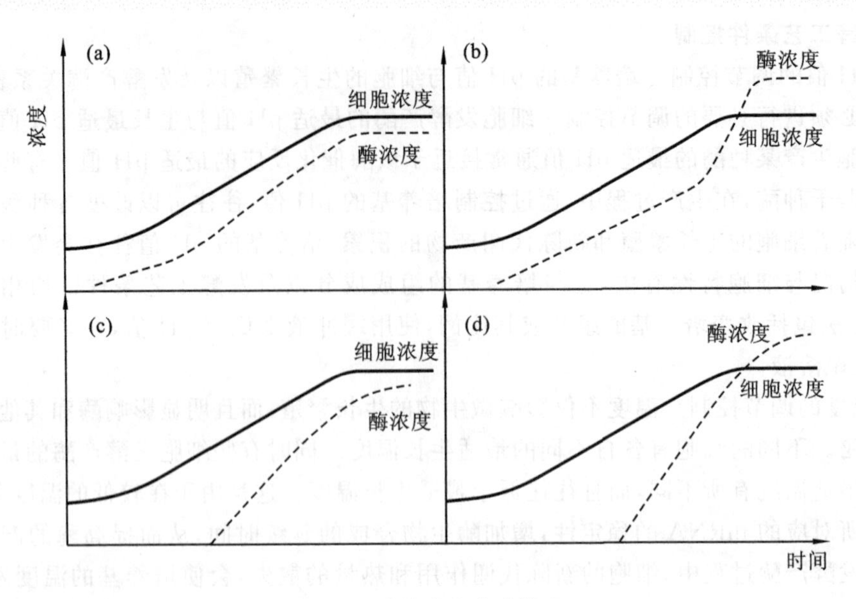

图 3-2　酶的生物合成模式

(a)同步合成型；(b)延续合成型；(c)中期合成型；(d)滞后合成型

着细胞的生长而开始；在细胞进入旺盛生长期时，酶大量生成；当细胞生长进入平衡期后，酶的合成逐渐停止。大部分组成酶的生物合成属于同步合成型，有部分诱导酶也按照此种模式进行生物合成。例如，米曲霉在含有单宁或者没食子酸的培养基中生长，在单宁或没食子酸的诱导作用下，合成单宁酶或称为鞣酸酶(tannase，EC 3.1.1.20)。米曲霉单宁酶的合成曲线如图3-3 所示。从图中可以看出，该酶的生物合成与细胞生长同步，属于同步合成型。

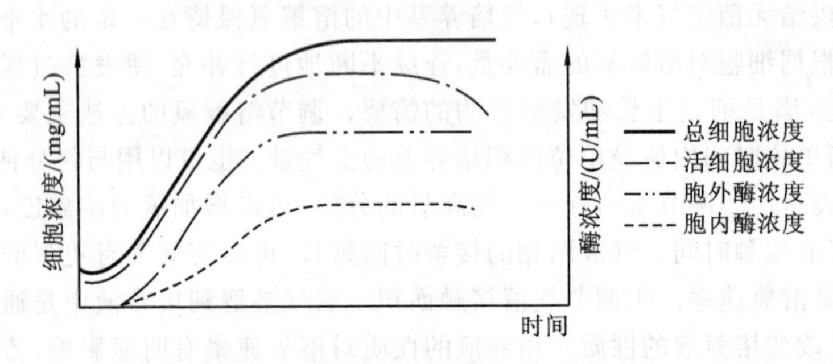

图 3-3　米曲霉单宁酶生物合成曲线

同步合成型酶的生物合成可以由其诱导物诱导生成，不受分解代谢物的阻遏作用，也不受产物的反馈阻遏作用。研究表明，该类型酶所对应的 mRNA 很不稳定，其寿命一般只有几十分钟。在细胞进入生长平衡期后，新的 mRNA 不再生成，原有的 mRNA 被降解后，酶的生物合成随即停止。

2. 延续合成型

延续合成型是酶的生物合成在细胞的生长阶段开始，在细胞生长进入平衡期后酶还可以延续合成一段较长时间的一种酶的生物合成模式。延续合成型酶可以是组成酶，也可以是诱导酶。例如，在黑曲霉以半乳糖醛酸为单一碳源的培养基中培养，可以诱导聚半乳糖醛酸酶(polygalacturonase，EC 3.2.1.15)的生物合成。当以半乳糖醛酸为诱导物时，该酶的生物合成曲线如图 3-4 所示。

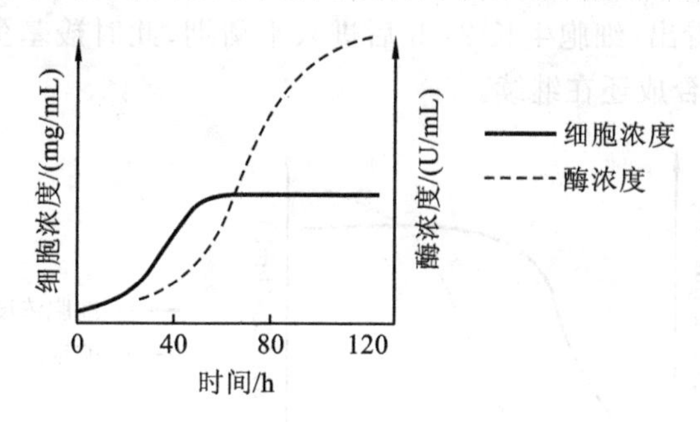

图 3-4 黑曲霉聚半乳糖醛酸酶生物合成曲线

从图 3-4 可以看出，以半乳糖醛酸为诱导物的情况下，培养一段时间以后(图 3-4 中约 40 h)，细胞生长进入旺盛生长期，此时，聚半乳糖醛酸酶开始合成；当细胞生长达到平衡期(图 3-4中约 80 h)后，细胞生长达到平衡，然而该酶却继续合成，直至 120 h 以后，呈现延续合成型的生物合成模式。

延续合成型的酶其生物合成可以受诱导物的诱导，一般不受分解代谢物阻遏。该类酶在细胞生长达到平衡期以后，仍然可以延续合成，说明这些酶所对应的 mRNA 相当稳定，在平衡期以后的相当长的一段时间内仍然可以通过翻译而合成其所对应的酶。

3. 中期合成型

中期合成型酶在细胞生长一段时间以后才开始，而在细胞生长进入平衡期以后，酶的生物合成也随之停止。例如，枯草杆菌碱性磷酸酶(alkaline phosphatase，EC 3.1.3.1)的生物合成曲线如图 3-5 所示，该酶的生物合成模式属于中期合成型。

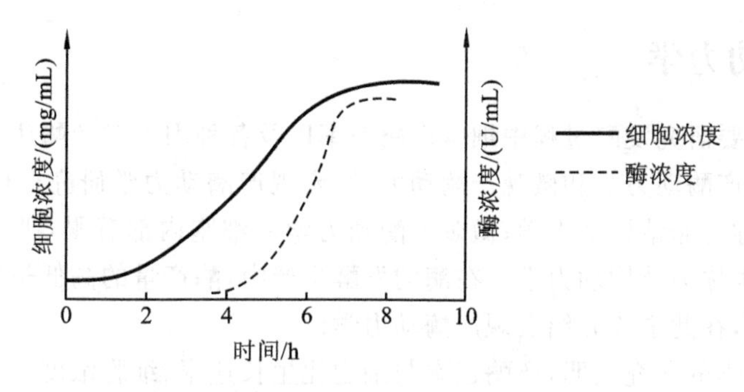

图 3-5 枯草杆菌碱性磷酸酶生物合成曲线

该酶的生物合成受到其反应产物无机磷酸的反馈阻遏，而磷又是细胞生长所必不可缺的营养物质，培养基中必须有磷的存在。这样，在细胞生长的开始阶段，培养基中的磷阻遏碱性磷酸酶的合成，只有当细胞生长一段时间，培养基中的磷几乎被细胞用完(低于 0.01 mmoL/L)以后，该酶才开始大量生成。又由于碱性磷酸酶所对应的 mRNA 不稳定，其寿命只有30 min左右，所以当细胞进入平衡期后，酶的生物合成随之停止。中期合成型酶的共同特点是，酶的生物合成受到产物的反馈阻遏作用或分解代谢物阻遏作用，而酶所对应的 mRNA 稳定性较差。

4. 滞后合成型

滞后合成型酶是在细胞生长一段时间或者进入平衡期以后才开始其生物合成并大量积累的酶，又称为非生长偶联型酶。许多水解酶的生物合成都属于这一类型。例如，黑曲霉羧基蛋白酶或称为黑曲霉酸性蛋白酶(carboxyl proteinase，EC 3.4.23.6)的生物合成曲线如图 3-6

所示。从图 3-6 中可以看出，细胞生长 24 h 后进入平衡期，此时羧基蛋白酶才开始合成并大量积累；直至 80 h，酶的合成还在继续。

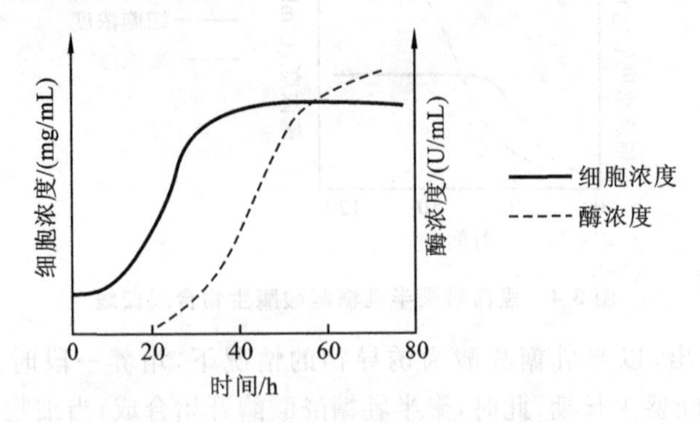

图 3-6　黑曲霉羧基蛋白酶生物合成曲线

滞后合成型酶之所以要在细胞生长一段时间甚至进入平衡期以后才开始合成，主要原因是受到培养基中存在的阻遏物的阻遏作用。只有随着细胞的生长，阻遏物几乎被细胞用完而使阻遏解除后，酶才开始大量合成。若培养基中不存在阻遏物，该酶的合成可以转为延续合成型。该类型酶所对应的 mRNA 稳定性很好，可以在细胞生长进入平衡期后的相当长的一段时间内，继续进行酶的生物合成。

在酶的发酵生产中，为了提高产酶率和缩短发酵周期，最理想的合成模式是延续合成型。因为属于延续合成型的酶在发酵过程中没有生长期和产酶期的明显差别，细胞一开始生长就有酶产生，直至细胞生长进入平衡期以后，酶还可以继续合成一段较长的时间。

3.2.5　产酶动力学

产酶动力学主要研究发酵过程中细胞产酶速率以及各种因素对产酶速率的影响规律。产酶动力学分为宏观产酶动力学和微观产酶动力学：宏观产酶动力学研究群体细胞的产酶速率及其影响因素，也称为非结构动力学；微观产酶动力学从细胞内部着眼，研究细胞中酶合成速率及其影响因素，也称为结构动力学。在酶的发酵生产中，酶产量的高低是发酵系统中群体细胞产酶的集中体现，在此主要介绍宏观产酶动力学。

宏观产酶动力学的研究表明，产酶速率与细胞比生长速率、细胞浓度以及细胞产酶模式有关。产酶动力学模型（或称为产酶动力学方程）可以表达为

$$R_E = \frac{dE}{dt} = (\alpha\mu + \beta)X \tag{3-1}$$

式中　R_E——产酶速率，以单位时间内生成的酶浓度表示[U/(L・h)]；

X——细胞浓度，以每升发酵液所含的干细胞质量表示(g/L)；

μ——细胞比生长速率(1/h)；

α——生长偶联的比产酶系数，以每克干细胞产酶的单位数表示(U/g)；

β——非生长偶联的比产酶速率，以每小时每克干细胞产酶的单位数表示[U/(h・g)]；

E——酶浓度，以每升发酵液中所含的酶单位数表示(U/L)；

t——时间(h)。

根据细胞产酶模式的不同，产酶速率与细胞生长速率的关系也有所不同，具体有如下情况。

（1）同步合成型的酶，其产酶与细胞生长偶联。在平衡期产酶速率为零，即非生长偶联的比产酶速率 $\beta=0$，所以其产酶动力学方程为

$$\frac{\mathrm{d}E}{\mathrm{d}t}=\alpha\mu X \tag{3-2}$$

（2）中期合成型的酶，其合成模式是一种特殊的生长偶联型。在培养液中有阻遏物存在时，$\alpha=0$，无酶产生。在细胞生长一段时间后，阻遏物被细胞利用完，阻遏作用解除，酶才开始合成，在此阶段的产酶动力学方程与同步合成型相同。

（3）滞后合成型的酶，其合成模式为非生长偶联型，生长偶联的比产酶系数 $\alpha=0$，其产酶动力学方程为

$$\frac{\mathrm{d}E}{\mathrm{d}t}=\beta X \tag{3-3}$$

（4）延续合成型的酶，在细胞生长期和平衡期均可以产酶，产酶速率是生长偶联与非生长偶联产酶速率之和。其产酶动力学方程为

$$\frac{\mathrm{d}E}{\mathrm{d}t}=\alpha\mu X+\beta X \tag{3-4}$$

宏观产酶动力方程中的动力学参数包括生长偶联的比产酶系数 α、非生长偶联的比产酶速率 β 和细胞比生长速率 μ 等。这些参数是在实验的基础上确定的，除了运用数学工具、数学方法、数学推理外，还需功能强大的数学软件进行计算，建立求解模型之后，需实际检验模型的正确性，若不符合，需找原因、修改模型、重新求解和检验。

物理方法（数学模型）首先对大量实验数据进行分析和综合，然后通过线性化处理及尝试误差等方法进行估算而得出结果。

3.2.6　提高酶产量的措施

在酶的发酵生产过程中，要使酶的产量提高，首先要选育优良的产酶细胞，然后进行菌株的改造、基因的改良，同时保证正常的发酵工艺条件。此外，还可以采取诸如添加诱导物、控制阻遏物浓度、添加表面活性剂等有效的措施。

1. 添加诱导物

对于诱导酶的发酵生产，在发酵过程中添加适宜的诱导物，可以显著提高酶的产量。例如，乳糖诱导 β-半乳糖苷酶，纤维二糖诱导纤维素酶，蔗糖甘油单棕榈酸诱导蔗糖酶的生物合成等。诱导物一般可以分为三类：酶的作用底物、酶的催化反应产物和酶作用底物的类似物。

（1）酶的作用底物　许多诱导酶都可以由其作用底物诱导产生。例如，大肠杆菌在以葡萄糖为单一碳源的培养基中生长时，每个细胞平均只含有 1 分子 β-半乳糖苷酶，若将大肠杆菌细胞转移到含有乳糖而不含有葡萄糖的培养基中培养时，2 min 后细胞内大量合成 β-半乳糖苷酶，平均每个细胞产生 3 000 分子的 β-半乳糖苷酶。纤维素酶、果胶酶、青霉素酶、右旋糖酐酶、淀粉酶、蛋白酶等均可以由各自的作用底物诱导产生。

（2）酶的催化反应产物　有些酶可以由其催化反应产物诱导产生。例如，半乳糖醛酸是果胶酶催化果胶水解的产物，它可以作为诱导物诱导果胶酶的生物合成；纤维二糖诱导纤维素酶的生物合成；没食子酸诱导单宁酶的产生等。

（3）酶作用底物的类似物　有些酶的最有效的诱导物，往往不是酶的作用底物，也不是酶的反应产物，而是可以与酶结合但不能被酶催化的底物类似物，例如，异丙基-β-硫代半乳糖苷

(IPTG)对β-半乳糖苷酶的诱导效果比乳糖高几百倍，蔗糖甘油单棕榈酸酯对蔗糖酶的诱导效果比蔗糖高几十倍等。有些酶的反应产物的类似物对酶的生物合成也有诱导效果。

2. 控制阻遏物的浓度

有些酶的生物合成受到某些阻遏物的阻遏作用，导致该酶的合成受阻或者产酶量降低。阻遏作用可以分为产物阻遏作用和分解代谢物阻遏作用两种。产物阻遏作用是由酶催化作用的产物或者代谢途径的末端产物引起的阻遏作用。分解代谢物阻遏作用是由分解代谢物和其他容易利用的碳源等物质经过分解代谢而产生的物质引起的阻遏作用。控制阻遏物的浓度是解除阻遏、提高酶产量的有效措施。

例如枯草杆菌碱性磷酸酶的生物合成受到其反应产物的阻遏，当培养基中无机磷的含量超过 1.0 mmol/L 的时候，该酶的生物合成完全受到阻遏。当培养基中无机磷的含量降低到 0.01 mmol/L 的时候，阻遏解除，该酶大量合成。为了提高该酶的产量，必须限制培养基中无机磷的含量。再如，β-半乳糖苷酶受葡萄糖引起的分解代谢物阻遏作用。当培养基中有葡萄糖存在时，即使有诱导物存在，β-半乳糖苷酶也无法大量生成。只有在不含葡萄糖的培养基中或者培养基中的葡萄糖被细胞利用完以后，诱导物的存在才能诱导该酶大量生成。

为了减少或者解除分解代谢物阻遏作用，应当控制培养基中葡萄糖等容易利用的碳源的浓度。可以采用其他较难利用的碳源如淀粉等，或者采用补料、分次流加碳源等方法，控制碳源的浓度在较低的水平，以利于酶产量的提高。此外，在分解代谢物阻遏存在的情况下，添加一定量的环腺苷酸(cAMP)，可以解除或减少分解代谢物阻遏作用，若同时有诱导物存在，即可以迅速产酶。

对于受代谢途径末端产物阻遏的酶，可以通过控制末端产物的浓度的方法使阻遏解除。例如，在利用硫胺素缺陷型突变株发酵过程中，限制培养基中硫胺素的浓度，可以使硫胺素生物合成所需的 4 种酶的末端产物阻遏作用解除，使 4 种酶的合成量显著增加，其中硫胺素磷酸焦磷酸化酶的合成量提高 1 000 多倍。

3. 添加表面活性剂

表面活性剂可以与细胞膜相互作用，增加细胞的透过性，有利于胞外酶的分泌，从而提高酶的产量。

表面活性剂有离子型和非离子型两大类。其中，离子型表面活性剂又可以分为阳离子型、阴离子型和两性离子型 3 种。将适量的非离子型表面活性剂如吐温(Tween)、特里顿(Triton)等添加到培养基中，可以加速胞外酶的分泌，而使酶的产量增加。例如，利用木霉发酵生产纤维素酶时，在培养基中添加 1% 的吐温，可使纤维素酶的产量提高 1～20 倍。在使用时，应当控制好表面活性剂的添加量，过多或者不足都不能取得良好效果。

由于离子型表面活性剂对细胞有毒害作用，尤其是季铵型表面活性剂(如“新洁而灭”等)是消毒剂，对细胞的毒性较大，不能在酶的发酵生产中添加到培养基中。

4. 添加产酶促进剂

产酶促进剂是指可以促进产酶，但是作用机制未阐述清楚的物质。在酶的发酵生产过程中，添加适宜的产酶促进剂，往往可以显著提高酶的产量。例如，添加一定量的植酸钙镁可使霉菌蛋白酶或者橘青霉磷酸二酯酶的产量提高 1～20 倍，添加聚乙烯醇(polyvinyl alcohol)可以提高糖化酶的产量，添加聚乙烯醇、醋酸钠等可提高纤维素酶的产量。产酶促进剂对不同细胞、不同酶的作用效果各不相同，现在还没有规律可循，要通过试验确定所添加的产酶促进剂的种类和浓度。

5. 通过基因突变或基因重组提高酶产量

运用基因工程技术将原有菌株中的目的基因转移到对生产环境更适应的菌株内使其高效表达。如果调节基因发生突变，以致产生无效的阻遏物而不能和操纵基因结合，或操纵基因突变，从而造成结构基因不受控制的转录，酶的生成将不再需要诱导物或不再被末端产物或分解代谢物阻遏，这样的突变株称为组成型突变株。少数情况下，组成型突变株可产生大量的、比亲本高得多的酶，这种突变株称为超产突变株。

3.3　酶的分离纯化

3.3.1　酶分离纯化的特点及策略

1. 酶分离纯化的特点

根据酶的化学本质，酶可分为蛋白类酶和核酸类酶。针对蛋白类酶，所有蛋白质分离纯化的特点和技术均可以应用到该类酶的分离纯化中。酶作为一类特殊的蛋白质，在纯化过程不仅需要保持蛋白质的完整性，还要避免酶活性结构的变化所导致的失活，因此，其纯化过程需要更加谨慎。

在纯化之前，首先必须对酶的蛋白质本质有所了解，针对蛋白质的特性合理设计纯化工艺可以提高效率和得率。由于组成酶的氨基酸残基的种类和数量不同，导致酶的化学性质和生物功能有很大差别。酶有许多与氨基酸相似的性质，如等电点、两性离子等，也有特有的空间构型，相对分子质量较大，具有胶体性质，有沉淀、凝固、变性等现象。

酶分子除了两端有—NH_2 和—COOH 外，侧链上还有许多解离基团，如咪唑基、胍基、羧基、氨基等，在不同的 pH 条件下发生不同形式及程度的解离，从而影响酶分子的结构、所带电荷和极性。根据这些因素的变化选择纯化条件将会大大影响纯化的结果和效率。另外，酶分子的等电点、相对分子质量、溶解性等特性同时也是对酶分子进行沉淀、鉴定及保存时的重要考虑因素。

蛋白质分离纯化的方法都适用于酶，各种预防蛋白质变性、降解的措施都可以用于酶的分离纯化过程。大多数酶在 pH 值小于 5 或者 pH 值大于 9 时不稳定，因此在纯化过程中要避免极端 pH 环境；大多数酶在高温下不稳定，因此应该尽量避免在较高的温度下进行分离纯化；酶易在液体表面或者界面失活，因此在纯化过程中应该尽量避免气泡；各种重金属、有机溶剂会使酶失活，因此也需要避免这些物质及微生物的污染。另外，一般来说某种酶在生物材料中的含量比较低，因此其纯化比其他蛋白质更加困难，但是酶可以通过活力测定加以跟踪，这给纯化提供了解决问题的线索。

根据应用的需要，酶的纯化程度会有所差异以此来降低成本。一般来说，工业用酶制剂对纯度的要求不高，只需要经过提取、分离、超滤等比较简单的纯化就可以满足生产需要，纯化的成本较低；而医用酶不仅对纯度有着很高要求，对杂质的类别和含量也有着严格要求，因此，需要多种纯化手段结合才能满足要求，纯化成本较高；一些特殊的科研用酶可能对纯度有着更高的要求。

2. 酶分离纯化的基本原则

酶分离纯化的一般步骤包括：①建立一个可靠、快速的酶活力测定方法。“可靠”是指方法具有专一、灵敏、精确和便捷等特点。此外，方法是否经济也很重要，昂贵的酶活力测定方法会增加成本。方法越简单，步骤越少，所耗时间越短，就可以避免纯化过程中酶活力的减少和提高评价准确性。一个好的酶活力测定方法是纯化工作的重要保证。②选择合理的原料（参见3.3.2小节）。选择合理的原料可以简化纯化过程，提高纯化效率，减少生产成本。③酶的提取。一般都要对产酶的原料进行破碎、提取和液固分离等一系列操作，尽可能获得目标酶含量较高的粗酶，为进一步纯化做准备。④酶的提纯。一般可以先根据酶的特点选用合适的沉淀方法对粗酶进行浓缩和初步纯化，再根据酶分子的大小、带电性质、亲和性等应用离心、层析、电泳、结晶等方法进一步纯化。纯化过程的两个主要评价指标是总活力的回收率和比活力的提高倍数（即纯化倍数）。前者反映了损失率，后者反映了纯化效率。⑤酶纯度的检测。主要采用电泳、高效液相色谱等方法检测不同阶段酶的纯度，以确认是否满足纯化要求，根据检测方法不同，酶的纯度又分为电泳级纯度和色谱级纯度。

在整个纯化过程中，一般需要根据酶分子的特点，遵循以下基本原则：①酶液的储存及所有操作都必须在低温条件下进行。除了个别特殊的酶（如溶菌酶），一般的酶在低温下比在室温下稳定。②酶蛋白作为两性电解质，结构极易受溶液中 pH 值的影响。因此在纯化过程中要控制系统不要过酸或过碱，特别是在调整 pH 值过程中，需要缓慢调整，搅拌均匀，避免产生局部酸碱过量。在实验处理酶的时候，一般都需要用具有缓冲能力的缓冲液处理纯化过程。③酶和其他蛋白质一样，容易在溶液表面或者界面处形成薄膜而变性，故操作时需要尽量减少泡沫形成，如需搅拌则必须柔和。④重金属离子可能引起酶失活，加入适量的金属螯合剂有利于保护酶蛋白。⑤酶与它作用的底物及其类似物、抑制剂等具有高亲和性，添加这些物质往往会使酶的理化性质和稳定性发生有利的变化。⑥应尽可能减少分离纯化步骤。提纯的每一步骤都不可避免地会引起酶的损失，包括酶量的减少和酶活力的丧失。因此，必须尽可能减少分离纯化的步骤。⑦微生物污染和蛋白酶的存在都能使酶被降解破坏，可以通过微滤膜去除其中的微生物，也可以在酶液中添加防腐剂抑制微生物生长。在酶蛋白的纯化过程中加入蛋白酶抑制剂可以抑制蛋白酶水解。当然也要注意蛋白酶抑制剂对纯化过程的干扰，例如金属螯合剂可能会影响亲和层析。常见的抑制剂见表 3-1。⑧蛋白质溶液浓度低，酶常会迅速失活，可能是玻璃器皿、离心管等的表面效应使蛋白质吸附变性。可以在溶液中加入高浓度的其他蛋白质如牛血清白蛋白来防止这种作用。

表 3-1 常用的蛋白酶抑制剂

蛋白酶抑制剂	作用类型	作用浓度	分子性质	特点
PMSF	丝氨酸蛋白酶	0.5 mmol/L	有机分子	pH7.4 时半衰期 50 min
AEBSF	丝氨酸蛋白酶	1 mmol/L	有机分子	酸性 pH 下较 PMSF 稳定
抑肽素（pepstatin）	天冬氨酰蛋白酶	1 μmol/L	肽	储备液溶解于甲醇中
亮抑酶肽（leupetin）	硫醇蛋白酶	10 μmol/L	肽	—
抑酶肽（aprotinin）	丝氨酸蛋白酶	0.1 μmol/L	多肽	58 个氨基酸，含二硫键
EDTA/EGTA	金属蛋白酶	1 mmol/L	有机分子	螯合酶所需的 Ca^{2+}
苯甲脒	丝氨酸蛋白酶	1 mmol/L	有机分子	—

3. 酶分离纯化方法的选择

可供纯化的方法很多，传统的吸附法、沉淀法、离子交换法和选择性变性法仍然普遍应用。而近几年来，凝胶过滤、亲和色谱和聚焦色谱等方法也得到了广泛应用。每种纯化方法都有各自的优点和缺点，总体上来说，评价其好坏的标准有三点：纯化倍数、酶活回收率和重现性。为了计算纯化倍数和酶活回收率，纯化过程的每一步都应该进行酶活力和蛋白质含量的测定。

纯化倍数是指纯化后与纯化前比酶活力的比值，较高的纯化倍数意味着纯度的提高。

酶活回收率是指纯化后总酶活力占纯化前总酶活力的百分比，较高的酶活回收率意味着纯化过程损失少。

较好的重现性是任何方法可行性的必要条件，这取决于材料稳定性、环境可控性和操作的简便性等。受环境影响小的纯化方法具有更好的重现性，更有利于工业生产的应用。

酶分离纯化的方法多种多样。但是，无论提取酶的原料是动物、植物还是微生物，无论是手工操作还是利用由计算机程序控制的现代分离仪器，从原理上看，都可以归结为以下几种类型：①利用不同酶的溶解度的差异进行分离，包括盐析法、等电点沉淀法、有机溶剂沉淀法、选择性变性沉淀法等。②利用不同酶蛋白的分子大小的差异进行分离，包括离心法、过滤法、膜分离法、凝胶过滤层析法等。③利用不同酶蛋白所带电荷性质的差异进行分离，包括离子交换层析和电泳技术等方法。④利用不同酶蛋白物理、化学吸附能力的差异进行分离，如吸附层析法等。⑤利用不同酶的生物亲和力的差异进行分离，如亲和层析法等。⑥利用不同酶的两种特性的差异进行分离，有些分离纯化方法可能利用了两种不同的原理，如免疫电泳就是同时利用了不同酶的带电荷性质的差异和生物亲和力的差异；又如等点聚焦/SDS-PAGE 双向电泳技术利用了酶蛋白的等电点和相对分子质量两种特性进行分离。

根据以上基本原理，选择合适的纯化方式分步纯化，并合理串联纯化步骤。在开始纯化前，需要注意两点：纯化的策略具有系统性，要考虑的因素很多，包括纯化过程中的应用条件、限制因素以及产物的最终用途等，以实现高效、经济的生产；要尽量缩减纯化步骤，力求简单，以提高得率。

在纯化过程中，首先要设定目标，包括设定纯度要求、蛋白质量、生物活性保留以及可以支配的时间与成本。根据产物的最终用途和特殊安全性，设定纯度要求。一般食品级的酶制剂对纯度要求较低，只要去除关键杂质即可；一般测序和抗原等制备需要 80%以上；而医用的酶蛋白除了纯度要求 99%以上以外，对残留杂质的含量、性质都有严格要求。减少纯化步骤必须保证产物纯度达标而且不含影响后续使用和实验结果的未知杂质。纯化过程中应优先去除主要杂质和引起酶蛋白降解、失活或者干扰分析的杂质，特别是要优先去除蛋白酶。任何用于生产的纯化工艺都必须考虑经济因素，在保证安全性的前提下，必须在一定的纯化成本要求下去保证产品的纯度。另外用于生物制药的酶蛋白还有遗传物质、内毒素、引起免疫反应的物质等方面的考虑。

在纯化过程中要检测 pH 值和离子强度，因为这些是影响酶稳定性的重要原因。在纯化过程中要有快速有效的检测方法，以及监测引起蛋白质、酶活力损失的关键因素。

纯化过程中不宜重复相同的步骤和条件，否则只能使酶的总活力下降而不能进一步提高酶的纯度。

纯化过程中尽量不使用添加物，如果必须使用时（如酶抑制剂）应选用可以去除的物质。

3.3.2　酶分离纯化的流程

酶分离纯化的一般流程包括：粗酶液的制备→酶的初步分离→酶的纯化与成品加工→酶纯度的检测。每个纯化阶段所采用的分离纯化技术有所不同。

1. 粗酶液的制备

粗酶液的制备主要包括材料的选择和预处理，如果是胞内酶首先需要进行细胞破碎，然后进行抽提和液固分离后，方可获得粗酶液；如果是胞外酶则可省去细胞破碎，直接进行液固分离后，即可获得粗酶液。

(1)酶原料的选择　酶广泛存在于各类生物中，从微生物到植物、动物，都可以用作提取、制备酶的原料。据统计，目前工业上常用的100多种酶中，54%由真菌和酵母生产，34%由细菌生产，8%用动物原料生产，4%用植物原料生产。

在生产酶之前，必须选择合理的材料来源。植物资源丰富，价格低廉，但是生长周期长，受季节影响大。动物或动物器官取材也比较方便，人工饲养的动物如猪、羊等生产量也很大，取材方便，价格比较低廉，但是可能受到宗教信仰、病源污染等的影响而限制其选择。微生物产酶则由于生长周期短、来源不受限制，因此更适合工业化大规模生产。但是微生物培养液中酶的含量差异大、杂质多等也会限制某些酶的生产。此外不是所有的酶都可以在微生物中表达也是一个限制因素。虽然目前基因工程技术发达，大部分酶都可以通过基因工程技术在微生物中表达，但是某些酶在微生物中表达由于错误折叠、缺少必要的修饰(如糖基化修饰、磷脂化修饰等)而失去了原有的功能。

由于以上的原因，动植物细胞培养技术的发展也为产酶提供了另一个途径。动植物细胞产酶可以获得大量的珍贵原料，如人参细胞、虫草细胞等。然而动植物细胞产酶的成本非常高，同时动物细胞培养可能涉及血清等可能携带病源物质的培养基原料，因此也限制了其应用。但总体来说细胞培养技术在理论上可以完全取代动植物来源的酶生产。

在选取酶生产原料方面，要求原料价格便宜，含酶量丰富，安全性好。人们通常需要考虑的问题包括：①产酶的动物、植物应该富含目的酶，而不含或少含激素、酚类化合物、蛋白酶和酶的抑制剂等。②产酶的微生物应该是高产菌株，所产生的酶最好是结构酶(组成酶)，胞外酶更优；如果产生的酶是诱导酶，那么诱导速度应该迅速，所用的诱导剂应该便宜。③如果使用微生物来生产酶，那么产酶菌株应该不产生抗生素、毒素和其他生理活性产酶菌株及其产品在生产和使用过程中对人体是安全的。

在综合来源的稳定性、取材方便性、酶的含量、生产成本、预处理方便性及社会因素的基础上，可以选择合适的原料进行酶的生产。但是在提纯过程中，特别是在对动植物来源的酶进行提纯的过程中，还要根据酶的特点、产酶的部位等设计合理的纯化方案。

(2)原料的预处理　材料选定以后，通常要进行预处理，有的原料要收集到一定的数量才能生产，更需要加工以防止在存放过程中其中的目标酶失活，同时也便于存储和运输。动物组织要先剔除结缔组织、脂肪组织等非活性部分，植物种子先去壳除脂，微生物要进行菌体和发酵液的分离操作。

一般将新鲜原料保存在－20 ℃的冷库，以便抑制酶和微生物的作用，降低化学反应速率。有些原料经过冷冻后更容易破碎细胞。也有些原料用有机溶剂处理，不仅可以延长保存时间，有时还可以促使某些酶容易释放到溶液中。

对于微生物发酵产酶来说，分为胞外酶和胞内酶。不论哪种，都需要分离细胞和发酵液；不同的是胞内酶需要提取细胞，而胞外酶需要去除细胞。常用的分离方法是离心和过滤。离心分离快速、高效，但是设备投资费用高，能耗大。对于发酵液黏度不大的情况，一般使用过滤即可获得较好的分离效果。工业上常常需要加入硅藻土、纸浆等助滤剂。常见的过滤设备包括板框式压滤机、鼓式真空过滤机。

(3)细胞破碎　各种生物组织的细胞有着不同的特点，在考虑破碎方法时，需要根据细胞性质和处理量采取合适的方法。常见的细胞破碎方法见表 3-2。

表 3-2　细胞破碎方法的分类及原理

类　别	破碎方法	工作原理
机械破碎法	研磨法 匀浆法 超声破碎法	通过机械运动产生剪切力使组织细胞破碎
物理破碎法	反复冻融法(温度差破碎法) 渗透压法 爆破性减压法 干燥法	通过各种物理因素的作用，使组织、细胞的外层结构破坏，破碎细胞
化学破碎法	有机溶剂 表面活性剂	通过各种化学试剂对细胞膜的作用使细胞破碎，常需辅助其他破碎方法
酶促破碎法	自溶法 外加酶法	通过细胞自身的酶系或者外加酶制剂，使细胞外层破坏

①机械破碎法：主要通过机械力的搅拌，剪切、研碎细胞。实验室一般可以用高速组织捣碎机、匀浆器、研钵或超声波等进行细胞破碎。工业上常见的有组织捣碎机、粉碎机、球磨机、绞肉机及高压匀浆机等。有时需要相应的冷却设备或者预先冷却原料，以防止酶过热变性。

②物理破碎法：主要包括反复冻融法、渗透压法、爆破性减压法和干燥法。反复冻融法是将欲破碎的细胞在−20 ℃左右冻结，再解冻(根据需要选择合适的温度水浴)，如此反复数次，可以破碎细胞；渗透压法是将细胞先在高渗液(如甘油或蔗糖溶液)中平衡，然后转移到低渗液(如缓冲液或纯水)中，由于细胞内外渗透压的突然变化，大量水分渗入细胞内，使得细胞胀裂，该法尤其适合动物细胞的破碎；爆破性减压法是将细胞悬浮液在 N_2 或 CO_2 高压下平衡，37℃振荡几分钟，使气体扩散到细胞中，然后突然减压，细胞由于胞内外压差而破碎；干燥法是利用干燥状态细胞膜渗透性改变的原理，加入适当液体提取剂将胞内物质抽提出来。

③化学破碎法：利用某些化学试剂改变细胞壁或膜的通透性，使胞内物质有选择地渗透出来。常用的化学试剂的类型包括表面活性剂、EDTA 螯合剂、有机溶剂、变性剂及抗生素等。化学破碎法有产物释放具有选择性，处理后的浆液黏度低，易于固液分离等优点；但其通用性差，时间长，效率低，有些化学试剂有毒，影响后续处理。

④酶促破碎法：利用生物酶反应来降解细胞壁中的各种物质，分解破坏细胞壁上的各种特殊的结合键，从而达到破壁的目的。酶促破碎法又可分为外加酶法和自溶法。外加酶法是根据不同菌种的细胞壁的结构和化学组成，外加不同的降解酶，并确定相应的加酶次序，使细胞壁破裂，释放出胞内物质；自溶法是通过控制一定的发酵条件，使微生物自身代谢出所需的溶酶，达到破壁的目的。其中，外加酶法可以从细胞内不同位置选择性地释放目的产物，条件温和，但溶酶价格昂贵，限制了其大规模应用，而且不同菌种需选择不同的酶，不易确定最佳的破壁条件，其通用性差。而自溶法成本低，可用于大规模生产；但对于不稳定的微生物易引起目的产物的变性，而且自溶后细胞悬浮液黏度增大，过滤速率下降。

(4)粗酶液的抽提　经过上述适当处理过程后，抽提得到粗酶液。这些含酶的材料可以直接进行分离纯化，也可以通过适当方法初步提取再进一步纯化。

酶抽提常用的溶剂有水溶液和有机溶剂，根据目标酶的性质不同，所使用抽提液不同。

一般来说，能溶于水溶液的酶，在细胞破碎后很容易用盐浓度和 pH 适当的水溶液来抽提。常用的水溶液有稀碱、稀酸、稀盐溶液及缓冲溶液等几种。采用各种水溶液抽提酶时，应该考虑以下几种因素：①盐浓度和盐种类：适当的盐离子浓度有利于抽提，过高或者不合适的盐离子会干扰纯化；盐的种类也会影响酶的抽提，需要根据缓冲液 pH 的要求选择盐的类型。另外，有些金属离子会对酶的活性产生影响（如金属蛋白酶等）。②pH：一般酸性蛋白用稀碱性溶液抽提，碱性蛋白用稀酸性溶液抽提。③温度：一般需要在低温下抽提，避免酶蛋白失活。

有些酶很难溶解于水、稀碱、稀酸或稀盐溶液中，可以用有机溶剂提取。常用的有机溶剂有丙酮、乙醇、异丙醇、正丁醇等。这些有机溶剂都可溶于水或部分溶于水，因此，同时具有亲脂性和亲水性。如果目标酶既溶于稀碱、稀酸，也溶于一定比例的有机溶剂，则可采用稀的有机溶剂进行抽提。这样既可以防止蛋白酶对目的酶的水解作用，又能除去杂质，提高纯化效果。当采用有机溶剂抽提时，应该在低温下操作，通常可以在 0 ℃下搅拌进行。在目的酶提取出来以后，应该尽快将目的酶转溶于适当的缓冲液中，并除去其中残存的有机溶剂。

不论是从动物组织、植物组织还是微生物细胞中抽提酶液，都应该注意以下问题：①使用合适的缓冲液：根据最有利于酶稳定的 pH 值选取合适的缓冲体系，同时根据纯化的需要决定缓冲液的组分，必要时可以适当添加 EDTA 等物质。②选择合理的 pH 值：pH 值选择首先要考虑不能超出酶的稳定范围；其次应该远离酶蛋白的等电点，即酸性酶用碱性溶液抽提，碱性酶用酸性溶液抽提。此外还要考虑纯化方法对 pH 值的需求。③较低的工作温度：一般抽提温度应控制在 4 ℃左右。④其他因素：如一些可以增加酶分子稳定性的物质，提高抽提效率增加酶分子释放的物质，能够去除部分杂质的物质等。

2. 酶的初步分离

在抽提液中，除了目标酶以外，常常含有大量的大分子、小分子杂质。一般小分子物质较容易去除，但是大分子物质包括核酸、黏多糖和其他蛋白质较难去除。在实验室一般可以用核酸酶去除核酸；或将溶液 pH 值调至 5，添加链霉素、鱼精蛋白等可以沉淀核酸。用乙醇、乙酸铅、单宁酸和离子型表面活性剂等处理可以去除黏多糖，也可以用酶去除黏多糖。剩下来主要就是杂蛋白，这个工作比较困难。下面主要介绍几种常规的初步分离目标酶的方法。

(1)沉淀法　酶蛋白在水溶液中的稳定条件包括：一是蛋白质周围的水化层可以使蛋白质形成稳定的胶体溶液；二是蛋白质周围存在双电层，使蛋白质分子间存在静电排斥作用。因此，可通过降低酶蛋白周围的水化层和双电层厚度降低蛋白质水溶液的稳定性，实现酶的沉淀。因为不同酶蛋白的相对分子质量大小不同、表面所带电荷不同、表面的亲水和疏水区域不同，所以可以通过 pH 值或离子强度的改变、添加有机溶剂或高分子聚合物等可逆沉淀法将不同酶蛋白进行初步分离。

根据使酶蛋白溶液环境发生改变的方法不同，沉淀法可分为等电点沉淀法、盐析沉淀法、有机溶剂沉淀法和聚合物沉淀法。

①等电点沉淀法：由于酶蛋白是两性化合物，其溶解度受 pH 值影响极大，在其等电点附近时由于分子接近中性，溶解度极低，极易析出。由于大部分蛋白质的等电点偏酸性，因此这种方法也称酸沉淀。在加酸或者加碱调节 pH 值的过程中，要一边搅拌一边慢慢加进，以防止局部过酸或者过碱而引起酶变性失活。在调节 pH 值过程中还要注意控制温度，加酸过程可能会产生大量的热，需要合理控制。

②盐析沉淀法：高浓度的盐改变酶分子周围电势从而影响其溶解度。在盐浓度达到一定值后，蛋白质的溶解度随盐浓度的升高而降低，结果使蛋白质析出，这种现象称为盐析。酶在溶液中的溶解度与溶液的离子强度关系密切，对于某种酶或蛋白来说，在温度和pH值确定后，其在盐溶液中的溶解度取决于溶液中的离子强度。对于含有酶蛋白的混合液，可以采用分段盐析的方法进行分离纯化。硫酸铵是最常用的蛋白质沉淀剂。但是在工业上，硫酸铵会腐蚀水泥和不锈钢，给工业生产带来不利影响，有时可用硫酸钠代替硫酸铵，但是由于其溶解度低，必须在35～40 ℃条件下使用。

③有机溶剂沉淀法：有机溶剂降低溶液的介电常数，酶分子附近水分子的助溶作用发生改变，使水化层被破坏，蛋白质间直接的相互作用增加，从而导致集结和沉淀。常用的有机溶剂是与水互溶的乙醇、甲醇和丙酮等。有机溶剂沉淀一般比盐析法析出的沉淀易于离心或者过滤分离，含盐极少，分辨率也高，但过高的有机溶剂浓度会使酶失活。因此，有机溶剂浓度不能太高(30%～50%)，而且需要在低温条件下进行，且沉淀析出后要尽快分离，减少有机溶剂对酶的影响。

④聚合物沉淀法：该方法也称复合沉淀法，其作用机理与有机溶剂类似，多聚化合物会破坏蛋白质表面的水化层，导致酶分子聚集。一般酶在多聚化合物含量为15%～20%时产生沉淀。常用的复合沉淀剂有聚乙二醇、聚丙烯酸等高分子聚合物。

(2)膜分离技术　膜分离技术又称膜过滤技术。膜分离过程是用具有选择通透性的天然或者合成薄膜为分离介质，在膜两侧的推动力(如压力差、浓度差、电位差等)作用下，原料液体混合物或者气体混合物中的某个或者某些组分选择性地透过膜，使混合物达到分离、分级、提纯、富集和浓缩的过程。

根据膜两侧的推动力不同，膜分离技术可分为加压膜分离、扩散膜分离和电场膜分离三种方式。

①加压膜分离技术：膜分离推动力为膜两侧的压力差，即在膜两侧静压差的作用下小于孔径的物质颗粒穿过膜孔，而大于孔径的颗粒被截留。根据膜的孔径大小不同，又可分为微滤、超滤、反渗透和纳滤四种膜分离技术。

a. 微滤：微滤膜所截留的颗粒直径为0.2～2 μm，微滤过程所使用的操作压力一般在0.1 MPa以下。在实验室或生产中常用微滤技术去除细菌等微生物，其也常作为超滤、纳滤、反渗透的预过滤。

b. 超滤：借助于超滤膜将不同大小的物质颗粒分离的技术。超滤膜与微滤膜类似，但孔径更小，为0.001～0.05 μm，采用的压力为0.1～1.0 MPa。适合于分离酶、蛋白质等生物大分子物质(3 000～1 000 000)，常用作蛋白质浓缩、蛋白质溶液脱盐及缓冲液交换。近年来，超滤技术在水质净化、食品工业和医药工业中用于去除杂质，用于乳制品和多种生物制品的浓缩。超滤过程中小于孔径的物质颗粒与溶剂分子一起透过膜孔流出。超滤膜需要满足以下要求：较大的透过率和较高的选择性；有一定的机械强度，耐热耐化学试剂以及不易被细菌侵袭；特殊的还需耐高温灭菌；价廉。通常超滤所标称的截留相对分子质量，指对该相对分子质量下的球形分子截留率大于或者等于95%。截留率不仅取决于相对分子质量，还与分子的形状、浓度、温度、吸附作用等有关。一般线形分子的截留率低于球形分子。

c. 反渗透：反渗透是利用反渗透膜选择性地只能透过溶剂(通常是水)的性质，对溶液施加压力以克服溶液的渗透压，使溶剂通过反渗透膜而从溶液中分离出来的过程。理想的反渗透膜是无孔的，但实际上膜孔径为0.1～1 nm；操作压力较大，一般为1～10 MPa；常用于海水淡化、废水处理等。

d. 纳滤：20 世纪 80 年代初期，美国科学家研究了一种薄层复合膜，它能使 90%的 NaCl 透析，而 99%的蔗糖被截留。显然，这种膜既不能称为反渗透膜(因为不能截留无机盐)，也不属于超滤膜的范畴(因为不能透过低相对分子质量的有机物)。由于这种膜在渗透过程中截留率大于 95%的分子约为 1 纳米，因而它被命名为"纳滤膜"。纳滤膜孔径介于超滤和反渗透之间，孔径平均在 2 nm，采用压力为 0.93～1.59 MPa。纳滤膜可使无机盐透过，但可截留有机分子，因此，纳滤能使浓缩与脱盐的过程同步进行，用纳滤代替反渗透，可以大大降低操作压力，浓缩过程能有效、快速地进行，并达到较大的浓缩倍数。目前，纳滤膜技术常用于抗生素、合成药等浓缩，其具有常温无破坏、成本低、收率高的特点。

②扩散膜分离技术：膜分离推动力为膜两侧物质的浓度差，即由于膜两侧的溶质浓度不同，在浓度差的作用下，小分子物质由于扩散作用不断透过半透膜扩散到膜外，而大分子则被截留。常见的方式为透析，可以除去盐离子。缺点是酶分子浓度被稀释，体积大，不利于工业化生产。

③电场膜分离技术：电场膜分离是在半透膜的两侧分别装上正、负电极，在电场作用下带电荷的分子分别向与自身电荷相反的方向运动，透过半透膜从而达到分离。主要用于脱盐等纯化过程。

(3)萃取技术　萃取是利用溶质在互不相溶的溶剂里溶解度不同，用一种溶剂把溶质从它与另一种溶剂所组成的溶液中提取出来的方法。被提取的目标物质称为溶质，用于进行萃取的溶剂称为萃取剂。通常用分配系数来表示分配平衡。当萃取体系达到平衡时，溶质在两相中的浓度之比称为分配系数，分配系数越大，溶质越容易进入到萃取相中。

萃取技术作为一种产物的初级分离技术，有以下优点：比化学沉淀法分离度高；比离子交换法选择性好、传质快；比蒸馏法能耗低，生产能力大，周期短，可连续操作，可以实现自动控制；可与其他技术结合组成新型分离方法。

根据所用萃取剂的性质不同或萃取机制不同，萃取可以分为有机溶剂萃取、双水相萃取、超临界流体萃取和反胶束萃取等。

①有机溶剂萃取：有机溶剂萃取是利用溶质在两个互不混溶的液相(如水相和有机溶剂相)中竞争性溶解和分配性质上的差异来进行分离操作。有机溶剂选择的原则是"相似相溶"，包括分子结构、分子相互作用力和介电常数等；另外还要考虑单位体积萃取剂能萃取大量产物、不萃取杂质、与水相互溶性低、易回收再生、化学性质稳定、价廉、无毒安全性好等。用于萃取的有机溶剂常用的有乙酸乙酯、乙酸丁酯、丁醇、苯酚等。有机溶剂萃取过程的影响因素很多。对于水相来说，影响萃取效果的因素包括：a. pH：pH 是影响萃取操作的重要因素，一是影响分配系数，从而影响萃取收率，二是影响选择性。b. 温度：合适的温度有利于产物回收和纯化，一般来说温度越高萃取速率越大，但温度过高会使酶失活，应根据目标酶的温度适宜范围，来选择萃取温度。c. 盐析：一些无机盐盐析剂的存在也会影响到溶质的分配，其主要作用是降低溶质在水中的溶解度，使其更易转入有机相中。d. 带溶剂：指易溶于溶剂中并能够和溶质形成复合物且此复合物在一定条件下又容易分解的物质，也称为化学萃取剂。对于水溶性强的溶质的萃取可以提高收率和选择性。另外，在有机溶剂萃取过程中常会出现乳化现象，使有机溶剂相和水相分层困难，并影响萃取收率。为了减少乳化或破乳，可采取的有效措施有：萃取前可对材料进行预处理，降低其中表面活性物质的含量以避免乳化现象；降低乳浊液黏度可破乳；乳化不严重时可以进行过滤或者离心分离、加入适量电解质、加入亲水或亲油表面活性

剂等。

②双水相萃取：对于大部分酶来说，有机溶剂萃取难以实现，主要原因是酶分子一般难溶于有机溶剂，且在有机溶剂中容易失活。双水相萃取是一种新型的液液萃取技术，它是利用溶质在两个互不相溶的水相中的溶解度不同而达到分离目的的。由于双水相萃取的两相均为水相，因此该技术特别适用于酶分子的萃取。双水相系统的原理是聚合物的不相溶性，两种亲水性的聚合物都加在水中，在一定的浓度下会分层，产生两相。常用于双水相系统的聚合物有聚乙二醇(PEG)、葡聚糖、羧甲基纤维素钠盐(CMC)等，盐类有硫酸镁、磷酸钾等。

双水相形成的条件和定量关系可用相图来表示(图3-7)。图3-7中，曲线*BKC*称为双节线，下方区域为均匀的单相，上方为双相区；直线*BAC*为系线。*B*、*C*分别表示达到平衡时上下相的组成。以V_b、V_c分别表示上下相的体积，*AB*、*AC*分别表示点*A*与点*B*、*C*之间的距离，它们之间的关系为$V_b/V_c=AC/AB$。点*K*处，两相差别消失，任何溶质在两相中的分配系数均为1，因此点*K*称为临界点。溶剂在两相中的分配系数也服从分配定律，即$K=C_1/C_2$，C_1、C_2分别代表上下相中溶质的浓度。

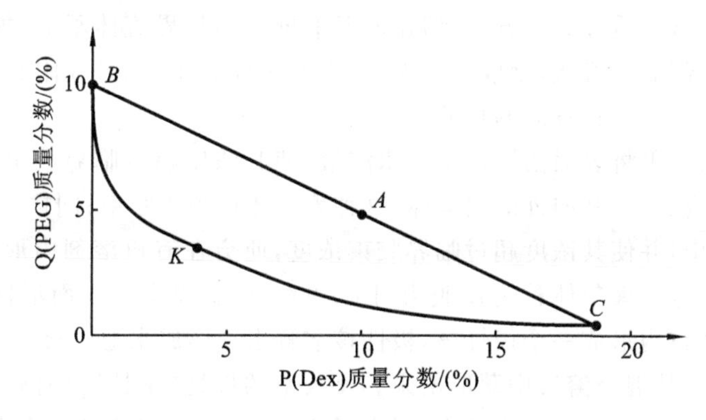

图3-7　双水相系统相图

影响双水相分配系数的主要因素：a. 成相聚合物的相对分子质量，聚合物相对分子质量降低时，被分配的蛋白质更易分配于富含该聚合物的相；b. 聚合物浓度，浓度增加系线增长，蛋白质趋向于向一侧分配；c. 盐的种类，双水相中缓冲液和无机盐在两相中分配系数不同时，将在两相间产生电位差，从而影响蛋白质的分配；d. 盐的浓度，盐类浓度会影响蛋白质分配，但到达一定浓度时影响减弱；e. pH，蛋白质的分配系数随pH的变化而变化，pH的微小变化会使蛋白质的分配系数改变2～3个数量级；f. 温度，可通过影响双水相的相图而影响蛋白质的分配系数。

双水相萃取技术用于酶分子分离有以下优点：a. 含水量高，酶不易失活；b. 分相时间短；c. 界面张力小，有助于质量传递；d. 无有机溶剂残余；e. 大量杂质与所有固体物质一同除去，过程简单；f. 设备投资少，容易放大；g. 回收率较高。

③超临界流体萃取：超临界流体萃取是利用欲分离物质与杂质在超临界流体中的溶解度不同而达到分离的一种萃取技术。

流体是液体和气体的总称，临界状态是物质气、液两态能平衡共存的一个边缘状态。在这种情况下，液体和它的饱和蒸汽密度相同，因而它们的分界面消失。这种状态只能在一定的温度和压力下实现(图3-8)。

超临界流体的物理特性和传质特性通常介于液体和气体之间，适于作为萃取溶剂。超临

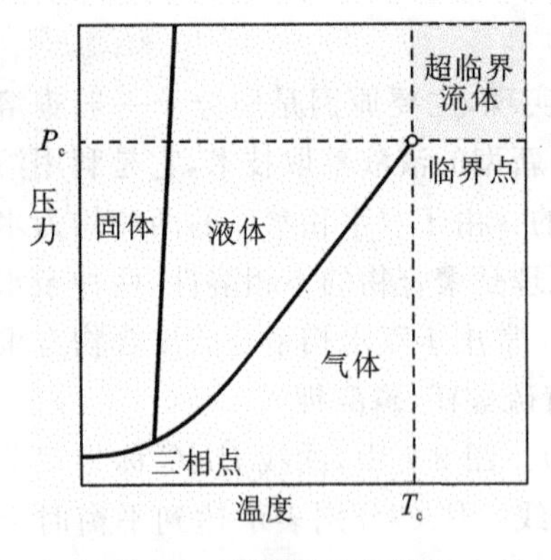

图 3-8　超临界流体相图

界流体的密度接近于液体，溶解能力跟液体相似；黏度大大低于液体，接近气体黏度，有利于物质扩散，具有很高的萃取速度；在不同温度和压力下对物质的萃取具有选择性，萃取后易于分离。常用的萃取剂有极性萃取剂（如乙醇、甲醇）和非极性萃取剂（如 CO_2）。其中，CO_2 是目前用得最多的超临界流体，主要用于萃取弱极性和非极性化合物。CO_2 的超临界温度为 31.1 ℃，超临界压力为 7.3 MPa，因此，超临界 CO_2 有利于萃取热敏性生物活性物质。

影响萃取效率的主要因素：萃取剂流体的压力、萃取组分的组成、萃取温度、萃取过程的时间、吸收管温度等。

根据分离方法的不同，超临界萃取操作方式可以分为三种：一是等温分离，在温度相同的条件下，通过压力的变化而使溶质分离的方法，即在高压下进行超临界流体萃取，然后经膨胀减压后，溶质与萃取剂分离，萃取剂经压缩泵加压循环利用；二是等压分离，在压力相同的条件下，通过温度变化进行溶质分离的方法，即在低温下进行超临界流体萃取，加热后溶质与萃取剂分离，从分离器底部取出溶质，萃取剂经冷却、降温循环利用；三是吸附分离，用吸附剂将溶质从萃取剂中吸附出来，达到分离的目的。

④反胶束萃取：如果将表面活性剂溶于水溶液，使其浓度超过临界胶束浓度，便会在水溶液内形成疏水基向内、亲水基向外的聚集体，这种聚集体称为正胶束；同样，将表面活性剂溶于非极性的有机溶剂中，并使其浓度超过临界胶束浓度，便会在有机溶剂内形成亲水基向内、疏水基向外的聚集体，这种聚集体称为反胶束（图 3-9）。在反胶束中表面活性剂的非极性基团在外，极性基团排列在内形成一个极性核，极性核溶解水后形成水池。反胶束萃取利用反胶束将酶或者其他蛋白质从混合溶液中萃取出来。反胶束的极性“水核”具有较强的溶解能力，生物大分子由于具有极性，可溶解在水核中，减少了变性作用；水核还可以稳定蛋白质的立体结构，提高反应性能。

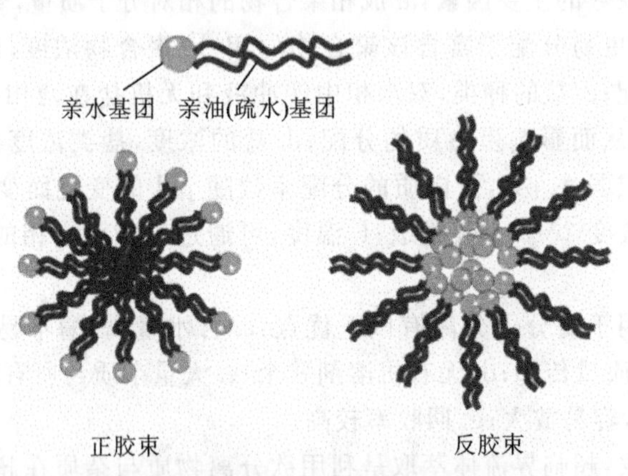

图 3-9　正胶束和反胶束形成的示意图

用于反胶束萃取的物质有两类，即阴离子表面活性剂和阳离子表面活性剂。最常用的阴离子表面活性剂为丁二酸-2-乙基己基酯磺酸钠（AOT）。阳离子表面活性剂有季铵盐、溴化十六烷基三甲铵（CTAB）、溴化十二烷基二甲铵（DDAB）等。

影响反胶束萃取的主要因素：a. 水相 pH，水相 pH 决定了蛋白表面电荷状态，从而影响萃取；b.离子的种类和强度，盐浓度越高对萃取越不利；c.表面活性剂的种类和浓度，增加浓度可以促进蛋白质溶解，但同时可能增加萃取过程的难度；d.溶剂体系，溶剂的极性对反胶束形成影响很大，添加助溶剂可调节体系极性。

3.酶的纯化与成品加工

酶的纯化阶段主要是去除与目标物质相近的杂质。在这个过程中常常采用对目标物质具有高选择性的分离方法。能够有效完成这一分离过程的首选技术是色谱分离(chromatography)，也称层析技术。同时为了进行酶成品加工，需要根据酶制剂的不同剂型要求进行适当浓缩(液态酶制剂产品)，或进行结晶和干燥(固态酶制剂产品)。

(1)层析技术　层析分离也称色谱分离，是利用多组分混合物中各组分的物理化学性质的差异，使各组分以不同程度分布在两个相——固定相和流动相中，即当蛋白质混合溶液(流动相)通过装有层析介质的管或柱(固定相)时，由于混合物中各组分在物理化学性质(如吸附力、溶解度、分子的形状与大小、分子的电荷性与亲和力)等方面的差异使各组分在两相间进行反复多次的分配而得以分开。流动相的流动取决于重力或层析柱两端的压力差。用层析法可以纯化得到非变性的、天然状态的蛋白质。

根据分离机理(溶质分子与固定相相互作用机理)不同，层析技术可分为吸附层析、分配层析和凝胶过滤层析；根据固定相形状不同，层析技术可分为柱层析分离、纸层析分离和薄层层析分离；根据流动相的物理形态不同，层析技术可分为气相层析(色谱)分离、液相层析(色谱)分离和超临界层析(色谱)分离；根据操作压力不同，层析技术可分为低压层析(色谱)分离(＜0.5 MPa)、中压层析(色谱)分离(0.5～5 MPa)和高压层析(色谱)分离(5～50 MPa)。

①吸附层析：吸附层析的原理是混合物随流动相通过固定相(吸附剂)时，由于固定相对不同物质的吸附力不同而使混合物得到分离。传统的吸附剂有硅胶、氧化铝、活性炭、硅酸镁、聚酰胺、硅藻土等。吸附层析的主要特点：应用最早，价格较低，但其选择性低。为了提高其选择性，人们开发了一些新型的吸附层析介质，从而出现了几种新型吸附层析技术，包括离子交换层析、亲和层析和疏水作用层析等。

a.离子交换层析：利用离子交换树脂作为层析支持物(固定相)，由于带有不同电荷的蛋白质与固定相间的静电作用力(吸附力)不同，从而达到分离目的。酶分子由氨基酸组成，氨基酸侧链基团的差异使得酶分子的等电点差异很大。在相同的pH值和离子浓度的溶液中，不同蛋白质分子具有不同的带电特性，和相应的带有电荷的交换介质之间的作用力也不相同。在一定的离子浓度下，目的分子可以很好地和介质结合；随着流动相离子浓度的增加，这种结合力降低，从而使得目的分子从分离介质上洗脱下来。具体原理见图3-10。

b.亲和层析：生物物质特别是酶和抗体等蛋白质分子，具有识别特定物质并与该物质紧密结合的特性，这种识别并结合的能力具有转移性、排他性，能够很好地将分子结构和性质非常相近的物质分离，并且在较低的丰度下也能有较好的分离效果。这种特异性的相互作用称为生物亲和作用。利用生物分子间的这种特异性结合作用而进行分离纯化的层析技术称为亲和层析技术，其原理和操作过程见图3-11。生物分子与配基之间的结合具有可逆性，这是亲和层析的基本条件。根据分离组分与配基结合特性，亲和层析可以分为多种方式。一是分子对亲和层析，其是利用生物分子对之间专一而又可逆的亲和力使生物分子分离纯化，如酶与底物、酶与竞争性抑制剂、酶与辅助因子、抗原与抗体、RNA与互补的RNA分子或者片段等之间，都是具有专一而又可逆的生物分子对；二是免疫亲和层析，其是利用抗原与抗体之间专一而又可逆的亲和力进行纯化的一种分子对亲和层析方式，可用适当的方法将抗原(或抗体)结

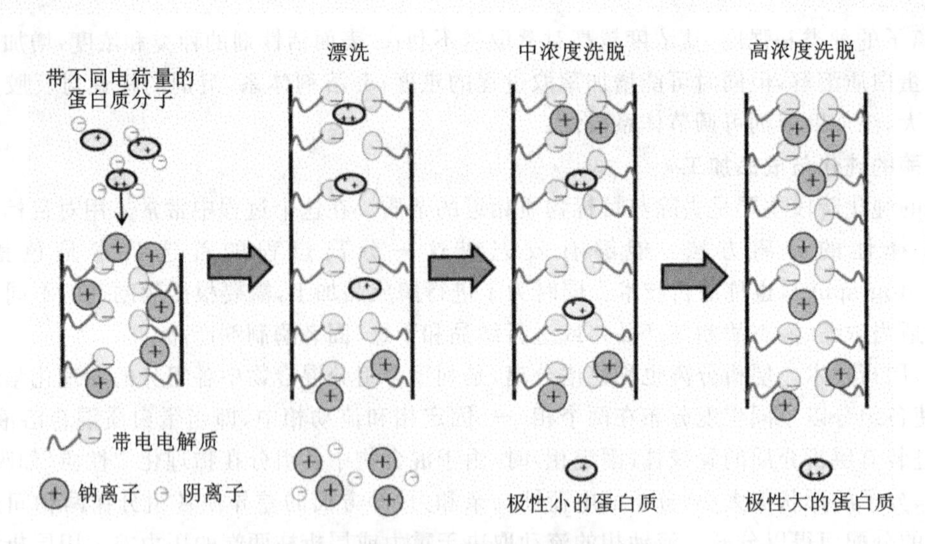

图 3-10　离子交换层析基本原理示意图

合到支持介质上，制成亲和层析介质，可以高效地分离纯化与其互补的抗体（或抗原），目前免疫亲和层析已经广泛应用于药物和抗体的纯化；三是金属离子亲和层析，即利用生物分子中的功能基团与层析剂上金属离子形成可逆性结合的一种亲和层析方法，蛋白酶类和其他蛋白质表面的某些氨基酸残基，如组氨酸的咪唑基团、半胱氨酸的巯基、色氨酸的吲哚基团，可与金属离子亲和结合，在生命科学研究中最常用的利用 6 个组氨酸标签来纯化目的蛋白的亲和层析方法就是金属亲和层析，常用的介质为 NTA 或 IDA。

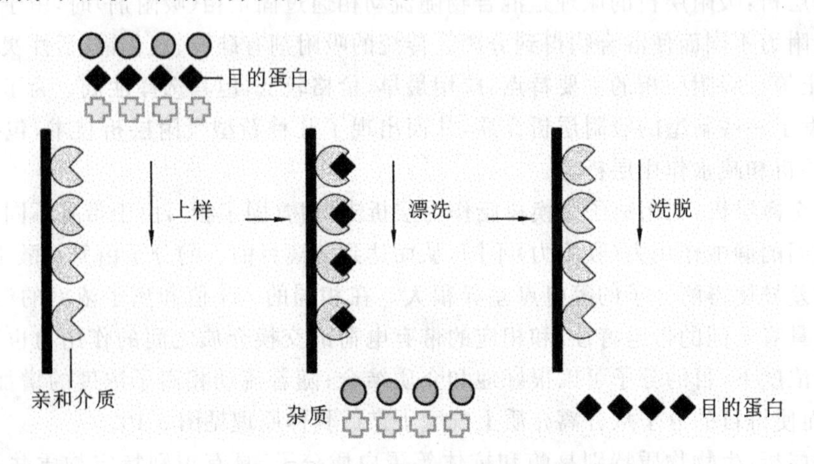

图 3-11　亲和层析原理和操作过程

c. 疏水作用层析：利用蛋白质表面存在的疏水区域的强度、大小不同，而被吸附到连接有疏水基团的层析介质上。层析介质上所连接的疏水基团常见的有正丁基、正辛基和苯基，其中，连接苯基的介质疏水性最强，连接正丁基的介质疏水性较弱。离子强度增大可增强蛋白质的吸附能力，因此常常用含有 2～3 mol/L 的 NaCl 或硫酸铵溶液溶解样品，洗脱时可通过降低盐浓度、增加乙二醇浓度进行梯度洗脱。

②分配层析：分配层析的固定相和流动相都是液体，其原理类似于液液萃取，利用混合物中各物质在两液相中的分配系数不同而分离。其中，固定相是由固定液与载体结合后形成的。分配层析可分为正相层析（固定相为极性，流动相为非极性）和反相层析（固定相为非极性，流

动相为极性)。分配层析主要用于分离小分子化合物,在酶的分离纯化中并不常用。

③凝胶过滤层析:凝胶过滤层析是利用相对分子质量差异将目的分子分离的技术,故又称为分子排阻层析或分子筛层析。利用带孔凝胶珠作基质,按照分子大小分离蛋白质或其他分子混合物。一般是大分子先流出来,小分子后流出来。利用具有网状结构的凝胶的分子筛作用,根据被分离物质的分子大小不同来进行分离。层析柱中的填料是某些惰性的多孔网状结构物质,多是交联的聚糖(如葡聚糖或琼脂糖)类物质,小分子物质能进入其内部,流下来速度慢,而大分子物质被排除在外部,下来的速度快,当混合溶液通过凝胶过滤层析柱时,溶液中的物质就按不同相对分子质量筛分开了。具体原理见图3-12。

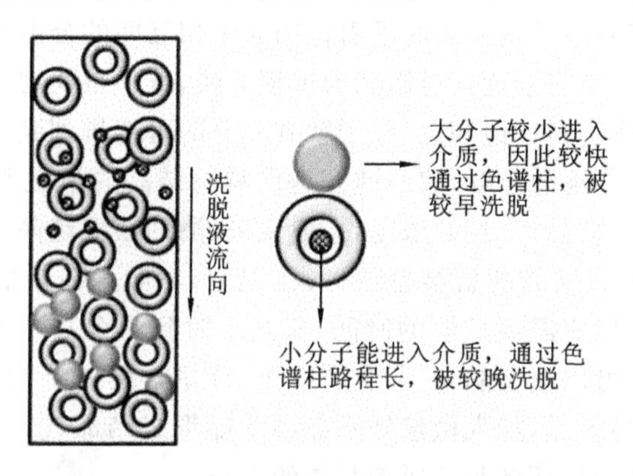

图3-12 凝胶过滤层析基本原理示意图

分子筛的原理不仅可以用来分离纯化蛋白质,也经常用于脱盐和蛋白质相对分子质量的测定。凝胶材料主要有葡聚糖、琼脂糖、聚丙烯酰胺等。层析用的微孔凝胶是由凝胶材料与交联剂交联聚合而成,交联剂使用越多,载体颗粒的孔径越小。凝胶颗粒直径的大小对层析柱内溶液的流速有一定的影响,凝胶颗粒均匀,则可使流速稳定,分离效果较好。

(2)浓缩　在酶的纯化过程和酶的研究工作中,常常需要将酶溶液浓缩。常用的浓缩方法如下。

①超滤浓缩:通过超滤可以去除大部分的盐离子,同时对酶进行浓缩。工业上超滤通常可分为板框式、管式、螺旋卷式和中空纤维式四种主要类型。由于超滤法处理的液体多数含有水溶性生物大分子、有机胶体、多糖及微生物等,这些物质极易黏附和沉积于膜表面上,所以会造成严重的浓差极化和堵塞,这是超滤法最关键的问题。要克服浓差极化,通常可加大液体流量,加强湍流和加强搅拌。

②离子交换层析法浓缩:利用DEAE-Sephadex A50、QAE-Sephadex A50等离子交换树脂制成的层析柱,也可以进行酶的浓缩。当待浓缩的酶溶液通过柱时,酶蛋白几乎全部被吸附,然后用离子强度大的缓冲液洗脱,收集蛋白质峰,从而达到浓缩的目的。其原理和操作与一般离子交换层析法相同。

③凝胶吸水法浓缩:凝胶可以用于吸水,使样品浓缩。此法简便易行。将凝胶的干燥粉末和需要浓缩的酶液混在一起后,干燥粉末就会吸收溶剂,再用离心或过滤方法除去凝胶,由此酶液得到浓缩。这些凝胶的吸水性能为每1 g干粉吸水1～3.7 mL。凝胶及稀酶液可以在室温下混合,使其充分吸水,一般需要2～4 h。这种方法很简便,且酶活力不受影响,酶液中离子强度也很少改变。缺点是凝胶表面会吸着小部分酶液而造成损失。

④蒸发浓缩:通过升温、减压等方式可以让溶剂挥发,从而达到浓缩的目的。实验室常见

的如旋转蒸发仪，用于在减压条件下连续蒸馏大量易挥发性溶剂，使酶溶液浓缩。

(3)结晶　结晶是使溶质以晶态从溶液中析出的过程。当酶被提纯到一定纯度以后，就有可能将酶结晶出来。1926年，Sumner首次从刀豆中制得了脲酶结晶。随着酶的作用规律研究的深入，及其在各方面日益广泛的应用，已经有越来越多的酶被结晶出来，酶的结晶技术已经成为酶学研究的重要手段之一，不仅为酶的研究工作提供了合适的样品，而且也为纯酶的应用创造了先决条件。

酶结晶的主要目的是进行酶的提纯和制备供X射线衍射分析用的样品。结晶的酶不一定是一种单一的、纯净的蛋白质。因此结晶并不能看作该酶已经完全提纯的标志。

在过饱和状态下，溶质分子相互间的吸引作用大于相互间的分散作用或排斥作用，开始形成无定形沉淀或结晶。如果溶液达到过饱和的过程太快，分子很快地聚集，往往出现无定形沉淀。如果溶液非常缓慢地达到过饱和点，分子就有充分的可能排列到晶格中形成晶体。

影响酶结晶的因素：①酶的纯度，酶的纯度是影响酶结晶的最重要的因素，一种酶只有提纯到相当纯以后才能进行结晶；②酶的浓度，一般说来，酶的浓度越高，越有利于溶液中溶质分子间的相互碰撞聚合，形成结晶的机会也越大；③温度，一般是在较低温度下进行酶的结晶；④结晶时间，酶的结晶的形成需要足够的时间，从几小时到几个月不等；⑤pH，调节pH可以使结晶长到最适大小，也可以改变晶形；⑥金属离子，许多金属离子能引起或有助于酶的结晶过程；⑦晶种，有些酶不易结晶，加入微量外来晶种才能形成结晶；⑧搅拌，搅拌可以使结晶与母液均匀地接触，太剧烈会损坏结晶并影响晶体的生长。

酶结晶的一般方法：①盐析法：加盐降低蛋白质溶解度，使其从溶解状态转变成过饱和状态，以结晶形式从溶液中析出。利用中性盐作为沉淀剂，降低酶溶解度而产生结晶，不仅安全而且操作简便。②有机溶剂法：向含有酶和蛋白质的溶液中加入有机溶剂，可以使溶液介电常数下降，因而使酶和蛋白质结晶析出。③等电点结晶法：通过改变酶溶液的pH可以使其缓慢地在等电点附近达到过饱和而使酶析出结晶。④复合结晶法：利用某些酶与有机物分子或金属离子形成复合物或盐的性质，也可以使酶结晶析出。⑤温差结晶法：有些蛋白质在低离子强度下对温度特别敏感，其溶解度随温度变化极大，可用温差法使其结晶。

(4)冷冻干燥　冷冻干燥是先将待浓缩的溶液或者混悬液冷冻成固态，然后在低温和高真空度下使冰升华，留下干粉。需要干燥的样品最好是水溶液，溶液中最好不要混有有机溶剂，在冷冻前最好将样品完全脱盐以避免缓冲液中盐类的影响。冷冻干燥的特点：①冷冻干燥过程中，物料的物理结构和分子结构变化极小；②有利于保持热敏型物料的生物学活性；③物料原组织的多孔性能不变，加水后可在短时间内恢复干燥前的状态；④干燥后残存水分很低，可在常温下长期保存。因此，冷冻干燥主要用于特别热不稳定的产品上，例如微生物活体、酶、某些抗生素，以及血清、菌种、疫苗、中西药等生物制品。

4. 酶纯度的检测

在获得了提纯的酶以后，需要对酶的纯度和品质进行鉴定。常用的检测方法有电泳检测技术和高压液相色谱技术。

(1)电泳检测技术　电泳是指带电粒子在电场中向与自身带相反电荷的电极移动的现象，各种物质由于所带静电荷的种类和数量不同，因而在电场中的迁移方向和速度不同，从而达到分离的目的。聚丙烯酰胺凝胶电泳(PAGE)是常规的检测技术，特别是在检测酶蛋白分子时，具有很高的分辨率，且需要的样品量少，有时仅需几微克即可鉴定。

按蛋白质存在的状态分类，聚丙烯酰胺凝胶电泳可分为非变性电泳(native-PAGE)和变性电泳(SDS-PAGE)；按缓冲液 pH 值和凝胶孔径差异分类，又可分为连续凝胶电泳和不连续凝胶电泳；按分离胶的浓度变化分类，可分为恒定浓度凝胶电泳和浓度梯度凝胶电泳。其中，最常用的是恒定分离胶浓度的不连续 SDS-PAGE。如果分离的蛋白成分复杂、相对分子质量范围较大，可使用浓度梯度凝胶电泳，从而提高其分辨率。

SDS-PAGE 是在制备聚丙烯酰胺凝胶时加入一定量的十二烷基磺酸钠(SDS)制成凝胶后，进行电泳。同时，样品缓冲液和电泳缓冲液中也都含有 SDS。其中，SDS 的主要作用包括：①SDS 是一种阴离子表面活性剂，可与蛋白质结合，使蛋白质发生变性，使其二级结构及高级结构破坏，在还原剂(如巯基乙醇)作用下多亚基蛋白质解离成单亚基，因此，SDS-PAGE 得到的蛋白质相对分子质量为单亚基的相对分子质量；②蛋白质亚基与 SDS 结合形成胶束，在水溶液中呈椭圆形长棒状，不同蛋白质亚基-SDS 胶束棒的短径基本相同，而长径与蛋白质相对分子质量成正比，这样便消除了不同蛋白质形状的差异；③由于 SDS 带有大量负电荷，好比蛋白质穿上带负电的“外衣”，蛋白质本身带有的电荷则被掩盖，即消除了蛋白质分子之间电荷差异。因此，在 SDS-PAGE 凝胶时，蛋白质的迁移速度主要取决于蛋白质亚基相对分子质量大小。

使用 SDS-PAGE 凝胶检测酶蛋白分子时，酶被 SDS 包裹，带上负电荷，整个分子的泳动速度仅与其亚基相对分子质量大小相关，而不再受带电性质和形状的影响，在电场的作用，向正极泳动，迁移的速度受到凝胶浓度(浓度越高，孔径越小)、电场强度、溶液的离子强度等条件的影响。电泳结束后通过不同的方法对凝胶进行染色、脱色可以观察到待检样品的纯度、相对分子质量大小等结果。

(2)高压液相色谱技术　高压液相色谱(high pressure liquid chromatography，HPLC)又称高效液相色谱(high performance liquid chromatography)，是一种新的分离分析技术。现在不仅被用于高效分离物质，也普遍用于食品、药品的检验检疫。

HPLC 作为高效、快速的分离技术，具有灵敏度高、选择性好的特点，具有同时分离和分析的功能。分析可在几分钟至几十分钟内完成，且可以实现多组分检测。所有普通层析的原理，如分子筛层析、离子交换层析、反相层析等均可以应用于 HPLC。此外 HPLC 亦有自身的特点，包括：①高压，供液压力和进样压力都很高，可以高至 40 MPa，而普通层析一般都不能超过 1 MPa；②高速，载液流速个别可以高达 100 mL/min 以上；③高灵敏度，检测样品仅需微升级，而检测量可以低至纳克或皮克级；④高效，每米柱子可以达 5 000 塔板数以上，有时一根柱子可以同时分离 100 个以上组分。

HPLC 一般以不锈钢管作为柱子，需要有很高的强度和承受较高的压力。填料的颗粒一般较经典层析介质小，同时必须有更好的刚性以承受较高的压力。HPLC 必须配有相应的仪器，以提供较高的载液压力；同时一般都配有紫外检测器、电导率检测器、红外检测器等多种检测器。如果同时配有质谱检测器，则可以精确地确认目的分子的大小、含量、纯度等。这种 HPLC 与质谱连用的检测方式被称为液质联用(LC-MS)技术，在医药、食品、环境分析中具有广泛应用。

3.3.3　酶制剂的制备

酶蛋白分离纯化后，还需要制备成酶制剂，才可以作为商品进行出售或应用于其他领域。从形态上来分类，可将酶制剂分为固体酶制剂和液体酶制剂两种；按照应用领域分类，酶制剂可以分为工业酶制剂、饲料酶制剂、食品酶制剂、诊断酶制剂、药物酶制剂等；按组成成分分类，可以分为单一酶制剂和复合酶制剂。

酶制剂的制备主要包括酶的精制、酶的稳定化、酶制剂的成型和保存等过程。

1. 酶的精制

酶的精制处理首先是除去痕量杂质(如热原、内毒素、核酸及病毒等),然后根据不同的酶制剂类型进行不同处理。其中,除去热原和核酸,可以用阴离子交换剂吸附去除,也可以用活性炭吸附,还可以用热原的抗体或凝集素制备的亲和吸附剂去除热原。另外,超滤也可除去某些酶制剂的热原。内毒素和病毒可以在碱性条件下进行高温处理。酶制剂的剂型主要有液体酶制剂和固体酶制剂。液体酶制剂的精制需要进行脱盐、浓缩及调节 pH;固体酶制剂的精制需要进行干燥处理,多采用冷冻干燥技术。

2. 酶的稳定化

酶的稳定化处理主要是防止酶被微生物污染和保持酶的活力。防止酶被微生物污染的主要措施有微滤除菌、加入防腐剂或杀菌剂等;保持酶活力的主要措施有酶浓缩(使酶的浓度较高)、加入酶的底物或酶抑制剂、加入亲水性高分子物质等。

3. 酶制剂的成型

酶制剂主要包括粗酶制剂和纯酶制剂。其中,粗酶制剂多为工业用酶,酶制剂类型有液体酶制剂和固体粗酶制剂。液体酶制剂较不稳定,但较经济,常为某些工业用户就近使用而生产;固体酶制剂多为粉剂、颗粒酶、麸皮酶等粗制酶。纯酶制剂是经过纯化后的制剂,通常是结晶酶制剂,有时也制成液体制剂。如基因工程操作所用的工具酶,常加甘油成剂;医用酶有液体口服剂、针剂(安瓿)、片剂、酶药剂、固定化微囊等商品;分析试剂用酶,则常为结晶酶。

4. 酶制剂的保存

大多数酶在干燥固体状态下比较稳定,液体酶稳定性较差。在潮湿和高温情况下酶制剂容易丧失活性,污染杂菌,即使是喷雾酶粉,如果包装材料不合适,在保存期间也能吸潮、结块,甚至失活,尤其是雨季威胁更大。因此,酶制剂包装材料多采用高分子聚合物(如聚乙烯塑料)薄膜双层膜袋,封装后,对延长保存期,防止结块和失活有良好效果。新鲜麸皮酶,只有经气流干燥后的产品,才能在干燥和室温下存放(3~5 个月),各种酶制剂保存都以低温、干燥为宜。

3.4 酶制剂的生产

3.4.1 酶制剂生产概述

酶制剂是一类从动物、植物、微生物中提取的具有生物催化能力的蛋白质。其应用领域遍及轻工、食品、化工、医药、农业、能源以及环境保护等方面。酶制剂行业是高技术产业,它的特点是用量少、催化效率高、专一性强,是为其他相关行业服务的产业。

目前最广泛应用酶制剂的领域是食品和轻工业。国内外大规模工业化生产的 α-淀粉酶、糖化酶、蛋白酶、葡萄糖异构酶、果胶酶、脂肪酶、纤维素酶、葡萄糖氧化酶等大部分都在轻工、食品方面应用。酶在轻工、食品方面的广泛使用,可促进新产品、新工艺和新技术的发展,可增加产品产量、提高产品质量、降低原材料消耗等。

2011 年生物酶的市场价值达 12 亿美元,预计 2016 年将达 17 亿美元。2011 年食品和饮料活性酶的市场价值接近 13 亿美元,预计 2016 年达 21 亿美元。2011 年其他酶制剂的市场价值为15亿美元，预计2016年市场价值将达到22亿美元。

早期的酶制剂主要采用动植物组织提取分离酶，主要工艺过程包括酶的提取、浓缩、分离和纯化。胞外酶的提取可采用水、盐溶液或者缓冲液，胞内酶则需要先对动植物组织进行匀浆，然后再提取。此外还需以适当方式处理酶制剂，使其在生产、保存过程中保持稳定。

随着发酵工业的发展，近年来酶制剂的主要来源已经被微生物所取代。工业微生物不仅不受季节、地区、数量等条件的限制，而且种类多、繁殖快、质量稳定、成本低。

来源于动植物的酶制剂一般不存在毒性问题。来源于酵母、乳酸菌、曲霉等的酶和来源于非致病菌的酶一般也被认为是安全的。FAO/WHO（联合国粮农组织/世界卫生组织）在制定每种酶的ADI值的同时对酶的来源作了具体规定。

为了保证酶制剂的安全性，不论是食品酶制剂还是药品酶制剂，其生产材料、生产原料、生产过程均须符合国家的食品、药品等相关规定。目前食品酶制剂的检测相对简单，一般要求（美国标准）是：酶活力为85%～115%，重金属含量不多于30 mg/kg，铅含量不多于5 mg/kg，大肠杆菌数不大于30个/g，沙门氏杆菌数阴性/25 g。而药用酶制剂的检验比较严格，如需要去除内毒素，残余的组分必须明确等，并符合相关规定。

随着微生物菌种突变技术的发展和生物工程的开发，酶制剂的品种和经济效益正不断扩大。目前已工业化生产的约有50种，下面将对一些重要酶种的生产做具体介绍。

3.4.2　蛋白酶的生产

1. 蛋白酶简介

蛋白酶是催化肽键水解的酶类总称，不同的蛋白酶水解蛋白质时，所用的肽键种类不同。蛋白酶是重要的工业用酶，其商品种类上百种，产值超过10亿美元，其中微生物蛋白酶占绝大多数。蛋白酶生产使用菌种和生产品种最多。用地衣形芽孢杆菌、短小芽孢杆菌和枯草芽孢杆菌深层发酵生产细菌蛋白酶；用链霉菌、曲霉深层发酵生产中性蛋白酶和曲霉酸性蛋白酶，用于皮革脱毛、毛皮软化、制药、食品工业；用毛霉属的一些菌进行半固体发酵生产凝乳酶，在制造干酪中取代原来从牛犊胃提取的凝乳酶。

2. 木瓜蛋白酶及其生产工艺

（1）木瓜蛋白酶简介　木瓜蛋白酶（EC 3.4.22.2）是由212个氨基酸残基组成的，并含有3对二硫键。它的三维结构是由两个不同的结构域组成的，两个结构域之间形成一个缝隙；缝隙内含有酶的活性位点，包括一个与胰凝乳蛋白酶中所含的相似的催化二联体。木瓜蛋白酶中的催化三联体由25位的半胱氨酸（Cys-25）、159位的组氨酸（His-159）和158位的天冬酰胺（Asn-158）这三个氨基酸所组成。木瓜蛋白酶为白色、淡褐色无定形粉末或者颗粒，略溶于水、甘油，不溶于乙醚、乙醇和氯仿，最适pH为5.0～8.0，最适温度为65 ℃，等电点为9.6。

木瓜蛋白酶的剪切肽键的机制包括：在His-159作用下Cys-25去质子化，而Asn-158能够帮助His-159的咪唑环的摆放，使得去质子化可以发生；然后Cys-25亲核攻击肽主链上的羰基碳，并与之共价连接形成酰基-酶中间体；接着酶与一个水分子作用，发生去酰基化，并释放肽链的羰基末端。

木瓜蛋白酶由于可以水解蛋白质，在食品工业中被广泛用作“嫩肉粉”，在医学上可以加速伤口愈合，驱虫等。

（2）木瓜蛋白酶的生产工艺　木瓜蛋白酶一般从木瓜汁中进行提取和分离。原料处理过程：在未成熟的木瓜表面割若干条线，深1～2 mm，套上塑料薄膜，每4天左右割一次，用收集盘收集木瓜乳汁。根据对木瓜蛋白酶的纯度要求不同,可分为粗制工艺和精制工艺。

①粗制工艺:首先将木瓜乳汁倒入不锈钢锅中,在搅拌的条件下加入含有0.1%乙二胺四乙酸二钠和0.3%氯化钠溶液,并加入还原剂(0.06 mmol/L 硫代硫酸钠和0.08 mmol/L 半胱氨酸的混合液),混匀后过滤,收集滤液;然后将以上滤液置于干燥器中干燥,即得粗品。

②精制工艺:其具体操作步骤:木瓜乳汁→酶粗品的提取→酶的初步纯化→酶蛋白的结晶和干燥。

a. 酶粗品的提取:将木瓜乳汁倾入搪瓷缸中,加入硫酸铵使其达到45%饱和度时,静置过夜,离心,收集沉淀,得到木瓜蛋白酶粗品。

b. 酶的初步纯化:向粗酶中加入1倍体积的0.1%乙二胺四乙酸二钠和0.3%氯化钠溶液,并加入还原剂(0.06 mmol/L 硫代硫酸钠和0.08 mmol/L 半胱氨酸的混合液),用0.1 mol/L 氢氧化钠或者盐酸调节 pH 值至9.0,离心去除不溶物;然后进行盐析,向上清中加入硫酸铵达饱和度20%,离心去除不溶物。

c. 酶蛋白的结晶和干燥:向上清中继续加入硫酸铵至饱和度40%,静置析出结晶,即木瓜蛋白酶结晶,然后进行冷冻干燥或喷雾干燥获得木瓜蛋白酶成品。

3. 蛋白酶的酶活力测定方法

目前,有多种蛋白酶的酶活力测定方法,常见的有以酪蛋白为底物的相对酶活力测定法、福林-酚法及基于荧光底物的特定蛋白酶活力测定法等。下面介绍采用福林-酚法测定蛋白酶活力的基本过程。

(1)所需试剂　所用试剂及溶液配制方法如下。

①福林试剂:在2 000 mL 磨口回流装置内加入钨酸钠($Na_2WO_4 \cdot 2H_2O$)100 g,钼酸钠($NaMoO_4 \cdot 2H_2O$)25 g,水700 mL,85%的磷酸50 mL,浓盐酸100 mL,文火回流10 h,加入硫酸锂(Li_2SO_4)150 g,蒸馏水50 mL,混匀,移去冷凝器,加入几滴液体溴,再回流15 min,以去除残溴及除去颜色,溶液应呈黄色。若溶液有绿色,需再加数滴液溴,再回流除去,冷却后定容至1 000 mL,过滤,置于棕色瓶中保存,此溶液使用时加2倍蒸馏水稀释。

②三氯乙酸(TCA)溶液(0.4 mol/L):称取三氯乙酸65.4 g,加水定容至1 000 mL。

③碳酸钠溶液(0.8 mol/L):称取无水碳酸钠84.8 g,加水溶解,定容至1 000 mL。

④醋酸缓冲液(0.1 mol/L,pH 3.6):称取 $NaAc \cdot 3H_2O$ 16 g,与268 mL 浓度为6 mol/L 的醋酸溶液混合,稀释定容至1 000 mL。

⑤酪蛋白溶液(2%):称取干酪素20 g,加入0.1 mol/L 的氢氧化钠20 mL,在水浴中加热溶解,然后用pH 值为3.6的醋酸缓冲液定容至1 000 mL。该试剂配制后应及时使用,或放入冰箱内保存。

⑥酪氨酸溶液(100 μg/mL):精确称取在105 ℃烘箱中烘干至恒重的酪氨酸0.1 g,逐步加入0.1 mol/L 的盐酸,使之溶解,加蒸馏水定容至1 000 mL。该试剂配制后也应及时使用,或放入冰箱内保存。

(2)操作步骤　采用福林-酚法测定蛋白酶活力的操作步骤如下。

①绘制标准曲线:配制浓度(单位:μg/mL)分别为0、20、40、60、80、100的酪氨酸溶液,各取1 mL(做4个平行样)加入不同的试管中,再各加入已稀释的福林试剂1 mL 和0.4 mol/L 的碳酸钠5 mL,摇匀,置于水浴锅中,40 ℃保温发色20 min。然后在721型分光光度计上进行比色测定(波长660 nm,以浓度为0 μg/mL 的酪氨酸反应液做空白对照)。

②样品酶活力的测定:称取酶粉5 g,充分碾细,加蒸馏水1 000 mL,在40 ℃水中搅拌30

min,充分溶出酶蛋白,然后过滤,滤液用0.1 mol/L的醋酸缓冲液(pH 3.6)稀释到一定倍数。取稀释液1 mL(做平行样4个),40 ℃水浴预热2 min,再各加入经同样预热的酪蛋白1 mL,精确保温10 min。然后立即加入0.4 mol/L三氯乙酸2 mL,终止反应。继续置水浴中保温20 min,使残余蛋白质沉淀,然后离心分离或过滤。取滤液1 mL,再加入0.8 mol/L碳酸钠溶液5 mL和已稀释的福林试剂1 mL,摇匀保温发色20 min后,进行比色测定。对照标准曲线,计算酪氨酸的释放量。

③酶活力计算:在40 ℃,每分钟水解干酪素产生1 μg酪氨酸的酶量定义为1个蛋白酶活力单位,即

$$蛋白酶活力=A\times4\times N/10$$

式中,A为对照标准曲线得出的酪氨酸释放量;4为4 mL反应液中取出1 mL;N为酶液的稀释倍数;10为反应时间(10 min)。

3.4.3 淀粉酶的生产

1. 淀粉酶简介

淀粉酶是指能水解淀粉、糖原和有关多糖中的*O*-葡萄糖苷键的酶。一般作用于可溶性淀粉、直链淀粉、糖原等分子中的α-1,4-葡聚糖。根据作用的方式可分为α-淀粉酶(EC 3.2.1.1)与β-淀粉酶(EC 3.2.1.2)。淀粉酶水解淀粉生成糊状麦芽低聚糖和麦芽糖。以芽孢杆菌属的枯草芽孢杆菌和地衣形芽孢杆菌深层发酵生产为主,后者产生耐高温酶。另外也用曲霉属和根霉属的菌株深层和半固体发酵生产,适用于食品加工。淀粉酶主要用于制糖、纺织品退浆、发酵原料处理和食品加工等。葡萄糖淀粉酶能将淀粉水解成葡萄糖,现在几乎全由黑曲霉深层发酵生产,用于制糖、酒精生产、发酵原料处理等。

淀粉酶研究较多,生产较早,是目前应用最广和产量最大的一种酶。按照水解淀粉方式的不同,主要的淀粉酶有α-淀粉酶、β-淀粉酶、糖化酶、切枝酶、环糊精葡萄糖转移酶等。

在这几类酶中,α-淀粉酶或环糊精淀粉酶分解淀粉大分子的中央,首先成为6~7葡萄糖单位的寡糖,然后成为双糖,即麦芽糖。它是不能分解1-6键的酶。细菌淀粉酶制剂与霉菌淀粉酶的不同是前者主要含有α-淀粉酶,而霉菌淀粉酶还含有α-葡萄糖苷酶、葡萄糖淀粉酶、葡聚糖酶,也就是还含有能够分解1-6键的酶。

2. α-淀粉酶的生产实例

工业上α-淀粉酶的生产主要来自于细菌和霉菌。霉菌α-淀粉酶的生产大多采用固体曲法生产,细菌α-淀粉酶的生产则以液体深层发酵法为主。液体深层发酵法具有机械化程度高,发酵条件易控制,酶的产率高、质量好等优点,是目前酶制剂发酵生产中应用最广泛的方法。

(1)米曲霉固态法生产α-淀粉酶工艺　米曲霉固体厚层通风制曲法生产α-淀粉酶工艺流程如图3-13所示。

①菌种:米曲霉固体厚层通风制曲的常用菌种是米曲霉612或2120。

②种曲制备:将试管斜面于32~34 ℃培养70~72 h得到活化菌种。种曲通常采用三角瓶培养,将豆粕、麸皮、水按一定的比例混合均匀,通常豆粕和麸皮的配比是8∶2(质量比),加水量以熟料水分含量在47%~51%之间,常压蒸料或加压蒸料,完成灭菌和蛋白质适度变性,冷却至35~40 ℃,接种试管菌种,于32~34 ℃下培养3 d,待菌体大量生长孢子转成黄绿色时,即得到种曲。

③制曲:制曲方法有厚层通风制曲、曲盘制曲、圆盘式机械制曲等。厚层通风制曲时,将蒸

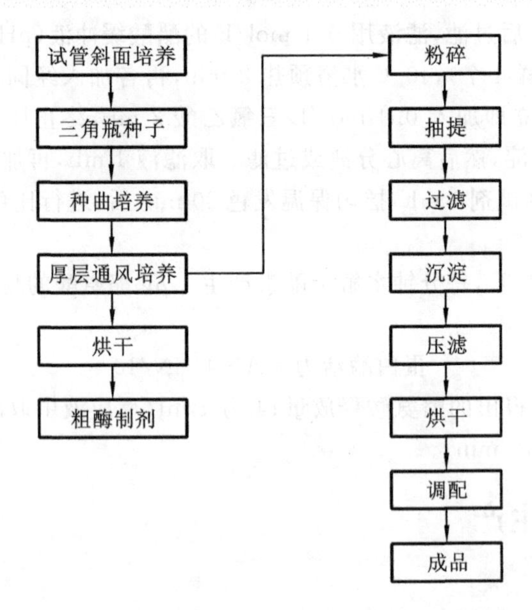

图 3-13　米曲霉固态法生产 *α*-淀粉酶的工艺流程

煮 1 h 后的培养基冷却到 30 ℃时接入 0.5%的种曲，拌匀后入池发酵。前期温度控制在 30 ℃左右，每隔 2 h 通风 20 min，当池内温度升至 36 ℃以上时则需要连续通风，使温度控制在34～36 ℃。当池内温度开始下降后 2～3 h 则通冷风使温度降到 20 ℃左右出池，整个发酵过程约需要 28 h。

④分离提取：提取方法有多种，如一种方法是直接把麸曲在低温下烘干，作为酿造工业上使用的粗酶制剂，特点是得率高、制造工艺简单，但酶活力单位低，含杂质较多。另一种方法是把麸曲用水或稀释盐水浸出酶后，经过滤和离心除去不溶物后用酒精沉淀或硫酸铵盐析，酶泥滤出烘干，粉碎后加乳糖作为填充剂，最后制成助消化药、酿造等用的酶制剂。它的特点是酶活力单位高，含杂质较少，但得率低、成本高。

(2)枯草杆菌 BF-7658 液体深层发酵生产 *α*-淀粉酶工艺　枯草杆菌 BF-7658 淀粉酶是我国产量最大、用途最广的一种液化型 *α*-淀粉酶，枯草杆菌 BF-7658 生产 *α*-淀粉酶的工艺流程如图 3-14 所示。

①菌种：枯草杆菌 BF-7658，呈短杆状，两端钝圆，细胞单个或呈链状生长，G^+，产生芽孢，需氧。淀粉培养基上菌落呈乳白色(久置后呈灰黄色)褶皱，干燥，不湿润，无光泽，边缘不规则，在含碘培养基上能产生透明圈。

②菌种的活化：淀粉蛋白胨培养基配方，可溶性淀粉 2%，蛋白胨 1%，NaCl 0.5%，琼脂 2%。培养条件，温度 37℃培养 3 d，使菌体全部形成孢子时即成熟。

③种子培养：种子罐培养基，豆饼粉 4%，玉米粉 3%，磷酸氢二钠 0.8%，硫酸铵 0.4%，氯化铵 0.15%。培养条件，温度(37±1)℃，罐压 0.5～0.8 atm(1 atm＝10^5 Pa)，通气量在 0～6 h为 0.2～0.3 VVM(1 VVM＝1 m^3/(m^3 · min))，在 6～10 h 为 0.5 VVM，10 h 以后为 0.5～1.0 VVM。当菌体处于对数生长后期，立刻接种至发酵罐。培养时间为 14～16 h。

④发酵：发酵培养基配方，豆饼粉 5%，玉米粉 8%，磷酸氢二钠 0.8%，硫酸铵 0.4%，氯化钙 0.18%。发酵控制温度 37℃，罐压 0.05 MPa，通气量 0～12 h 控制 0.5～0.6 VVM，12 h 后控制在 0.8～1.0 VVM，发酵后期控制在 0.9 VVM。发酵周期一般为 40 h。发酵培养一般

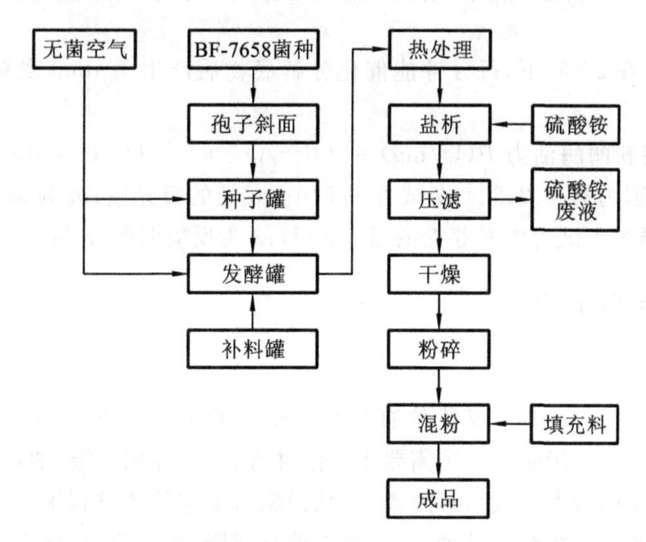

图 3-14　枯草杆菌 BF-7658 产 α-淀粉酶的工艺流程

采用补料工艺，这样一方面可解除分解代谢阻遏效应，另一方面也有利于 pH 的调节，最终达到提高产量的目的。补料体积和基础培养基体积一般为 1∶3 左右。根据 BF-7658 枯草杆菌的生长曲线，一般在发酵 10 h 左右开始补加，为了使罐内 pH 变化不致过大(目前控制 pH 不超过 7.0 为宜)，补料应按少量多次、前期少补、中后期多补的原则进行。一般当 pH 低于 6.5，细胞生长粗壮时可酌减；后期少，中期大，根据菌体的生长，当 pH 高于 6.5 细胞出现衰老并有空胞时可酌增；放罐前 8 h 停止补料。

⑤提取：工业上提取 α-淀粉酶一般采用硫酸铵盐析法。发酵结束后，即放入热处理罐，一边搅拌一边加入 2%的含水氯化钙和 0.8%的磷酸氢二钠。然后加热到 50～55 ℃维持 0.5 h，冷却到 35～38 ℃，调 pH 到 6.7～6.8，再加入硫酸铵(冬天用量为 40%，夏天为 42%)，加盐速度以能及时溶解，不让过多的盐沉积盐析罐底为度。通常为帮助盐溶并使沉淀颗粒不致过细，需以 50～80 r/min 的速度搅拌 1 h。加完后静置 16～24 h，再进行搅拌，即可压滤收集酶饼，酶饼再经干燥、粉碎、混粉、包装等工序得到 α-淀粉酶产品。

(3)α-淀粉酶的酶活力测定方法

①基本原理：利用 3,5-二硝基水杨酸测定 α-淀粉酶在水解淀粉时所产生的糖量来表示其活力。

②所需试剂：所用试剂及溶液配制方法如下。

a. 底物溶液：用含 6.7 mmol/L 氯化钠的 20 mmol/L 磷酸缓冲液(pH 6.9)配制 1%马铃薯淀粉溶液。

b. 显色剂：取 1.60 g 氢氧化钠溶于 70 mL 水中，加 3,5-二硝基水杨酸 1.0 g 和酒石酸钾钠 30 g，用水定容至 100 mL。

c. 麦芽糖标准液：配制每毫升含麦芽糖 0.36 mg 的溶液，相当于每毫升含麦芽糖 1 μmol。

③测定方法：在 2 ℃恒温条件下，取 4 支试管。第 1 支空白管 A 中加底物溶液 0.5 mL 及蒸馏水 0.5 mL；第 2 支样品管 B 中加入底物溶液 0.5 mL，加入适当稀释的待测酶液 0.5 mL，立刻混匀，25 ℃保温 3 min；第 3 支标准空白管 C 加入 1 mL 蒸馏水；第 4 支标准管 D 不加任何溶液。然后在 4 支试管中各加显色剂 1 mL，于标准管 D 中加入麦芽糖标准溶液 1 mL。100 ℃水浴 5 min，放冷后加入 10 mL 蒸馏水，在 540 nm 处测定吸光度，分别获得 A、B、C、D 四

个值。

④酶活力计算：在 25 ℃下，每分钟能催化分解底物后产生 1 μmol 麦芽糖的酶量，称为 1 个酶活力单位(U)。

$$\alpha\text{-淀粉酶酶活力 } P(\mathrm{U/mg})=[(B-A)\times n]/[(D-C)\times 3\times m]$$

式中，A、B、C、D 分别为第 1、2、3、4 支试管中 540 nm 处的吸光度；m 为第 2 支试管中酶制剂的质量(mg)；n 为第 3 支试管中麦芽糖的量(μmol)；3 为反应时间(3 min)。

3.4.4 脂肪酶的生产

1. 脂肪酶简介

脂肪酶(lipase，EC 3.1.1.3)又称甘油酯水解酶，它催化天然底物油脂水解，生成脂肪酸、甘油和甘油单酯或二酯。脂肪酶作用需要水不溶性底物，在异相系统(油水系统)中反应，水解难度要比在水相中作用的大多数水解酶类大，从而阻碍了它的开发利用。

脂肪酶是重要的工业酶制剂品种之一，可以催化解脂、酯交换、酯合成等反应，广泛应用于油脂加工、食品、医药、日化等工业。不同来源的脂肪酶具有不同的催化特点和催化活力。其中用于有机相合成的具有转酯化或酯化功能的脂肪酶的规模化生产对于酶催化合成精细化学品和手性化合物有重要意义。在食品工业上，脂肪酶可以被用于改善面包的品质，防止面包老化，酿酒等。

脂肪酶广泛存在于动物、植物和微生物中。大量的微生物脂肪酶已被分离、纯化。不同来源的脂肪酶，它们在相对分子质量、最适 pH、最适温度、热稳定性、等电点以及其他生化性质方面存在差异。研究发现，微生物脂肪酶具有比动植物脂肪酶更广的作用 pH 和作用温度范围，较高的稳定性和活性，以及对底物更强的特异性。

微生物脂肪酶根据催化位置的专一性可以分为两类：一是可以从甘油的三个位置上释放出脂肪酸的无专一性脂肪酶，二是仅能从甘油 1，3 位上释放出脂肪酸的专一性脂肪酶。

微生物脂肪酶的相对分子质量差异较大，在 20 000～60 000 之间，大多数酶是糖蛋白，主要成分是甘露糖。

2. 微生物脂肪酶的生产工艺

微生物脂肪酶的种类很多，广泛存在于细菌、酵母和霉菌中，是工业用脂肪酶的重要来源。微生物脂肪酶生产的基本工艺流程如图 3-15 所示。

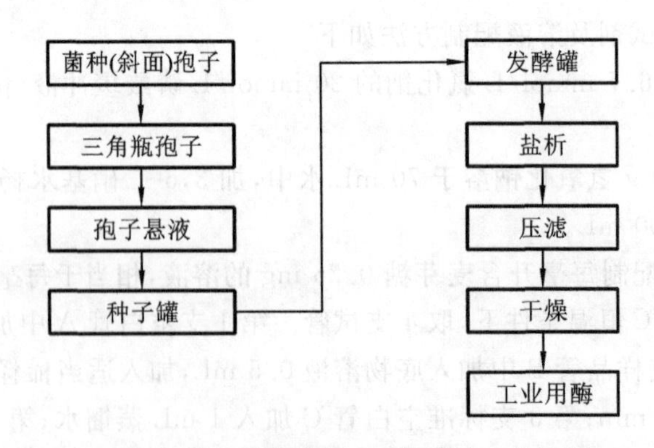

图 3-15 微生物脂肪酶生产的基本工艺流程

(1)菌种 目前生产脂肪酶的常用细菌类有无色杆菌属(*Achromobacter*)、产碱杆菌属(*Alcaligenes*)和假单胞菌属(*Pseudomonas*)等,其中假单胞菌属的细菌脂肪酶应用最为广泛;真菌类的主要有黑曲霉、米曲霉(*Thermomyces lonugirtosus*)、少根根霉(*Rhizopus crrhizus*)和米根霉等。

(2)培养基 种子培养基:葡萄糖 2%,$(NH_4)_2SO_4$ 0.5%,KH_2PO_4 0.1%,$MgSO_4 \cdot 7H_2O$ 0.05%,蛋白胨 2.5%,橄榄油 1%。

发酵培养基:蛋白胨 2%,蔗糖 0.5%,$(NH_4)_2SO_4$ 0.5%,KH_2PO_4 0.1%,$MgSO_4 \cdot 7H_2O$ 0.05%,橄榄油 1%。

(3)发酵 脂肪酶是胞外酶,可以采用固态培养和液态发酵。目前对于脂肪酶的发酵生产,多采用将霉菌固定化后再进行发酵。以聚氨酯为少根根霉固定化载体。固定化后的细胞连续重复批次发酵。固定化细胞连续发酵,大大缩短了发酵的时间,酶的时空产率获得大幅提高。

(4)酶的提取 脂肪酶分离纯化的过程一般包括预纯化和层析分离两个过程。预纯化过程包括细胞破碎(胞内脂肪酶)、离心或过滤去除菌丝体、超滤浓缩酶液、硫酸铵盐析或有机溶剂萃取、双水相萃取等步骤。再用层析方法进一步分离以获得高纯度的脂肪酶。层析方法包括离子交换层析、Sephadex G-75 凝胶过滤层析、亲和层析等方法。一般用酶活回收率、比活力和纯化倍数等指标来衡量脂肪酶分离纯化的程度。

3.脂肪酶的酶活力测定方法

(1)原理 脂肪酶在一定条件下,能使甘油三酯水解成脂肪酸、甘油二酯、甘油单酯和甘油,所释放的脂肪酸可用标准碱溶液进行中和滴定,用 pH 计指示反应终点,根据消耗的碱量,计算其酶活力。反应式为

$$RCOOH + NaOH \longrightarrow RCOONa + H_2O$$

(2)试剂和溶液 试剂包括聚乙烯醇(PVA)(聚合度 1 750±50)、橄榄油(试验试剂)、95%乙醇。所需溶液配制方法如下。

①底物溶液:称取聚乙烯醇(PVA)40 g,加水 800 mL,在沸水浴中加热,搅拌,直至全部溶解,冷却后定容至 1 000 mL。用干净的双层纱布过滤,取滤液备用。量取上述滤液 150 mL,加橄榄油 50 mL,用高速匀浆机处理 6 min(分两次处理,间隔 5 min,每次处理 3 min),即得乳白色 PVA 乳化液。该溶液现用现配。

②磷酸缓冲溶液(pH 7.5):分别称取磷酸二氢钠 1.96 g 和十二水磷酸氢二钠 39.62 g,用水溶解并定容到 500 mL。如需要,调节溶液的 pH 到 7.5±0.05。

③氢氧化钠标准溶液(c_{NaOH}=0.05 mol/L):按 QB/T 601 配制与标定。使用时,准确稀释 10 倍。

(3)分析步骤 主要包括以下操作步骤。

①待测酶液的制备:称取酶样品 1~2 g,用磷酸缓冲液溶解并稀释。如果样品为粉状,可用少量磷酸缓冲液溶解后用玻璃棒捣碎,然后将上清液小心倾入容量瓶中。若有剩余残渣,再加少量磷酸缓冲液充分研磨,最终使样品全部移入容量瓶中,用磷酸缓冲液定容至刻度,摇匀,转入高速匀浆机捣研 3 min 后供测定。测定时控制酶液浓度使样品与对照消耗碱量之差控制在 1~2 mL 范围内。

②测定(电位滴定法):首先按 pH 计使用说明书进行仪器校正;然后取两个 100 mL 烧杯,于空白杯(A)和样品杯(B)中各加入底物溶液 4.00 mL 和磷酸缓冲液 5.00 mL,再于 A 杯中

加入 95%乙醇 15.00 mL，于 40℃水浴中预热 5 min，随后于 A、B 杯中各加待测酶液 1.00 mL，立即混匀计时，准确反应 15 min 后，于 B 杯中立即补加 95%乙醇 15.00 mL 终止反应，取出；最后在烧杯中加入一枚转子，置于电磁搅拌器上，边搅拌，边用氢氧化钠标准溶液滴定，直至 pH 10.3，为滴定终点，记录消耗氢氧化钠标准溶液的体积。

③酶活力计算：1 g 固体酶粉（或 1 mL 液体酶），在 40℃温度和 pH 7.5 条件下，1 min 水解底物产生 1 μmol 的可滴定的脂肪酸，即为 1 个酶活力单位，以 U/g(U/mL)表示。

脂肪酶的酶活力按下式计算：

$$X_1=\frac{(V_1-V_2)\times c\times 50\times n_1}{0.05}\times\frac{1}{15}$$

式中 X_1——样品的酶活力(U/g)；

V_1——滴定样品时消耗氢氧化钠标准溶液的体积(mL)；

V_2——滴定空白时消耗氢氧化钠标准溶液的体积(mL)；

c——氢氧化钠标准溶液浓度(mol/L)；

50——0.05 mol/L 氢氧化钠溶液 1.00 mL 相当于脂肪酸 50 μmol；

n_1——样品的稀释倍数；

0.05——氢氧化钠标准溶液浓度换算系数；

1/15——反应时间 15 min，结果以 1 min 计。

3.4.5 植酸酶的生产

1. 植酸酶简介

植酸酶(phytase，EC 3.1.3.8)是催化植酸及其盐类水解为肌醇与磷酸(盐)的一类酶的总称，属磷酸单酯水解酶。其作用机理见图 3-16。

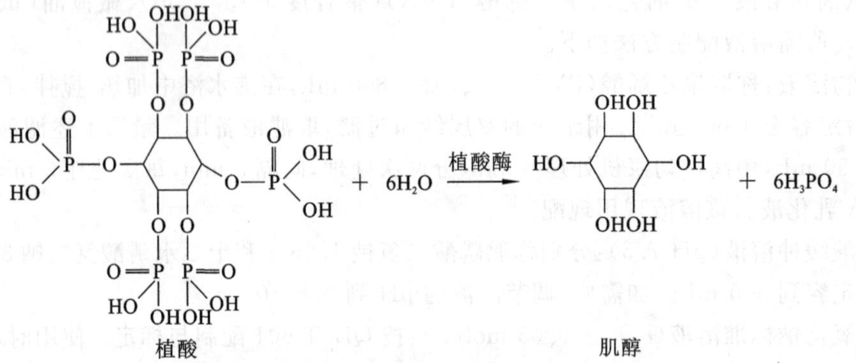

植酸 + $6H_2O$ —植酸酶→ 肌醇 + $6H_3PO_4$

图 3-16 植酸酶的作用机理

植酸是谷物和种子中广泛存在的一种不能消化的有机磷的存在方式，通过植酸酶的水解可以将磷释放出来成为可以利用的无机磷的形式。尽管植酸酶广泛存在于动物、植物、真菌和细菌体内，但只有真菌体内的植酸酶含量足以被检测。

近年来植酸酶被大量用于动物饲料中。植物饲料常含有大量的植酸钙镁，这些物质不能被鸡、猪等单胃动物消化，使得饲料利用率低，同时动物粪便含有大量磷酸盐，对环境造成污染。通过向饲料中添加植酸酶，可以分解植酸钙镁，以便有效利用饲料中的磷酸盐和原本与植酸结合的其他营养物质。

由于植酸酶在饲料行业的应用，既具有安全、高效、经济的特点，又具有很好的社会生态环境效益，因此，在欧洲大部分国家均已强制使用植酸酶；东北亚的韩国、日本也在推进植酸酶的使用；我国全面实施《畜禽养殖业污染物排放标准》后，推动了植酸酶在饲料行业的更广泛应用。目前植酸酶已经成为最大的饲料用酶。

2. 重组酵母生产植酸酶的工艺

目前植酸酶的生产主要是利用重组微生物或者转基因植物。下面介绍一种重组酵母生产植酸酶的工艺过程。

(1)培养基　包括种子培养基和发酵培养基。

①种子培养基：1%玉米浆，0.5%硫酸铵，0.1%磷酸氢二钾，2%葡萄糖。

②发酵培养基：0.5%酵母提取物，3%甘油，0.5%硫酸铵，0.2%磷酸氢二钾，0.1%七水硫酸镁及0.15%甲醇。

(2)生产工艺　重组酵母生产植酸酶的工艺包括：菌种培养、种子培养、发酵培养及酶的提取和分离。

①菌种培养：菌种为含有重组植酸酶基因的博伊丁氏假丝酵母MT-40544。在合适的斜面培养基上培养，28℃培养3天。

②种子培养：将斜面上的菌落接种于种子培养基中，28℃，300 r/min培养24 h。

③发酵培养：将上述培养物按照10%的接种量接种于发酵培养基中，通气量为1.0 VVM，700 r/min，28℃培养。溶氧水平降低到0%，然后开始上升，在开始上升后60 h加入甲醇。当溶氧水平达到30%时加入甲醇。连续培养50天。

④酶的提取和分离：用板框过滤机将以上发酵液进行过滤，去除菌体，收集上清液；上清液直接用硫酸铵沉淀，离心收集沉淀；沉淀烘干，粉碎后即得到饲料用植酸酶成品。

3. 植酸酶的酶活力测定方法

(1)基本原理　植酸酶水解植酸钠形成无机磷，测定无机磷的释放量即可测定植酸酶的催化效率。有机磷与钼、亚铁离子可以形成配合物，在一定波长下可以用比色法测定其含量。具体可参考石星明等(2004)提供的方法。

(2)所需试剂　所用试剂及溶液配制方法如下。

①乙酸缓冲溶液(pH 5.5)：先吸取11.55 mL冰乙酸，定容至1 000 mL。再准确称取22.77 g乙酸钠($NaAc \cdot 3H_2O$)，溶解定容至1 000 mL。按5.1∶4.9比例混合，并调pH值至5.5。

②植酸钠溶液：准确称取植酸钠0.462 g，用少量乙酸 乙酸钠缓冲溶液溶解，并定容至100 mL。

③三氯乙酸溶液：称取10 g三氯乙酸，加蒸馏水定容至100 mL。

④显色液：称取10 g钼酸铵，加70 mL去离子水，再加入5.0 g硫酸亚铁($FeSO_4 \cdot 7H_2O$)，溶解定容至100 mL，储存于棕色瓶。

⑤标准磷溶液：准确称取磷酸二氢钾0.439 2 g，溶解并定容至1 000 mL。

(3)测定方法　测定植酸酶活力包括如下操作步骤。

①绘制标准曲线：准确吸取磷标准液(单位：mL)0、1.0、2.0、4.0、6.0、8.0及10.0，分别稀释至100 mL，各取2 mL于试管中，分别加2 mL显色剂，测定660 nm处吸光度值。然后以吸光度值为纵坐标，磷含量为横坐标，绘制标准曲线。

②样品酶活力的测定：在样品管中加入0.2 mL稀释酶液，55 ℃水浴中预热2 min，再加入0.8 mL植酸钠溶液，55 ℃水浴保温15 min；加入三氯乙酸溶液1 mL终止反应并加入2

mL 显色剂，测定 660 nm 吸光度值。在空白管中加入 0.2 mL 稀释酶液后，立即加入 1 mL 三氯乙酸溶液终止反应，其他操作同样品管。

③酶活力计算：

$$植酸酶活力(U/g)=(p\times n)/(31\times m\times t)$$

式中，p 为以标准曲线计算得到样品的磷含量(μg)，n 为酶液稀释倍数，m 为称取酶质量(g)，t 为反应时间(min)。

3.4.6 谷氨酰胺转氨酶的生产

1. 谷氨酰胺转氨酶简介

谷氨酰胺转氨酶(又称转谷氨酰胺酶，英文 transglutaminases，缩写 TGase，EC 2.3.2.13)是一种催化蛋白质间或蛋白质内酰基转移反应的酶，这一反应可使蛋白质或多肽之间发生共价交联。当蛋白质中赖氨酸残基上的 ε-氨基基团充当酰基受体时，ε-(γ-谷氨酰基)-赖氨酸异肽键形成分子内和分子间的网状结构(图 3-17)。

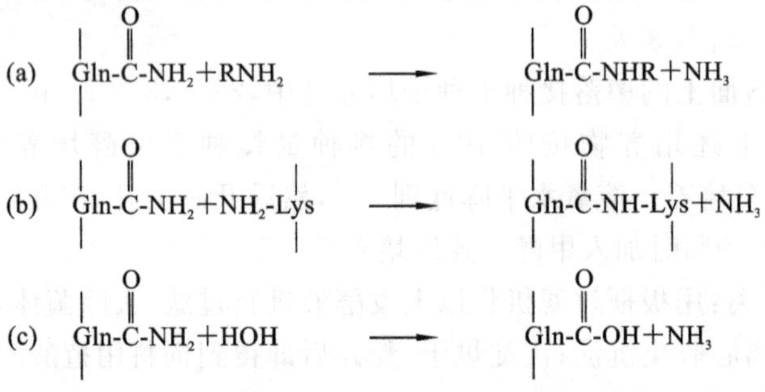

(a) Gln-C(=O)-NH_2+RNH_2 ⟶ Gln-C(=O)-NHR+NH_3

(b) Gln-C(=O)-NH_2+NH_2-Lys ⟶ Gln-C(=O)-NH-Lys+NH_3

(c) Gln-C(=O)-NH_2+HOH ⟶ Gln-C(=O)-OH+NH_3

图 3-17 TGase 催化机制

TGase 这一性质可以被运用于改善食品中蛋白质的功能和性质，即保护食物中赖氨酸免受外界多种化学反应影响，保存脂质或是脂溶性物质，形成防热防水层，避免热对于凝胶的影响，增加弹性以及保水能力，改善溶解性和功能特性，并且使营养价值更高。此外还被应用于医药、生物、皮革等众多行业。

动植物体内广泛存在 TGase，动植物来源的 TGase 主要存在两个问题限制了其应用价值：不环保，成本较高；根本原因是，从动植物如豚鼠体内提取的 TGase 必须要 Ca^{2+} 存在才能催化蛋白质的交联，实用性差。幸运的是，1989 年 Ando 等人筛选到一株茂原轮链丝菌(*Streptoverticillium mobaraense*，现正式划分为链霉菌属，更名为茂原链霉菌 *Streptomyces mobaraensis*)可以表达谷氨酰胺转氨酶，这种微生物来源的谷氨酰胺转氨酶(简称 MTG，microbial transglutaminase)不仅可以通过发酵大量生产，而且其活性不依赖 Ca^{2+}，为其广泛应用提供了无限潜力。其后很多人都陆续分离到了可以产 MTG 的菌株，但是目前最具工业化潜力的仍然是茂原链霉菌。

2. 微生物发酵法生产谷氨酰胺转氨酶的工艺

(1)培养基　微生物发酵法生产谷氨酰胺转氨酶需要以下几种培养基，其配制方法如下。

①高氏 1 号培养基(用于培养孢子)(g/L)：可溶性淀粉 20，KNO_3 1，$MgSO_4\cdot 7H_2O$ 0.5，$K_2HPO_4\cdot 3H_2O$ 0.5，NaCl 0.5，$FeSO_4\cdot 7H_2O$ 0.01，琼脂 20，pH 7.2～7.4。

②种子培养基(g/L)：可溶性淀粉 20，蛋白胨 20，酵母提取物 2，$MgSO_4$ 2，K_2HPO_4 2，消泡

剂1。

③发酵培养基(g/L):可溶性淀粉20,蔗糖50,蛋白胨20,酵母提取物2,$MgSO_4$ 2,K_2HPO_4 2,消泡剂1。

(2)菌种培养 生产菌株为茂原链霉菌(ATCC 29032),接种于装有高氏1号培养基的茄子瓶内,28 ℃培养8天后收集孢子。

(3)种子培养 培养基为种子培养基,搅拌转速为200 r/min,30℃培养28 h。

(4)发酵培养 培养基为发酵培养基,消毒条件为121 ℃下灭菌20 min。将培养完全的种子接种到消毒后冷却的发酵罐中。接种量为培养基体积的10%。培养温度为3 ℃,通气量在1∶0.8左右,搅拌速度为200 r/min。培养约48 h后放罐。

(5)酶的提取 工艺路线:过滤→离心→超滤→加酸调节pH→二次离心→乙醇沉淀→冷冻干燥→成品。

①过滤:将放罐的发酵液用板框过滤机进行过滤,去除菌体,收集上清液。

②离心:去除菌体后的发酵液上清液遇冷后用碟式离心机进一步去除不溶性杂质。

③超滤:将去除杂质的上清液加压进行超滤浓缩,膜孔截留相对分子质量选择5 000 U。浓缩5倍后停止超滤。

④pH调节:加入适量的磷酸调节pH,调节过程需要持续冷却,液体温度不能超过8 ℃。

⑤二次离心:将调节过pH的液体利用碟式离心机进一步离心,去除沉淀和不溶物。

⑥乙醇沉淀:向上一步的上清液中加入乙醇至终浓度为40%,三足式离心机离心收集沉淀。

⑦冷冻干燥:将沉淀用冷冻干燥机冻干,冻干后的原酶一般活力在10 000 U/g左右。粉碎、真空包装即为成品。

3. 谷氨酰胺转氨酶的酶活力测定方法

(1)所需试剂 所用试剂及溶液配制方法如下。

①底物溶液:精确称取2.42 g的Tris、0.7 g的盐酸羟胺、0.31 g的还原型谷胱甘肽,1.01 g的CBZ-Gln-Gly,溶解于80 mL水中,用6 mol/L的盐酸调节pH至6.0,最后用水定容至100 mL,该溶液需保存于4 ℃冰箱,一周内有效。

②0.2 mol/L Tris-HCl缓冲液(pH6.0):精确称取24.22 g的Tris溶解于800 mL水中,用2.8 mol/L盐酸调节pH至6.0,最后用水定容至1 000 mL,该溶液储存于4 ℃冰箱。

③标准溶液:称取64.8 mg的L-谷氨酸γ-单异羟肟酸,溶解于10 mL 0.2 mol/L的Tris-HCl缓冲液(pH 6.0),即标准溶液(40 mmol/L)。

④显色溶液:溶液1为3 mol/L盐酸,溶液2为12%的三氯乙酸水溶液,溶液3为5 g六水三氯化铁溶解于100 mL 0.1 mol/L的盐酸中。使用前将溶液1、溶液2和溶液3等比例混合即得显色溶液,储存于4 ℃冰箱。

(2)测定方法 包括如下操作步骤。

①绘制标准曲线:用0.2 mol/L的Tris-HCl缓冲液,将标准溶液稀释为每毫升分别含(单位:μmol)8.0(1/5)、16.0(2/5)、20.0(1/2)、24.0(3/5)和32.0(4/5)L-谷氨酸-γ-单异羟肟酸;分别取上述标准溶液0.2 mL于试管中,准确加入2 mL底物溶液于各试管,振荡混合均匀,(37±1) ℃水浴10 min;加入2 mL显色溶液终止反应;将反应混合液3 000 r/min离心10 min,取上清液,以水作对照,于525 nm波长处测定其吸光度值;绘制出L-谷氨酸-γ-单异羟肟酸浓度(μmol/mL)与525 nm波长下吸光度值关系的标准曲线。

②样品酶活力测定：在样品管中加入 0.2 mL 待测溶液于试管中，(37±1) ℃恒温水浴预热 1 min；加入 2 mL 底物溶液(37±1) ℃恒温水浴预热 10 min，并立即混匀；(37±1) ℃条件下准确反应 10 min；加入 2 mL 显色溶液终止反应；反应终止后，将反应混合液 3 000 r/min 离心 10 min 取上清液，以水作对照，于 525 nm 波长处测定其吸光度值，为待测酶液吸光度值。

在空白管中加入 2 mL 显色溶液和 0.2 mL 缓冲液，在(37±1) ℃恒温条件下放置 10 min；加入 2 mL 底物溶液混合均匀，混合液于 3 000 r/min 离心 10 min；与样品管相同的测定方法测定其吸光度值，即酶空白吸光度值。

酶的绝对吸光度值＝待测酶液吸光度值－酶空白吸光度值。根据标准曲线，计算酶的绝对吸光度值所对应的 L-谷氨酸-γ-单异羟肟酸浓度。

③酶活力计算：一个酶活力单位定义为，在上述反应条件下，每分钟催化底物生成 1 μmol 氧肟酸的酶量。

$$\text{谷氨酰胺转氨酶的酶活力 } P(\mathrm{U/g})=(C\times D)/(m\times 10)$$

式中，C 为从标准曲线查得对应氧肟酸的浓度(μmol/mL)；D 为待测酶溶液的体积(mL)；m 为待测样品质量(g)；10 为反应时间(10 min)。

(本章内容由徐伟和金明飞编写、薛胜平初审、杜翠红审核)

思考题

1. 产酶微生物应具有哪些条件？
2. 微生物发酵产酶有哪几种方式？
3. 酶的生物合成有哪几种模式？
4. 如何控制微生物发酵产酶的工艺条件？
5. 提高酶产量的措施有哪些？
6. 简述微生物产酶动力学模型的主要内容。
7. 酶分离纯化的基本原则有哪些？
8. 蛋白酶能否切割自身？如果会，则应该如何避免？
9. 溶菌酶是一种重要的药用酶制剂，通过互联网检索资料，简述其一般的制备过程。
10. 现已知某种枯草芽孢杆菌可以产生蛋白酶，试根据本章内容设计一个大概的纯化工艺。
11. 拓展思考：如何表达、纯化重组药用蛋白？

参考文献

[1] 柏映国，燕国梁，堵国成，等. 发酵法生产谷氨酰胺转氨酶(MTG)的中试研究[J]. 工业微生物，2004，34(1)：1-5.

[2] 陈来同. 生化工艺学[M]. 北京：科学出版社，2004.

[3] 丁斌. 酶制剂的应用现状及发展趋势[J]. 广西轻工业，2011，152(7)：11-12.

[4] 杜翠红，邱晓燕. 生化分离技术原理及应用[M]. 北京：化学工业出版社，2010.

[5] 郭勇. 酶工程[M]. 3 版. 北京：科学出版社，2009.

[6] 贺小贤.生物工艺原理[M].北京:化学工业出版社,2003.

[7] 梁传伟,张苏勤.酶工程[M].北京:化学工业出版社,2006.

[8] 刘柏楠,刘立国.酶制剂在食品工业中的发展及应用[J].中国调味品,2011,36(1):14-16.

[9] 梅乐和,岑沛霖.现代酶工程[M].北京:化学工业出版社,2013.

[10] 施巧琴.酶工程[M].北京:科学出版社,2005.

[11] 石星明,倪宏波,王冰,等.产植酸酶的黑曲霉菌株的筛选与选育[J].黑龙江八一农垦大学学报,2004,16(3):69-73.

[12] 孙君社.酶与酶工程及其应用[M].北京:化学工业出版社,2006.

[13] 田瑞华.生物分离工程[M].北京:科学出版社,2008.

[14] 王睿,刘桂超.论我国酶制剂工业的发展[J].畜牧与饲料科学,2011,32(1):68-69.

[15] 俞俊棠,唐孝宣,邬行彦,等.新编生物工艺学[M].北京:化学工业出版社,2008.

[16] 袁勤生.现代酶学[M].上海:华东理工大学出版社,2001.

[17] 余龙江.发酵工程原理与技术应用[M].北京:化学工业出版社,2006.

[18] 张春红.食品酶制剂及应用[M].北京:中国计量出版社,2008.

[19] 中村武史,加藤畅夫,铃木正,等.生产植酸酶的方法[P].中国专利,专利申请号CN98105114.6.

[20] 周晓云.酶技术[M].北京:石油工业出版社,1995.

[21] Buchholz V,Kasche V,Bornascheuer U T. Biocatalysts and Enzyme Technology [M]. Malden:Wiley-Blackwell,2012.

[22] Cheung R C,Wong J H,Ng T B. Immobilized metal ion affinity chromatography:a review on its applications [J]. Applied Microbiology and Biotechnology, 2012, 96(6):1411-1420.

[23] Drenth J,Jansonius J N,Koekoek R,et al. The structure of papain [J]. Advances in Protein Chemistry,1971,25:79-115.

[24] Nehete J Y,Bhambar R S,Narkhede M R,et al. Natural proteins:sources,isolation, characterization and applications [J]. Pharmacognosy Reviews,2013,7(14):107-116.

[25] Shanina N. Enzymes and Food [M]. New York:Oxford University Press,2002.

[26] Shanmugam S, Sathishkumar T. Enzyme Technology [M]. New Delhi: I. K. International Publishing House Pvt. Ltd,2009.

[27] Warth B,Sulyok M,Krska R. LC-MS/MS-based multibiomarker approaches for the assessment of human exposure to mycotoxins [J]. Analytical and Bioanalytical Chemistry, 2013,405(17):5687-5695.

第4章 酶与细胞的固定化

【本章要点】

本章主要概述了固定化酶和固定化细胞的发展历程及其优、缺点，详细介绍了酶与细胞的固定化方法、性质及其影响因素，并从工、农业生产，医药治疗，生物反应器及生物传感器等诸多领域介绍了固定化酶(或固定化细胞)的应用实例。

4.1 固定化酶与固定化细胞概述

酶是一类由生物细胞所产生的生物催化剂。生物体内形形色色的化学反应均在酶的催化下进行，到目前为止，已从自然界中发现4 000多种酶。酶与一般化学催化剂相比，具有以下几个优点：①催化效率高，许多难以进行的有机化学反应在酶的催化下都能顺利地进行。②专一性强，可以减少或避免副反应。③反应条件温和，一般可在常温常压下进行。④酶的活性是可调节控制的。

酶的这些优点大大促进了人们对酶的应用和酶技术的研究。自然状态下的酶被用于食品和酿造工业已有几百年历史。20世纪以来，通过各种众所周知的实验手段，如X射线晶体衍射技术、核磁共振(NMR)技术等，越来越多酶的结构及其作用方式正逐渐被阐明。而且，利用现代生物技术已经可以大量生产酶，并对其初级结构进行修饰或进行蛋白质工程改造，从而改变酶的某些物理化学和生物学性质，使它们更适合于工业化生产与广泛应用的需要。同时，新的酶源不断地得到开发，这使得酶的研究和应用更加活跃起来。

虽然酶在生物体内能够催化许多生化反应，但是将其作为工业催化剂仍存在着一些缺陷。①稳定性差：绝大多数酶是一类由氨基酸组成的蛋白质，其高级结构对所处的环境十分敏感。各种因素如化学因素(如氧化剂、还原剂、有机溶剂、金属离子、离子强度、pH等)、物理因素(如温度、压力、电磁场等)和生物因素(如酶修饰和酶降解)等均有可能使酶丧失生物活力；即使在酶反应的最适条件下，酶也会逐渐失活，随着反应时间的延长，其催化反应的速度会逐渐地下降。②分离纯化困难：自然状态下的酶常常混有杂蛋白及有色物质，这就给酶的分离提纯造成困难，并影响酶产品的最终质量，进而限制了酶促反应的广泛应用。③回收困难：自然酶混溶在反应体系中，不易分离回收，难以反复或连续使用。生产上只能采用分批法等工艺，而酶的制取成本一般又较高。这就加大了酶的使用成本，影响了酶的广泛应用。这些问题限制了酶制剂产品的开发和使用。固定化酶(immobilized enzyme)技术就是在这种背景下产生的。

固定化酶技术就是将理化性质不稳定的游离酶(细胞)束缚在不溶于水的载体上或束缚在一定空间内,限制酶分子(细胞)的自由流动,但却能依旧发挥酶(细胞)的催化作用并可重复使用。游离酶存在对酸、碱、热及有机溶剂等条件很不稳定,对环境条件也极为敏感,并且又以液体状态作用于底物,反应后难以回收,最终成为产物中的杂质很难除尽等缺点。因此酶的固定化方法应运而生,目前已获得了很大的进展,而细胞的固定化是在酶的固定化技术上发展起来的。它们都是利用物理或化学的手段将游离的酶或细胞定位于或限定于特定的空间区域,使其仍保持催化活性并能反复使用的一种技术。细胞的固定化与酶的固定化方法有很多相通的地方,其后来居上,且由于细胞种类繁多,目前固定化细胞的实际应用已经超过了固定化酶,应用的范围也更为广泛。

由于固定化酶(细胞)具有反应后易于与底物及产物分开、活性蛋白质的稳定性提高、可反复使用、连续化操作和反应所需空间小等显著优点,与游离酶及细胞相比可大大降低生产成本,增强对苛刻反应条件的适应能力,提高生物反应器单位体积的生产能力。经过几十年的研究和发展,固定化技术已取得了显著的进步,先后开发了多种固定化方法和性能多样的载体材料,取得了丰硕的研究成果。但是真正投入到工业化应用的固定化酶(细胞)却不多,其主要原因是固定化使用的试剂和载体成本高,其次是由于固定化效率低、稳定性差,连续操作使用的设备比较复杂等因素。因此,人们正进一步开发更简便、更实用的固定化方法以及性能更加优异的载体材料,以期望有更多的固定化酶(细胞)取得工业化规模的应用。

目前,国内外在固定化水平上也存在着较大的差异,其中国外的固定化技术已经多应用于工业化生产,且部分固定化酶或细胞的运行周期很长;而国内的固定化技术起步较晚,采用固定化方法进行生物催化转化的企业为数不多,这是由于传统的固定化技术的酶活回收率不高、可反应性差。由此看来我国在这方面的基础研究及技术开发水平均与国际先进水平存在较大差距,短时间内难以与国外相竞争。因而,在当今日趋激烈的国际竞争中,加快我国生物催化剂固定化技术开发及基础研究迫在眉睫,固定化技术必将在未来对我国生物技术的发展及产业化带来极其重要、深远的影响和促进作用。

4.1.1　固定化酶与固定化细胞的发展历程

1. 固定化酶的发展历程

20 世纪 50 年代的固定化酶技术仍以物理方法占主流,例如将淀粉酶结合于活性炭、皂土或白土,AMP 脱氨酶吸附于硅胶,胰凝乳蛋白酶吸附于高岭土等。而随后逐渐地从简单的物理吸附转向专一的离子吸附发展。在这个时期内,除了使用天然高分子(如 CM-纤维素、DEAE-纤维素的衍生物以及活性炭、高岭土、皂土等)等无机材料作为载体外,还利用高聚物(如氨基聚苯乙烯、聚异氰酸盐等)合成离子交换剂(如 Amberlite XE-97、Dowex-2、Dowex-50 等),通过离子交换吸附制备固定化酶。

从 20 世纪 60 年代起,由于更加亲水且有一定几何性质的不溶性载体的使用,生物固定化的范围大为扩展。而且,所研究的酶也从经典的淀粉酶、胰蛋白酶、胃蛋白酶等迅速扩大到很多其他酶(如半乳糖苷酶、淀粉葡萄糖苷酶、乳酸脱氨酶、氨基酰化酶、青霉素 G 酰化酶、β-半乳糖苷酶等),而这些固定化酶在化学工业和医药工业中具有重大潜在的应用价值。同时,科研人员也进一步发现,载体的一些理化性质在很大程度上影响酶的催化特性(如酶的活力、酶的回收活力以及酶的稳定性等)。

20 世纪 70 年代到 80 年代末是酶固定化发展的尖端时期,在传统固定化技术的基础上出现了许多子技术，如亲和连接和配位连接。在这一时期，研究人员有很多重大的发现，比如化学修饰可以改善酶的性质，例如：通过琥珀酰化在酶分子上引入羧基离子，将酶吸附在阳离子交换树脂上；由于酶的固定化不一定在水相中进行，酶的固定化技术中的共价交联和包埋也可以在有机溶剂中进行（例如借此可以调节酶的构象，而且还将酶的固定化技术扩展到非水介质中进行），而且研究人员利用各种生物技术对影响固定化酶效果的各种因素都有了更深的认识，载体所处的微环境、连接臂、酶的载量、酶构象的变化，酶固定化时的定向，固定化时底物或抑制剂对酶的保护作用等都会影响固定化酶的催化效果。

从20世纪90年代开始，固定化酶的开发有了重大转折，固定化酶的设计方法变得越来越理性化。由于各国研究人员不断的努力，发现了新的策略，即通过结合不同的单一技术提高固定化酶的性能。例如，生物催化塑料酶是将有机溶剂可溶性酶包上有可聚合双键的脂聚合而成的，其在有机溶剂中具有高活力和高稳定性，使用树枝状载体使酶的载量至少提高一个数量级，同时酶的活力和稳定性都得到有效提高。同时，人们又认识到将酶与所选载体结合不是酶固定化的全部内容，而以化学修饰或物理修饰对固定化酶进行连续处理，或者加以其他方法活化，可能会大幅度改进酶的性能。

2. 固定化细胞技术的发展历程

固定化细胞技术是在固定化酶技术的基础上发展起来的，虽然研究时间短，但得到了飞速的发展。固定化细胞技术自问世以来，其应用涉及食品、化学、医药、环境保护和能源开发等领域，显示了其技术的广泛前景。1959年，Hattori首次将大肠杆菌（*E. coli*）吸附在树脂上实现细胞固定化，随后固定活细胞（或称为固定化增殖细胞）的研究工作相继展开。1973年，含有L-天冬氨酸酶的微生物被固定化，并用于L-天冬氨酸的生产。20世纪70年代初，在固定化酶的基础上科学家们研制成固定化细胞，并且用于生产，70年代末，法国研究成功固定化细胞生产啤酒，80年代初居乃琥等用固定化细胞批量生产啤酒和酒精取得重要研究成果。目前随着对细胞固定化技术的深入研究，固定化活细胞（或称为固定化增殖细胞）的研究工作几乎涵盖了所有的微生物发酵工艺。

4.1.2 固定化酶与固定化细胞的定义及其优缺点

1. 固定化酶

固定化酶的应用开始于20世纪50年代，最早被称为“水不溶酶”（water insoluble enzyme）或“固相酶”（solid phase enzyme）。这是因为此技术是将水溶性的自然酶与不溶性载体结合起来，成为不溶于水的酶的衍生物。后来又研究和开发出了许多新的载体和固定化方法。例如，可以让酶和高分子底物在一种不能透过高分子物质的半透膜中进行酶反应，随着反应的进行，生成的低分子产物又会不断地透过半透膜，而酶因其本身不能透过半透膜而被回收。用这种方法，酶就被固定在一个有限的空间内而不能自由流动，其本身仍处于溶解状态，因此就不宜将其称之为“水不溶酶”或“固相酶”了。在1971年召开的第一届国际酶工程会议上，正式建议采用“固定化酶”的名称，并将其定义为，被局限在某一特定区域上的，并且保留了它们的催化活力，可以反复、连续使用的酶。根据酶的分类，固定化酶、经过化学修饰的酶、用分子生物学方法在分子水平上改良的酶均属于修饰酶的范畴。

与游离酶相比，固定化酶具有以下优点：①易将固定化酶与底物、产物分开，可以在较长时间内进行反复分批反应和装柱连续反应，从而使酶的使用效率提高、成本降低。②在大多数情况下，能够提高酶的稳定性。③产物溶液中没有酶的残留，简化了提纯工艺，可以增加产物的收率，提高产物的质量。④酶反应过程能够加以严格控制。⑤较游离酶更适合于多酶反应。

虽然固定化技术解决了一些问题，但是由于酶分子从游离态变成牢固地结合于载体的状态，酶分子所处的微环境发生了改变，从而带来了一系列新的问题：①固定化过程中发生的物理化学变化会使酶的活性中心受损，可能导致酶活力降低；②酶交联于固相载体后，酶蛋白的构型和活性中心都可能发生改变，而且载体骨架和侧链可能造成空间位阻，从而影响底物与酶分子接近，进而降低酶分子的实际催化活力；③只适用于催化可溶性和较小分子的底物，对大分子底物不适宜；④与完整菌体相比，其不适宜于多酶反应，特别是需要辅助因子的反应。

目前，酶固定化所使用的试剂和载体的成本较高，且固定化效率较低、稳定性较差，连续操作使用的设备比较复杂，造成目前能够真正投入工业化应用的固定化酶不多的局面。因此进一步开发更简便、更适用的固定化方法以及性能更加优异的载体材料，使更多的固定化酶得以工业化应用，仍然是这个领域研究的目标。

2. 固定化细胞

在固定化酶技术发展的同时，固定化细胞的技术也得以开发。与酶的固定化技术相似，细胞的固定化也是利用物理、化学等因素将细胞约束或限制在一定的空间界限内，但细胞仍能保留其催化活性，并具有能被反复或连续使用的活力。固定化细胞技术的研究和应用开始于20世纪70年代，是在固定化酶技术基础上发展起来的一项技术，但其后来居上，实际应用甚至超过了固定化酶技术。

固定化细胞与固定化酶相比，其优越性在于：①固定化细胞保留了胞内原有的多酶系统，使得它既可以作为单一的酶发挥作用，又可利用它所包含的复合酶系完成一部分代谢乃至整个发酵过程，特别是那些需要辅助因子参与的合成代谢过程，如合成干扰素等。②固定化细胞保持了胞内酶系的原始状态与天然环境，因而更稳定。③由于固定化细胞兼具游离细胞完整的酶系统和酶的固定化技术二者的优点，因而它可以省去酶的分离纯化工作，大大降低成本，并能减少酶的活性损失，尤其对于胞内酶和不稳定的酶更具优势。④固定化细胞的制备与使用都比固定化酶更简便，所以固定化细胞在工业生产和科学研究中都得到了广泛的应用。

当然，固定化细胞技术也存在着它的局限性：①这种技术仅能用于产生胞内酶的菌体。②细胞内多种酶的存在，会形成不需要的副产物。因此有时需要采取加热、加酸、加碱或表面活性剂等预处理措施，例如，用固定化产氨短杆菌来转化延胡索酸为苹果酸，为了阻止琥珀酸的同时生成，可先用胆酸盐进行抽提处理；解决副反应问题的另一办法则是采用不同菌株。③固定化细胞不仅有固定化带来的扩散限制，比如载体形成的孔隙大小会影响高分子底物的通透性等，而且还增添了细胞膜、细胞壁的扩散限制作用。④由于微生物本身的复杂性，形成的固定化细胞一般在稳定性和酶活力水平上都比较低。⑤使用初期往往会有一些细胞组分渗出，影响产品质量。⑥如果底物为高分子物质或不溶性物质，使用时就十分麻烦。

固定化细胞按其细胞类型有固定化微生物、固定化植物细胞和固定化动物细胞三大类；按其生理状态又可分为固定化死细胞和固定化活细胞两大类。固定化死细胞一般在固定化之前或之后细胞会经过物理或化学方法的处理，如加热、匀浆、干燥、冷冻、酸及表面活性剂等处理，目的在于增加细胞膜的渗透性或抑制副反应，所以比较适于单酶催化的反应。固定化活细胞又分为固定化生长细胞和固定化静止细胞或饥饿细胞。固定化生长细胞又称固定化增殖细胞，是将活细胞固定在载体上，并使其在连续反应过程中保持旺盛的生长、繁殖能力的一种固定化方法。固定化静止细胞或饥饿细胞，是指在固定化之后细胞是活的，但是由于采用了控制措施，细胞并不生长繁殖，而是处于休眠状态或饥饿状态。其中，固定化增殖细胞在发酵工业中最有发展前途，原因是细胞能够不断繁殖更新，那么所需的酶也就可以不断产生更新，而且反应酶处于天然的环境中，更加稳定，加上固定化细胞保持了细胞原有的全部酶活性，因此固定化增殖细胞更适宜于进行多酶顺序连续使用。

4.1.3 固定化酶与固定化细胞的制备原则

酶的种类十分繁多，目前可供选择的固定化的方法也多种多样，一般要根据不同酶的性质、不同的应用目的以及不同的应用环境来选择相应的固定化方法。但是无论选择哪一种方法，都要符合以下几点要求：①酶的固定化应尽可能地保持自然酶的催化活性，这要求酶的固定化不应破坏酶活性中心的结构，因此在酶的固定化过程中，要注意酶与载体的结合部位不应当是酶的活性部位，以防止活性部位的氨基酸残基发生变化。另外，酶的高级结构是借氢键、疏水键和离子键等弱键来维持的，因此固定化时也要采取温和的条件，尽可能避免酶蛋白高级结构的破坏。②对于固定化的载体，首先，应该与酶结合较为牢固，使固定化酶可回收及多次反复使用；其次，载体不能与反应液、产物或废物发生化学反应；最后，载体必须有一定的机械强度，否则固定化酶在连续的自动化生产中会因机械搅拌而破碎。③酶固定化后产生的空间位阻应该较小，尽可能不妨碍酶与底物的接近，以提高产品的产量。④酶固定化的成本要尽可能低，以利于工业化生产使用。

4.2 酶与细胞的固定化方法

目前，制备固定化生物催化剂的方法种类众多，新型方法也层出不穷。对于固定化方法的分类也是五花八门，并没有完全的统一分类。如可分为表面附着、多孔介质包埋、隔离、自凝集，吸附法、包埋法、交联法、结合法，有载体固定化、无载体固定化等。随着对酶（细胞）固定化的不断研究，并结合前人的研究成果和目前最新的进展，综合考虑固定化技术各个方面的状态和因素，对生物催化剂的固定化方法归纳如图 4-1 所示。

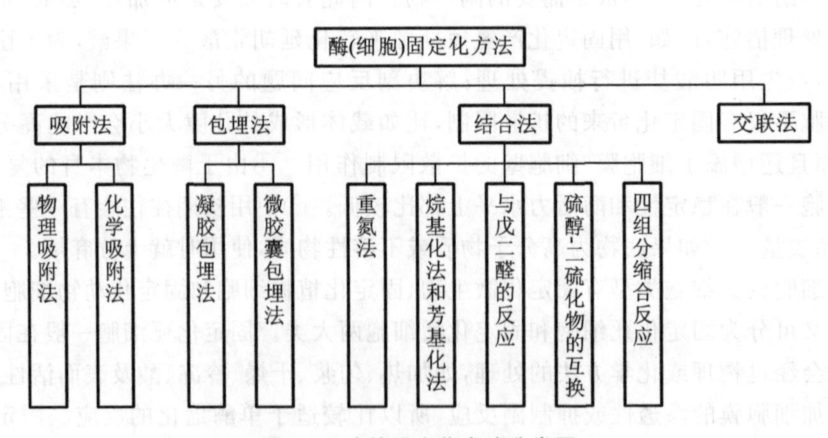

图 4-1 酶的固定化方法分类图

从图 4-1 可以看出酶（细胞）的固定化方法有很多，但是要找到对任何酶（细胞）都适用的方法是不容易的。固定化生物催化剂目前的制备方法总体上可分为吸附法、包埋法、结合法和交联法四大类，如图 4-2 所示。

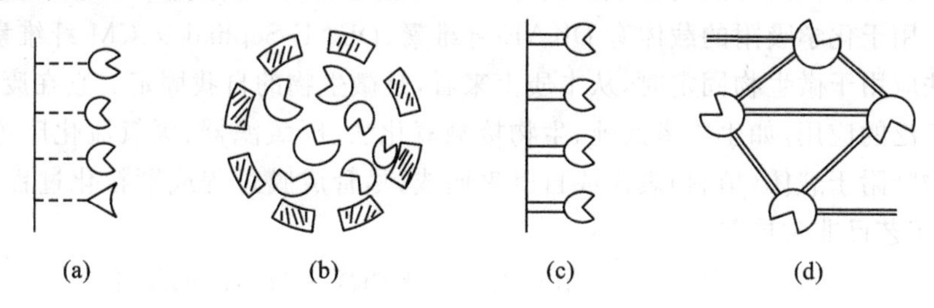

图 4-2　酶(细胞)的固定化方法示意图

(a)吸附法；(b)包埋法；(c)结合法；(d)交联法

4.2.1　吸附法

很多酶和微生物都有吸附到固体物质表面或者其他细胞表面的能力，固体表面的分子或原子与液体表面分子一样，处于特殊的状态，具有不饱和的剩余力，及存在着的表面力，所以它们能够吸附外界物质如分子、原子或离子，使这些外界物质在吸附剂表面附近形成多分子层或单分子层，从而降低表面能，使自身达到平衡。吸附法就是利用载体和细胞通过物理吸附或离子键作用结合在一起，在酶分子极性键、氢键、疏水键的作用下，将酶吸附在不溶性载体上。这种吸附能力可以是本来就具有的，也可以是经过处理诱导产生的，依靠这种吸附能力，人们研制出许多廉价而又有效的固定化方法。吸附法相对操作简单，反应条件温和，载体可以反复使用，对微生物活性影响小，但所能固定的生物量较少，结合不牢固，细胞易脱落。

1. 吸附法的分类

按照作用力的不同，吸附法可分为物理吸附和化学吸附。

(1)物理吸附　物理吸附是使用具有高度吸附能力的吸附剂(如硅胶、活性炭、多孔玻璃、沸石、石英砂和纤维素等)将有活性的酶或细胞吸附到其表面上使之固定化。其特点是吸附作用不仅仅局限于活性中心，而是整个自由界面。物理吸附产生的吸附热较小，吸附物分子的状态变化不大，所需活化能很小，多数在较低温度下进行。

例如在卵磷脂/异辛烷存在下，将脂肪酶吸附固定在大孔共聚物载体上，固定化脂肪酶水解椰子油，酶活力为游离酶的 70%，重复使用 15 次后，固定酶活力仍保持其最初活力的 56%。以 $CaCO_3$ 粉末为载体，吸附法固定脂肪酶的方法，固定化酶很容易从反应体系中回收，重复使用 5 次，酶活力保留在 73.37%，用其催化棕榈油固相甘油水解反应生成甘油单酯，此生产工艺为一条较好的绿色工艺，减少了催化剂的使用。

Hisashi Na-gadomi 等用多孔陶瓷固定促光合细菌处理废水。Bonin 等研究了利用多孔玻璃珠吸附固定 *Marinobacter* sp，用于降解疏水性化合物 C_{18}-类异戊二烯酮。有报道将酵母用聚氯乙烯或多孔砖固定化，每克载体可固定 80 mg 酵母，并且可用此法试产啤酒。也可将固定化的酿酒酵母，装入反应柱，以生产乙醇，乙醇可达 120 g/L。Mallou-chosA 等将酿酒酵母固定在葡萄皮上，实验显示其葡萄糖和果糖的吸收率及乙醇生产率在实验温度范围内都比游离细胞高。陶瓷拉西环也被作为酵母细胞的固定化载体使用。在环境保护中用木片、石砾等固定微生物细胞作为污水处理的过滤器。物理吸附法载体与微生物细胞间不发生反应，吸附量大，但细胞极易脱落而流失，该方法有待进一步改善。

(2)化学吸附　化学吸附法又称为离子吸附法，主要是利用生物催化剂与离子交换树脂间形成离子键而实现固定化的方法。通过调节 pH 值而使生物催化剂(其实质为酶或细胞中的蛋白质）带不同电荷，从而与阳离子或阴离子交换树脂进行静电作用形成稳定的生物催化剂-载体复合物。用于化学吸附的载体有 DKAE-纤维素、DEAE-Sephadex、CM-纤维素等。

当吸附法应用于微生物固定时，从本质上来看，是微生物的自我固定。它在废水生物处理中得到比较广泛的应用，如生物塔滤池、生物接触氧化法、厌氧滤器、厌氧流化床等生物膜，都是依靠微生物吸附于载体（填料）表面或自凝聚而成，尽管成膜过程或颗粒化过程的机理不甚清楚，但技术工艺已非常成熟。

以用 DEAE-Sephadex 固定化氨基酰化酶为例说明离子吸附法的操作过程。即将 DEAE-Sephadex 充分溶胀，用 0.5 mol/L NaOH 和水洗涤后，加入 pH 7.0 的米曲酶粗酶液充分混合，4℃搅拌过夜，吸去上清液，用蒸馏水和 0.15 mol/L 乙酸钠溶液洗涤固定化酶，4℃保存备用。固定化酶活力回收率为 50%～60%。

采用类似的方法，利用阴离子交换树脂吸附含葡萄糖异构酶的放线菌菌株，用 Dowea 吸附敏捷固氮菌（含多酶）菌株，用离子交换纤维素吸附无色杆菌（含头孢霉素酰化酶菌株）以及用离子交换纤维素吸附含转化酶米曲霉菌株等均已获得成功。这种方法制备的固定化细胞，细胞易脱落，需不断补充新细胞。

离子吸附法的操作简单，处理条件温和，酶的高级结构和活性中心的氨基酸残基不易被破坏，能得到酶活回收率较高的固定化酶。但是酶与载体之间的结合容易受缓冲液种类或 pH 值的影响，在离子强度高的条件下反应时，酶往往会从载体上脱落。

2. 影响吸附的因素

在溶液中，固体吸附剂的吸附要考虑三种作用力，即界面层固体与溶质之间的作用力，固体与溶剂之间的作用力，以及溶质与溶液之间的作用力。主要与吸附剂的性质、吸附物的性质、溶液的 pH 值、温度等因素有关。

（1）吸附剂的性质　吸附剂的物理化学性质对吸附有很大的影响，吸附剂的性质又与其合成的原料、方法和再生条件有关。一般要求吸附剂吸附容量大、吸附速度快和机械强度高。吸附容量主要与比表面积有关，颗粒越小，吸附速度越快，但是压头损失也大；孔径适当，有利于吸附物向空隙中扩散；而机械强度高的吸附剂使用寿命长。

（2）吸附物的性质　能够降低比表面积的物质，易于被表面吸附，所以固体容易吸附对固体表面张力较小的液体。在溶剂中容易溶解的溶质，吸附量较少；相反，采用溶解度较大的溶剂洗脱比较容易。极性相同的物质容易吸附，即极性吸附剂易吸附极性物质，而非极性吸附剂适宜于从极性溶剂中吸附非极性物质。同系列物质的极性越差，就越容易被非极性吸附剂吸附。

（3）溶液 pH 值　pH 值对吸附的影响主要是影响化合物的解离度。一般来讲，有机酸在酸性条件下，以及胺类物质在碱性条件下都较容易被非极性吸附剂吸附。但各种溶质吸附的最佳 pH 值常常要经过实验来确定和验证。

（4）温度　吸附热较大，则吸附过程受温度的影响就越大。比如物理吸附的吸附热较小，那么温度变化对吸附的影响就较小，而有些化学吸附的过程会释放出很多的吸附热，那么这样的吸附过程就会受到吸附热较大的影响。但是有些耐热性酶由于温度升高溶解度增大，反而对吸附过程不利。

3. 载体的理化性质的要求

对于吸附型固定化酶来说，酶活力的表达大部分取决于载体的理化性质，如图 4-3 所示。虽然不同载体间的性质不同，但对酶及其连于表面的载体的理化性质有明确的几个基本要求。

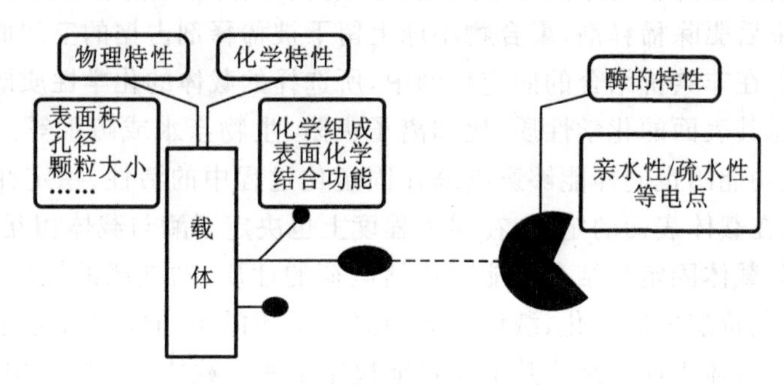

图 4-3　吸附性载体的酶固定化

（1）物理性质　载体的物理性质包括孔径及可吸附表面积、颗粒大小及孔径结构等，其对固定化酶（细胞）的影响如下。

①孔径及可吸附表面积：对于多孔载体来讲，由于其具有较大的表面积，因此多孔载体所承载的酶量相对较多，但是大的表面积的载体并不是获得高承载量的充分条件。相反，如果想获得高承载酶量和保持高酶活力，对于载体的内部几何结构肯定是有要求的。首先，酶要能够进入载体的孔径，在载体内部能够被吸附。因此，所选择的载体的孔径大小应该符合以下三点要求：第一，孔径大小至少应该和酶分子的大小相等；第二，酶构象的自由能变化的范围，与天然酶分子相比不应该有明显的变化；第三，空间位阻相对较小，从而保持较高的酶活力。

任何载体，合适的孔径都是必需的。选择合适的孔径和可利用的表面，以达到特定的活力和保持一定的活力是必需的。研究表明，当载体孔径大于 100 nm，以及不存在底物浓度梯度时，空间位阻是可以被忽略的。脂肪酶 CRL 在不同孔径的不同疏水载体上的固定也有类似的现象，孔径大于 100 nm 将增加酶在孔中的渗入，因此可以增加酶的负载以及酶活力的维持。

在理想条件下，酶分子是均匀地分布在载体表面上的。换言之，在载体的表面上形成一单层的酶分子层。又由于空间位阻的存在，固定在多孔载体上的酶活力的表达将低于 50%，尤其是在高承载量的时候。所以，为了维持在多孔载体上固定化的酶活力，就必须确定酶的承载量。用于酶固定化的多孔载体的制备，不仅要考虑较大的孔径，还要有均匀的孔径分布。

②颗粒大小：酶反应器的构造取决于固定酶的载体的大小，大的载体颗粒用于填充柱的反应堆，从而减少压强的下降。对于异类反应，酶有必要使用在大的载体上固定化。例如，在酶催化合成的 β-内酰胺半合成抗生素过程中，其产物可能从反应混合物中结晶出来。然而，增加颗粒大小会明显增加扩散的难度，使得酶活力明显下降，例如在聚甲基丙烯酸甲酯上脂肪酶的固定化。因此，减小颗粒大小将会增加酶活力的表达。

实际上，通过研磨也可以确定载体颗粒大小是否对酶的活力有影响。如果把载体粒子研磨成小颗粒，酶的活力得到增加，则表明其中存在颗粒内部传质的限制。综合以上分析，在实际应用中，应根据具体情况选择适宜的载体颗粒大小。

③孔径结构：当维持一定的表面积相对稳定时，酶分子被固定或被吸收的数量与载体的孔径结构有关。例如，对尿素酶在特定比表面积（500～600 cm^2/g）微孔载体上的固定化的研究发现，在一定范围内酶活力随孔径的增加而增加，但当孔径大于 18 nm 时，酶活力随比表面积的增加而增加。单体与稀释剂在强烈的机械搅拌下，分散于水中成小油珠，每个小油珠都含有若干引发剂分子。当反应温度达到引发剂引发温度时，每个小油珠中若干个引发中心便开始引发，形成若干个小的凝胶微粒，随着温度升高，反应时间延长，微凝胶粒逐渐长大。当聚合体系中不良溶剂比例较大时，为非均相聚合反应，微凝胶粒体积收缩，粒与粒间隙较大，并被稀释

剂所充满，反应结束后驱除稀释剂，聚合物小球上留下被稀释剂占据的空间而成为孔洞。

（2）化学性质　在非共价结合的固定化酶中，所选择的载体的化学性质既要依靠其骨架的化学结构，也要考虑其表面的化学性质，比如离子吸附、生物亲水或疏水等。而不直接参与酶和载体结合的其他功能团也同样能够影响酶在固定化过程中的活性、稳定性以及选择性。这些不仅仅决定了酶在载体表面的定位，在很大程度上也决定了酶与载体相互间的作用。

①结合功能团：载体固定化结合功能团包括电荷的性质、功能团的性质、亲水性/疏水性、功能团大小。对于共价酶的固定化，载体表面的离子基团的不同性能可能导致不同的酶活力的保留。由此说明，载体表面的结合功能团可能决定了酶在载体表面的定向或构象。

②连接臂的作用：具有合适特性的连接臂，比如亲水性/疏水性、电荷性、分子大小和形状等，常常能够改善固定化酶的性质。改变连接臂的构象，使得连接臂形成更适合的结构结合酶，从而提高酶的稳定性；改变连接臂亲水性与疏水性的比值，从而使得其更适合酶的结合；调节连接臂的柔性，来改善固定化酶的残留活性和选择性等。

③主骨架的作用：通常固定化酶的活力依赖于载体的性质，固定在不同载体上的酶具有不同的构型。与载体的性质一致，亲水的环境更易于酶的稳定性。以酯酶为例，硅烷化载体比PEI包裹的硅土疏水性大，因此固定化酯酶在聚醚酰亚胺（PEI）包裹的硅土上比固定化在硅烷化载体上更为稳定。

4.2.2　包埋法

包埋法是制备固定化酶或细胞最常用的方法，该方法是将酶或微生物细胞扩散进入多孔性载体内部，或利用高聚物在形成凝胶时将酶或微生物细胞包埋在其内部，使酶或细胞固定化的方法。包埋法使用的多孔载体主要有琼脂、琼脂糖、聚海藻酸钠、明胶、聚丙烯酰胺、光交联树脂、聚酰胺和火棉胶等。其优点是酶分子本身不参与水不溶性载体的形成，多数酶都可以用这种方法进行固定化。这种方法较为简单，酶分子仅仅是被包埋起来。

按照包埋方式不同，包埋法可分为凝胶包埋法和微胶囊法两大类。

1. 凝胶包埋法

所谓的凝胶包埋法，即将酶和含酶的菌体或细胞包裹于凝胶的微小格子内或半透膜聚合物的超滤膜内，制备成有一定形状的固定化酶和固定化含酶菌体或固定化细胞。该方法成本低，操作简单，对细胞活性影响较小，制作的固定化细胞球的强度较高，但传质阻力较大。常用的包埋材料有角叉菜胶（卡拉胶）、聚海藻酸钠、聚丙烯酰胺、明胶、琼脂及光交联树脂等高分子化合物。

（1）角叉菜胶包埋法　角叉菜胶包埋法制备固定化酶（细胞）的一般过程是将一定量的角叉菜胶悬浮于一定体积的水中，加热溶解、灭菌后，冷却至35～50 ℃，与一定量的酶、细胞或原生质体悬浮液混匀，趁热滴到预冷的氯化钾溶液中，或者先滴到冷的植物油中，成型后再置于氯化钾溶液中，制成小球状固定化颗粒。

角叉菜胶还可以用钾离子以外的其他阳离子，如铵离子、钙离子等，使之凝聚成型。角叉菜胶具有一定的机械强度，若使用浓度较低，强度不够时，可使用戊二醛等交联剂再交联处理，进行双重固定化。

角叉菜胶包埋法操作简便，对酶、细胞和原生质体无毒害，通透性较强，是一种良好的固定化载体。胡永红等研究将富含延胡索酸酶的菌泥与角叉菜胶及其混合凝胶混匀，在特制的角叉菜胶成型机中加工成型，经过0.3 mol/L KCl溶液固化及0.6%胆汁酸1 mol/L富马酸钠溶液活化处理后，分别装入 0.8 L 固定化酶反应器中，以 0.4 L/h 的流速通入富马酸溶液，进行固定化。在角叉莱胶混合凝胶体系中包埋的延胡索酸酶较单一角叉莱胶包埋体系，延胡索酸酶转化底物生成产物的平均转化率提高了 5%～10%，运行周期可提高 10～20 天。

(2)聚海藻酸钠包埋法　海藻酸盐是一类从褐藻细胞壁中提取出来的多糖，是由 1,4-β-D-甘露糖醛酸(M)和 1,4-α-D-古罗糖醛酸(G)聚合而成的线性高聚物，整个大分子链含有 MM、MG、GG 链段。其中一价盐(Na^+、K^+、NH_4^+)为水溶性盐，而二价及以上的盐(Ca^{2+}、Al^{3+})为水不溶性盐，因此可形成耐热的凝胶或被膜，这是海藻酸钠经氯化钙溶液钙化后形成固定化凝胶的内在机理。海藻酸钠可与细胞混合形成均匀的悬浮液，使凝胶具有微生物分布的均匀性。此外，海藻酸钙还具有无毒、不易被大多数微生物降解的优点，因而海藻酸钙凝胶的使用比较普遍。

聚海藻酸钠包埋法制备固定化酶的制备方法：配制一定浓度的海藻酸钠水溶液，经高温灭菌冷却后，与一定体积的酶或细胞和磷酸盐混合均匀，然后用注射器(滴管)将冷凝悬浮液滴到一定浓度的氯化钙溶液中，形成球状固定化酶颗粒。

该方法制备固定化酶操作简单，条件温和，适合于多种生物催化剂的固定化。但是磷酸盐会使凝胶结构改变，在使用中应该控制磷酸盐的浓度，并要在溶液中保持钙离子的浓度，以维持凝胶结构的稳定性。

以海藻酸钙为载体，固定化微生物细胞的制备方法：将微生物细胞悬液与一定浓度的海藻酸钠溶液相混合，然后与一定浓度的氯化钙溶液接触，形成以海藻酸钙为载体的固定化细胞。该法操作条件温和，对细胞损伤小，但所得固定化细胞机械强度不高。

(3)聚丙烯酰胺凝胶包埋法　聚丙烯酰胺(ACRM)凝胶是由丙烯酰胺单体(Acr)和 N,N-甲叉双丙烯酰胺(Bis)在引发剂过硫酸铵(AP)和催化剂四甲基乙二胺(TEMED)作用下，激活单体形成自由基，发生聚合而形成的。由于其长链富含酰胺基团，使其成为稳定的亲水凝胶，适合水溶性酶的固定化；同时，聚丙烯酰胺抗微生物分解性能好、机械强度高、化学性能稳定。但单体丙烯酰胺的细胞毒性和聚合物网络形成的剧烈条件，对微生物细胞的损害较大，而且成型的多样性和可控性不好。

聚丙烯酰胺凝胶包埋法制备固定化酶或固定化细胞的基本方法：先配制一定浓度的单体(Acr 和 Bis)溶液，与一定浓度的酶或细胞的悬浮液混合均匀，然后加入一定量的 AP 和 TEMED，混合后让其静置聚合，将凝胶块用手术刀切块，获得所需形状的固定化酶或固定化细胞胶粒。

该方法具有制备简单、固定化酶或固定化细胞机械强度高、可通过改变丙烯酰胺的浓度来调节凝胶的孔径等优点，从而适合于多种细胞和酶的固定化。但是由于丙烯酰胺单体对细胞有一定的毒害作用，在聚合过程中，应尽量缩短细胞和丙烯酰胺单体的接触时间。

(4)明胶包埋法　由于明胶是一种蛋白质，明胶包埋法不适用于蛋白质以及产生蛋白酶的细胞和原生质体的固定化。

明胶包埋法制备固定化酶的基本方法：配制一定浓度的明胶悬浮液，加热融化，灭菌后，冷却至 35 ℃以上，与一定浓度的酶的悬浮液混合均匀，冷却凝聚后做成所需形状的固定化酶。如果其机械强度不够时，可以加入戊二醛等双功能试剂交联强化。

明胶包埋法制备固定化细胞的基本方法：配制一定浓度的明胶悬浮液，加热灭菌后，冷却至 35 ℃以上，与一定浓度的细胞悬浮液混合均匀，倒入光滑的培养皿中，置冰箱内冷凝 2 h，取出凝胶，将其浸泡于戊二醛的生理盐水中 1.5 h，再取出切割成 1～2 mm 的颗粒，将凝胶颗粒置于戊二醛生理盐水中静置 1.5 h，滤出备用。

据文献报道，10%的明胶是较好的载体，不但制作工艺较为简单，而且机械强度好。研究者选择明胶、聚海藻酸钠、壳聚糖为固定化载体包埋产 β-半乳糖苷酶的嗜热脂肪芽孢杆菌(*Bacillus stearothermophilus*)细胞，合成低聚半乳糖(GOS)，发现明胶包埋法不仅方法简单，而且产率和所产酶的酶活力都比较高，固定化后在反应条件和热稳定性方面都比游离细胞好，适合用于固定嗜热脂肪芽孢杆菌生产 GOS。

(5)琼脂凝胶包埋法　该法制备固定化酶(细胞)的基本方法：将适量的琼脂加入一定体积的水中，加热使之溶解，冷却至 50℃左右，加入一定量的酶(细胞)悬浮液，迅速搅拌均匀后，趁热分散到预冷的甲苯或四氟乙烯溶液中，形成球状固定化酶颗粒，分离后洗净备用。由于琼脂凝胶的机械强度差，而且底物和产物的扩散较难，故其使用受到了一定的限制。

(6)光交联树脂包埋法　该法制备固定化酶(细胞)的基本方法：选用一定相对分子质量的光交联树脂预聚物，例如相对分子质量为 1 000～3 000 的光交联树脂预聚物，加入 1%左右的光敏剂，加水配制成一定浓度，加热至 50 ℃左右使之溶解，然后与一定浓度的酶(细胞)溶液混合均匀，摊成一定厚度的薄层，用紫外光照射 3 min 左右，即可交联固定化，然后在无菌条件下，切成一定形状。

光交联树脂包埋法制备固定化酶和固定化细胞是行之有效的方法，通过选择不同相对分子质量的预聚物可以改变聚合而成的树脂孔径，适合于多种不同直径的酶分子的固定化；光交联树脂的机械强度高，可连续使用较长时间；用紫外光照射数分钟即可完成固定化，大大缩短了固定化时间。

(7)卡拉胶包埋法　该方法制备固定化细胞的操作步骤：将 8 g 湿菌、8 mL 生理盐水在 45 ℃混匀；再将 1.5 g 卡拉胶溶于 3 mL 生理盐水中，两者于 50 ℃混合后，冷至 10℃，30 min 后，将凝胶浸于 0.3 mol/L KCl 溶液中 4 h，切块或制粒。用卡拉胶包埋乳酸乳球菌 Y-72(*Lactococcuslactis* subsp. Lactis Y-72)生产乳链菌肽，取得了一定成果。石屹峰等用渗透交联法对 K-卡拉胶固定化细胞进行改进，将包埋菌在 pH 7.0 磷酸盐缓冲液中(5 ℃)，先后 2%乙烯多胺处理 10 min，再加 2%戊二醛处理 30 min，发现经反应后，酶学性质得到改善，而且固定化小球的机械强度也提高了。

(8)聚乙烯醇(PVA)包埋法　PVA 不易被微生物降解，化学惰性强，生物相容性好，对细胞无毒，价廉易得，是目前国内外研究最为广泛的一种包埋固定化载体材料。PVA 固定化细胞凝胶的制备方法通常有 PVA-冷冻法和 PVA-硼酸法。其中，PVA-冷冻法制备的细胞凝胶孔径大、孔隙率高、操作稳定性好、流变学性质优良，可多次重复使用，可适用于多种类型的反应器，应用广泛；而 PVA-硼酸法制备的固定化细胞单批次发酵效果较好，但多次发酵载体变形严重，不宜重复利用。PVA 凝胶有时由于交联不彻底，在高温下强度降低。若在凝胶制备过程中加入少量活性炭粉末、$CaCO_3$、SiO_2、锌粉等，可以提高凝胶强度。

PVA 包埋法制备固定化微生物细胞的一般过程：将一定量的菌悬液与 PVA 混匀，倒平板，加入饱和硼酸溶液，置冰箱内静置过夜。用手术刀切成小块状，用无菌水洗净备用。

综上所述，凝胶包埋法是细胞固定化最常用的方法，即将细胞包裹于凝胶的微小格子内，该方法操作简单，对细胞活性影响较小，制作的固定化细胞球的强度较高。常用的凝胶包埋固定化载体有卡拉胶、聚海藻酸钠、琼脂、明胶以及聚丙烯酰胺凝胶等。影响不同固定化技术的因素有很多，比如结合力、强度、总生物催化活性、回收率、扩散限制、空间位阻力、固定化成本、酶和细胞稳定性等。王新等对部分固定化载体的性能进行了很好的综述和归纳(表 4-1)。

表4-1　固定化载体的性能比较

载　体	聚海藻酸钠	明胶	琼脂	ACRM	卡拉胶
强度	较好	较差	差	好	较好
传质性能	较好	差	差	差	较好
耐生物分解性	较好	差	无	好	好
对生物性	无	无	无	强	无
固定难易	易	易	易	较难	易
价格	较贵	较贵	便宜	贵	便宜

以上几种固定化载体均有各自的优缺点，但是如果将两种凝胶组合使用或者与其他固定化技术结合应用，可以克服单一固定化技术的缺点，还可以增加固定化颗粒的可反应性。因此，开发更具有普适性的固定化技术，如组合固定化技术，将成为生物催化剂固定化技术发展的最新方向。

2. 微胶囊法

传统的微囊化是指将酶溶解或分散在溶液中，然后在酶液滴周围形成膜，并自发地将其包埋的方法。微胶囊固定化酶比凝胶包埋颗粒要小得多，但是反应条件要求高，制备成本也高。酶的微囊化法实质是通过物理或者化学方法将有活性的酶包埋在半透性高分子膜内的方法。

制备微胶囊固定化酶有以下几种方法：界面凝胶化法、液体干燥法、界面沉淀法以及脂质体包埋法等。

(1)界面凝胶化法　界面凝胶化法较为广泛地应用于酶和细胞的固定化工艺中，界面凝胶化法是使分散在酶溶液和不溶性有机相界面间的单体进行聚合，或者是聚合物在两液相界面间沉淀，此时，调节温度和不溶性有机相的添加量，沉淀的析出状态就会发生改变，使得低浓度聚合物和高浓度聚合物得到分离。这种分离现象通常称为凝聚。将聚合物溶解在不与水混溶的有机溶媒中，然后将酶乳化分解在此溶液里。在搅拌的同时，慢慢加入引起相分离的非溶性溶媒(该溶媒也不与水混溶)，聚合物的浓稠溶液将酶液滴包围，聚合物相继析出，形成半透膜，酶被包裹起来。不要一下子使聚合物析出，而必须使部分浓稠溶液进行相分离。

比如将柱状假丝酵母脂肪酶(CCL)包埋在由苯(TMOS)和丙基三乙氧硅烷(PEMS)水解形成凝胶后，再载于大孔聚乙烯醇缩甲醛树脂孔内，用于直接催化香叶醇与乙酸酯化反应，固定化率达93%，固定化酶的比活力是游离酶的7倍，在90 ℃保温2 h后酶活力不变，室温下储存30 d后活力基本不变，操作稳定性增加了51倍，由于酶回收容易，机械稳定性高，该法已用于生物传感器的研制。

(2)液体干燥法　液体干燥法是将一种聚合物溶于一种沸点低于水且与水不混溶的有机溶液中，加入酶的水溶液，以油溶性表面活化剂为乳化剂，制成第一乳化液。把它分散在含有保护剂胶质(如明胶)、聚丙烯醇和表面活性剂的水溶液中，形成第二乳化剂。在不断搅拌、低温和真空条件下蒸出有机溶剂，得到含酶微胶囊。常用的聚合物有乙基纤维素、聚苯乙烯、氯化橡胶等，常用的有机溶剂有苯、环氧乙烷和三氯甲烷。

(3)界面沉淀法　界面沉淀法是利用某些高聚物在水相和有机相的界面上溶解度极低而形成皮膜的性质将酶包埋。如含有高浓度血红蛋白的酶溶液在与水不互溶、沸点比水低的有机相中乳化，加入油性表面活性剂，形成油包水的微滴，再将溶于有机溶剂的高聚物在搅拌下加入乳化剂中，然后加入一种不溶解高聚物的有机溶剂，使高聚物在油-水界面上沉淀形成膜，最后转移到水相,从而形成固定化酶。最常用的高聚物有硝酸纤维素、聚苯乙烯和聚甲基丙烯酸甲酯等。

(4)脂质体包埋法　这是一种近年来发展起来的技术。采用双层脂质体形成的极细球粒包埋酶。将卵磷脂、胆甾醇和二鲸蜡磷酸酯(7∶2∶1)溶于三氯甲烷中,加入酶液,混合物在旋转蒸发器中,加入氮气,32 ℃下转动乳化,然后在室温下放置 2 h,再在氮气气流中 4 ℃条件下处理 10 s,最后在室温下静置 2 h,过 Sepharose 6B 柱,即可得到含有酶的微胶囊。

4.2.3　交联法

交联法又称无载体固定化法,该法不利用载体,而是生物催化剂之间依靠其物理的或者化学的作用力相结合。因而,交联法一般可分为化学交联法和物理交联法。

1. 化学交联法

化学交联法是利用两个功能团以上的试剂直接与酶分子或微生物细胞表面的反应基团如氨基、烃基等进行交联,形成共价键相互联结的不溶性大分子,从而固定生物催化剂。而这种方法因化学反应条件剧烈,对微生物活性影响大,故不常使用。

常用的双功能试剂包括戊二醛、顺丁烯二酸酐、双偶氮苯等,其中戊二醛为用途最为广泛的。戊二醛有 2 个醛基,这 2 个醛基都可以与酶或者蛋白质的游离氨基结合,形成共价键,从而制备出固定化酶。杨秀芳等以戊二醛为交联剂,牛血清蛋白为活性保护剂,对 β-D-呋喃果糖苷酶进行固定化。优化后的固定化条件:戊二醛浓度 20 mmol/L,蛋白质浓度 1.0%,酶与固定液之比 1∶10,固定化时间 2 h。在此条件下制备的固定化酶平均酶活力达 340 U/g,酶活保留率在 80%以上。

2. 物理交联法

物理交联法最常用的是絮凝剂交联法。絮凝剂交联法是使用凝聚剂将生物催化剂(多为菌体细胞)形成颗粒化聚集体,再利用双功能或多功能交联剂与细胞表面的活性基团发生反应,使细胞彼此交联形成稳定的立体网状结构。这样高效菌体不易流失,生物浓度高,而使处理效果提高。

物理交联法的优点是细胞密度大、固定化条件温和,但是其机械强度差、细胞密度大,导致物质传递困难。

交联法制备的固定化酶的结构较稳定,可以使用相当长的时间,但是由于交联反应的条件较为激烈,酶或蛋白质分子上的多个基团被结合,使得酶活力大大降低,而且制备成的固定化酶的颗粒较小,给使用带来了很多的不便。

3. 双重固定化法

交联剂一般价格昂贵,单用交联剂制备的固定化酶的活力较低,此法也很少单独使用,科研工作者一般都将其作为其他固定化方法的辅助手段,以达到更好的固定效果。结合上几节的固定化方法,可将交联法与包埋法或吸附法联合使用,取长补短,这种固定化方法称为双重固定化法。双重固定化法相对于单独的固定化方法,具有使用活性高,且回收率较高,能够适应于较为苛刻的反应条件等优点。

4.2.4　结合法

1. 共价结合法

共价结合法顾名思义就是利用酶活性中心外的非必需基团与固相载体上的基团共价结合

而制成固定化酶的方法，也可称为共价偶联法或共价键结合法。即共价结合法就是酶蛋白的侧链基团和载体表面上的功能基团之间形成共价键而固定酶的方法，由于酶与载体之间的结合属于化学反应，因此需要活化酶分子或所选载体上的有关官能团，也就是将载体上的有关功能基团进行活化，然后偶联酶上的相关基团，或者在载体上接一个双功能试剂，然后将酶偶联上去。

共价结合法的优点是酶与载体结合牢固，制得的固定化酶稳定性好；缺点是制备过程中反应条件较为强烈，难以控制，易使酶变性失活。酶与载体结合牢固，酶不易脱落，但反应条件较激烈，酶易失活，同时，制作手续亦较烦琐。例如，用一氨丙基三乙氧基硅烷将多孔陶瓷载体活化，使其锚连在载体上，然后加戊二醛，使戊二醛中一端的羰基与活化后载体上的氨基起反应，再加酶液，使戊二醛的另一端羰基与酶中的氨基连接起来。共价结合法与吸附法相比结合牢固，不易脱落，但其反应条件苛刻，操作复杂，且由于采用了比较激烈的反应条件，容易使酶的高级结构发生变化而导致酶失活，有时也会使底物的专一性发生变化，但由于酶与载体结合牢固，一般不会因为底物浓度过高或存在盐类等原因而轻易脱落。

酶的共价结合，简单来说就是以共价键的方式将酶结合到合适的载体上。该法与基于吸附作用、离子键结合的方法相比，能够给酶和载体之间提供最强的结合力。并且此法与以吸附作用结合的物理吸附法和以离子键结合的离子结合法统称为载体结合法，而共价结合法是载体结合法中应用最多的一种。

酶的固定化法中载体的主要作用最初被认为是支撑和保护酶，但是随着对其研究的不断深入，载体的重要作用渐渐地凸现出来。目前共价结合法中所选最普遍的载体一般有纤维素、葡聚糖、琼脂糖、甲壳素等。而对该法固定化过程中的载体的条件选择或影响因素有如下几点需要考虑：①一般亲水载体在蛋白质结合量和固定化酶活力及其稳定性上都优于疏水载体；②载体的结构疏松，表面积大，有一定的机械强度；③载体必须带有在温和条件与酶共价结合的功能基团；④反应必须在温和 pH、中等离子强度以及低温的缓冲溶液中进行；⑤载体没有或很少有非专一性吸附；⑥载体来源要容易，成本便宜，并能够反复使用；⑦要考虑到酶固定化后的构型，尽量减少载体的空间位阻对酶活力的影响。

因此共价结合法的应用首先要考虑的是对载体的选择，理想的载体需要有效的亲水膨润性、比表面积大、有效的机械强度、带有在温和条件下可以与酶的侧链基团进行共价偶联反应的功能基团，同时最好没有或者很少有非专一性吸附。其次考虑的是偶联反应，选择什么样的偶联反应取决于载体上的功能基因与酶分子上的非必需侧链基因。其中可与载体结合的酶功能基团一般有氨基、羧基、羟基、酚基和巯基等；而常用的载体偶联功能基团有芳香族氨基、羟基、羧甲基和氨基等。在通常的情况下，载体上的功能基团和酶分子上侧链基团不具有直接反应的能力，所以要先对其进行活化，但一般总是先将载体上的功能基团活化（因为酶可能在活化时失活），然后再在比较温和的条件下将酶和活化了的载体进行偶联。常用的活化与偶联反应：①重氮化反应；②异硫氰酸反应；③溴化氰-亚胺碳酸基反应；④芳香烃化反应；⑤叠氮反应；⑥酰氯化反应；⑦酸酐反应；⑧缩合反应；⑨巯基-二硫基交换反应；⑩烷基化及硅烷化反应等。下面重点介绍几种常用的偶联方法。

（1）重氮化反应　重氮化方法就是将带有芳香族氨基的载体，先用 $NaNO_2$ 和稀盐酸进行酸处理，然后形成重氮盐衍生物，再在中性偏碱（pH 8～9）的条件下与酶（蛋白）发生偶联反应而将酶进行固定化的。图 4-4 为重氮化反应的化学式。

重氮化反应中常用的载体一般有如下几种。

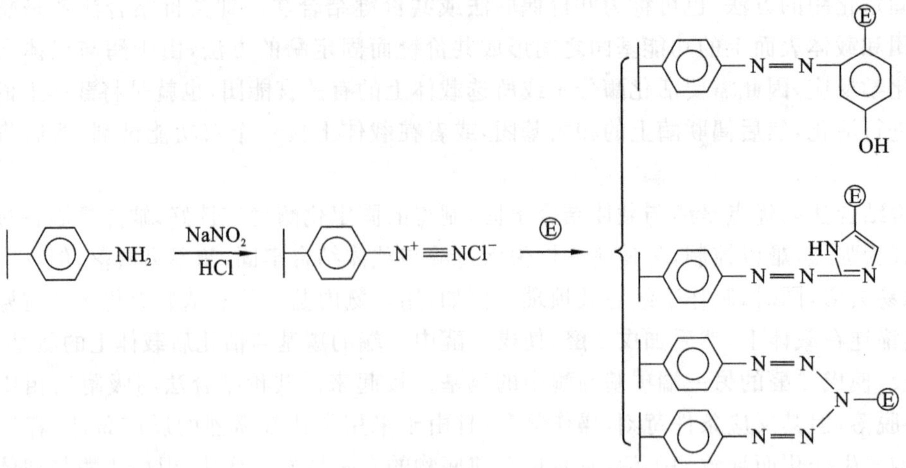

图 4-4　重氮化载体与酶蛋白偶联

①多糖类的芳香族氨基衍生物：我国独创的使用对-β-硫酸酯乙砜基苯胺（ABSE）-多糖（纤维素、葡聚糖、交联琼脂糖、交联琼脂及淀粉）属于此类载体。在碱性条件下利用对-β-硫酸酯乙砜基苯胺活化多糖，制得的醚键连接的乙砜基苯胺衍生物，经重氮化后再偶联到酶上。

②氨基酸共聚体：如 L-Leu 和对氨基-DL-苯丙氨酸共聚物。将 1 mol/L 的 L-Leu 和对氨基-DL-Phe 的 *N*-羧基酐的苯溶液在少量水存在及室温下进行反应制成。共聚物与亚硝酸作用变为重氮盐，可供酶固定化用。用此法制备的固定化酶有蛋白酶、脲酶、核糖核酸酶等。

③聚丙烯酰胺衍生物：该类衍生物的商品名称为 Bio-Gel 或 Enzacry。如 Enzacry 是含有芳香氨基的聚丙烯酰胺衍生物，经重氮化后可固定酶。用此法制备的有氨基酰化酶、α-淀粉酶等固定化酶。

④苯乙酰胺树脂：这是聚氨基苯乙烯和一种异丁烯-间-氨基苯乙烯的共聚物，通过重氮化后可固定酶，如胃蛋白酶、核糖核酸酶等。

⑤多孔玻璃的氨基硅烷衍生物：就是对多孔玻璃的利用，例如玻璃的化学改造物多孔玻璃在丙酮中与 γ-氨基丙基三氧乙硅烷回流加热，生成烷基胺玻璃等。

(2)芳香烃化反应　就是将具有卤素取代的芳香环或含有卤素取代的杂环的高聚物以及含有卤乙酰基的高聚物，通过烷基化和芳香基化，然后在碱性条件下，与酶分子上的氨基、酚基、巯基等进行反应。此法常用的载体有卤乙酰、三嗪基或卤异丁烯基衍生物。卤乙酰衍生物包括氯乙酰纤维素、溴乙酰纤维素等。图 4-5 为芳香烃化反应化学式。

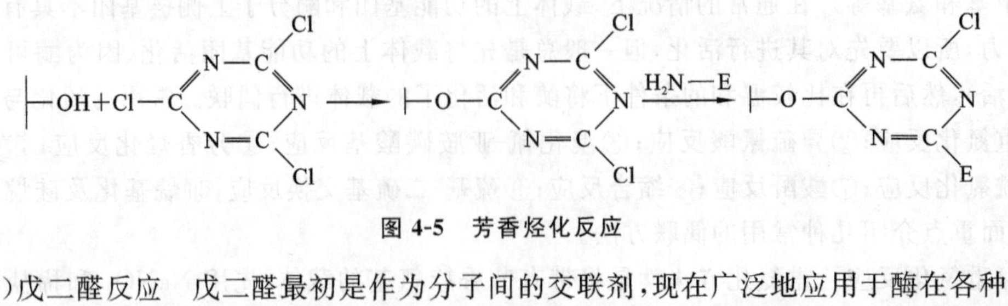

图 4-5　芳香烃化反应

(3)戊二醛反应　戊二醛最初是作为分子间的交联剂，现在广泛地应用于酶在各种载体上的固定化。此种双功能醛与含有伯氨基的聚合物相反应，可以生成具有醛功能的聚合物。蛋白质可与用戊二醛处理过的聚合物相作用，进行不可逆的结合，例如使用氨基乙基纤维素和戊二醛，可使胰蛋白酶等固定化。常用载体有氨基乙基纤维素、DEAE-纤维素、琼脂糖的氨基衍生物、部分乙酰化甲壳质、氨基乙基聚丙烯酰胺、多孔玻璃的氨基硅烷衍生物等。图 4-6 为戊二醛反应化学式。

$$
\vdash OCH_2CH_2NH_2 + OHC(CH_2)_3CHO + H_2N—E \longrightarrow \vdash CH_2CH_2N{=}CH(CH_2)_3—CH{=}N—E
$$

图 4-6　戊二醛反应

(4)巯基-二硫基交换反应　就是将带有—SH 或二硫基的载体，通过巯基-二硫基的交换反应，可以和酶分子上非必需巯基偶联来固定化酶。若载体的功能基团为—SH 时，可先用 2，2′-二吡啶二硫化物处理，生成的二硫基中间产物在酸性条件下能与酶分子的巯基发生交换反应，从而产生固定化酶。图 4-7 为巯基偶联反应化学式。

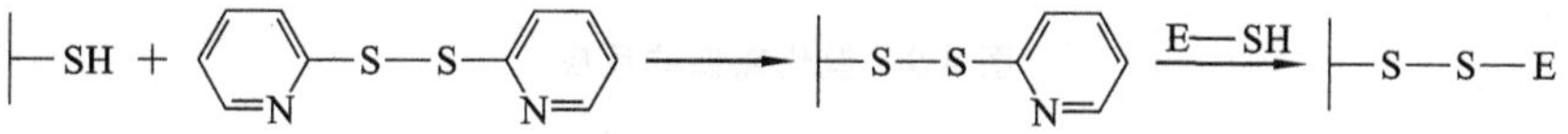

$$
\vdash SH + Py—S—S—Py \longrightarrow \vdash S—S—Py \xrightarrow{E—SH} \vdash S—S—E
$$

图 4-7　巯基偶联反应

(5)四组分缩合　利用四元化合物(羧酸、胺、醛和异氰酸)发生缩合反应，形成 *N*-取代的酰胺。在反应中羧酸(R_1)和胺化合物(R_2)形成酰胺键，醛(R_3)和异氰酸(R_4)结合形成酰胺氮的侧链。图 4-8 为四元化合物缩合反应化学式。

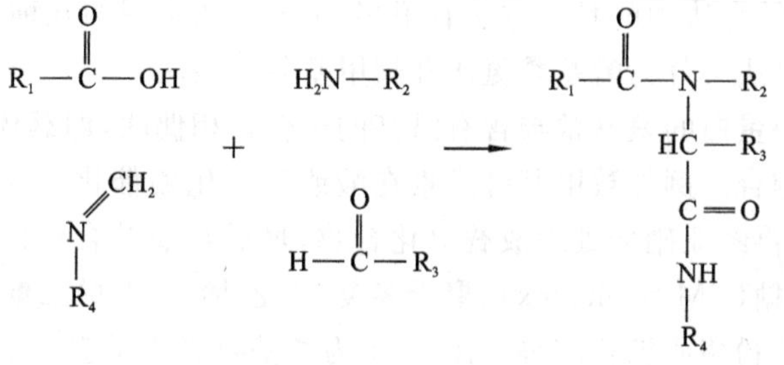

$$
R_1—\overset{O}{\overset{\|}{C}}—OH + H_2N—R_2 + R_4—N{=}CH_2 + H—\overset{O}{\overset{\|}{C}}—R_3 \longrightarrow R_1—\overset{O}{\overset{\|}{C}}—N(R_2)—CH(R_3)—C(=O)—NH—R_4
$$

图 4-8　四组分缩合反应

选择适当的条件、适当的载体和反应液中的添加物，可直接使酶的氨基或羧基得到偶联，而避免有害反应。例如，在乙醛和小分子的 3-(二甲氨基)-丙基异氰酸存在下，用 0.5 mol/L HCl 维持 pH 6.5，搅拌反应 6 h，用带氨基的聚合物，可以与酶分子上的羧基进行偶联。而带—COOH的高聚物在醛和异氰酸存在下，可与酶分子上的—NH_2 进行偶联。

(6)溴化氰-亚胺碳酸基反应　含有羟基的载体(如纤维素、葡聚糖、琼脂等)在碱性条件下，载体的羟基与 CNBr 反应，生成活泼的亚胺碳酸基，在弱碱条件下，可与酶分子的氨基偶联，产生固定化酶。图 4-9 为溴化氰偶联反应化学式。

(7)酰氯化反应　若载体含羧基如羧基树脂(Amberlite IRC-50 等)，可先用氯化亚砜处理，然后生成酰氯衍生物，再与酶分子的氨基进行偶联，产生固定化酶。图 4-10 为酰氯化反应化学式。

2. 肽键结合法

肽键结合法就是在酶蛋白和水不溶性载体间形成肽键而固定化酶的方法。其主要是将含羧基的水不溶性载体转变为酰基叠氮、氯化物、异氰酸盐的反应性衍生物，再把这些衍生物与

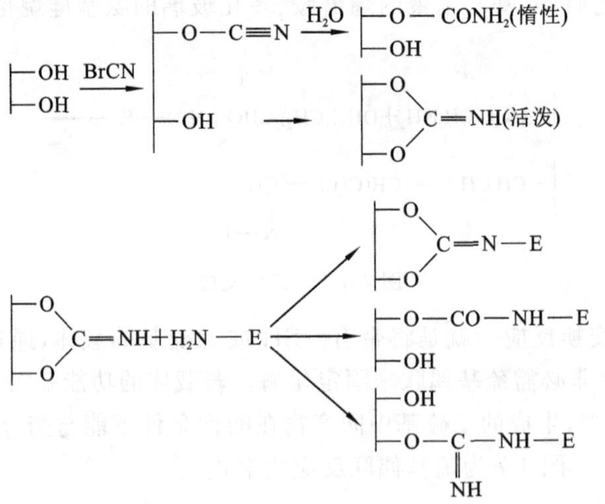

$$\left|\begin{matrix}-OH\\-OH\end{matrix}\right. \xrightarrow{BrCN} \begin{cases} -O-C\equiv N \xrightarrow{H_2O} \left|\begin{matrix}-O-CONH_2(\text{惰性})\\-OH\end{matrix}\right. \\ -OH \longrightarrow \left|\begin{matrix}-O\\ \quad \rangle C=NH(\text{活泼})\\-O\end{matrix}\right. \end{cases}$$

$$\left|\begin{matrix}-O\\ \quad \rangle C=NH\\-O\end{matrix}\right. + H_2N-E \longrightarrow \begin{cases} \left|\begin{matrix}-O\\ \quad \rangle C=N-E\\-O\end{matrix}\right. \\ \left|\begin{matrix}-O-CO-NH-E\\-OH\end{matrix}\right. \\ \left|\begin{matrix}-OH\\-O-\underset{\underset{NH}{\|}}{C}-NH-E\end{matrix}\right. \end{cases}$$

图 4-9 溴化氰偶联反应

$$R-COOH \xrightarrow{SOCl_2} RCOCl \xrightarrow{H_2N-E} RCONH-E$$

图 4-10 酰氯化反应

酶的游离氨基相反应，而形成肽键。

肽键结合法与共价结合法有很多相通的地方，都是属于酶和载体的适当结合，只是结合的方式有所不同。肽键结合法中的具体方法有很多，下面介绍常用的几种具体方法。

(1)叠氮法　叠氮法又分为酰基叠氮法和聚甲基谷氨酸法。

①酰基叠氮法：酶蛋白的氨基常与含有酰基的聚合物相偶联，即载体通过羧基活化成叠氮化合物，再与酶进行键合。例如羧甲基纤维素在酸或三氟化硼催化下经甲醇酯化和水合肼肼解，生成酰肼衍生物，再经亚硝酸处理成叠氮化合物，最后与酶结合而固定化酶。叠氮法常用的载体还有交联葡聚糖(CM-Sephadex)、聚天冬氨酸、乙烯-顺丁烯二酸酐共聚物等。用此方法可固定胰蛋白酶、淀粉酶或糖化酶等。图 4-11 为酰基叠氮法反应化学式。

$$\left|-OCH_2COOH \xrightarrow[HCl]{CH_3OH} \right|-OCH_2COOCH_3 \xrightarrow{H_2NNH_2} \left|-OCH_2CONH-NH_2\right.$$

$$\xrightarrow[HCl]{NaNO_2} \left|-O-CH_2CON_3 \xrightarrow{H_2N-E} \right|-OCH_2CONH-E$$

图 4-11　CM 纤维素的酰基叠氮衍生物与酶的偶联

②聚甲基谷氨酸(polymethylglutamate，PMG)法：PMG 是一种合成的多肽，通过叠氮反应后，成为酰基叠氮衍生物，作为脲酶和尿酸酶的新载体，成为固定化酶。图 4-12 为多肽叠氮偶联化学式。

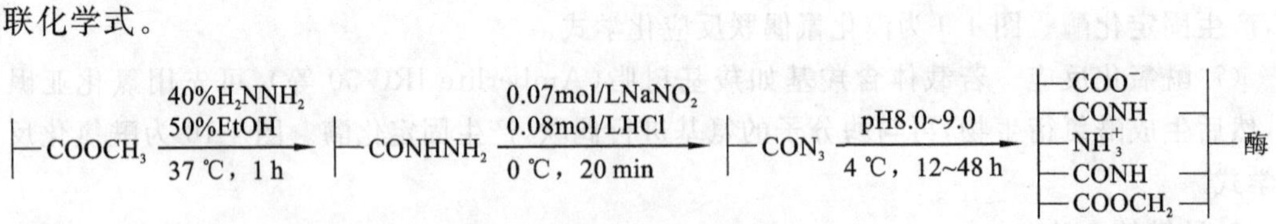

$$\left|-COOCH_3 \xrightarrow[37\ ℃,\ 1\ h]{40\%H_2NNH_2,\ 50\%EtOH} \right|-CONHNH_2 \xrightarrow[0\ ℃,\ 20\ min]{0.07mol/LNaNO_2,\ 0.08mol/LHCl} \left|-CON_3 \xrightarrow[4\ ℃,\ 12\sim48\ h]{pH8.0\sim9.0} \right|\begin{matrix}-COO^-\\-CONH\\-NH_3^+\\-CONH\\-COOCH_3\end{matrix} \text{酶}$$

图 4-12　酶与活化 PMG 的偶联

(2)溴化氰法　就是利用溴化氰将纤维素、葡聚糖凝胶、琼脂糖凝胶等载体活化，然后再和酶蛋白进行键合。此法可固定胰凝胶乳蛋白酶、凝乳酶、胰蛋白酶等。具体举例如下。

①胺类与活化后的多糖类的偶联：首先利用溴化氰活化，得到氨基甲酸酯和亚胺碳酸酯。反应性的亚胺碳酸酯与氨基酸或氨基酸衍生物反应可得到三种不同结构的 N-取代氨基甲酸酯、N-取代亚胺碳酸酯和 N-取代异脲。

②活化后的琼脂糖与纤维素酶的偶联：反应要在 4 ℃下进行，纤维素酶的水溶液用偏高碘酸钠处理 1 h(暗处)，去除过量的碘酸。为了使纤维素酶的碳水化合物侧链上有更多的酶与载体的接触点，要进行乙烯二亚胺的偶联。具体方法是用含有 0.1 mg/mL 的一种硼化合物和 0.05 mol/L 乙烯二亚胺的 0.1 mol/L 磷酸缓冲液处理 3 h，使碳水化合物侧链与乙烯二亚胺偶联。将上述处理过的酶与 5 g 经溴化氰活化的琼脂糖，放在同一缓冲液。

采用此方法制成的固定化纤维素酶，虽然酶的回收率很低，但对不溶性纤维素的水解能力比游离酶大，且可回收再用。

(3)碳酸纤维素法　将纤维素(粉)悬浮于甲硫砜、二噁烷和三乙胺的混合溶剂中，然后在 0 ℃下加入乙基氯甲酸酯，搅拌 10 min，再将反应液用浓盐酸中和，并移到 90%的乙醇中，得到纤维素-反-2,3-碳酸盐，将此活化纤维素加入到酶液中。此方法使酶附着在载体上，且处理条件温和。图 4-13 为碳酸纤维素衍生物反应化学式。

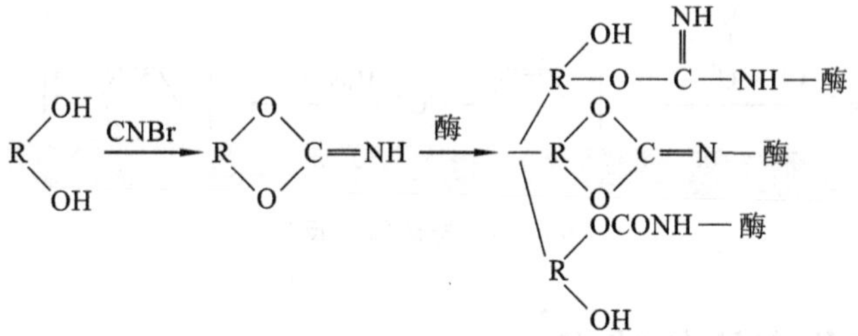

图 4-13　活化后的纤维素与酶的偶联

(4)缩合剂法　载体分子与生物催化剂的羧基或氨基在一些缩合试剂的作用下形成肽键，即用碳二亚胺及 Woodward 试剂作缩合剂，使含氨基载体与酶分子上的羧基之间形成肽键。含有氨基的载体常有氨乙基纤维素、多孔玻璃的氨基硅烷衍生物、氨乙基聚丙烯酰胺、琼脂糖衍生物等。缩合剂法常用于固定胰蛋白酶、凝胶乳蛋白酶等。图 4-14 为缩合剂反应化学式。

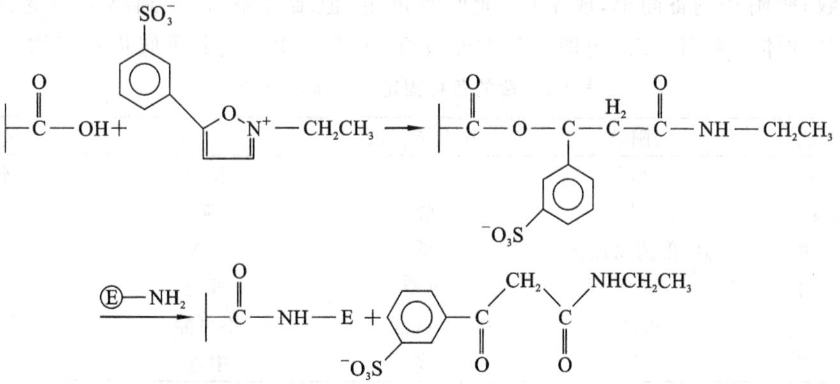

图 4-14　缩合剂反应

其中缩合试剂除 Woodward 试剂外，二环己碳二亚胺、1-乙基-3-(3-二甲基氨丙基)碳二亚胺、1-环己-3-(2-吗啉-乙基)碳二亚胺甲代-对甲苯-氨基磺酸等也可作为酶固定化过程中的缩合试剂。

例如，采用碳二亚胺固定碱性磷脂酶的过程：合成的载体悬浮于 15 mL 水中，加入 40 mg 1-乙基-3-(3-二甲基氨丙基)碳二亚胺和 8 mg 碱性磷脂酶，保持混合液 pH 4.0，室温下放置 1 h后，4 ℃连续搅拌过夜。离心 10 min，颗粒经含有 8 mmol/L $MgCl_2$ 的 pH 9.2 的缓冲液洗涤，每克载体获得的固定化碱性磷脂酶约 10 mg。

(5)酸酐法　就是利用马来酸与乙烯或乙烯的共聚物反应，然后经其活泼的酸酐基直接与游离酶上的氨基进行偶联。图 4-15 为酸酐法反应化学式。

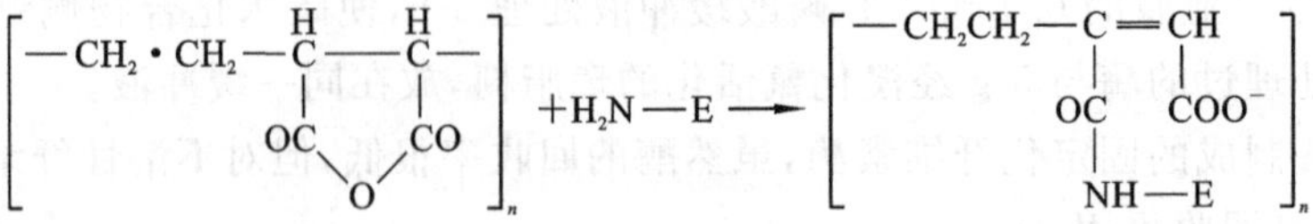

$$\left[-CH_2\cdot CH_2-\underset{OC}{\overset{H}{C}}-\underset{CO}{\overset{H}{C}}-\right]_n (\text{OC-O-CO 酸酐环}) + H_2N-E \longrightarrow \left[-CH_2CH_2-\underset{OC-NH-E}{C}=\underset{COO^-}{CH}\right]_n$$

图 4-15　酸酐法

(6)异硫氰酸反应　将含有芳香氨基的载体，在碱性 pH 条件下，与光气或硫芥子气进行反应，生成异硫氰酸或异硫氰酸衍生物，可在温和条件下与酶分子上的氨基连接，产生固定化酶。图 4-16 为异硫氰酸反应化学式。

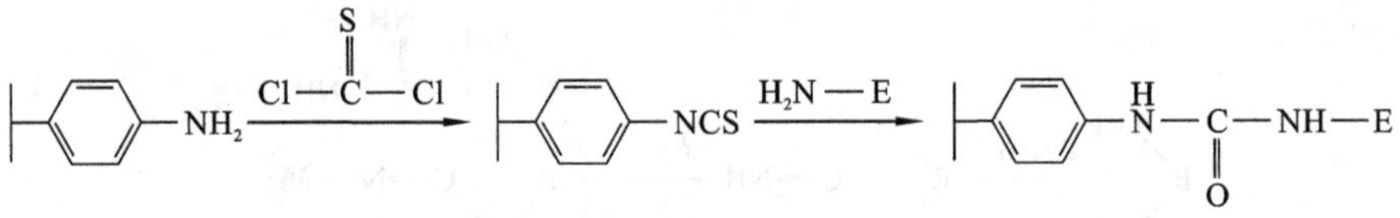

$$|-C_6H_4-NH_2 \xrightarrow{Cl-C(=S)-Cl} |-C_6H_4-NCS \xrightarrow{H_2N-E} |-C_6H_4-\underset{H}{N}-\underset{O}{\overset{\|}{C}}-NH-E$$

图 4-16　异硫氰酸反应

4.2.5　酶固定化方法的特点

1. 酶的各种固定化方法的比较

以上固定化方法均适合酶的固定化或细胞的固定化，但由于酶与含酶细胞的特性不同，其固定化方法有其特殊要求。表 4-2 为不同方法用于酶的固定化时的不同特点。由此可见，没有一种方法是十全十美的，几种方法各有利弊。其中，共价结合法和交联法虽结合力强，但不能再生、回收；吸附法制备简单，成本低，能回收再生，但结合差，在受到离子强度、pH 变化影响后，酶会从载体上游离下来；包埋法各方面较好，但不适用于大分子底物和产物。

表 4-2　酶的各种固定化方法的比较

固定化方法	吸附法	共价结合法	交联法	包埋法
制备难易	易	难	较难	较难
结合程度	弱	强	强	强
酶活回收率	高，但酶易流失	低	中等	高
对底物专一性	不变	可变	可变	不变
再生	可能	不可能	不可能	不可能
固定化费用	低	高	中等	低

选择最适的酶固定化方法要根据特定的技术需要和资金考虑。由于不同的酶种类具有不同的特性，而且对于不同的用途也需要有不同的酶的固定化技术，因此有必要开发出更有效的酶固定化的方法和技术。

2. 包埋法用于酶固定化的特点

由于包埋法用于酶的固定化和细胞的固定化时，对其载体的理化性质的要求差异较大，因此，本节重点介绍包埋法用于酶固定化的特点。

任何固定化酶都有两个功能组分，即催化部分和非催化部分。因此，包埋法制备固定化酶（即包埋酶）必须包含这两个功能组分，以适应特定的应用。

一般包埋酶的载体的制备过程与酶的固定化过程同时进行，共同组成酶的两个功能组分。因此，对载体的理化性质有其特殊要求。

（1）物理条件　载体的物理条件包括孔径、微粒尺寸、形态、形状以及机械稳定性等。

①孔径：由于包埋过程通常受到凝胶形成的前体物质的限制，这些凝胶载体严格意义上不能被当作多孔载体，因为它们缺乏大孔合成载体的永久性孔。然而，在膨胀的情况下它们可以被认为是多孔载体，因为这些孔会被溶液和底物填满，如图 4-17 所示。当酶包埋于合成聚合物中时，载体的尺寸依赖于单体的浓度和交联剂。此外膨胀率也很关键。

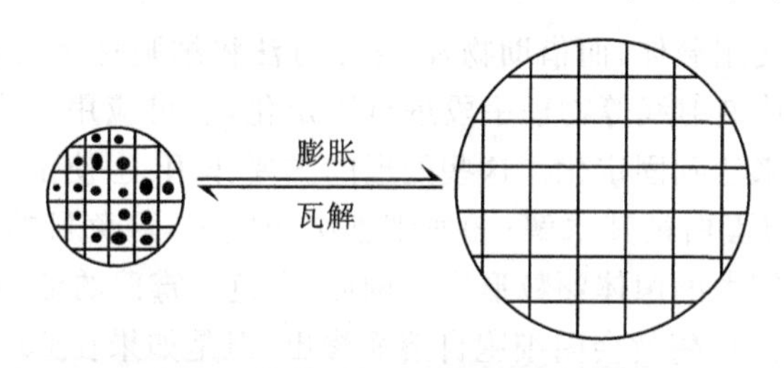

图 4-17　固定化于凝胶载体中的酶

②微粒尺寸：通常情况下，包埋法固定化酶比共价法固定化酶的尺寸大几倍，因为包埋酶是通过酶-凝胶前体一起加入不混溶的溶液中制成的，但是包埋酶的尺寸大小会因为制备方法的不同而不同。一方面，由于扩散限制比较严重，活力的保持可能会更低；另一方面，这种现象能用于提高某些固定化酶的非催化特性。

例如，固定在小尺寸载体上的酶可以通过将这些固定化酶前体物质包埋于另一种合适的载体中而得到充分的扩大，结果提高了酶的非催化特性。因此，这种双固定化酶可以用于筛板反应器，需要大尺寸微粒的固定化酶来促进固定化酶从反应器中分离。

③形状：固定化酶的形状/尺寸的选择不仅仅依赖于方法和载体，还与应用特性有关。一般地，包埋酶的几何形状可以分为颗粒状、纤维状、薄膜状、泡沫状、圆盘状等。

实践表明，颗粒状载体是最常用的载体，因为其具有良好的流动性；纤维状载体由于具有较高的单位体积活力，从而也被广泛地应用于实践中。

（2）化学条件　载体的化学特性很大程度上受所使用的凝胶前体物质的限制。因而包埋酶载体的化学特性具有亲水性/疏水性、活性功能基团的特征以及惰性功能基团的特征。一般选择凝胶前体应该是亲水性的，因为这样的载体与酶的相容性较好。但是，有时候疏水性凝胶在酶的活力和稳定性上也可能表现出很好的特性。

①功能基团：根据所使用载体的前体物质，活性功能基团的特性从低活力到高活力各不相同。一般地，活性功能基团指的是那些相互交联也能在包埋酶的制作过程中与酶反应的功能基团。

a. 惰性功能基团：前体物质的功能是惰性的，意味着酶和凝胶载体间没有化学反应，酶被物理包埋于一种仅为前体与前体相交联的凝胶中。实践表明，惰性功能特征同样对酶的活力和稳定性有很大的影响。

b. 活性功能基团：活性功能基团不仅能与凝胶载体自身反应，而且还能与酶反应。这样的包埋酶可以被看作是与一般共价结合法固定的固定化酶相类似。因此，酶的渗出可以减少到最少。

②载体的亲水性：与其他类型的固定化酶一样，包埋酶载体的亲水性同样也对酶活力、稳定性和选择性有很大的影响。然而，对吸水性的影响还缺少一个系统性的研究，因为要得到一系列不同吸水性载体是很困难的。

与共价固定于疏水载体中的脂肪酶一样，脂肪酶包埋于疏水载体中同样显示出了疏水载体对于保持酶活力的优越性。

4.2.6 细胞固定化方法的特点

细胞固定化的方法和酶固定化的方法基本相似，但有其特点和一些特殊要求。

1. 直接固定法

直接固定法是指不使用载体，而借助物理、化学方法将细胞直接固定。比如对于微生物细胞，可以借助加热、冰冻或β射线等物理手段进行固定化，也可应用柠檬酸、各种絮凝剂、交联剂和变性剂等化学处理来达到固定化。这些处理的主要作用：①使菌体内起破坏作用的蛋白酶等变性，以防止目的酶蛋白被其水解；②使细胞结构固定，避免目的酶的泄漏；③使菌体聚集，避免酶的流失，促进较大的菌体颗粒形成。例如，白色链霉菌的葡萄糖异构酶是胞内酶，当细胞在 50 ℃以下保温时，该酶就会因细胞自溶而渗出；但是如果在 60～80 ℃加热 10 min，那么导致自溶作用的酶系就会失活，而葡萄糖异构酶却可以长时间使用没有明显的活力降低。又如恶臭假单孢菌的固定化，这种细菌在含有硫酸铵的介质中培养时，生成的耐热脂肪酶 95%存在于细胞内；但如果此时将细胞在 pH 6～7 保温，则其中 92%的酶就会渗出；反之，如果在 pH 4.5～5.4、70 ℃中保温，则酶仍能和细胞保持结合，而且这种固定化的菌体可连续用于水解三乙酯。再如，用柠檬酸等处理链霉菌，然后干燥，结果也可得到含有高活性葡萄糖异构酶的固定化菌体。

2. 包埋法

包埋法是细胞固定化最常用的方法。常用的包埋材料有聚丙烯酰胺、琼脂、海藻糖、角叉菜胶、胶原和纤维素等。其中聚丙烯酰胺的应用较早，所以现在也使用较多。但是近年来，角叉菜胶被认为具有比聚丙烯酰胺更大的工业应用潜力，它的主要优点：①操作简便，只需将菌体的生理盐水悬液和溶于相同溶液的角叉菜胶混合，冷却后即成，或在加入某些阳离子溶液后冷却即成；②包埋条件温和，得到的固定化细胞有较高的活力，而且稳定；③形成的凝胶有一定的机械强度，扩散限制小，还可用单宁、戊二醛等硬化剂进行处理来增加机械强度。近年来还发展了其他几类十分有用的包埋剂，如：对γ射线等敏感的聚合胶，聚乙烯吡咯烷酮、聚乙烯醇、聚α-羟乙基丙烯酸等；对光敏感的交联聚合树脂，PEGM 和 ENT、ENTP 前体，以及聚氨甲酸乙酯衍生物等。此外，有机硅、聚硅氧烷等也是近年来常用的一种具有疏水性的新材料。

包埋法固定的细胞与载体间没有束缚，固定化后具有较高活力。要固定活细胞、增殖细胞，显然包埋法占优势，而且包埋时采用卡拉胶、海藻酸钙等材料会更好。然而实际上限制酶活力的因素较多，而且这类方法只适于小分子底物。包埋法固定化的细胞一般主要利用菌体的单种酶或极少数几种酶。

3. 吸附法

吸附法是细胞固定化常用的另一类方法。可用于菌体固定化的吸附剂很多，而且同一种微生物可用多种不同的吸附剂吸附，反之，同一种吸附剂也可用于吸附不同的微生物。过去常用的吸附剂已为各种纤维素所取代，近年来大孔陶瓷吸附剂特别受到人们的注意。另外，刀豆蛋白(Con A)因其对糖蛋白具有专一的吸附作用，也被用于细胞的固定化。

吸附法制备固定化细胞的优点是条件温和、方法简便、可再生，缺点是载体和细胞间吸附力弱，操作时细胞易从载体脱落，特别是在底物相对分子质量高，介质的离子强度和 pH 变化的情况下更是如此，所以操作稳定性较差。

4. 交联和共价偶联法

由于交联试剂和共价偶联试剂对细胞的毒性往往大于游离酶，因此应用交联法和共价偶联法固定细胞的报道较少。要避免这个缺点，反应要在尽可能温和的条件下进行；并且这些方法的发展有赖于新的温和的功能试剂及偶联试剂的开发。利用此法固定化的细胞在使用中由于细胞间、细胞和载体间的键不易被底物或盐所破坏，所以其操作稳定性较高。

交联法还可以与包埋法结合使用，如用戊二醛和海藻酸等试剂进行双固定化等，或是通过双功能试剂将酶固定于菌体的细胞壁上，这一方法的优点是能将交联上去的酶和菌体原有的酶组合起来共同催化底物的反应。例如，将淀粉葡萄糖苷酶偶联到含葡萄糖异构酶的链霉菌菌体上，可与之"联合"加工淀粉生产果糖。

细胞固定化的方法虽有多种，但每种方法都有其优缺点。对于特定的应用，必须找到价格低廉、操作简便的方法，以保持其高的活力和操作稳定性。

4.3　固定化酶与固定化细胞的性质和表征

4.3.1　固定化酶的性质

固定化是一种化学修饰，它对酶本身以及酶所处的环境都可能产生一定的影响，所以固定化酶表现出来的性质与自然酶相比就有所改变。

1. 酶的活性

固定化对酶活性及酶反应系统所产生的影响十分复杂，常因酶的种类、反应系统的组成、固定化方法以及固定化载体的不同而有所变化。在大多数情况下固定化酶的活力常低于天然酶。例如，用羟甲基纤维素作载体固定的膜蛋白酶，对酪蛋白表现出的活力只及自然酶的30%。但在有些情况下，固定化也有可能不引起酶活力的下降，有时甚至还可能使其升高。其原因可能是偶联过程中酶得到的化学修饰改善了酶的性质。

影响酶催化活性的因素主要有以下两类。

(1)酶固定化后的结构改变　主要包括构象改变、立体屏蔽以及微扰等，它们或者与固定化过程有关，或者与载体的性质有关，或者两者兼而有之(图 4-18)。

①构象改变(conformational change)：固定化过程中酶和载体的相互作用，引起了酶的活性中心或(和)调节中心构象改变，从而导致酶活性改变的一种效应。这种效应难以定量描述，也难以预测，多出现于吸附法和共价偶联法制备的固定化酶。

②立体屏蔽(steric restriction)：由于载体的孔径太小，或是由于固定化的方式与位置不当，给酶的活性中心或调节中心造成了空间障碍，底物与效应物等无法直接和酶接触，从而影响了酶活性的一种效应。这种效应难以定量描述。但是当以大孔胶包埋法进行酶的固定化或

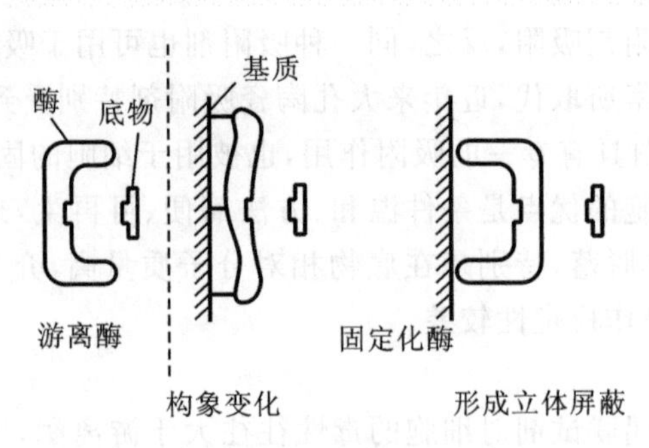

图 4-18 酶固定化后的结构改变

以吸附法与共价偶联法将酶固定于纤维素之类的载体上，并在酶与载体间加"连接臂"时，这种情况往往就可能发生较大的改善。

③微扰(perturbation)：由于固定化载体的亲水、疏水性质与介质的介电常数等直接或间接地影响酶的催化能力，或影响酶对效应物作出反应能力的一种效应。这种效应更难以定量，但是可以通过改变载体与介质进行调节。

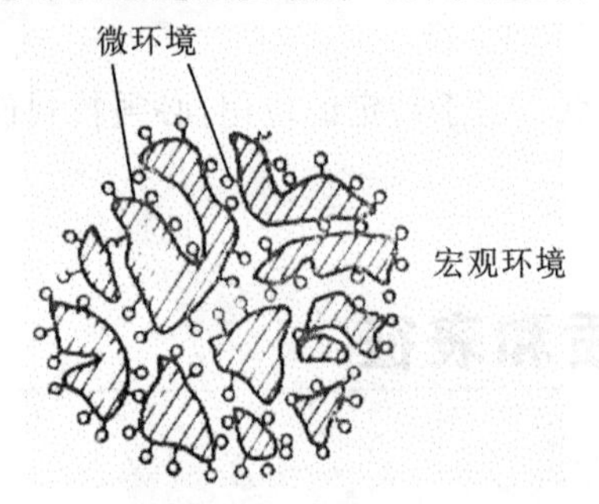

图 4-19 固定化酶的微环境与宏观环境

(2)分配效应和扩散限制效应 这两种效应和微环境密切相关。所谓微环境(microenvironment)是指和固定化酶紧邻的微观局部环境；它和宏观环境(macroenvironment)不同，是引入了固定化载体以后产生的新概念，见图 4-19。

①分配效应(partitioning effect)：由于固定化载体的亲水和疏水性质使酶的底物、产物以及其他效应物在微观环境与宏观环境间发生了不等分配，改变了酶反应系统的组成平衡，从而影响酶反应速度的一种效应。分配效应可以通过分配系数定量描述。一般规律：如果载体与底物带有相同电荷，反应系统的 K_m 将因固定化而增大，反之，带有相反电荷时，K_m 将减小；当载体带有正电荷时，固定化以后，酶活力-pH 曲线将向酸性方向偏移，反之，阴离子载体将导致该曲线向碱性方向偏移。上述效应可通过提高介质的离子强度而减弱乃至消除。当采用疏水性载体固定化时，如底物为极性物质或荷电物质，则其 K_m 将因酶的固定化而升高；如底物同样为疏水物质，则 K_m 将降低。

②扩散限制效应(diffusion limitation effect)：底物、产物以及其他效应物的迁移和运转速度受到限制的一种效应。它包括两种类型，外扩散限制是指上述物质从宏观环境穿过包围在固定化酶颗粒周围的近乎停滞的液膜层到颗粒表面所受到的限制，或向相反方向运转时所受到的限制。内扩散限制则是指上述物质从颗粒表面到颗粒内部酶所在位点所受到的限制，或向相反方向运转时所受到的限制。扩散限制效应也可通过引入相应的参数和模量进行定量分析，一般规律：这种效应对反应速度的影响程度既取决于该效应本身的大小，也取决于它和酶反应固有速度的相对大小，也就是说，如果酶反应本身的速度很小，那么扩散限制产生的影响也就大一些。外扩散限制效应往往可通过充分搅拌等途径减轻或消除，而内扩散限制效应则取决于载体的性质，须通过进一步实验进行测定和调整。

2. 酶的稳定性

大多数酶固定化后，一般都有较高的稳定性、较长的操作寿命和保存寿命。产生这种效应可能的原因:①固定化增加了酶活性构象的牢固程度,并且固定化后酶分子与载体多点连接,可防止酶分子伸展变形;②抑制酶的自身降解,将酶与固定化载体结合后,酶失去了分子间相互作用的机会,从而抑制了其自身的降解过程;③固定化部分阻挡了外界不利因素对酶的侵袭,但是如果固定化触及酶的活性敏感区,也可能导致酶的稳定性下降。

固定化酶稳定性升高表现在以下几个方面。

(1)固定化增加了酶的耐热性　大多数固定化酶的热稳定性提高,以氨基酰化酶为例,天然的溶液游离酶在 70 ℃加热 15 min,其活力几乎全部丧失;但是当它固定于 DEAE-纤维素以后,在相同条件下却可保存 60%的活力;而固定于 DEAE-葡聚糖以后,则可保存 80%的活力。作为生物催化剂,酶也和普通化学催化剂一样,温度越高,其反应速度越快,但是绝大多数酶是由蛋白质组成的,因而实际上不能在高温条件下进行反应,而固定化技术却能使酶的耐热性提高。这样利用固定化酶催化反应就能在较高温度下进行,加快反应速度,提高酶的作用效率,在实际运用中这是非常有益的。

但是,在少数情况下,酶用某种方法固定化以后,其热稳定性反而会下降,如 DEAE-纤维素吸附的蔗糖酶、CM-纤维素偶联的过氧化物酶等。

(2)固定化增大了酶对变性剂、抑制剂的抵抗能力　某些酶在固定化以后,不仅增强了它们对蛋白质变性剂如尿素、盐酸胍等的抵抗力,甚至在这些变性剂存在的情况下,酶的活力反而会有所升高。产生这种现象的原因可能是这些变性剂通过增加酶分子的柔顺性来提高其酶活力。提高固定化酶对各种有机溶剂的稳定性,可以使原来不能在有机溶剂中进行的酶反应成为可能。不过,有的酶(如葡萄糖淀粉酶等)在固定化以后对某些抑制剂甚至比自然酶更为敏感。

(3)固定化减轻了蛋白酶的破坏作用　以氨基酰化酶为例,在胰蛋白酶作用下,自然酶保存的活力仅为 23%,DEAE-纤维素固定化的酶为 33%,DEAE-葡聚糖固定化的酶为 87%;在蛋白酶 Pronase P 的作用下,自然酶保存 48%的活力,DEAE-纤维素固定化的酶保存 53%的活力,而 DEAE-葡聚糖固定化的酶仍然存有 88%的活力。蛋白酶本身在固定化后一般都可避免自身的消化破坏作用。

(4)固定化可以增强储存稳定性和操作稳定性　大部分的酶在固定化以后,其使用和保存的时间显著延长,这一特点很有实用价值。这种储存和操作的稳定性通常以半衰期表示,它是固定化酶的一个重要的特性参数。稳定性是关系到固定化酶能否用于生产实践的大问题。在大多数情况下酶经过固定化后其稳定性都有所增加,这是十分有利的。然而,由于目前尚未找到固定化方法与酶稳定性之间的规律性,因此要预测怎样固定化才能提高稳定性还有一定困难。

3. 酶的最适温度

酶作用一般都有一个最适温度,酶反应的最适温度是酶热稳定性与反应速度的综合结果。由于固定化后,大多数酶的热稳定性提高,所以最适温度也随之提高。例如,汤亚杰等以交联法用壳聚糖固定胰蛋白酶最适温度为 80 ℃,比固定化前提高了 30 ℃。当然,也有报道最适温度不变或下降的。

4. 酶的最适 pH

酶由蛋白质组成,其催化能力对外部环境特别是 pH 非常敏感。酶固定化后,对底物作用的最适 pH 和酶活力-pH 曲线常常会发生偏移。曲线偏移的原因是微环境表面电荷性质对酶活力的影响。一般说来,用带负电荷载体(阴离子聚合物)制备的固定化酶,其最适 pH 较自然酶偏高，这是因为多聚阴离子载体会吸引溶液中阳离子（包括 H^+），使其附着于载体表面，结果使固定化酶扩散层中 H^+ 浓度比周围的外部溶液高，即偏酸，这样外部溶液中的 pH 必须向碱性偏移，才能抵消微环境作用，使酶表现出最大的活力。反之，带正电荷的载体固定化的酶的最适 pH 向酸性偏移。

5. 酶的动力学特征

固定化酶的表观米氏常数 K_m 随载体的带电性能变化。带电荷的固定化载体与底物之间的静电作用会引起底物分子在扩散层和整个溶液之间的分布不均一。由于静电作用，与载体电荷性质相反的底物在固定化酶微环境中的浓度比整体溶液的高，与自然酶相比，这种固定化酶即使在溶液的底物浓度较低时，也可达到最大反应速度，即固定化酶的表观 K_m 值低于溶液的 K_m 值；而当固定化载体与底物电荷相同时，就会造成固定化酶的表观 K_m 值显著增加。简单说，由于高级结构变化及载体影响引起酶与底物亲和力变化，从而引起 K_m 变化。这种 K_m 变化同时又受到溶液中离子强度大小的影响，离子强度升高，载体周围的静电梯度逐渐减小，K_m 变化也逐渐缩小以至消失。例如，在低离子浓度条件下，多聚阴离子衍生物-胰蛋白酶复合物对苯甲酰胺酸乙酯的 K_m 比原酶小 96.8%。但在高离子浓度下，接近原酶的 K_m。当酶结合于电中性载体时，扩散限制作用造成酶的表观 K_m 上升。

6. 酶的作用专一性

固定化酶的作用专一性通常与自然酶基本相同。但是对于某些作用于大分子底物的酶（如蛋白酶、葡萄糖淀粉酶等）而言，由于其固定化载体与固定化方法的缘故，可能会给它的某些大分子底物造成空间位阻，从而导致酶的专一性发生改变。

4.3.2 固定化细胞的性质

与固定化酶相比，固定化细胞的情况比较复杂。

一方面，固定化对酶产生的某些影响同样对细胞起作用。例如，固定化也可增加细胞的稳定性，而且这种稳定性的增加（包括热稳定性及使用稳定性）可因二价离子的存在而得到进一步改善。

另一方面，由于细胞内环境的相对恒定和细胞的“缓冲作用”，固定化对细胞胞内酶产生的影响在某些方面不像对游离的自然酶那样明显。例如，对 15 种固定化细胞的分析表明，就最适 pH 来说，与游离酶比较只有 5 种有小的偏移，其余 10 种不变；就最适温度而言，仅包埋于聚丙烯酰胺胶内的恶臭假单孢菌的 L-精氨酸脱氨酶升高，其余的保持不变。

此外，固定化细胞（内）酶除受固定化因素影响外，还受细胞结构及细胞膜通透性的影响。某些固定化细胞（内）酶在一定条件下经保温处理，或经表面活性剂等试剂处理后，常会出现活性升高的现象。例如，将聚丙烯酰胺凝胶包埋的大肠杆菌在 1 mmol/L 镁离子和 1 mmol/L 的甲酸铵存在条件下，37 ℃保温 24～48 h 后，固定化大肠杆菌内的天冬氨酸酶活力可升高 9～10倍，这可能和细胞的自溶活化有关。即使在没有表面活性剂存在的情况下，聚丙烯酰胺凝胶聚合过程本身有时也有升高菌体酶活力的作用。

4.3.3 固定化酶（细胞）的评价指标

游离的自然酶成为固定化酶后，其催化性质会发生变化，因此制备固定化酶后，必须考察它的性质，通过各种参数的测定来判断某种固定化方法的优劣以及所得固定化酶的实用可能性。常用的评估指标有以下几个。

1. 固定化酶(细胞)的活力

固定化酶(细胞)的活力即是固定化酶(细胞)催化某一特定化学反应的能力,其大小可用在一定条件下它所催化的某一反应的初速度来表示。固定化酶(细胞)的单位可定义为,每毫克干重固定化酶(细胞)每分钟转化底物(或生产产物)的量,表示为 μmol/(min・mg)。如是酶膜、酶管、酶板,则以单位面积的反应初速度来表示,即 μmol/(min・cm^2)。和游离的自然酶相仿,表示固定化酶的活力一般要注明下列测定条件:温度、搅拌速度、固定化酶的干燥条件、固定化的原酶含量或蛋白质含量及用于固定化酶的原酶的比活力。

固定化酶通常呈颗粒状,所以一般用于测定自然酶活力的方法要作进一步改进后才能用于测定固定化酶,其活力可在两种基本系统,填充床或均匀悬浮在保温介质中进行测定。

以测定过程分类,测定方法分为间歇测定和连续测定两种。

(1)间歇测定法　在搅拌或振荡反应器中,与溶液酶同样测定条件下(如均匀悬浮于保温的介质中)进行,然后间隔一定时间取样,过滤后按常规酶活力测定方法进行测定。此法较简单,但所测定的反应速度与反应容器的形状、大小及反应液的体积有关。而且,随着振荡和搅拌速度加快,反应速度会上升,达到某一水平后便不再升高。所以要尽可能使反应在最适水平上进行。

(2)连续测定法　将固定化酶装入具有恒温水夹套的柱中,以不同流速流过底物,测定酶柱流出液。根据流速和反应速度之间关系,算出酶活力(酶的形状可能影响反应速度)。在实际应用中,固定化酶不一定在底物饱和条件下反应,故测定条件要尽可能与实际工艺相同,这样才能有利于比较和评价整个工艺。

2. 蛋白质总量

(1)双辛可宁酸法(BCA 法)　双辛可宁酸法可用于检测固定化的酶蛋白的量。其测定的原理:蛋白质与 Cu^{2+} 在碱性条件下反应会形成 Cu^{+},而双辛可宁酸钠盐会与 Cu^{+} 生成红紫色配合物,且这种配合物的颜色稳定。双辛可宁酸(BCA)试剂一般用于检测溶液中的蛋白质,现已扩展到测试偶联到载体材料上的蛋白质的量,固定化的酶蛋白样品也能用 BCA 试剂检测。此反应产生的颜色深浅与蛋白质的量成正比。双辛可宁酸法可测定的蛋白质浓度的线性范围很宽。

下面描述的程序是用 BCA 法来检测固定在色谱填料上的蛋白质和偶联到其他载体材料上的酶蛋白。①制备体积分数为 50%的固定化蛋白质的水胶浆,梯度离心,精确测量凝胶浆体积,用偶联的凝胶浆作为对照;②用牛血清白蛋白(BSA)制成一组标准蛋白质溶液,从 0.1 mg/mL 到 2.0 mg/mL 至少取 5 个浓度;③100 μL 的样品和 2 mL BCA 工作试剂在每个试管中混合;④在 37 ℃温育 30 min,或在室温培育 2 h,偶尔振荡混合含有凝胶浆的试管;⑤试管冷至室温,用血清分离器或用离心的方法从每管中分出凝胶;⑥在 562 nm 处测量每管上清液的吸光度值。绘出标准品的浓度对吸光度的曲线,与标准曲线比较或用线性回归的方法测量凝胶样品管中的浓度。

(2)考马斯亮蓝法　可以用考马斯亮蓝染料定量检测固定化蛋白质。在酸性条件下,染料考马斯亮蓝 G-250 将特异性地结合到蛋白质分子上,形成一个能在 595 nm 被检测的蓝色复合物。固定化的蛋白质也能与这种染料强烈作用,在固定化蛋白质和染料之间形成的蓝色复合物是极好的蛋白质偶联的指示剂。

采用考马斯亮蓝法测定固定化的蛋白质总量的基本操作:①用水洗涤少量的固定化蛋白

质，在试管中放约 0.5 mL 洗过的凝胶。②加 2～3 mL 考马斯亮蓝实验试剂到凝胶中，混合并观察凝胶的颜色。

凝胶的蓝色指示蛋白质的存在，其周围溶液将是酸性染料的棕色。如果溶液变成蓝色，它可能表示载体上偶联的蛋白质漏失到溶液中。如果染料试剂的 pH 上升，那么溶液也可能真的变为蓝色。因此，建议在加入考马斯亮蓝试剂之前，用水洗涤亲和载体以除去任何缓冲溶液。

3. 偶联率及相对活力

影响酶固有性质及固定化所引起的酶的失活，可用偶联率或相对活力来表示。

固定化酶的活力回收是指固定化后固定化酶（或细胞）所显示的活力占被固定的等当量游离酶（细胞）总活力的百分数。

偶联率＝（加入蛋白活力－上清液蛋白活力）/加入蛋白活力×100％

活力回收＝固定化酶总活力/加入酶的总活力×100％

相对活力＝固定化酶总活力/（加入酶的总活力－上清液中未偶联酶活力）×100％

偶联率＝1 时，表示反应控制好，固定化或扩散限制引起的酶失活不明显；偶联率＜1 时，扩散限制对酶活力有影响；偶联率＞1 时，有细胞分裂或从载体排除抑制剂等原因。

4. 半衰期

固定化酶（细胞）的半衰期是指在连续测定条件下，固定化酶（细胞）的活力下降为最初活力一半所经历的连续工作时间，以 $t_{1/2}$ 表示。固定化酶（细胞）的操作稳定性是影响实用的关键因素，半衰期 $t_{1/2}$ 则是衡量稳定性的一项重要指标。

半衰期的测定可以与化工催化剂一样进行实测，即进行长时间的实际测定，也可通过较短时间测定后再进行数学公式的推算。在没有扩散限制时，固定化酶（细胞）活力随时间成指数关系，半衰期 $t_{1/2}=0.693/KD$，式中，$KD=-2.303/t\times\lg(E/E_0)$ 称为衰减常数，其中 E/E_0 是时间 t 后酶活力残留的分数。

4.4 固定化酶与固定化细胞的应用

随着固定化酶技术的深入研究、广泛应用及包括辅助因子再生系统在内的固定化多酶反应器及生物反应器的迅速发展，发酵、制药等工业已发生巨大的变革，固定化酶技术的发展也大大促进了其他领域，如医学、检测、化学分析、能源等的研究。

迄今为止，固定化酶（或固定化细胞）已被应用于工、农业生产，医药治疗，生物反应器及生物传感器等诸多领域。

4.4.1 固定化酶在基础理论研究中的作用

由于利用固定化酶反应可操作性强，因此可将其用于酶的结构与功能的研究、多亚基酶及多酶体系组装方式的研究及凝血和血栓溶解的生化过程研究等。利用固定化酶在相界面催化反应的特点，还可用它来复制酶膜的模型。将多酶系统包埋于微囊内，可用于酶系统的组装、定位及代谢等基础理论的研究。

酶的基础理论相关的一个重要侧面就是对酶本身的研究，这也是分子生物学和化学催化理论研究的一个基本组成部分，而固定化酶是这种研究的一个理想的实验模型，只是目前工作还比较零星，大体有如下几个方面。

1. 酶的细胞生物学研究

与通常研究的均相状态的溶液酶不同，酶在生活的细胞体系中，一般都具有“区划性”，而且很多情况下，都是和亚细胞结构结合在一起的，这样它的形态与生理功能显然会和溶液中的游离酶不一样。应用固定化的双酶和多酶系统进行的模拟试验能获得一些很有趣的结果。例如，将己糖激酶和葡萄糖-6-磷酸脱氢酶固定化在一起，和均相溶液酶体系相比较，结果观察到偶联反应的初速度显著升高，而中间产物积累达到恒态水平所需的潜伏期大大缩短甚至消失。又例如，将上述两种酶和 ATP 再生系统共同固定于白蛋白上，然后用能透过葡萄糖，但不能透过葡萄糖-6-磷酸的膜进行包被，结果，在体外实现了“反抗”浓度梯度的葡萄糖的“活性运转”。

目前，由于水杨酸(SA)凝胶机械强度较好，内部呈多孔结构，对生物的毒性较小，其应用比较广泛。用海藻酸钙凝胶制备的固定化细胞已用于多种酶的发酵生产研究。R Jamuna 等利用 SA 固定枯草芽孢杆菌细胞，结果表明固定化细胞在发酵产酶 10 次后，酶活力都在 250 U 左右。在固定化过程中，球状胶粒的直径、海藻酸钠浓度、细胞包埋量对固定化细胞的作用影响较大。M Becerra 等利用 SA 包埋 Kluyveromyces Lactis 细胞，研究了 SA 珠体的结构与直径对酶活的影响，发现珠体的直径越小，酶活力越高，直径为 0.5 mm 的珠体细胞酶活力是直径为 5 mm 的珠体细胞的 14 倍，可能是因为珠体越小，越有利于珠内珠外之间的营养交换。陈九武等采用 SA 固定产酯酵母细胞，比较不同的 SA 浓度在 0.2 mol/L $CaCl_2$ 溶液中固定化成球情况，发现适宜的载体浓度为 1.5%～30%，并且当 SA 浓度为 2.5%时，细胞增殖良好，产酯活性也最高。王克明以 SA 为载体包埋固定紫色红曲霉(*Monascus purpureus*)发酵生产红曲色素，研究最佳发酵条件，发现细胞接入量为 20%，SA 浓度为 4%，$CaCl_2$ 浓度为 4%时，效果较佳。

2. 酶的结构功能研究

大多数酶都是寡聚体，其中有的是恒态酶，服从米氏方程，也有的属于调节酶，表现为别构调节形态。对于这些酶，阐明其亚基特性、亚基间的相互作用以及与酶的结构功能关系是一个十分重要的课题。但是在通常的溶液状态下，要获得解离的“天然”亚基是比较困难的，而应用固定化酶技术时则可以简便地解决。具体过程包括：①在适宜的条件下将寡聚体酶的一个亚基和载体偶联固定；②变性并除去其他亚基；③复性及活性检测(类型 I 中单个亚基表现活性，类型 H 中单个亚基无活性)；④亚基重组和酶性质的测定。

3. 酶分子的改造与模拟

近年来有机化学家已开始把自己的注意力从天然的化合物转向人工合成大分子的研究；而遗传学家正在从基因角度进行生物特性的改造工作；酶学家则在考虑酶分子的修饰与模拟，其中一个重要的方面就是通过固定化技术来改变酶的特性。但目前通过固定化改变酶的特性的工作尚处于探索阶段：①借助辅助因子的固定化改变酶的性质，例如，用偶联了 AMP 的载体固定磷酸化酶 b，这样就可使它催化转化不再需要游离的 AMP；将 NAD 直接偶联与醇脱氢酶，可使之转变为含辅基类型的脱氢酶；将合成的黄素共价结合于木瓜蛋白酶，使这种水解酶也可获得催化氧化还原反应的活性。②在效应物存在条件下进行酶的构象“冻结”与固定化，藉以改造酶的性质。例如，可在效应物存在情况下，通过交联反应使 dCMP 氨解酶“冻结”于活化的构象状态，也可在底物存在时使天冬氨酸转氨甲酰酶“冻结”于高底物亲和力状态。

4.4.2 固定化酶在工农业生产上的应用

固定化酶在工农业生产方面的应用近年来发展很快，有些已经正式投产，有些尚在试验阶段，以下列举部分例子。

1. 用固定化木瓜蛋白酶改善啤酒的品质

啤酒在长期放置过程中，其中所含的多酚类物质会与多肽结合，形成所谓冷混浊而变混。为了防止啤酒的混浊并保持啤酒的泡持性，Witt 等用戊二醛交联法来固定木瓜蛋白酶，用于连续水解啤酒中的多肽，从而达到防止混浊的目的。又据 Finlav 报道，将木瓜蛋白酶吸附在特定的壳式物质上，再用戊二醛交联，制成固定化木瓜蛋白酶，将其用于防止啤酒的混浊，效果良好。此法具有酶活力高，不引起啤酒品质变化，特别是不影响啤酒香味等优点。

2. 用固定化青霉素酰化酶合成 6-氨基青霉烷酸(6-APA)

全世界每年大约生产 7500 吨 6-APA，主要是用固定化青霉素酰化酶（由 *E. Coli* 或 *Bacillus megaterium* 得到）使天然青霉素脱酰化生产而得。固定化酶有很高的稳定性，1 kg 湿青霉素酰化酶-EuPergit C 复合物由 300 g 干聚合物和 20 g 蛋白质组成，可反复使用 1 000 次，而每次将以定量产率将 1 600～1 800 kg 青霉素 G 分解成 6-APA。据统计，全世界每年要用 10～30 吨固定化青霉素酰化酶。

3. 用固定化细胞来生产 L-苹果酸

L-苹果酸是人体必需的一种有机酸。它广泛地存在于生物体中，是生物体重要的代谢循环，三羧酸循环的成员之一，它具有生理活性。早在 20 世纪 60 年代初，英、美等国就用化学合成法来生产 DL-苹果酸，但它只有一半的生理活性。随着食品和医药工业的发展，近年来全世界对 L-苹果酸的需求量增加，从而引起了一些国家对 L-苹果酸的研究和生产的兴趣。从 1974 年开始，日本田边制药厂首先用聚丙烯酰胺凝胶包埋产氨短杆菌细胞连续化生产 L-苹果酸，取代了 20 世纪 60 年代用发酵法生产 L-苹果酸的工艺。1977 年又改用卡拉胶包埋黄色短杆菌生产。这种用固定化细胞生产 L-苹果酸的优点是可以连续化生产，节省人力物力，减少环境污染，产品的后提取较容易，产品质量好，生产成本也比用发酵法低。

4. 用固定化氨基酰化酶立体化学拆分外消旋氨基酸

旋光性的 L-氨基酸可从其相应的化学合成的 DL-形式用酶法得到。DL-氨基酸先被转化成酰化 DL-氨基酸，然后用固定化的氨基酸酰化酶产生有旋光性的 L-氨基酸和无旋光性的酰化 D-氨基酸。然后 D-对映体外消旋化，而且重复上面的过程。已报道日本的 Ta-nake Seiyaku 公司，将其生产的固定化酶装入 1 000 L 的柱，每根柱每月可产 5～20 吨 L-甲硫氨酸、L-苯丙氨酸或 L-缬氨酸。

5. 固定化细胞用于调味品的生产

固定化细胞在调味品生产领域中应用广泛，如酱油发酵、酿醋、谷氨酸发酵、辣椒素、可乐饮料添加剂咖啡因和色素等。如采用固定化细胞技术生产酱油，其生产周期缩短，酱油风味改善，可以实现速酿优质酱油。

6. 固定化细胞技术处理工业废水和开发新能源

固定化微生物细胞内的多酶系统，可以用来处理工业废水和开发新能源。目前多应用它分解酚和苯，还原硝酸盐和亚硝酸盐；也可以应用固定化细胞技术由工业废水中生产气体燃料（氢气和甲烷等）、发电和产生甲烷燃料的微生物电池，近期人们还研究了将其用于废水中难降解的有机物处理。

总之，固定化酶（细胞）在工农业生产的各个领域都具有较大的应用潜力，目前还要解决的主要问题是它的操作稳定性。固定化酶（细胞），特别是固定化生长菌体在应用中的另一个重要问题是杂菌污染，为克服这一缺点，目前的研究方向是开发耐热和亲和细胞的应用。

4.4.3　固定化酶在医药上的应用

自然酶作为治疗药物时会有一些本质的缺陷，因为将其直接注射入人体进行治疗时，可能产生以下的问题：①自然酶作为异体物，反复注射会引起人体的免疫反应；②酶是蛋白质，在体内易被蛋白酶水解破坏从而起不了应有的治疗作用；③由于血液的稀释作用，药物酶无法集中于靶器官组织，从而达不到治疗所需的最适浓度。

溶液酶的这些缺点可通过选择适宜的载体与方法将它们固定化以后逐一加以解决。因为如果选择的载体适宜，就可以延长酶在体内的半衰期和避免免疫过敏反应。不仅如此，如果在载体上再偶联上适当的成分，还可使药物酶比较集中地输送到靶组织。

1. 可溶性载体修饰

用于包埋和修饰药物酶的可溶性载体有以下几种。

(1)吡咯烷酮　这种载体能显著地延长药物酶在体内的半衰期，但可惜的是它可能有一定的抗原性或免疫原性。

(2)多糖或糖肽　它们不仅能大大延长药物酶在体内寿命，而且许多研究表明，如果载体包含较高含量的半乳糖苷时，可以促进靶组织（如肝组织）迅速地将药物酶从血液中吸收出来，但它仍然不能完全克服抗原性和免疫原性的问题。

(3)聚乙二醇　在药物酶上偶联足量的聚乙二醇后，既能使酶获得长的半衰期，又可使酶避免免疫反应，同时本身也不会表现免疫原性。以聚乙二醇包埋的腺苷酸脱氨酶已经被 FDA 批准用于儿童免疫缺失症。不过也有少数例外，如苯丙氨酸氨解酶在聚乙二醇偶联后，虽可大大减弱免疫原性，但不能完全消除。另外，还有一些来源的酶如天冬酰胺酶、谷氨酰胺酶等在结合了聚乙二醇后，酶活性往往迅速下降。

(4)聚氨基酸以及血清白蛋白　有人发现偶联一定量的聚氨基酸到蛋白质上以后可以明显降低免疫原性，这一点已在核糖核酸酶、膜蛋白酶和天冬酰胺酶上得到证实，而且在修饰后显示出大为增长的半衰期；近年来人们也开始注意到应用血清蛋白作为载体，它的特点是半衰期长，可保护酶免于和天然酶的抗体反应，也不引起新的抗体产生，而且还有一定导向作用。

(5)其他　值得一提的有核酸和脂类物质，目前实验报道虽然还不多，但是它们可能作为药物的“导弹”，特别是脂类物质和药物酶结合后，对于脂肪组织、乳糜微粒有强的亲和力；也可连接某些荷电载体，如聚丙烯酸、聚顺丁烯二酸等，它们有时可能有助于某些药物酶克服其酶活性最适 pH 和生理 pH 不同的矛盾。

2. 凝胶包埋

如果希望酶蛋白药物能够较长时间维持一个稳定的血液浓度，可采用凝胶包埋法，即用生物相容性好的高分子聚合物与药物混合制成含有酶蛋白药物的凝胶，植入体内特定部位，以达到缓释给药的效果。药物从凝胶中释出后，经周围组织吸收，然后进入血液循环或直接局部作用，其生物利用度高，作用时间长。

3. 脂质体包埋

脂质体是磷脂双分子层在水溶液中自发形成的超微型中空小泡，具有很好的生物相容性和可生物降解性，并且无毒性、无免疫原性。脂质体可用薄膜法、乳化法、冻干法、超声法等方法制造，药物的包封率是脂质体制剂质量控制的重要指标。水溶性、脂溶性、离子及大分子药物都可用脂质体包装，尤其是反义核酸、基因片段及蛋白质等更显优越性。

脂质体具有双重亲和性，根据药物或酶的溶解性质，可将这些药物酶包埋于其核心，也可包埋于类脂层，脂质体膜上可附加上各种物质以改变脂质体的荷电性质、渗透性以及它被组织吸收与降解的特性，还可在脂质体的特定位点上偶联抗体、外源凝集素、糖蛋白、脂类以及其他物质，以增加药物酶的导向性。脂质体研究最近的发展是应用能随温度改变而发生相变的脂类作为它的膜，这样在高于生理温度的条件下，膜就变得不稳定，从而使其中包埋的药物酶释放出来，这也有助于解决药物的定向释放问题。

但是，脂质体也有一些缺点，如单纯脂质体也是依靠被动靶向性，因而限制了其在肿瘤化疗中的应用。脂质体在胃肠道转运、分布不稳定，缺乏对血管的通透性。在单纯脂质体的基础上进行化学修饰及改造，可以改善其性能、拓宽其应用。例如，用聚乙二醇类物质修饰脂质体可加强其稳定性，延长在血液循环中存留时间，改变膜脂组成以制备 pH 敏感型脂质体，使其将药物主要释放于胞内，热敏脂质体合并局部加热可以达到化疗与热疗双重杀伤肿瘤的效果。改造后的脂质体也可用于口服给药。脂质体表面偶联抗体可用于主动的免疫导向以治疗结核与肿瘤等。

除脂质体外，其他一些具有自组装性能的超分子生物载体同样也可用于药物的载体，例如脂蛋白载带药物可通过其受体实现肝导向；使用自组装的脂类载体系统包埋，则药物在胃内不易被破坏，而在小肠内被吸收，通过淋巴系统进入血液循环。此外，细胞膜也可用于载带药物，例如用空的红细胞包裹重组人红细胞生成素（rhEPO），疗效好于单纯注射 rhEPO。

4. 制备导向药物

将针对靶细胞的单克隆抗体与酶蛋白药物化学交联，可制成导向药物。导向药物具有主动靶向性，可以直接作用于靶细胞产生杀伤作用，并且降低全身性毒副作用。

除了将药物直接导向靶组织外，还可将药物化学修饰成不显活性的衍生物，导向到靶组织后，被靶组织处特异的酶转化为活性药物，这称为靶向前体药物。

不仅药物可以直接偶联抗体，微球制剂和脂质体制剂同样也可以偶联抗体以增强其靶向性。此外，细胞表面的糖复合物也可作为靶向的目标。

虽然导向药物的研究是诱人的，但也有很多缺点和待克服的困难。如必须将单抗人源化，以避免鼠单抗引起的免疫反应；相对于其他制剂制备较为困难，造价高等。

5. 固定化酶在“人工脏器”中的应用

用于除去有害的毒性物质及有潜在毒害作用的代谢产物，如清除尿毒症患者体内积累的尿素等。应用时除了要考虑免疫过敏等问题外，往往还要在“人工脏器”中偶联其他组成成分以彻底除去毒性产物。如处理尿素时，除了脲酶外，还要解决尿素分解生成氨的问题，这样就需要另外加入谷氨酰胺合成酶或加入去氨的树脂等。

用于除去一种（或多种）氨基酸，使需要这些物质的病变组织“饿死”。治疗时只需将患者的血液引出体外，通过由固定化酶等构成的“人工脏器”加以处理，然后再将处理后的血液流回体内。

4.4.4 固定化酶在分析检测中的应用

1. 酶传感器和酶柱检测器

酶催化反应具有高度的专一性，因此可以将其制成酶生物传感器用于化学分析和临床诊断。酶传感器分析法具有灵敏度高、专一性强的优点。使用固定化酶进行酶法分析，提高了酶的稳定性，可以反复使用，并且易于自动化。

在生物传感器发展的早期阶段，以酶为催化剂制成的电极主要用于临床葡萄糖的分析。随着生物传感器的发展，测定各种生物样品的酶生物传感器纷纷涌现。酶生物传感器这一新技术已引起化学、生物学、临床科学、环境科学、农业科学等领域科学家的高度重视，从而得到了迅速发展。化验分析中应用的酶生物传感器大体分为两类：酶传感器和固定化酶柱检测器。

（1）酶传感器　酶传感器是由一个固定化的生物敏感膜和与之密切结合的换能系统组成的检测器。它把固定化酶和电化学传感器结合在一起，因而具有独特的优点：①它既有不溶性酶体系的优点，又具有电化学电极的高灵敏度；②酶的专一反应性，使其具有较高的选择性，因而酶传感器能够直接在复杂试样中进行测定。

酶传感器包括两种：①酶电极，它是可以测定电流变化或电压变化的电化学感应器。当测定电流变化时，电流变化（$\Delta\mu A$）一般是被测物质浓度的线性函数；当测定电压变化时，电压变化（ΔmV）与被测物质浓度之间为对数关系。通常测定电压变化者较多。②酶反应热感应器，它是通过感应酶反应过程的热变化进行检测的感应器，这种感应器的优点是可以普遍应用，缺点是干扰因素较多，而且需要较长时间的温度平衡。

酶电极在酶传感器领域中占有非常重要的地位。酶电极的基本结构单元是由物质识别元件（固定化酶膜）和信号转换器（基体电极）组成的。当酶膜上发生酶促反应时，产生的电活性物质由基体电极对其响应。基体电极的作用是使化学信号转变为电信号，从而加以检测，基体电极可采用碳质电极（石墨电极、玻碳电极等）、铂电极及相应的修饰电极。

酶电极的工作原理：当酶电极浸入待测溶液时，待测底物进入酶层的内部并参与反应，大部分酶反应都会产生或消耗一种可被电极测定的物质，当反应达到稳态时，电活性物质的浓度可以通过电位或电流模式进行测定。

（2）固定化酶柱检测器　固定化酶柱检测器包括两部分：固定化酶柱和检测器。它的特点是酶柱和检测器可分离组合，即同一酶柱可和不同的检测器自由组合。酶柱有两种类型：开放型管式非均相酶反应器和填充床酶反应器。前者的主要优点是柱无压降，流量高，缺点是要使被测底物完全转化需要一定长度的酶管。后者的特点是有较大的酶反应表面积，有利于使底物完全转化，但一般都有较明显的柱压降，甚至可能使柱流堵塞。

酶传感器和酶检测器问世虽然仅三十年，但其发展却异常迅速，此项新的检测技术，以其专一、灵敏、快速、价廉等优点越来越引人瞩目，已成为分析科学中的前沿课题。今后的工作可寻找更为合适的固化方法，尤其是酶含量高、酶层薄的固化层，以制备性能优越的新一代酶传感器。

2. 酶联免疫测定

酶联免疫测定首先是将适宜的酶与抗原或抗体结合在一起。若要测定样品中抗原的含量，则将酶与欲测定的抗原的对应抗体结合，制成酶标抗体；反之，如果要测定抗体的量，则将酶与欲测定的抗体的对应抗原结合，制成酶标抗原。然后将酶标抗体（或酶标抗原）与样品中的待测抗原（或抗体）混合，通过免疫反应二者即可特异性地结合在一起，形成酶-抗体-抗原复合物。通过测定酶催化反应的速度即可测定复合物中酶的含量，进而测出样品中的待测抗原（或抗体）的量。

酶联免疫测定中常用的酶有过氧化氢酶和碱性磷酸酶等。

（1）过氧化氢酶　首先也将其与特定的抗体（或抗原）结合，制成酶标记抗体（或抗原）。然后通过免疫反应结合成过氧化氢酶-抗体-抗原复合物。将该复合物与过氧化氢反应，过氧化氢酶能催化过氧化氢生成氧和水。反应生成的氧可用氧电极测定，从而测定出过氧化氢酶的含量，进而再测定出待测抗原（或抗体）的量。

（2）碱性磷酸酶　将碱性磷酸酶与特定的抗体（或抗原）结合，制成碱性磷酸酶标记抗体（或抗原）。该酶标记抗体（或抗原）与样品中的对应抗原（或抗体），通过免疫反应结合成碱性磷酸酶-抗体-抗原复合物。将该复合物与硝基酚磷酸（NPP）反应。碱性磷酸酶可催化 NPP 水解生成硝基酚和磷酸。硝基酚呈黄色，黄色的深浅与碱性磷酸酶的含量成正比。因此通过分光光度计测定其 420 nm 处的吸光度值，就可以测出复合物中碱性磷酸酶的含量，从而计算出待测抗原（或抗体）的量。

酶联免疫测定已成功用于多种抗体或抗原的测定。目前，通过酶联免疫测定，可以诊断肠虫、毛线虫、血吸虫等寄生虫病以及疟疾、麻疹、疱疹、乙型肝炎等疾病。细胞工程中各种单克隆抗体的生产，更为酶联免疫测定带来极大的方便和广阔的应用前景。

4.4.5　其他应用

固定化酶和固定化细胞几乎在各领域都有它特殊的用途。

现在很多的基因工程的产品都需将工程细胞进行固定化培养。如固定化培养的杂交瘤细胞用于单克隆抗体的生产等。较为多见的有贴壁细胞株，如 CHO 细胞贴附于微载体上的培养或微囊化培养。工程细胞的培养也可使用相应的生物反应器，如气升式细胞培养生物反应器、中空纤维生物反应器、通气搅拌生物反应器及无泡搅拌生物反应器等。

固定化酶可以用于环境中微量有毒物质的含量测定，进行环境监测。另外，固定化的微生物可用于环境“三废”的处理，例如硅藻土吸附的 *Pseudomonas* sp. M285 系可用于工业废水中 3,5,6-三氯-2-吡啶哚（TCP）的降解。

固定化细菌在新化学能源的开发中也具有重要作用，例如将植物的叶绿体中的铁氧还蛋白氧化酶系统用胶原膜包被，可用于水的光解产生氢气和氧气。用聚丙烯酰胺凝胶包埋梭状芽孢杆菌 IF 03847 株，可以利用葡萄糖生产氢气，并且稳定性好，无须隔氧。该系统如连接上适当的电极和电路系统，则可用于制造微生物电池，该系统可以利用废水中的有机物作为能源，既产能，又处理废水，一举两得。

固定化酶技术的研究尚处于发展阶段，新的载体、新的固定化技术尚在开发，新的应用领域还在不断拓宽，可以预言，它的应用前景十分广阔。

（本章内容由胡永红编写、金黎明初审、杜翠红审核）

思考题

1. 简述固定化酶技术的诞生对于酶应用的重要意义。
2. 简述酶固定化技术的几种主要方法，并比较其优缺点。
3. 简述细胞固定化技术的几种主要方法，并比较其优缺点。
4. 简述酶固定化后，其稳定性得以提高的原因。
5. 有一种产自 *Penicillium expansum* 的脂肪酶，研究人员用 DEAE-葡聚糖凝胶固定化后，制成固定化脂肪酶制剂。请你设计一个实验方案来评价此固定化工艺的优劣。

6. 针对目前的研究现状，你认为可以从哪些角度来深入固定化酶技术的研究，请说明其理由。

参考文献

[1] 曹军卫. 微生物工程[M]. 北京：科学出版社，2007.

[2] 曹林秋. 载体固定化酶——原理、应用与设计[M]. 北京：化学工业出版社，2008.

[3] 陈功，王联结. 不同方法制备 PVA 载体进行固定化细胞发酵酒精的研究[J]. 食品科学，2007，28(6)：249-251.

[4] 陈怀新，霓红，杨艳燕. 甲壳质/壳聚糖及其衍生物在生物领域中的应用[J]. 湖北大学学报：自然科学版，2001，23(1)：77-81.

[5] 陈慧黎. 生物大分子的结构和功能[M]. 上海：上海医科大学出版社，1999.

[6] 陈九武. 固定化细胞合成酯类载体的研究[J]. 工业微生物，1997，27(3)：27.

[7] 陈梅，杨秀芳. 戊二醛交联法固定化 I3-D-呋喃果糖苷酶的研究[J]. 大豆科学，2009，28(5)：902-905.

[8] 陈敏. 聚乙烯醇包埋活性炭与微生物的固定化技术及对水胺硫磷降解的研究[J]. 环境科学，1994，15(3)：11-18.

[9] 崔建涛，李建新，王育红，等. 细胞固定化技术的研究进展[J]. 农产品加工，2007，1：24-26.

[10] 邓红涛，徐志康，吴健. 酶的膜固定化及其应用的研究进展[J]. 膜科学与技术，2004，24(3)：47-53.

[11] 房伟，张书祥. 包埋法固定法真菌漆酶及其应用研究[J]. 生物学杂志，2005，22(6)：44-45.

[12] 龚伟中，魏甲乾，周剑平. 聚丙烯酰胺固定化糖化酶特性的研究[J]. 分子催化，2004，18(4)：291-294.

[13] 巩宗强，李培军，王新，等. 固定化细胞技术的研究与进展[J]. 农业环境保护，2001，20(2)：120-122.

[14] 顾伯锷，吴震霄. 工业催化过程导论[M]. 北京：高等教育出版社，1990.

[15] 郭勇. 酶工程[M]. 北京：科学出版社，2004.

[16] 郭勇. 酶学[M]. 广州：华南理工大学出版社，2000.

[17] 胡庆昊，朱亮，朱智清. 固定化细胞技术应用于废水处理的研究进展[J]. 环境污染和防治，2003，25(1)：35-38.

[18] 胡永红，蒋昊海，汤天羽. 耦合固定化技术在天冬氨酸酶反应体系中的应用[J]. 工业微生物，2005，35(4)：6-8.

[19] 胡永红，欧阳平凯，杨文革. 卡拉胶混合凝胶固定化延胡索酸酶生产 L-苹果酸[J]. 生物工程学报，1995，11(4)：396-398.

[20] 胡永红，沈宏宇，沈树宝，等. 生物催化剂固定化技术的研究进展[J]. 化工进展，2003，22(1)：18-21.

[21] 黄霞. 固定化优势菌种处理焦化废水中几种难降解有机物的实验研究[J]. 中国环境科学，1995，15(1)：68-74.

[22] 贾士儒. 生物反应工程原理[M]. 北京:科学出版社,2003.

[23] 姜涌明,徐凤彩. 酶工程[M]. 北京:中国农业出版社,2001.

[24] 刘长风,刘桂萍,张月澜. 改性聚丙烯酰胺固定化苯酚降解菌的研究[J]. 环境工程学报,2008,2(6):861-864.

[25] 刘大壮,孙培勤. 催化工艺开发[M]. 北京:气象出版社,2002.

[26] 刘德立,禹邦超. 应用酶学导论[M]. 武汉:华中师范大学出版社,1994.

[27] 刘世勇,王洪祚. 酶和细胞的固定化[J]. 化学通报,1997,2:22-27.

[28] 刘新喜,彭立凤,杨国营. $CaCO_3$ 粉末作载体固定化脂肪酶催化合成单甘酯[J]. 日用化学工业,2001,(5):11-13.

[29] 楼士林,宋思扬. 生物技术概论[M]. 2版. 北京:科学出版社,1999.

[30] 罗贵民. 酶工程[M]. 北京:化学工业出版社,2002.

[31] 罗进贤. 分子生物学引论[M]. 广州:中山大学出版社,1987.

[32] 潘晓榕,王艳,周培根. 吸附交联法和包埋法固定壳聚糖酶的比较研究[J]. 中国海洋大学学报,2007,37(3):419-422.

[33] 潘献晓,肖亦,钟飞. 固定化微生物技术在废水处理中的应用研究进展[J]. 环境科学与管理,2009,34(6):82-84.

[34] 彭万霖,田小光,于德水,等. 海藻酸铝固定化酵母生产高浓度酒精的研究[J]. 微生物学通报,1995,22(5):282-284.

[35] 钱铭镛. 酶工程基础与酶应用实例[M]. 南京:江苏科学技术出版社,1989.

[36] 渠文霞,岳宣峰. 细胞固定化技术及其研究进展[J]. 陕西农业科学,2007,6:121-123.

[37] 石陆娥,唐振兴,应国清. 酶膜生物反应器中酶的固定化方法研究及其应用进展[J]. 药物生物技术,2006,13(4):310-314.

[38] 石屹峰. 利用渗透交联固定化细胞促进生物转化[J]. 生物工程学报,1997,12:111-118.

[39] 孙君社. 酶与酶工程及其应用[M]. 北京:化学工业出版社,2006.

[40] 王克明. 固定化红曲生物反应器发酵红曲色素的研究[J]. 乳品工业,2000,19(2):268-272.

[41] 王建龙. 生物固定化技术与水污染控制[M]. 北京:科学出版社,2002.

[42] 王京炜. 固定化细胞批式反应生产杆菌肽的研究[J]. 药物生产技术,1995,2(3):15-19.

[43] 王岁楼,熊卫东. 生化工程[M]. 北京:中国医药科技出版社,2002.

[44] 王学松. 膜分离技术及其应用[M]. 北京:科学出版社,1994.

[45] 王永华. 固定化活细胞发酵生产乳链菌肽[J]. 中国乳品工业,2001,29(2):7-14.

[46] 吴乾菁. 固定化酵母菌细胞去除 Cd^{2+} 的研究[J]. 重庆环境科学,1996,18(3):16-21.

[47] 邹国林. 酶学[M]. 武汉:武汉大学出版社,1997.

[48] 朱宝泉. 生物制药技术[M]. 北京:化学工业出版社,2004.

[49] Aggelis G, Mallouchos A R P. Grape skins as a natural support for yeast immobilization[J]. Biotechnology Letters,2002,(24):1331-1335.

[50] Al-Duri B,Bailie P,MacNerlan S. Hydrolysis of edible oils by lipase immobilised on

hydrophobic supports: effect of internal support structure[J]. Journal of the American Chemical Society,1995(72):1351-1395.

[51] Baijai P. Immobilization of Kluyveromyces marxianus cells containing inulinase activity in open pore gelatin marrix. 1. Preparation and enzymic properties[J]. Enzyme and Microbial Technology,1985(7):373-376.

[52] Bruggink A,de Vroom. Penicillin acylase in the industrial production of β-lactam antibiotic [J]. Organic Process Research & Development,1998,2(2):128-133.

[53] Bosley. Turning lipases into industrial biocatalysts [J]. Biochemical Society Transactions,1997,2:174-178.

[54] Chang H N,Yoo I K. Encapsulation of Lacto-bacillus casei cells in liquid-core alginate capsules for lactic acid production. Enzyme and Microbial [J]. Technology,1996,19(6):428-433.

[55] Chen J. Production of ethyl butyrate using gel-entrapped Candida cylindracea lipase [J]. Journal of Fermentation and Bioengineering,1996(82):404-407.

[56] Gemeiner P. Materials for enzyme enginnering [M]. Gemeiner P. Enzyme Engineering. New York:Ellis Horwood,1992.

[57] Hidetaka K, Kazuyuki S, Kyoichi S. Optimization of reaction conditions in production of cycloisomaltooligosaccharides using enzyme immobilized in multilayers onto pore surface of porous hollow-fiber membranes[J]. Journal of Membrane Science,2002(205):175-182.

[58] Ismai A,Ampon K,Wan Yunus WMZ. Poly(methly methaacrylate)as a matrix for immobilisation of lipase [J]. Applied Biochemistry and Biotechnology,1992(36):97-105.

[59] Lee J G,Lee W C,Wu C W. Protein and enzyme immobilization on non-porous microspheres of polystyrene[J]. Applied Biochemistry and Biotechnology,1998(27):225-230.

[60] Lozinsky V I. Poly (vinyl alcohol) cryogels employed as mat rices for cell immobilization. 3. Overview of recent research and developments [J]. Enzyme and Microbial Technology,1998(23):227-242.

[61] Min B R,Park J W,Hwang S. Stabilisation of Bacillus strarothermophillus lipase immobilised on surface-modified silica gels [J]. Biochemical Engineering,2004(9):85-90.

[62] Nagadomi H, Watanabe M. Simultaneous removal of chemical oxygen demand (COD),phosphate,nitrate and H2S in the synthetic sewage wastewater using porous ceramic immobilized photosynthetic bacteria[J]. Biotechnology Letters,2000(22):1369-1374.

[63] Robert W. Molecular Biology [M]. 影印版. 北京:科学出版社,2000.

[64] Trudy Mckee J R,Mckee. Biochemistry:An Introduction[M]. 2nd ed. 北京:科学出版社,2000.

第5章 酶的非水相催化

【本章要点】

酶的非水相催化反应是酶催化反应中的一个重要方面。非水相溶剂通常可增加底物溶解度，减少水相中的副反应，加快生物催化的速率和效率，在化工、医药、食品、能源等领域具有较大的应用价值。本章主要介绍了酶的非水相催化的概念、特点，非水相催化介质种类，非水相酶学研究和催化应用最为广泛的有机介质体系。阐述了有机介质中酶催化反应的特点，分析了有机介质中酶催化反应的影响因素。此外，还列举了一些非水相酶催化反应的应用实例。

5.1 酶在非水相介质中的催化反应概述

5.1.1 非水相酶学概念的提出

天然酶在生物体内的酶促反应是发生在以水为介质的系统中，酶在医药、食品、工业、农业等领域的广泛应用也是在水溶液中进行催化反应，有关酶的催化理论也是基于酶在水溶液中的催化反应而建立起来的。因此，以往人们普遍认为只有在水溶液中酶才具有催化活性，表现出它的功能，在其他介质中酶一般不能发挥催化作用，甚至会使酶蛋白变性失活，这一观点大大地限制了酶在工业生物催化、有机合成中的应用和发展。另外，人工合成的有机化合物一般在水溶液中溶解度较小且往往不稳定，水作为溶剂还容易引起一些非天然有机物的水解、消旋、聚合和分解等副反应，同时，许多反应过程的热力学平衡和产物的回收在水相环境中效果也不是很理想。不断的研究发现大多数酶在非水介质中也比较稳定，而且有相当高的催化活性，在许多合成过程中以生物催化剂酶催化替代传统的化学催化剂获得了成功。

酶在非水介质中进行的催化作用称为酶非水相催化（enzyme catalysis in nonaqueous phase）。

对非水介质中酶催化的研究始于20世纪初，Bourquelot等将微量乙醇、丙酮类有机溶剂加到酶的水溶液中，酶有活性，但比水溶液中低得多；1966年以来，Dostoli和Siegel分别报道了胰凝乳蛋白酶和辣根过氧化物酶在几种非极性有机溶剂中具有催化活力；1975—1983年，Buckland和Martinek等探讨了微生物细胞、游离酶和固定化酶在有机溶剂中进行脂和类固醇类的合成以及包括甾醇的转化。

直到1984年，以麻省理工学院Zaks和Klibanov在《Science》期刊上发表了关于酶在有机介质中催化条件和特点的文章，发现在微水或几乎无水的不同有机溶剂中酶表现出不同的立体选择性和热稳定性，在仅含微量水的有机介质中成功地酶促合成了酯、肽、手性醇等许多有机化合物，并证实了酶在高温(100 ℃)下，不仅能够在有机溶剂中保持稳定，还显示出很高的催化转酯活力。这一突破性的发现使原来认为生物催化必须在水溶液中进行的酶学概念发生了革命性的变化，也开辟了酶工程领域新的研究方向——非水酶学(nonaqueous enzymolog)。

现已报道，酯酶、脂肪酶、蛋白酶、纤维素酶、淀粉酶等水解酶类，过氧化物酶、过氧化氢酶、醇脱氢酶、胆固醇氧化酶、多酚氧化酶、多细胞色素氧化酶等氧化还原酶类和醛缩酶等转移酶类中的十几种酶在适宜的有机溶剂中均具有与酶在水溶液中相媲美的催化活性。

随着非水酶学的进一步发展，新的研究方向将不断地被发现，它将更广泛地扩展生物催化技术在化工、医药、食品、能源等领域的应用。近几十年来，研究者在酶非水相介质催化作用的研究方面取得了一系列的研究进展，研究了非水介质，如有机溶剂介质、超临界流体介质、气相介质以及离子液介质中酶的结构与功能，非水介质中酶的作用机制、非水介质中酶催化作用动力学等方面的研究，建立起来了酶的非水相催化的理论体系，并进行了非水介质中，特别是有机介质中酶催化作用的应用研究，利用酶在有机介质中的催化作用进行了多肽、酯类等的生产，甾体转化，功能高分子的合成，手性药物的拆分等。

5.1.2　非水相介质中的酶催化反应的优缺点

大量研究结果表明，尽管在非水相中酶的活性会降低，但是与水溶液中酶促反应相比较，非水介质中的生物催化反应具有以下优点：①热稳定性显著提高。②在非水系统中能提高有机底物的溶解度，尤其是能提高非极性底物的溶解度，可进行水不溶或水溶性差化合物的催化转化，大大拓展了酶催化作用的底物和生成产物的范围。③可以将加水分解反应转为其逆反应，使某些反应的热力学平衡向合成的方向移动(如酯键与肽键的形成等)。④抑制了水参与的不利反应(如酸酐和卤化物的水解及醌的聚合等)和副产物的产生。⑤同一种酶在不同的有机溶剂中可以表现出不同的立体选择性，改变酶对底物的专一性。⑥在非水系统内酶不溶于有机溶剂，易于回收再利用。⑦当使用有机溶剂作为介质时，沸点低，可降低反应后的分离过程的能耗，回收反应产物比水中容易。⑧氨基酸侧链一般不需保护。⑨可避免在水溶液中进行长期反应时微生物引起的污染。⑩固定化酶方法简单，在非水系统中酶不易脱离吸附的表面。

5.1.3　非水相酶学中的反应介质

常用的非水介质体系包括：有机介质(organic solvents)体系、离子液(ionic liquids)体系、气相(gases)介质体系、超临界流体(supercritical fluids)体系、低共熔混合(eutectic mixtures)体系等，其中有机介质反应体系还具体包括：微水介质体系，与水溶性有机溶剂组成的均一体系，与水不溶性有机溶剂组成的两相或多相体系，胶束体系，反胶束体系。有机介质体系是目前非水相酶学研究和酶促催化应用最为广泛的体系。

它们不同于标准的水溶液体系。在这些体系中水含量受到不同程度的严格控制，因此又称为非常规介质(nonconventional media)。

1. 有机介质中的酶催化

有机介质中的酶催化是指酶在含有一定量水的有机溶剂中进行催化反应。它适用于底物和产物两者或其中之一为疏水性物质的酶催化作用。因为酶在有机相中能基本保持完整的结构和活性中心的空间构象，所以能发挥其催化功能。酶在有机介质中起催化作用时，酶的底物特异性、立体选择性、区域选择性、键选择性、热稳定性等有所改变；有机介质中的酶催化可以应用于多肽、酯类、甾体转化，功能高分子合成，手性药物拆分的研究。

常见的有机介质反应体系包括以下几种。

(1)微水介质体系　微水介质(microaqueous media)体系是由有机溶剂和微量的水组成的反应体系，是在有机介质酶催化中广泛应用的一种反应体系。微量的水主要是酶分子的结合水，它对维持酶分子的空间构象和催化活性至关重要；另外有一部分水分配在有机溶剂中。通常所说的有机介质反应体系主要是指微水介质体系。

(2)与水溶性有机溶剂组成的均一体系　这种均一体系是由水和极性较大的有机溶剂互相混溶组成的反应体系。酶和底物都是以溶解状态存在于均一体系中。由于极性大的有机溶剂对一般酶的催化活性影响较大，所以能在该反应体系进行催化反应的酶较少。

(3)与水不溶性有机溶剂组成的两相或多相体系　这种体系是由水和疏水性较强的有机溶剂组成的两相或多相反应体系。游离酶、亲水性底物或产物溶解于水相，疏水性底物或产物溶解于有机溶剂相。如果采用固定化酶，则以悬浮形式存在两相的界面。催化反应通常在两相的界面进行。一般适用于底物和产物两者或其中一种是属于疏水化合物的催化反应。

(4)胶束体系　胶束又称为正胶束或正胶团，是在大量水溶液中含有少量与水不相混溶的有机溶剂，加入表面活性剂后形成的水包油的微小液滴。表面活性剂的极性端朝外，非极性端朝内，有机溶剂包在液滴内部。反应时，酶在胶束外面的水溶液中，疏水性的底物或产物在胶束内部。反应在胶束的两相界面中进行。

(5)反胶束体系　反胶束又称为反胶团，是指在大量与水不相混溶的有机溶剂中，含有少量的水溶液，加入表面活性剂后形成的油包水的微小液滴。表面活性剂的极性端朝内，非极性端朝外，水溶液包在胶束内部。反应时，酶分子在反胶束内部的水溶液中，疏水性底物或产物在反胶束外部，催化反应在两相的界面中进行。

2. 气相介质中的酶催化

气相介质中的酶催化是指酶在气相介质中进行的催化反应。它适用于底物是气体或者能够转化为气体物质的酶催化反应。由于气体介质的密度低，扩散容易，因此酶在气相中的催化作用与在水溶液中的催化作用有明显的不同特点。

3. 超临界流体中的酶催化

超临界流体中的酶催化是指酶在超临界流体中进行的催化反应。超临界流体(supercritical fluids，SCF)是指温度和压力超过某物质超临界点，性质介于液体和气体之间的流体。超临界流体作为一种特殊的非水介质，在酶催化反应性质方面与有机溶剂非常相似。由于黏度、介电常数、扩散系数和溶解能力都与密度有关，超临界流体在临界点附近的温度或压力有一点微小的变化都会导致底物和产物溶解度的极大变化，因此可以方便地通过调节压力来控制超临界流体的物理化学性质。超临界流体对多数酶都能适用，酶催化的酯化、转酯、醇解、水解、羟化和脱氢等反应都可在此体系中进行。

与常用的有机溶剂相比，超临界流体特别是超临界 CO_2、超临界 H_2O 还是一种环境友好的溶剂。超临界流体具有对酶结构无破坏，化学稳定性好，温度不可太高或太低，压力不可太高，易获得等特点。常用的超临界流体有 CO_2、SO_2、C_2H_4、C_2H_6、C_3H_8、C_4H_{10} 等。

超临界介质中的酶催化体系具有以下优点：①与水相比较，脂溶性反应物和产物可溶于超临界 CO_2 中，而酶作为蛋白质不溶解，有利于三者的分离；②产品回收时，不需要处理大量的稀水溶液，可解决环境污染问题；③与有机溶剂体系相比，CO_2 无毒，不燃烧、廉价、无有机溶剂残留问题；④CO_2 超临界体系具有气体的高扩散系数、低黏度和低表面张力，使底物向酶的传质速度加快从而使反应速度提高，且在临界点附近，溶解能力和介电常数对温度和压力敏感，故反应速度提高，亦可以控制反应速率和反应平衡；⑤可简化产物的分离，有可能将反应和分离过程耦合。

目前已对 10 多种酶反应进行了研究，主要是酯化反应、酯交换反应、酯水解反应和氧化反应。反应条件温和，反应温度低于 50 ℃。然而，超临界介质中的酶催化体系需要有能耐受几十兆帕的高压容器，并且减压时易于使酶失活；有些超临界流体如二氧化碳可能会与酶分子表面的活泼基团发生反应而引起酶活性的丧失。

4. 离子液介质中的酶催化

离子液介质中的酶催化是指酶在离子液中进行的催化作用。离子液是由有机阳离子与有机(无机)阴离子构成的在室温条件下呈液态的低熔点盐类，又称室温离子液或室温熔盐，具有挥发性低、稳定性好的优点。酶在离子液中的催化作用具有良好的稳定性、区域选择性、立体选择性、键选择性等优点。

5.2　有机介质中酶的催化反应

5.2.1　有机介质中酶的特性

酶在有机介质中能够基本保持其完整的结构和活性中心的空间构象，所以能够发挥其催化功能。但是有机溶剂的极性与水有很大的差别，改变了疏水相互作用的精细平衡，影响酶的结合部位，所以对酶的表面结构、活性中心的结合部位和底物性质都会产生一定的影响，如热稳定性、底物的特异性、立体选择性、区域选择性、化学键选择性等，而显示出与水相介质中不同的催化特性。

1. 酶的形态

酶在有机溶剂中的形态是影响酶活性的一个因素。固定化酶、交联酶晶体和反胶束酶等不同形态可以改善酶的分散性，减少扩散限制，有利于底物与酶的活性中心结合从而加快催化反应速度。酶溶于水而几乎不溶于有机溶剂，在有机溶剂中酶呈悬浮状态，反应所使用的酶量不宜过多，否则酶容易形成聚集体。

2. 热稳定性

酶的热稳定性是酶的重要特性之一，许多酶在有机介质中热稳定性比在水溶液中的热稳定性好。例如，胰脂肪酶在水溶液中，100℃时很快失活；而在有机介质中，在相同的温度条件下，半衰期却延长至数小时。胰凝乳蛋白酶在水溶液中，其半衰期却只有几天，而在无水的辛烷中，于 20 ℃保存 5 个月仍然可以保持其活性。酶在有机介质与水溶液中的热稳定性具体见表 5-1。

此外，还发现在有机溶剂中，随着水含量的增加半衰期会迅速下降。例如，核糖核酸酶在有机介质中每克蛋白质中的含水量从 0.06 g 增加到 0.2 g 时，酶的半衰期从 120 min 减少到 45 min。

在有机介质中酶的热稳定性之所以增强，其原因可能是有机介质中缺少引起酶分子变性失活的水分子，因而不会发生脱氨基，肽键的水解、氧化及二硫键的破坏。需要指出的是酶在纯溶剂中稳定性增强，在水-溶剂混合体系中稳定性比纯水中要降低许多。

表 5-1 某些酶在有机介质与水溶液中的热稳定性

酶	介质条件	热稳定性
胰凝乳蛋白酶	正辛烷，100 ℃	$t_{1/2}$ = 80 min
	水，pH 8.0，55 ℃	$t_{1/2}$ = 15 min
猪胰脂肪酶	三丁酸甘油酯	$t_{1/2}$ < 26 h
	水，pH 7.0	$t_{1/2}$ < 2 min
酵母脂肪酶	三丁酸甘油酯/庚醇	$t_{1/2}$ = 1.5 h
	水，pH 7.0	$t_{1/2}$ < 2 min
脂蛋白脂肪酶	甲苯，90 ℃，400 h	活力剩余 40%
枯草杆菌蛋白酶	正辛烷，110 ℃	$t_{1/2}$ = 80 min
核糖核酸酶	壬烷，110 ℃，6 h	活力剩余 95%
	水，pH 8.0，90 ℃	$t_{1/2}$ < 10 min
酸性磷酸酶	正十六烷，80 ℃	活力剩余 95%
	水，70 ℃	$t_{1/2}$ < 10 min
腺苷三磷酸酶（F_1-ATPase）	甲苯，70 ℃	$t_{1/2}$ > 24 h
	水，60 ℃	$t_{1/2}$ < 10 min
限制性核酸内切酶（Hind Ⅲ）	正庚烷，55 ℃，30 d	活力不降低
β-葡萄糖苷酶	2-丙醇，50 ℃，30 h	活力剩余 80%
溶菌酶	环己烷，110 ℃	$t_{1/2}$ = 140 min
	水	$t_{1/2}$ = 10 min
酪氨酸酶	氯仿，50 ℃	$t_{1/2}$ = 90 min
	水，50 ℃	$t_{1/2}$ = 10 min
醇脱氢酶	正庚烷，55 ℃	$t_{1/2}$ > 50 d
细胞色素氧化酶	甲苯，0.3%水	$t_{1/2}$ = 4.0 h
	甲苯，1.3%水	$t_{1/2}$ = 1.7 min

3. pH 特性

反应机制的 pH 是影响非水介质酶反应的重要因素之一，pH 影响着酶的离子化，而离子化状态决定了酶的构象，酶的构象又影响了酶的活性和选择性。酶在有机介质中催化反应的最适 pH 通常与酶在水溶液中反应的最适 pH 接近或者相同。酶蛋白中的可电离基团在有机溶剂中不能电离，因此在使用前必须对酶进行预处理。在有机介质中酶所处的 pH 环境与酶在冻干或吸附到载体上之前所使用的缓冲液 pH 相同，称为 pH 印记（pH-imprinting）。因为酶在冻干或吸附到载体之前，先置于一定 pH 的缓冲液中，缓冲液的 pH 决定了酶分子活性中心基团的解离状态。当酶分子从水溶液转移到有机介质时，原有的解离状态不变，被保持在有机介质中。

有机介质中酶催化反应的最适 pH 通常与在水溶液的 pH 接近或相同，利用酶的这种 pH

印记特性，可以通过控制缓冲液中 pH 的方法，达到控制有机介质中酶催化反应的最适 pH。但有些酶在有机溶剂中酶的最适 pH 与水溶液中相差较大，需要根据实际情况加以调控，如在水解或氨解反应中反应体系的 pH 会发生改变，可采用高疏水性酸和它的钠盐组成缓冲对或高疏水性的碱与它的盐酸盐组成缓冲对来维持反应体系的 pH，常用的有机酸有苯基硼酸、对硝基苯酚、三苯基乙酸、对甲苯磺酸、二苯基次磷酸和乙酸等，这种缓冲体系能有效地缓冲有机溶剂体系。

4. 酶的特异性

水的物理化学性质比较稳定，酶在水溶液中催化反应的特异性几乎是固定的，但是有机溶剂种类较多，各种溶剂的性质，如偶极矩、溶解性、沸点等也不同，所以当同一种酶从一种溶剂转入到另一种溶剂时，酶的特异性发生了改变，酶在有机溶剂中的这一特性，使人们就可以通过改变反应介质来改变酶催化反应的选择性，从而人为地改变和控制酶的立体选择性。酶的这些特异性包括底物特异性、立体选择性、区域选择性和化学键选择性。

(1)底物特异性(substrate selectivity)　在水溶液中，底物与酶分子的活性中心的结合主要依靠氨基酸底物侧链与酶的活性中心之间的疏水作用，故疏水性较强的底物与酶活性中心部位结合能力强，催化反应的速度就较高；而在有机介质中有机溶剂与底物之间比底物与酶之间的疏水作用强，结果疏水性较强的底物容易受到有机溶剂的作用，反而影响其与酶分子活性中心的结合。例如，在水相中 *α*-胰凝乳蛋白酶催化疏水底物 *N*-乙酰-L-苯丙氨酸乙酯的水解反应速率，比在同等条件下催化亲水底物 *N*-乙酰-L-丝氨酸乙酯的反应速率快 5×10^4 倍，但在有机溶剂辛烷中催化转酯反应时，催化丝氨酸酯水解的速度比催化苯丙氨酸酯水解的速度快 3 倍。

有机介质中酶活性中心结合部位与底物的结合状态发生改变，致使酶的底物特异性发生改变。不同的有机溶剂具有不同的极性，在不同的有机介质中，酶的底物专一性也不一样，一般在极性较强的有机溶剂中，疏水性较强的底物容易反应；而在极性较弱的有机溶剂中，疏水性较弱的底物容易反应。例如，枯草杆菌蛋白酶催化 *N*-乙酰-L-丝氨酸乙酯和 *N*-乙酰-L-苯丙氨酸乙酯与丙醇的转酯反应，在极性较弱的二氯甲烷或者苯介质中，含丝氨酸的底物优先反应；而在极性较强的吡啶或季丁醇介质中，则含苯丙氨酸的底物首先发生转酯反应。

(2)立体选择性　立体选择性(stereoselectivity)，又称为立体异构专一性，是酶在对称的外消旋化合物中识别一种异构体的能力大小的指标。立体选择性，尤其是对映体选择性(enantioselectivity)和潜手性选择性(prochiral selectivity)在有机合成方面具有重要的价值。

酶的对映体选择性是指酶识别外消旋化合物中某种构象的对映体的能力。应用丙醇对甲基-3-羟基-2-苯基内酸酯的转酯反应中，通过变换有机溶剂使 *α*-胰凝乳蛋白酶的对映体特异性可提高 20 倍。潜手性选择性是指酶作用与潜手性化合物产生某种构象的对映体的能力。

酶立体选择性的强弱可以用立体选择系数(K_{LD})的大小来衡量。立体选择系数越大，表明酶催化的对映体选择性越强。立体选择系数与酶对 L-型和 D-型两种异构体的酶转换数(K_{cat})和米氏常数(K_m)有关。即

$$K_{LD}=\frac{(K_{cat}/K_m)_L}{(K_{cat}/K_m)_D} \tag{5-1}$$

式中　K_{LD}——立体选择系数；

L——L-型异构体；

D——D-型异构体；

K_m——米氏常数，即酶催化反应速度达到最大反应速度一半时的底物浓度；

K_{cat}——酶转换数，是酶催化效率的一个指标，指每个酶分子每分钟催化底物转化的分子数。

其中，立体选择系数(K_{LD})越大，酶催化的对映体选择性越强。

酶的选择性与反应介质中溶剂的性质有关系，介质的亲(疏)水性的变化引起对映体选择性的变化，例如，假单胞菌脂肪酶(*Pseudomonas* sp. Lipase，PSL)催化潜手性二氢吡啶二羧基酯衍生物选择性水解产生二羧酸单酯，在不同的有机溶剂中，酶具有不同的对映体选择性，在环己烷中产生(R)-型对映体，在异丙醚中产生(S)-型对映体。

酶在水溶液中立体选择性较强，疏水性强的有机溶剂中的酶的立体选择性差。这种选择性是由底物的两种对映体把水分子从酶分子疏水结合位置换出来的能力决定的。

对映体选择性的意义在于：蛋白酶在水溶液中对 L-氨基酸起作用，而在有机介质中可用 D-氨基酸为底物合成手性药物。

(3)区域选择性　区域选择性(regioselectivity)是指酶能够选择性地催化底物分子中某个区域的基团优先发生反应；区域选择性强弱用区域选择系数 K_{rs} 的大小衡量。酶催化同一种反应，在不同的介质中，区域选择系数不同。

与立体选择系数相似，用 1、2 代替构型。反应的位置选择因子：

$$K_{1,2}=(k_{cat}/K_m)_1/(k_{cat}/K_m)_2 \tag{5-2}$$

例如，脂肪酶催化 1,4-二丁酰基-2-辛基苯与丁醇之间的转酯反应，在甲苯介质中，区域选择系数 $K_{4,1}=2$，表明酶优先作用于底物 C4 位上的酰基；而在乙腈介质中，区域选择系数 $K_{4,1}=0.5$，则表明酶优先作用于底物 C1 位上的酰基。在两种不同的介质中，区域选择系数相差 4 倍。

(4)化学键选择性　酶在有机介质中进行催化具有化学键选择性(chemoselectivity)，即同一个底物分子中有 2 种以上化学键可以与酶反应，酶对其中一种化学键优先进行反应。键选择性与酶的来源和有机介质的种类有关。例如，脂肪酶催化 6-氨基-1-己醇的酰化反应，底物分子中氨基和羟基都可能被酰化，分别生成肽键和酯键，采用黑曲霉脂肪酶时羟基酰化占优势，而采用毛霉脂肪酶时氨基酰化占优势。化学键选择性可在没有基团保护下进行催化反应。

5.2.2　有机介质对酶催化反应的影响

有机溶剂主要通过以下三种途径发生作用：一是有机溶剂与酶直接发生作用通过干扰氢键和疏水键等改变酶的构象从而导致酶的活性被抑制或酶的失活；二是有机溶剂和能扩散的底物或反应产物相互作用影响正常反应的进行；三是有机溶剂还可以直接和酶分子周围的水相互作用。

1. 有机溶剂对酶活性的影响

一些极性较强的有机溶剂，如甲醇、乙醇等，会夺取酶分子的结合水，影响酶分子微环境的水化层，从而降低酶的催化活性，甚至引起酶的变性失活。一般极性越强，越容易夺取酶分子的结合水，对酶活性的影响越大。如正己烷能够夺取酶分子结合水的 0.5%，而甲醇极性较大，可以夺取酶分子结合水的 60%。

有机溶剂极性的强弱可用极性系数 $\lg P$ 表示，P 是指溶剂在正己烷与水两相中的分配系数。极性系数越大，表明其极性越弱；极性系数越小，则极性越强。实验研究表明，极性系数 $\lg P>4$ 时，酶具有较高活力，此类溶剂较理想；$2<\lg P<4$ 时，酶活力中等；$\lg P<2$ 的极性溶剂

一般不适宜作为有机介质酶催化的溶剂使用。因此，在有机介质酶的催化过程中，应选择好所使用的溶剂，控制好介质中的含水量，或者经过酶分子修饰提高酶分子的亲水性，以免在有机介质中因脱水作用而影响其催化活性。

2. 有机溶剂对酶结构与功能的影响

在水溶液中酶分子均一地溶解在水溶液中，较好地保持其构象；有机溶剂中酶分子不能直接溶解，因此根据酶分子特性与有机溶剂特性不同，其空间结构的保持也有不同。有些酶在有机溶剂作用下，其结构受到破坏；有的酶分子则保持完整。原因：①由于酶分子与溶剂的直接接触，蛋白质分子表面结构发生不可忽视的变化；②通过减少整个活性中心的数量，溶剂对酶的活性中心产生影响，活性中心数目丧失的多少取决于溶剂中的疏水性大小。溶剂与底物竞争酶的活性中心结合位点，溶剂为非极性，影响更明显，溶剂分子能渗透入酶的活性中心，降低活性中心的极性，增加酶与底物的静电斥力。

3. 溶剂对底物和产物分配的影响

溶剂能直接或间接地与底物和产物相互作用。溶剂能改变酶分子必需水层中底物或产物的浓度。①有机溶剂极性小，疏水性强，疏水性底物难以进入必需水层；②有机溶剂极性过强，亲水性强，疏水性底物在有机溶剂中溶解度太低，故选择 $2\leqslant \lg P\leqslant 5$ 的有机溶剂作为有机介质为宜。Yang 等发现：溶剂对底物和产物的影响主要体现在底物和产物溶剂化上，从而影响反应动力学和热力学平衡。

5.2.3　水对有机介质中酶催化反应的影响

非水介质中的含水量(water-content)对酶的催化活性影响非常大。水在酶催化反应中发挥着双重作用：一方面，水分子直接或间接地通过氢键疏水键及范德华力等非共价键相互作用来维持酶的催化活性所必需的构象，与酶分子紧密结合的一层左右的水分子对酶的催化活性是至关重要的，称之为必需水，不同酶与必需水结合的紧密程度及所结合的必需水数量是不同的；另一方面，水是导致酶的热失活的重要因素，有水存在时随着温度的升高酶分子会发生以下变化而失活：形成不规则结构，二硫键受到破坏，天冬酰胺和谷氨酰胺水解变为相应的天冬氨酸和谷氨酸，天冬氨酸肽键发生水解。因此，在非水相酶反应体系中存在着最佳含水量，该最佳含水量不仅取决于酶的种类，也与所选用的有机溶剂有关。

1. 含水量

一定量的水对维持酶催化所需的正确构象是必需的，真正的完全非水酶悬液是没有催化活性的。维持酶的天然结构和功能只需要非常少量的水，如悬浮在辛烷中的胰凝乳蛋白酶在大约相当于在酶分子表面形成单层覆盖水的含水量时就具有了活性，一般含水量为 0.3 g/g 酶左右时，酶活力就达到最大。

非水相酶促催化系统中含水量分为两类水：结合水(bound water)和溶剂水(bulk water)，包括了有机溶剂中所含的自由水，与酶粉水合以及固定化中固定化载体的结合水等。酶催化反应是在环绕着酶分子表面的水层内进行的，在非水体系中并不是绝对无水，而是一种含有微量水的有机溶剂体系(含水量＜1%)。这种体系宏观上是有机溶剂，微观上是水体系，酶催化反应时，底物分子先从有机相进入水相，然后才能与酶形成底物-酶复合物，继而发生反应。酶蛋白分子表面含有大量带电基团和极性基团，在绝对无水条件下，这些带电基团因相互作用而形成“锁定”的失活构象，加入适量水充当润滑剂可使酶的柔性增加，维持酶的活性。在有机介质体系中，酶的催化活性会随着结合水量的增加而提高。结合水不变的条件下，体系含水量的变化对酶催化活性影响不大,因此在有机体系中,结合水维持酶的结构和催化活性起决定作用,影响酶催化活性的关键因素,但是在一些体系中,溶剂和底物性质对酶活力也有直接或间接影响。

在非水介质中,只有在最佳含水量时,蛋白质结构动力学刚性(kinetic rigidity)和热力学稳定性(thermodynamic stability)之间才能达到最佳平衡点,酶表现出最大活性。为了排除溶剂对最适含水量的影响,Halling 建议用水活度(water activity,A_w)描述有机介质中酶催化活力与水的关系。

水活度:在特定的温度和压力条件下,体系中水的逸度(fugacity)与纯水逸度之比;通常可用体系中水的蒸汽压与相同条件下纯水的蒸汽压之比表示,即

$$A_w = P/P_o \tag{5-3}$$

式中 P——一定条件下体系中水的蒸汽压;

P_o——相同条件下纯水的蒸汽压。

在一般情况下,最适含水量随着溶剂极性的增加而增加。而最佳水活度与溶剂极性大小无关,最适含水量与溶剂极性成正比,故采用水活度作为参数研究有机介质中水对酶催化作用的影响更确切。酶活性与反应体系中的水活度直接相关,例如黑毛霉脂肪酶在 A_w=0.55 时,在不同极性的溶剂中都表现出最高的酶活力,其中在正己烷中活性最强。

2. 水对酶分子空间构象的影响

酶的活性构象的形成是依赖于各种氢键、疏水键等非共价相互作用。水参与了氢键的形成,而疏水相互作用也只有在有水参与时才能形成。因此水分子与酶分子的活性构象形成有关。酶分子需要一层水化层,以维持其完整的空间构象。

维持酶分子完整空间构象所必需的最低水量称为必需水(essential water),在催化反应速度达到最大时的含水量称为最适含水量。

不同的酶所需求的必需水的量差别较大:每分子凝乳蛋白酶只需 50 分子的水,每分子多酚氧化酶却需 3.5×10^2 个水分子,其原因是必需水是维持酶分子结构中氢键、盐键等副键所必需的。

3. 水对酶催化反应速度的影响

典型的非水酶体系中含水量通常只占 0.01%,但其微小差距会导致酶催化活力的较大改变。

水影响蛋白质结构的完整性、活性位点的极性和稳定性。

蛋白质整个分子有相对刚性(rigidity)和柔性(flexibility)两个部分,酶与底物的结合是一个双方诱导契合的过程,为了保证酶与底物的诱导契合,在相互作用的过程中酶和底物都要做微小的构象变化,因此酶需要一定的“柔性”,以使酶能趋向于最佳催化状态所需的构象变化。有机溶剂缺乏提供形成多种氢键的能力,不具备像水那样的调节功能,有机溶剂的介电常数一般较低,往往会导致蛋白质带电基团之间更强的静电作用,使蛋白质“刚性”增加,因而酶在脱水溶剂中比在水溶液中活性低。

有机溶剂中,当酶含水量<最适含水量时,酶构象过于“刚性”而失活;当酶含水量>最适含水量时,酶构象过于“柔性”,因变构而失活。

同一种酶,反应系统的最适含水量与有机溶剂的种类、酶的纯度、固定化酶的载体性质和修饰性质有关。

5.2.4 有机介质中酶催化反应的类型

酶在有机介质中的催化反应受各种因素影响，主要有酶、底物、有机溶剂种类、含水量、温度、pH 值和离子强度等。催化反应类型有合成反应、转移反应、醇解反应、氨解反应、异构反应、氧化还原反应、裂合反应。

1. 合成反应

在水溶液中催化水解反应的酶类，在有机介质中含水量极微，水解反应难以发生。此时，酶可以催化水解反应的逆反应，即催化合成反应。

①脂肪酶或酯酶催化有机酸和醇进行酯的合成反应：

$$R-COOH+R'-OH \xrightarrow{\text{脂肪酶/酯酶}} R-COOR'+H_2O$$

意义：酶催化酯合成可合成手性化合物，且酶的立体选择性主要是选择立体异构的醇。

②蛋白酶可在有机介质中催化氨基酸进行合成反应，生成多肽：

$$\underset{\text{（氨基酸）}}{R_1-\underset{NH_2}{\underset{|}{CH}}-COOH} + \underset{\text{（氨基酸）}}{R_2-\underset{NH_2}{\underset{|}{CH}}-COOH} \xrightarrow{\text{蛋白酶}}$$

$$NH_2-\underset{R_1}{\underset{|}{CH}}-CO-NH-\underset{R_2}{\underset{|}{CH}}-COOH+H_2O$$

2. 转移反应

在有机介质中，酶可以催化一些转移反应，如脂肪酸催化酯与有机酸反应生成另一种酯与有机酸，即转酯反应：

$$\underset{\text{（酯）}}{R-COOR_1}+\underset{\text{（有机酸）}}{R_2-COOH} \xrightarrow{\text{脂肪酶}} \underset{\text{（酯）}}{R-COOR_2}+\underset{\text{（有机酸）}}{R_1-COOH}$$

3. 醇解反应

假单胞脂肪酶可以在二异丙醚介质中催化酸酐醇解生成二酸单酯化合物，即

$$R-CH\begin{cases}CH_2-C{=}O\\ \quad\quad\quad\ \ O\\ CH_2-C{=}O\end{cases} + R'-OH \xrightarrow{\text{假单胞脂肪酶}} R-CH\begin{cases}CH_2-COOH\\ CH_2-COOR'\end{cases}$$

（酸酐） （醇） （二酸单酯化合物）

4. 氨解反应

有些酶在有机介质中可以催化某些酯类进行氨解反应，生成酰胺和醇。如脂肪酶可以在叔丁醇介质中催化外消旋苯甘氨酸甲酯进行不对称氨解反应，将 R-苯丙氨酸甲酯氨解生成 R-苯丙酰胺和甲醇。

$$C_6H_5-\overset{NH_2}{\overset{|}{CH}}-\underset{CH_3-O}{\underset{|}{C}}{=}O \xrightarrow[NH_3\ \ \ CH_3OH]{\text{脂肪酶}} C_6H_5-\overset{NH_2}{\overset{|}{CH}}-\underset{NH_2}{\underset{|}{C}}{=}O$$

（R-苯丙氨酸甲酯） （R-苯丙酰胺）

5. 异构反应

一些异构酶在有机介质中可以催化异构反应，将一种异构体转化为另一种异构体。如消旋酶催化一种异构体为另一种异构体，生成外消旋的化合物，即

$$\text{D-异构体} \xrightarrow{\text{异构酶}} \text{L-异构体}$$

6. 氧化还原反应

（1）单加氧　单加氧酶催化二甲基苯酚与分子氧反应，生成二甲基二羟基苯，即

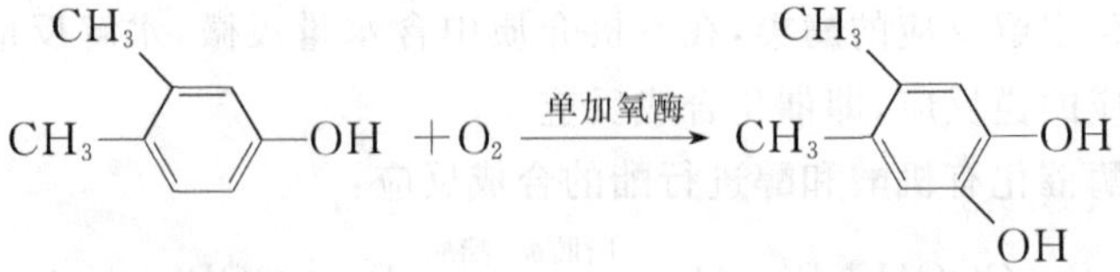

$$\text{二甲基苯酚} + O_2 \xrightarrow{\text{单加氧酶}} \text{二甲基二羟基苯}$$

（二甲基苯酚）　　（二甲基二羟基苯）

（2）双加氧　双加氧酶催化二羟基苯与氧反应，生成己二烯二酸，即

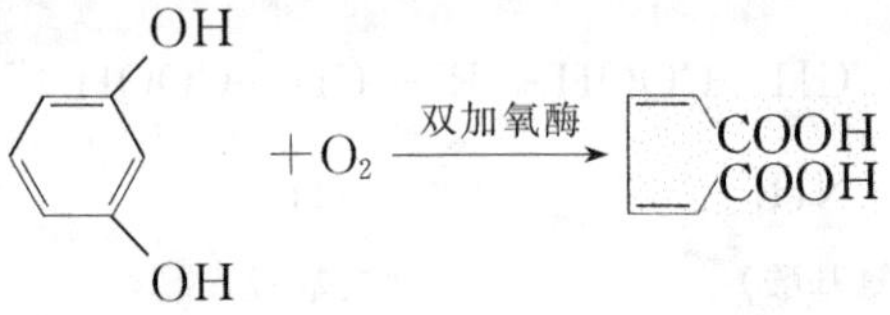

$$\text{二羟基苯} + O_2 \xrightarrow{\text{双加氧酶}} \text{己二烯二酸 (COOH, COOH)}$$

（二羟基苯）　　（己二烯二酸）

（3）催化醛类或酮类还原成醇类　马肝醇脱氢酶或酵母脱氢酶等可以在有机介质中催化醛类化合物或者酮类化合物还原，生成伯醇或仲醇等醇类化合物，即

$$R—CHO + NADH \xrightarrow{\text{醇脱氢酶}} R—CH_2OH + NAD$$

（醛）　　（伯醇）

$$R—C(=O)—R' + NADH \xrightarrow{\text{醇脱氢酶}} R—CH(OH)—R' + NAD$$

（酮）　　（仲醇）

7. 裂合反应

如醇腈酶催化醛与氢氰酸的反应生成醇腈衍生物的反应属于裂合反应，即

$$R—CHO + HCN \xrightarrow{\text{醇腈酶}} R—CH(OH)—CN$$

（醛）（氢氰酸）　　（氰醇）

5.3　非水相介质中酶催化反应的应用实例

酶的非水相催化在医药、食品、化工、功能材料和环境保护等领域具有重要的应用价值，显示出广阔的应用前景，具体的如应用在手性药物的拆分，高分子聚合物的制备，食品添加剂天苯肽，生物柴油的生产等方面，见表 5-2。

表 5-2　酶非水相催化的应用

酶	催化反应	应　用
脂肪酶	肽合成	青霉素 G 前体肽合成
	酯合成	醇与有机酸合成酯类
	转酯	各种酯类生产
	聚合	二酯的选择性聚合
	酰基化	甘醇的酰基化
蛋白酶	肽合成	合成多肽
	酰基化	糖类酰基化
羟基化酶	氧化	甾体转化
过氧化物酶	聚合	酚类、胺类化合物的聚合
多酚氧化酶	氧化	芳香化合物的羟基化
胆固醇氧化酶	氧化	胆固醇测定
醇脱氢酶	酯化	有机硅醇的酯化

5.3.1　手性药物的拆分

手性化合物是指化学组成相同而立体结构互为对映体的两种异构体化合物。自然界中组成生物体的基本物质，如蛋白质、氨基酸、糖类等都属于手性化合物。

手性药物是指只含单一对映体的药物，目前世界上化学合成的药物中 40% 属于手性药物。已经发现很多手性药物的对映体具有不同的药理作用，见表 5-3。

表 5-3　手性药物两种对映体的药理作用

药物名称	有效对映体的作用	另一种对映体的作用
普萘洛尔(Propranolol)	S 构型，治疗心脏病，β-受体阻断剂	R 构型，钠通道阻滞剂
萘普生(Naproxen)	S 构型，消炎、解热、镇痛	R 构型，疗效很弱
青霉素胺(Penicillamine)	S 构型，抗关节炎	R 构型，突变剂
羟基苯哌嗪(Dropropizine)	S 构型，镇咳	R 构型，有神经毒性
反应停(Thalidomide)	S 构型，镇静剂	R 构型，致畸胎
酮基布洛芬(Ketoprofen)	S 构型，消炎	R 构型，防治牙周病
喘速宁(Trtoquinol)	S 构型，扩张支气管	R 构型，抑制血小板凝集
乙胺丁醇(Ethambutol)	S,S 构型，抗结核病	R,R 构型，致失明
萘必洛尔(Kebivolol)	右旋体，治疗高血压，β-受体阻断剂	左旋体，舒张血管

过去手性药物较多是以消旋体形式出售。1961 年欧洲出现了孕妇服用多消旋体的“反应停”后，产生多起畸形胎事件。1992 年美国食品与药物管理局(FDA)明确要求含手性因素的化学药物，必须说明其两个对映体在体内的不同生理活性、药理作用和药物代谢动力学情况。1994 年以来，手性药物的世界销售额以年均 20% 以上的速度增长。目前，世界上批准上市约 61 种。

手性药物两种对映体之间的药理、药效差异可以分为以下 5 种：一种有显著疗效，另一种疗效弱或无效；一种有显著疗效，另一种有毒副作用；两种对映体的药效相反；两种对映体具有各自不同的药效；两种消旋体的作用具有互补性。

酶在手性化合物拆分方面的应用具有高对映体选择性，副反应少，产物光学纯度和收得率高；酶催化反应条件温和、无环境污染等优点，所以酶催化在单一对映体手性药物的开发中潜力颇大。目前进行的手性化合物药物的拆分如下：①潜手性二醇的拆分。β-受体阻断剂合成中间体类手性药物。2,3-环氧丙醇单一对映体的衍生物是一种多功能手性中间体，可用于合成β-受体阻断剂、艾滋病病毒蛋白酶抑制剂、抗病毒药物等多种手性药物，其消旋体可以在有机介质体系中用酶法进行拆分。②非甾体抗炎剂类手性药物。2-芳基丙酸是手性化合物，其单一对映体衍生物是多种治疗关节炎、风湿病的消炎镇痛药物，如布洛芬、酮基布洛芬、萘普生等活性成分，用脂肪酶在有机介质中进行消旋体的拆分，可以得到S构型的活性。③抗生素合成中间体的拆分。苯甘氨酸的单一对映体及其衍生物是半合成β-内酰胺类抗生素（如氨苄青霉素、头孢氨苄、头孢拉定等）的重要侧链。利用脂肪酶在有机介质中通过不对称氨解反应，可以拆分得到单一的对映体。

5.3.2 农药生产中的应用

光学纯氰醇是合成农药拟除虫菊酯的原料，同时还是合成α-羟基酸、α-羟基醛和氨基醇的重要中间体。采用微生物脂肪酶对氰醇酯进行不对称水解，只能得到光学纯未水解的氰醇酯，而水解产物氰醇在水溶液中会自发消旋。在 pH>4 条件下，水溶液中存在氰醇与醛和氢氰酸的可逆反应，然而在有机溶剂中氰醇比较稳定，可以分离纯化得到高光学纯和高产率的氰醇。用这种方法可以拆分消旋体，分别得到两种对映异构体氰酯和氰醇。

5.3.3 手性高分子聚合物的制备

随着具有光、电、磁性聚合物的发现，旋光性聚合物受到青睐。旋光性聚合物与具有相应结构的非旋光性聚合物相比，在分子识别和组装上具明显区别，在熔点、溶解性、结晶特性上有较大差异，在光、电、磁上也有差异。

利用水解酶可合成多种手性聚合物；利用酶催化获得高的立体选择性，化学催化提供高产率，特性合成手性聚合物是一条很有应用潜力的新途径。

1. 酶催化合成可生物降解高分子

可生物降解高分子是指在一定条件下能被生物体侵蚀或代谢而降解的材料，具有广泛的用途（表 5-4）。用酶催化可以合成生物降解高分子，如脂肪酶在甲苯介质中，催化己二酸氯乙酯与 2,4-戊二醛反应，聚合生成可生物降解的聚酯。

表 5-4 可生物降解高分子的应用

领　域	应　用
医疗	外科手术缝合线、伤口涂料、人造血管、药物释放体系、骨骼替代品等
工业	无污染可生物降解包装材料、除锈剂、抗真菌载体等
农业	农用地膜、肥料、杀虫剂除草剂释放体系等

2. 糖酯的合成

糖酯是一类由糖和酯类聚合而成的高分子聚合物，可作为生物功能分子和化工原料，在医药、食品等领域有广泛应用。

利用糖的特殊的分子结构合成糖基聚酯或高交联度的聚酯是研究热点之一。对糖的多羟基位置选择性酯化是有机合成化学中的难题，利用生物催化剂的高度选择性易于解决。酶法合成改性天然多糖的主要途径大多是在聚酯链上引入糖基，以增强聚合物的生物可降解性能。如果用化学方法聚合，需要将有些羟基保护起来，避免副反应，聚合后，再脱保护，反应过程复杂，还有异构体产生，酶法聚合则不必保护基团，反应条件温和。

1986 年 Klibanov 小组首先开展了有机相中酶结合成糖酯的研究，利用枯草杆菌蛋白酶在吡啶介质中将糖和酯类聚合，得到 6-*O*-酰基葡萄糖酯。

5.3.4　酚树脂的合成

酚树脂是在甲醛存在的条件下通过酚类物质聚合而成，用于制造各种塑料、涂料、胶黏剂及合成纤维等。酚树脂通常是在甲醛存在下缩合酚类物质而获得，甲醛会引起环境污染。

辣根过氧化物酶（horseradish peroxidase，HRP）能以 H_2O_2 为电子受体，专一催化酚及苯胺类物质的过氧化反应。辣根过氧化物酶催化产生的酚类聚合物具有无甲醛污染的优点。HRP 可催化酚类物质与天然的树脂材料木质素混聚形成酚树脂。初始阶段，酶催化酚类物质氧化成酚氧自由基，然后是自由基聚合阶段；单体自由基与二体自由基发生传递，使聚合物链增长。

$$2\ \text{R-C}_6\text{H}_4\text{-OH} + H_2O_2 \xrightarrow{\text{HRP}} 2\ \text{R-C}_6\text{H}_4\text{-O}^- + 2H_2O$$

（酚）　　　　　　（酚氧自由基）

$$2\ \text{R-C}_6\text{H}_4\text{-O}^- \longrightarrow \text{C}_6\text{H}_5\text{-O}\cdots\cdots\text{H}\cdots\cdots\text{O}\cdots\cdots\text{H-C}_6\text{H}_5$$

（二聚体）

5.3.5　导电有机聚合物的合成

1977 年，美国 Macdiarmid 获得碘掺杂的聚乙炔，导电率达到了金属的水平，打破了以前的有机聚合物都是绝缘体的观念。此后人们相继又合成了聚苯胺、聚吡咯等导电聚合物。

辣根过氧化氢酶能够以过氧化氢为电子受体，专一地催化酚及苯胺类物质的过氧化反应。酶法合成的聚酚胺类物质具有 π 电子共轭结构，通过掺杂表现出一定的导电性。有机酶合成用于研制有机导电聚合物，如聚苯胺，抗雷电袭击、抗静电、抗磁干扰，可用作雷达等的微波吸收剂。

5.3.6　发光有机聚合物的合成

非线性光学材料是激光技术的重要基础物质，在激光倍频、混频、参量放大与振荡、集成光学、光信息处理与光信号控制、光电子计算机等方面有重要应用。有机非线性光学材料其倍频效应较无机材料高几百上千倍，前者光学效应缘于非定域电子体系，激发响应时间较无机材料快1 000倍。

辣根过氧化物酶可以在有机介质中催化对苯基苯酚合成聚对苯基苯酚，将这种聚合物制成二极管，可以发出蓝光，是一种具有良好前景的蓝光发射材料。

5.3.7 食品添加剂的生产

利用酶在有机介质中的催化作用，可以生产人们所需的食品添加剂，例如，利用脂肪酶或酯酶将甘油三酯水解成甘油单酯（单甘酯），可作为食品乳化剂；食品香料香兰素从植物中提取产量有限，化学合成原料具有毒性，但可利用微生物发酵，然后再通过脱氢酶催化生产。

此外，二肽Asp-Phe-OMe，即天苯肽，又称阿斯帕坦（aspartame）、阿斯巴甜，是一种低热量甜味剂，最经济的生产方法是采用酶-化学法。Z-保护的天冬氨酸与苯丙氨酸甲酯在热稳定性嗜热菌蛋白酶催化下缩合，产物以不溶盐的形式及时脱离反应体系，推动反应朝着产物生成方向进行。

5.3.8 生物柴油的生产

生物柴油可生物降解，无毒性，对环境无害，可代替柴油，并可以从可再生资源，如油料作物、野生油料植物和工程微藻等水生植物油脂，以及动物油脂，废餐饮油料中生产，见图5-1。目前生物柴油主要是用化学法生产，采用酸、碱催化油脂与甲醇之间的转酯反应，而生成脂肪酸甲酯，但在反应过程中使用大量的甲醇，使反应后处理过程变得较为复杂，同时废酸碱会造成二次污染。

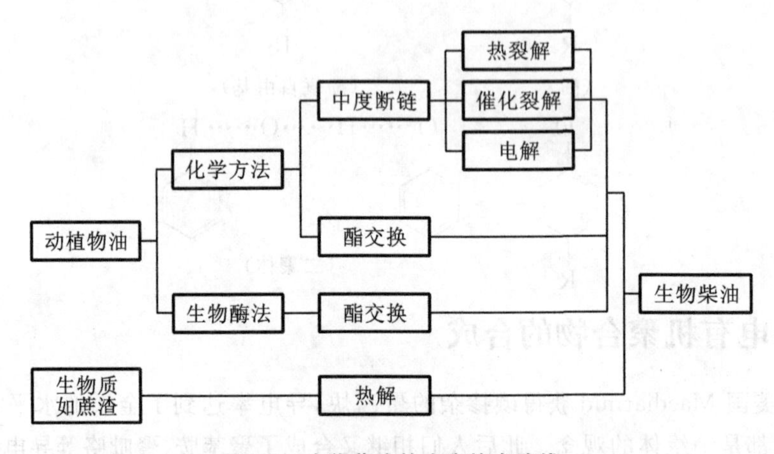

图5-1 生物柴油的生产技术路线

生物柴油新的生产方法可采用生物酶法，在有机介质中，脂肪酶可以催化油脂与小分子醇类的酯交换反应，生成小分子的酯类混合物。

5.3.9 多肽的合成

一些甜味剂、毒素、抗生素是多肽化合物，化学合成法是生产多肽的方法之一，一般需要经过4个步骤：保护非反应性基团，活化羧基，形成肽键，脱保护基团。在多肽的化学合成中，尤其是活化步骤中存在氨基酸消旋化的可能，另外化学合成中含有多种相似序列的多肽，产物分离纯化困难，这些问题可以通过模仿生物体，利用特异性酶来催化多肽的合成。如，α-胰蛋白酶能催化 N-乙酰色氨酸与亮氨酸合成肽的反应，在水溶液中合成率在 0.1%以下，而在乙酸乙酯和微水组成的两相系统中，合成率可达 100%。嗜热菌蛋白酶可以在有机介质中催化 L-天冬氨酸与 D-丙氨酸缩合成天丙二肽。脂肪酶在有机介质中可以催化青霉素前体等多肽的合成。

5.3.10　甾体转化

利用甾体转化酶如 5β-羟化酶、11β-羟化酶、17α-羟化酶等催化甾体转化的过程中，由于甾体在水中的溶解度低，反应速率慢，转化率低。而在有机相与水组成的两相体系中可大大提高转化率。例如，在可的松转化为氢化可的松的酶促反应，在水-乙酸丁酯或水-乙酸乙酯组成的系统中，转化率分别达 100%和 90%。

（本章内容由陈琛编写、金黎明初审、方俊审核）

思考题

1. 酶非水相催化反应的特点有哪些？
2. 简述酶在有机溶剂介质中的特性。
3. 有机溶剂对酶催化有何影响？
4. 何为必需水和水活度？水是怎么影响非水相中酶的特性的？
5. 酶的非水相催化有哪些用途？

参考文献

[1] 郭勇. 酶工程[M]. 3 版. 北京：科学出版社，2009.

[2] 郭勇. 酶改性技术研究[J]. 华南理工大学学报：自然科学版，2007，35(10)：143-146，161.

[3] 郭勇. 酶工程原理与技术[M]. 北京：高等教育出版社，2010.

[4] 刘虹蕾，缪铭，江波，等. 微生物脂肪酶的研究与应用[J]. 食品工业科技，2012，12(33)：376-381.

[5] 王李礼，陈依军. 非水相体系酶催化反应研究进展[J]. 生物工程学报，1989，25(12)：1789-1794.

[6] 许建和. 非水相酶催化技术的应用[J]. 精细与专用化学品，2002，9(10)：15-18.

[7] 阎金勇，闫云君. 脂肪酶非水相催化作用[J]. 生命的化学，2008，28(3)：268-271.

[8] 周晓云. 酶学原理与酶工程[M]. 北京：中国轻工业出版社，2007.

[9] Yu S L，Yu L，Yu B，et al. Advances in application of non-aqueous phase enzymatic catalysis in food additive production[J]. Agricultural Science & Technology，2013，14(1)：169-175.

[10] Zaks A，Klibanov A M. Enzymatic catalysis in organic media at 100 degrees C[J]. Science，1984，224(4654)：1249-1251.

第6章 酶反应器

【本章要点】

本章主要包括酶反应器的类型与特点、酶反应器的设计与选型及酶反应器的操作等内容。首先主要介绍了传统和新型酶反应器的类型和特点，重点讲述了酶膜反应器的特点、分类、应用及其发展趋势；其次介绍了酶反应器选择的基本原则和酶催化反应的过程控制；最后介绍了设计酶反应器的一般程序和相关的计算公式。

6.1 酶反应器的类型与特点

游离酶和固定化酶在体外进行催化反应时，都必须在一定的反应容器中进行，以便控制酶催化反应的各种条件和催化反应的速度。利用酶或生物催化剂进行催化反应的容器及其附属设备称为酶反应器(enzyme reactor)(图6-1)。酶反应器是用于完成酶促反应的核心装置。它为酶催化反应提供合适的场所和最佳的反应条件，以便在酶的催化下，使底物(原料)最大限度地转化成产物。它处于酶催化反应过程的中心地位，是连接原料和产物的桥梁，也是多种学科的交叉点。尽管酶工艺在近几十年来有了显著的进展，但是在已知的2 000多种酶中已被工业上利用的酶并不十分多，故开展酶反应器的相关研究是十分必要的。

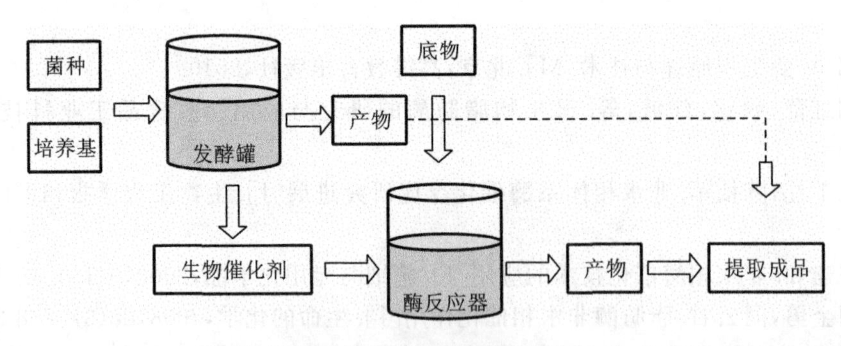

图6-1　酶反应器示意图

酶反应器与细胞生物反应器的主要区别：①酶反应器是利用生物催化剂(游离酶/固定化酶或细胞)进行一步或几步催化反应的设备，其结构较简单；而细胞生物反应器则是用于活细胞(微生物、动植物细胞)的生长、代谢或者进行复杂酶系统的生物催化转化的设备(如发酵罐)，由于生物反应过程复杂，细胞中存在精确调控的酶系进行的催化反应，因此其结构较复杂。②酶反应器中不存在自催化方式(即细胞的连续再生)，其反应条件只需考虑适合生物催化剂有效发挥催化功能即可，因此，其过程控制较简单；而细胞生物反应器需为生物催化反应与细胞代谢提供一个适宜的物理及化学环境，使反应效率更高，细胞生长与代谢更快更好，转化或代谢产物更多，因此，其过程控制较复杂。另外，酶反应器也不同于普通的化学反应器，因为它可在低温、低压下发挥作用，反应时的耗能和产能也比较少。但酶反应器和其他反应器一样，都是通过条件控制，使原料通过一定方式有效地转化为产物，它们的评价指标主要是产率和专一性。因此，合理设计酶反应器，以最大限度地提高酶的催化效率及优化其催化过程，将有利于促进酶的大规模产业化应用。

6.1.1　酶反应器简介

酶反应器是根据酶的催化特性而设计的反应设备。其设计的目标就是生产效率高、成本低、耗能少、污染少，以获得最好的经济效益和社会效益。酶反应器的种类有使用最广泛的固定化酶反应器的固定床型反应器，还有常用于饮料和食品加工工业的搅拌罐型反应器，适合于生化反应的膜反应器等。每种类型的反应器各有优缺点，应根据不同需要进行选择。目前，全世界正致力于第二代酶反应器的研究，随着一些相关技术问题的解决，酶反应器技术将在各行各业得到更为广泛的应用。

6.1.2　理想的酶反应器的要求

因为酶反应器设计的主要目标是使产品的质量最高、生产成本最低，所以评价酶反应器的主要标准为酶反应器生产能力的大小和产品质量的高低，即能否适合催化工艺的要求，以获得最大生产效率。

那么，理想的酶反应器的具体要求如下：①使酶在反应器中具有较高的比活力和酶浓度，从而得到较大的产品转化率。②可进行自动检测和调控，或配套可靠的检测和控制仪表，从而获得最佳的反应条件。③应具有良好的传质和传热性能。其中传质性能直接影响底物和产物在反应介质中的传递，传质阻力是反应器速度限制的主要因素。④应具有严密的结构，使之达到最佳的无菌条件，否则，杂菌污染使反应器的生产能力下降。

传统的酶反应器存在一些缺陷，需要针对性地进行改进，以尽量满足实际应用的要求。例如，在管式反应器中，当流体以流速较小的层流流动时，管内流体速度呈抛物线形分布；当流体以流速较大的湍流流动时，速度分布较为均匀，但边界层中速度减缓，径向和轴向存在一定程度的混合。流体流动速度分布不均或混合，将导致物料浓度分布不同，从而导致酶促反应速率计算的复杂性。因此，在此基础上设计了连续活塞式酶反应器(continuous plug flow reactor，CPFR)。CPFR 的特点是连续稳态操作条件下，物料浓度不随时间而变化，径向上物料浓度均一分布，轴向上物料浓度存在差异。因此酶促反应速率只在轴向存在不同分布(图 6-2)。又如在搅拌罐式反应器中，尽管有搅拌器的搅拌，物料浓度仍然存在差异，这种差异使酶促反应速率的计算变得非常复杂，因此，设计了全混式反应器，又分为连续全混式反应器(continuous-flow stirred tank reactor，CSTR)和分批全混式反应器(batch stirred tank reactor，BSTR)。其中，CSTR 的特点：连续稳态操作条件下，反应器内物料浓度分布均匀，不随空间和时间而变化。BSTR 的特点：反应器内物料浓度随时间而变化，但在同一时刻，物料浓度均匀分布。

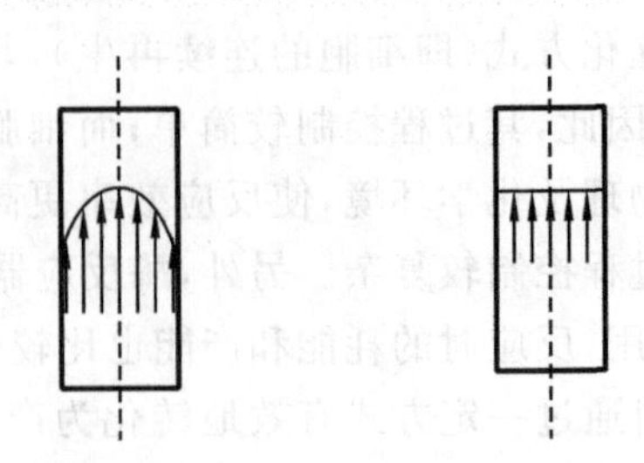

传统管式反应器中速度分布　　CPFR中速度分布

图 6-2　传统管式反应器与 CPFR 中速度分布比较图

6.1.3　酶反应器的类型与特点

1. 酶反应器的类型

(1)根据酶反应器中酶的形态分类　一类是直接应用游离酶进行反应,即均相酶反应器,也称游离酶反应器;另一类是应用固定化酶进行的非均相酶反应器,也称固定化酶反应器。游离酶反应器只需考虑使用目的、反应形式、底物浓度、反应速率、物质传递、反应器制造和运转成本及操作难易等因素,因而其结构和操作过程与一般化学反应器类似;而固定化酶反应器还需考虑固定化酶的形状(颗粒、纤维、膜)、大小、机械强度、密度和再生难易,操作上的要求(如pH、供养、杂菌污染),反应动力学形式,物质传递特性,内外扩散、底物性质、催化剂的表面积与反应器的体积的比值等,因此,其结构和操作过程较为复杂。

(2)根据酶反应器的结构分类　可分为搅拌罐式反应器(stirred tank reactor,STR)、鼓泡式反应器(bubble column reactor,BCR)、填充床式反应器(packed bed reactor,PBR)、流化床式反应器(fluidized bed reactor,FBR)、喷射式反应器(projection reactor,PR)及酶膜反应器(rembrane reactor,MR)等。

(3)根据酶反应器的操作方式分类　可分为分批(间歇)式反应器(batch reactor,BR)、连续流式反应器(continuous reactor,CR)和流加分批式(半连续流式)反应器(feeding batch reactor,FBR),如图 6-3 所示。

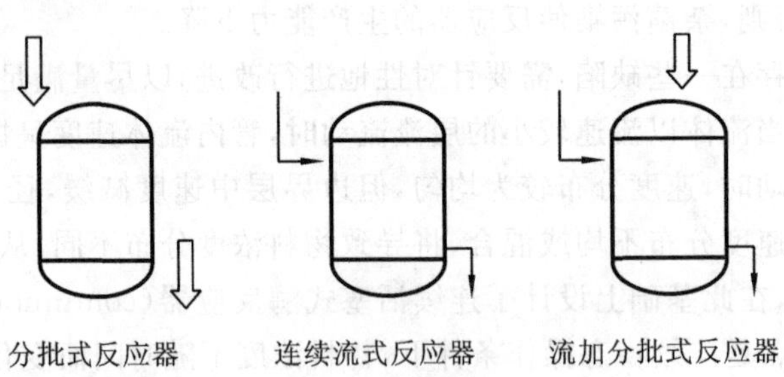

分批式反应器　　连续流式反应器　　流加分批式反应器

图 6-3　不同操作方式的酶反应器示意图

2. 传统酶反应器的结构和特点

(1)搅拌罐式反应器　搅拌罐式反应器(STR)是一种带有搅拌器的罐式反应器,在酶催化反应中是最常见的。其基本结构由容器(反应罐)、搅拌器及保温装置等组成。有时也可在容器壁上装上挡板,以促进反应物的混合。其结构见图 6-4。

STR 适用分批式、流加分批式、连续流式的操作方式。与之对应的有分批式搅拌罐式反应器和连续流式搅拌罐式反应器(图 6-5)。适用于游离酶的 STR 主要是分批式搅拌罐式反应

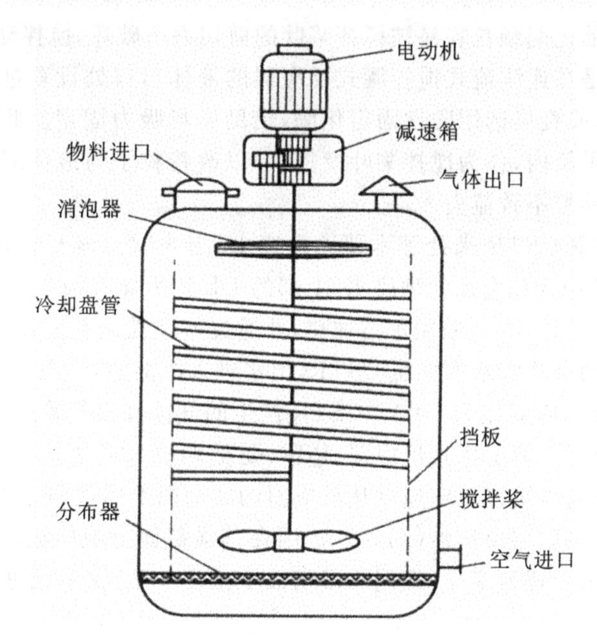

图 6-4　搅拌罐式反应器示意图

器，而适用于固定化酶的 STR 主要有分批式、流加分批式、连续流式搅拌罐式反应器，下面主要介绍分批式和连续流式搅拌罐式反应器的特点。

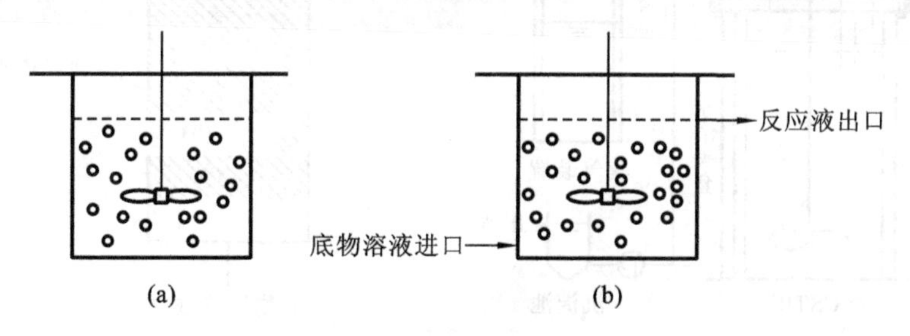

图 6-5　分批式和连续流式搅拌罐式反应器示意图

(a)分批式搅拌罐式反应器；(b)连续流式搅拌罐式反应器

①分批式搅拌罐式反应器：分批式搅拌罐式反应器(batch stirred tank reactor，BSTR)是底物和游离酶一次性投入反应器，产物一次性取出；对于固定化酶，在反应结束后经过滤回收，转入下一批反应。其优点是装置较简单，造价较低，传质阻力很小，反应能很迅速达到稳态。缺点则是操作麻烦，固定化酶经反复回收使用时，易失去活性，故在工业生产中，分批式搅拌罐式反应器很少用于固定化酶，但常用于游离酶。

②连续流式搅拌罐式反应器：连续流式搅拌罐式反应器(continuous flow stirred tank reactor，CSTR)是向反应器中投入固定化酶和底物溶液，不断搅拌，反应达到平衡后，再以恒定流速连续流入底物溶液，同时以相同流速输出反应液(含产物)，主要用于固定化酶。其优点是设备简单，操作容易，在理想状况下，传质阻力较小，酶与底物混合较均匀，各部分组成均一，并与输出成分一致。缺点是搅拌剪切力大，易破坏固定化酶的颗粒，反应后酶难以回收。

由此可知，无论是分批式还是连续流式搅拌罐式反应器都具有设备简单，操作容易，酶与底物混合较均匀，传质阻力较小，反应比较完全，反应条件如温度和 pH 容易调节和控制，能处理胶体底物及不溶性底物和催化剂更换方便等优点，因而常被用于食品加工工业。但也存在缺点,即反应效率低,催化剂颗粒容易被搅拌桨叶的剪切力所破坏,搅拌动力消耗大,回收过程酶易损失。改进方法是在连续流式搅拌罐式反应器的液体出口处设置过滤器,可以把催化剂颗粒保存在反应器内,或直接选用磁性固定化酶,借助磁场吸力固定。此外,可将催化剂颗粒装在用丝网制成的扁平筐内,作为搅拌桨叶及挡板,以改善粒子与流体间的界面阻力,同时也保证了反应器中的酶颗粒不致流失。

例如,利用高温厌氧 CSTR 来处理木薯乙醇废水(图 6-6)。该 CSTR 是带细胞回流的装置,其总容积为 5 L,其中 3 L 用来处理废水,上部的 1 L 用来储存消化气。采用电动搅拌器进行搅拌,转速控制在 200 r/min。采用水浴加热,并通过自动控制装置使反应器内温度维持在 55℃左右。废水由蠕动泵从配水槽抽至 CSTR,出水进入沉淀池,经泥水分离后沉淀下来的污泥定期回流至 CSTR 内,回流比为 1∶1。CSTR 产生的气体经出气管进入集气装置。

(2)填充床式反应器　填充床式反应器(PBR)是把颗粒状或片状固定化酶填充于填充床内,底物溶液按一定方向以缓慢恒定速度从反应器的底部向上通过固定化酶柱床,通过酶催化反应形成产物,又称固定床型反应器(图 6-7)。因在其横截面上液体流动速度完全相同,沿流动方向底物及产物的浓度逐渐变化,但同一横切面上浓度一致,又称活塞流反应器(plug flow reactor,PFR)。

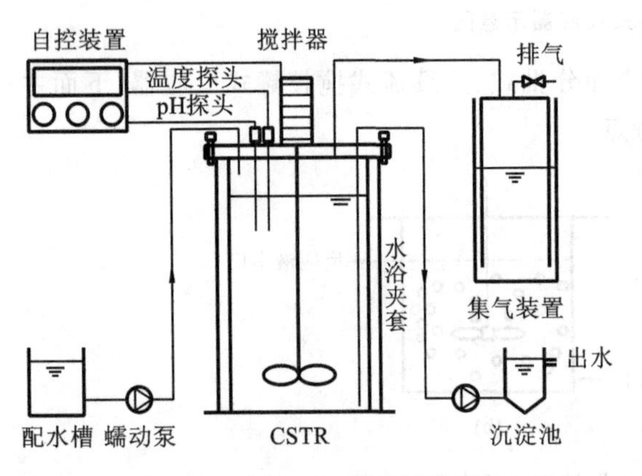

图 6-6　高温厌氧 CSTR 示意图

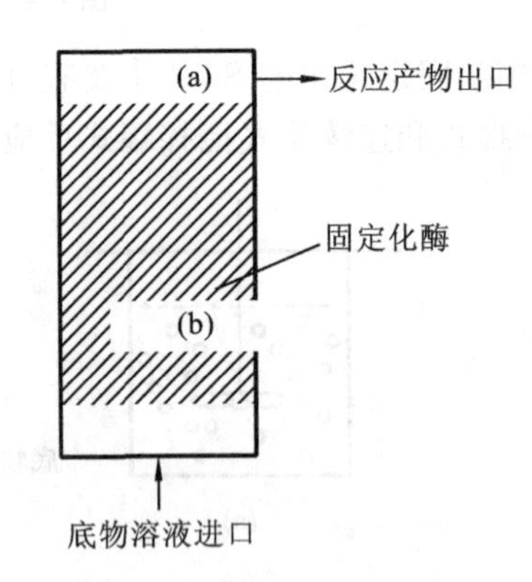

图 6-7　填充床式反应器示意图

(a)为底物进入口或产物出口;(b)为产物出口或底物进入口

PBR 是一种使用得最广泛的固定化酶反应器,当前工业上多数采用此类反应器,它具有结构简单、容易放大、剪切力小、单位体积的催化剂负荷量高、催化效率高等优点,特别适合于存在底物抑制的催化反应,是工业生产和科研中应用最为普遍的反应器。填充床式反应器主要采用的是连续式的搅拌方式,由于其单位体积反应床的固定化酶密度大,可以提高酶催化反应的速度。它适用于各种形状的固定化酶和不含固体颗粒、黏度不大的底物溶液,以及有产物抑制的转化反应。为降低产物的抑制引起的不良反应,一般可采用多个 PBR 串联操作,或将 PBR 分成几个不同的区域,在不同进口处加入底物溶液。与连续搅拌罐反应器相比,可减少产物的抑制作用(产物浓度沿反应器长度逐渐增高)。但也存在一些缺点:①温度和 pH 难控制;②底物和产物会产生轴向分布,也会导致相应的酶失活程度也呈轴向分布;③更换催化剂相当麻烦;④传质系数和传热系数相对较低,固定化酶颗粒大小会影响压力降和内扩散阻力(颗粒大小要尽可能均匀),不适合含有固体颗粒和黏度很大的底物;⑤柱内压力降相当大,固定化酶所受到的压力大,易引起变形和破碎,底物需加压后才能进入;⑥当底物溶液含有颗粒或黏度大时,不宜采用 PBR(因为固体物质会引起床层堵塞)。PBR 的操作方式主要有两种,一种是底物溶液从底部进入而由顶部排出的上升流动方式，另一种则是上进下出的下降流动方式。

(3)流化床式反应器　流化床式反应器(FBR)是一种装有较小颗粒的垂直塔式反应器(形状可为柱形、锥形等)。底物以一定速度(足够大的流速)由下向上流过，使固定化酶颗粒不断地在悬浮翻动状态下进行催化反应形成一种流体。流体的混合程度介于连续流式搅拌罐反应器和填充床式反应器之间，如图 6-8 所示。

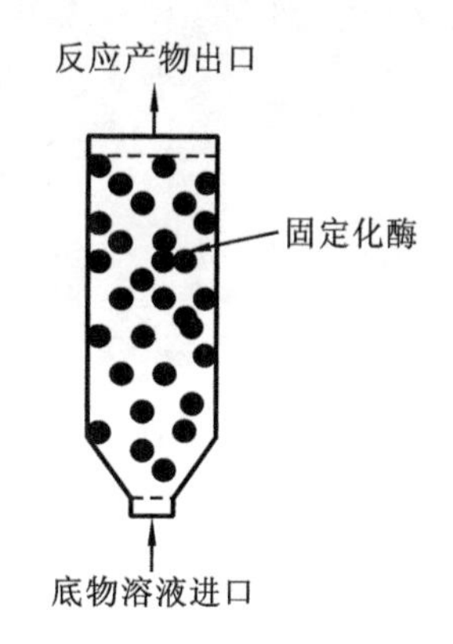

图 6-8　流化床式反应器示意图

FBR 适用于固定化酶进行的连续催化反应，其适用的操作方式有分批式、流加分批式、连续式。FBR 具有混合均匀，传热与传质特性好，能处理粉状底物，压力降较小，温度和 pH 及气体的供给和调节控制比较容易，不易堵塞，对黏度较高的反应液和粉末状底物也可以进行催化反应等优点，也很适合于需要供给气体或排放气体的反应(即固-液-气三相反应)，但它需要较高的流速才能维持粒子的充分流态化，而且放大较困难。目前，FBR 即使应用细粒子的催化剂，压力降也不会很高，现主要被用来处理一些黏度高的液体和颗粒细小的底物，如用于水解牛乳中的蛋白质。FBR 的不足之处：①需保持一定的流速，运转成本高，难以放大；②由于颗粒酶处于流动状态，易导致粒子的机械破损；③由于流化床的空隙体积大，酶的浓度不高；④由于底物高速流动使酶冲出，降低了转化率，而改进的办法是使底物进行循环。

(4)鼓泡式反应器　鼓泡式反应器(BCR)是利用从反应器底部通入气体产生的大量气泡，在上升过程中起到提供反应底物和混合两种作用，并将气泡中的氧传入培养基中供菌体利用的一类反应器，它也是一种无搅拌装置的反应器，在使用鼓泡式反应器进行固定化酶的催化反应时，反应系统中存在固、液、气三相，又称为三相流化床式反应器，如图 6-9 所示。

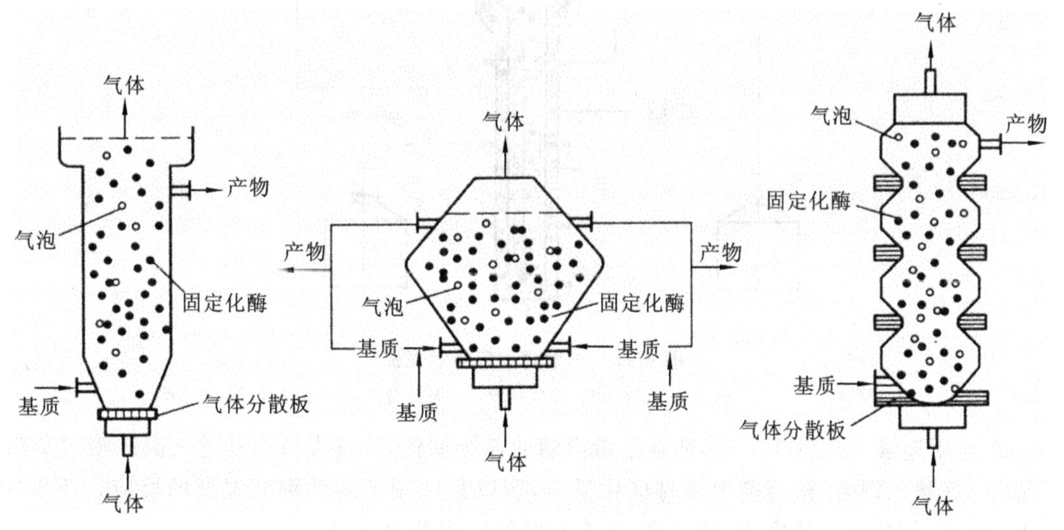

图 6-9　鼓泡式反应器示意图

BCR 是有气体参与的酶催化反应中常用的一种反应器，可以用于游离酶和固定化酶的催化反应，适用于培养液黏度小、固体含量少、需氧量较低的培养发酵与生物催化过程，例如啤酒连续发酵的塔型固定化活菌体反应器(图 6-10)。BCR 优点是结构简单，操作容易，剪切力小，物质与热量的传递效率高；其缺点是反应器的高径比一般较大，要在室外安装，而且压缩空气要有较高压力。对于高径比大的反应器习惯上称为塔，也称鼓泡塔反应器。

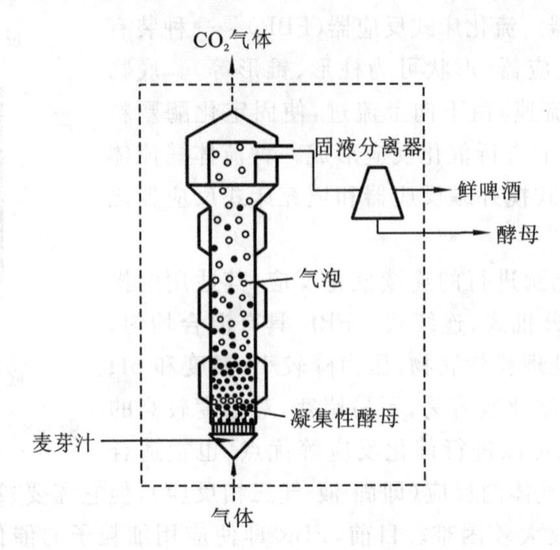

图 6-10　啤酒连续发酵的塔型固定化活菌体反应器示意图

(5)喷射式反应器　喷射式反应器(JR)是利用高压蒸汽的喷射作用，实现酶与底物的混合，是进行高温短时催化反应的一种反应器，如图 6-11 所示。

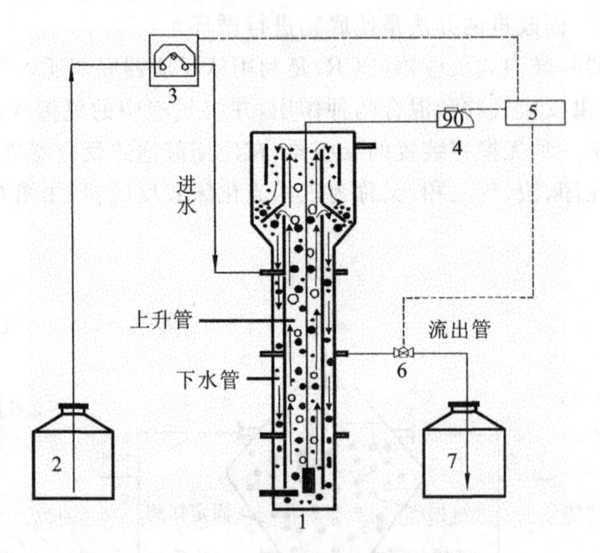

图 6-11　喷射式反应器示意图

1—反应器；2—进水槽；3—蠕动泵；4—曝气装置；5—时控开关；6—电磁阀；7—出水槽

JR 适用连续式的操作方式，适合于游离酶的连续催化，其最大特点是通入高压喷射蒸汽，实现酶与底物的混合，进行高温短时催化反应，所以只适用于某些耐高温酶的反应。JR 的优点是温度高，催化反应速度快，效率高，可在短时间完成催化反应。

3. 新型酶反应器——酶膜反应器

酶膜反应器是将酶催化反应与半透膜的分离作用组合而成的反应器，即利用酶的催化功能和膜的分离功能，同时完成生化反应和分离过程的反应器，也称作膜式反应器。酶膜反应器是膜和生物化学反应相结合的系统或操作单元，依靠酶的专一性、催化性及膜特有的功能，集生物反应与反应产物的原位分离、浓缩和酶的回收利用于一体的一种新型的酶反应器。酶膜反应器适用的操作方式主要是连续式。

(1)酶膜反应器的优缺点　与其他传统的酶反应器相比较，酶膜反应器具有以下优点：①可以连续操作，能够极大限度地利用酶，因此，可以提高产量并且节约成本。②酶膜反应器能够及时将产物从反应媒介中分离，这样对于可逆反应，能够使化学平衡向有利于产物生成的方向发生移动。③能够改变反应过程、控制反应进程，从而实现减少副产物的生成、提高产品收率等目的。④在连续或歧化反应中，如果膜对某种产物具有选择性，那么这种产物可以选择性地渗透通过膜，在酶膜反应器的出口便可以富集该产物；⑤对于大分子化合物的水解反应，根据膜的截留性能，可以达到控制水解产物相对分子质量大小的目的，低相对分子质量的水解产物能够通过渗透膜，相对分子质量较大的产物被截留。⑥在膜反应器内可以进行两相反应，而且不存在乳化问题。另外，由于膜反应器在构造及传质等方面的特点，同其他固定床及流动床反应器相比较，在膜反应器中可以实现产物在线连续分离，这一点对于产物抑制酶催化的反应尤其重要；而且出现在传统反应器中的一些不利因素(如孔堵塞、在操作过程中呈现非均相流动等现象)，在膜反应器中则不会发生。

酶膜反应器的缺点主要集中表现在操作过程中，由于催化剂的失活及传质效率下降而导致反应器的效率降低。另外，膜反应器中酶的稳定性还要受到其他因素的影响。例如，酶的泄漏导致催化活性下降，即使酶的分子大于膜的微孔，这种情况也时常发生；微量的酶活化剂(金属离子、辅酶等)的流失，也有可能导致反应器的效率下降，因此，反应过程中，反应组分的添加是必需的。如果在反应器中酶处于自由状态(游离态)，酶在膜表面的吸附无疑将导致酶的活性下降甚至失活。与膜相接触时，有时尽管酶的结构没有发生任何变化，但也可能导致酶的中毒，即膜的形态可能影响到酶的稳定性。

(2)酶膜反应器的分类　根据酶的存在状态、膜组件型式、膜材料类型、反应与分离耦合方式、传质推动力等的区别，酶膜反应器又可分为不同的类型。

①根据酶的存在状态不同分类：可分为游离酶反应器和固定化酶膜反应器。游离酶反应器是酶以游离酶的形式溶于或不溶于膜表面，游离酶在膜式反应器中进行催化反应时，底物溶液连续地进入反应器，酶在反应容器的溶液中催化底物生成产物后，酶与产物一起进入膜分离器进行分离，小分子的产物透过超滤膜而排出，大分子的酶分子被截留，可以再循环使用。游离酶反应器的主要特点是酶均匀地分布于反应物相中，酶促反应在接近本征动力学的状态下进行，但酶易发生剪切失活或泡沫变性，装置性能受浓差极化和膜污染的显著影响。固定化酶膜反应器是酶以固定化酶的形式存在于膜相的微孔或膜基质中。在近年来的研究工作中，半透膜不仅起到分离的作用，而且还用于作为界面催化剂的支撑体。即利用化学键合作用、物理吸附或者静电力，能够将酶直接锚定在膜上。在多相酶膜反应器中，常常将酶锚定在与水相相接触的膜一侧；有时酶也可以被固定在膜相中，例如，可以将脂肪酶锚定在与疏水相相接触的膜的一侧。这种用于固定化酶催化反应的膜反应器是将膜状固定化酶或固定化微生物固定在具有一定孔径的多孔薄膜或板状膜中，而制成的一种生物反应器，称为固定化酶膜反应器。另外，也可以先将酶固定于某种媒介(如惰性蛋白质、凝胶、脂质体等)上制备成固定化酶，然后将其放入膜反应器中进行催化反应。固定化酶膜反应器的主要特点是酶通过吸附、交联、包埋、化学键合等方式被“束缚”在膜上，酶装填密度高，反应器稳定性和生产能力高，产品纯度和质量好，废物量少；但酶往往分布不均匀，传质阻力也较大。

②根据膜组件型式的不同分类：可分为平板式、螺旋卷式、转盘式、空心管式和中空纤维式酶膜反应器五种(图6-12)。其差别在于结构复杂性、装填密度、膜的更换、抗污染能力、清洗、

料液要求、成本等方面有所不同。其中，平板式和螺旋卷式酶膜反应器具有压降小、放大容易等优点，但与空心管式和中空纤维式酶膜反应器相比，反应器内单位体积催化剂的有效面积较小。空心管式酶膜反应器主要与自动分析仪等组装，用于定量分析。转盘式酶膜反应器又可细分为立式和卧式两种，主要用于废水处理装置，其中卧式反应器由于液体的上部接触空气可以吸氧，适用于好氧反应。中空纤维式酶膜反应器则是由数根醋酸纤维素制成的中空纤维构成(图 6-13)，其内层紧密光滑，具有一定的相对分子质量截留值，可截留大分子物质，而允许不同的小分子物质通过；外层则是多孔的海绵状支持层，酶被固定在海绵支持层中。这种反应器不仅能承受 68 个标准大气压以上的压力，而且还具有高的装填密度，具有很好的工业应用前景，但是当流量较小时容易产生沟流现象。

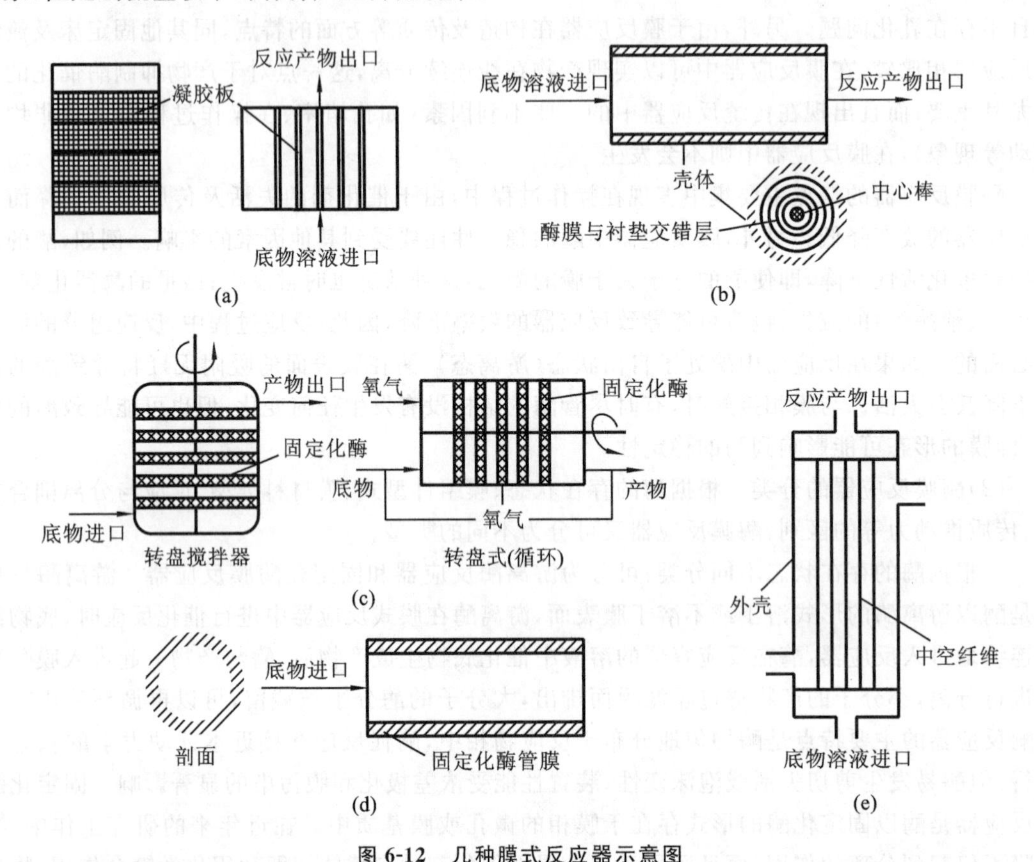

图 6-12　几种膜式反应器示意图

(a)平板式；(b)螺旋卷式；(c)转盘式；(d)空心管式；(e)中空纤维式

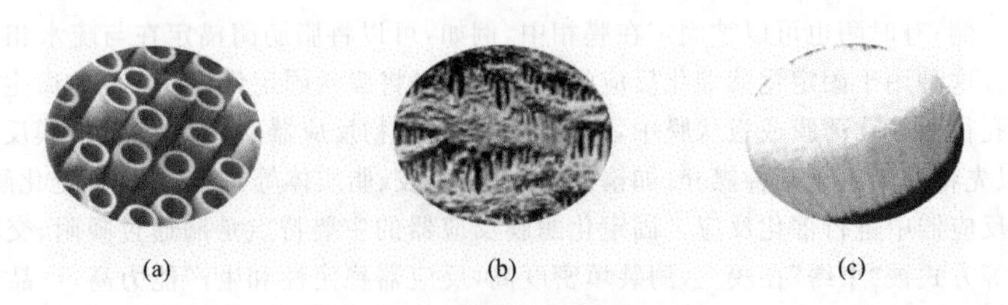

图 6-13　中空纤维膜电镜放大图

(a)电镜放大的中空纤维膜；(b)电镜放大的过滤膜孔径；(c)中空纤维膜丝

③根据液相数目的不同分类：可分为单液相和双液相酶膜反应器。单液相酶膜反应器多用于底物相对分子质量比产物大得多，产物和底物能够溶于同一种溶剂的场合。双液相酶膜反应器多用于酶促反应涉及两种或两种以上的底物，而底物之间或底物与产物之间的溶解行为差别较大的场合。

④根据膜材料的不同分类：可分为高分子酶膜反应器和无机酶膜反应器。其中，高分子膜材料种类多，制作方便，成本低，因而应用较多。

⑤根据反应与分离的耦合方式不同分类：可分为一体式和循环式酶膜反应器。其中，一体式酶膜反应器中，膜既作为酶的载体，同时又构成分离单元；循环式酶膜反应器中，系统通常包含一个搅拌槽式反应器加上一个膜分离单元。

⑥根据传质推动力的不同分类：可分为压力差驱动、浓度差驱动、电位差驱动的酶膜反应器。酶膜反应器酶的反应原理是催化反应产物渗透通过膜的微孔，可以是在浓度梯度的推动下，扩散渗透通过膜；或在压力差的作用下，对流通过膜。通过这种方式，反应产物连续地从反应体系中得以分离。产物的这种分离方式是这种膜反应器的最基本要求，同时也是传统膜反应器概念的一部分。但是，对于溶解度低或产生沉积作用的产物，产物的完全截留是这种反应器未曾预期到的新优势。在操作过程中，目标产物在反应器中得以富集的同时，底物分子可以渗透通过膜或者留在反应体系中。

(3)几种典型的酶膜反应器　下面介绍几种常见的酶膜反应器的原理和特点。

①连续流膜反应器：利用半透膜将酶限制在有限的区域，底物经过扩散与酶作用。优点是产物回收方便，酶活力易保存；缺点是不适合于大分子底物，膜的成本较高。

②超滤膜酶反应器：超滤膜的孔径分布范围为1～100 nm，或平均截留相对分子质量M_r为500～10 000。对于大多数游离酶和固定化酶而言，由于平均相对分子质量在10 000～100 000之间，超滤膜对于酶都有较高的截流能力，因此，超滤膜特别适用于酶膜反应器。常用的超滤膜酶反应器的结构如图6-14所示。

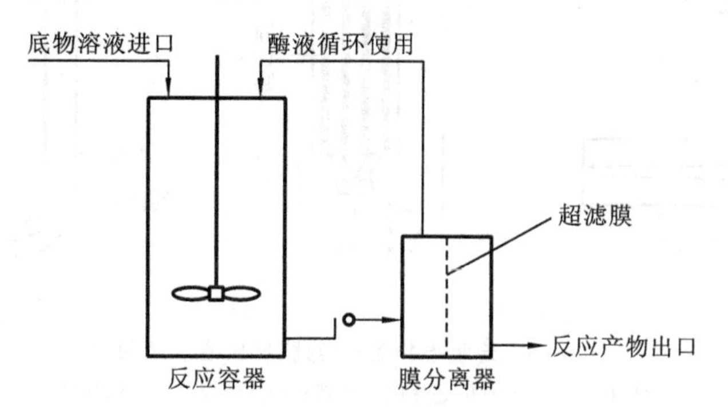

图6-14　超滤膜酶反应器示意图

对于酶膜反应器，在选择超滤膜时，不仅要考虑酶、底物、产物的分子大小，而且它们在溶液中的化学特性以及膜本身的特性也不容忽视。在筛选膜的过程中，溶质的截留率是一个十分重要的指标。对反应产物而言，理论截留率应为0%；而对酶的理论截留率应为100%，以保证酶完全留在反应体系中，实际应用中一般很难达到。总之，选择超滤膜时必须考虑的因素包括：膜材料的形态、孔度、孔径分布、截留相对分子质量大小；化学稳定性、适宜的pH值范围；热稳定性、耐压的能力；是否影响到酶的活力；膜的价格等。

在超滤膜组件或反应器中，酶分子会受到剪切力的作用或者与膜反应器的内表面发生摩擦。有研究表明，酶的活性随搅拌的速率或循环速率的增加而下降。此外伴随强剪切现象的其他一些现象，如界面失活、吸附、局部热效应、空气、卷吸等，也可能导致酶的失活。将酶固定于膜表面，随着产物或者底物在邻近膜表面以凝胶层的形式积聚，可能会导致酶的抑制现象加剧。不管由于上述哪种因素导致酶的稳定性下降，添加新鲜的酶是维持反应连续稳定地进行的必要条件。在操作过程中，传质效率的下降限制了膜反应器的应用。浓差极化（图 6-15）和膜的污染是可能导致膜的渗透通量下降的两个最为主要的因素。因此，在操作过程中，控制浓差极化现象的发生及膜的污染是维持稳定的渗透通量及产物量的重要条件。

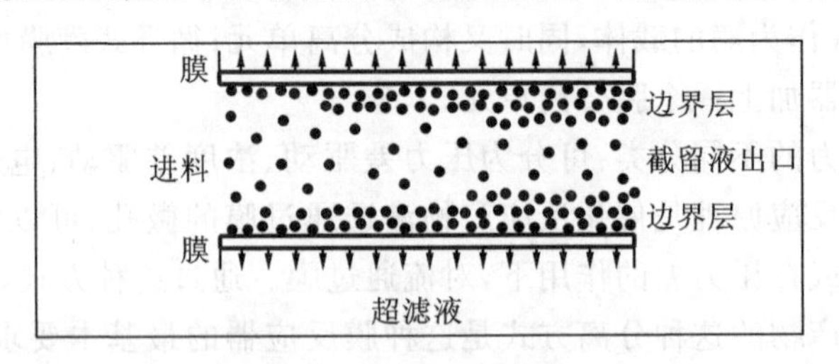

图 6-15　超滤膜酶反应器的浓差极化现象

③连续搅拌罐-超滤膜反应器：游离酶在膜反应器（CSTR-UFR）中进行催化反应时，底物溶液连续地进入反应器，酶在反应容器的溶液中催化底物生成产物后，酶与反应产物一起进入膜分离器进行分离，小分子的产物透过超滤膜而排出，大分子的酶分子被截留，可以再循环使用（图 6-16）。该反应器适用于颗粒较细的固定化酶、游离酶和细胞以及小分子产物与大分子底物。

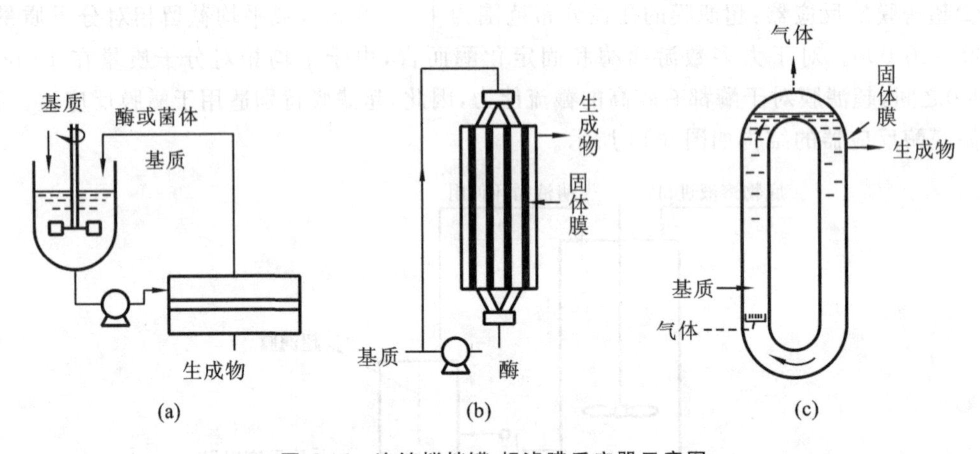

图 6-16　连续搅拌罐-超滤膜反应器示意图

(a)连续搅拌罐反应器；(b)超滤膜反应器；(c)连续搅拌罐-超滤膜反应器

（4）酶膜反应器的应用　目前，酶膜反应器的应用研究进展迅速，但是酶膜反应器的潜能尚未得到充分发挥；反应器结构设计、膜、酶体系三者任何一个因素的改进，都将提高酶膜反应器的工作效率，扩大其应用范围。下面介绍一些有关酶膜反应器的应用。

①生物大分子的分解：用于酶膜反应器的生物大分子包括蛋白质、多糖等，主要工作集中在淀粉、纤维素、蛋白质等的水解。利用膜的筛分作用，可以将相对分子质量较大的生物大分子与相对分子质量较小的水解产物实现原位分离，以部分甚至全部消除产物抑制。例如，通过果胶水解来降低果汁黏度，通过乳糖转化降低牛奶和乳清中乳糖的含量，通过多酚化合物和花色素的转化来进行白酒的处理等。

②制备生物活性肽：将生物活性肽的产生（酶催化蛋白质水解）和分离（膜分离）耦合起来，既能有效降低酶用量，降低制备成本，还能对蛋白质水解进行有效控制，实现连续操作。这一工作的研究有利于加快生物活性肽的产业化步伐。例如，制备氨基酸，制备酪啡肽，制取抗高血压肽等。

③辅酶或辅助因子的再生：氧化还原酶可以催化共价合成、能量转移、基团转移、氧化还原等多种类型的反应，但催化作用大多需要昂贵的辅酶或辅助因子，如 NAD^+、$NADP^+$、ATP 或辅酶 A 的参加。因此，凡是有辅酶和辅助因子参与的反应，必须设有辅酶再生反应系统，以通过辅酶和辅助因子的反复利用降低生产成本。伴有辅酶和辅助因子再生系统的酶膜反应器已经成功地用于 NADPH、氨基酸、羧酸、醇、6-磷酸葡萄糖、乳酸、醛、内酯等物质的生产。

④油水多相水解反应：利用酶膜反应器以脂酶通过水解油脂合成甘油一酸酯、甘油二酸酯、甘油磷脂等。脂酶在相界面可得到活化，尤其是在多相酶膜反应器中脂酶活性可显著提高，这类反应器使两个互不相溶的相分别流过膜的两侧，一种底物通过膜与固定在膜另一侧的酶分子结合，反应在界面上发生，不产生乳化问题。

(5)酶膜反应器的发展趋势　为了更好地发挥酶膜反应器的优势，克服其缺陷，需要对其进行以下几个方面的深入研究。

①开发新型的酶膜反应器：在工业生产中为避免复杂的化学反应生产流程，取代繁杂的生产管道和反应器，需要开发新型的酶膜反应器。另外，设计良好的膜组件，降低浓差极化和膜污染的不利影响，在纵深方面提高酶膜反应器的效率。

②开发新型的膜材料：在酶膜反应器中，膜的加工水平较低，膜孔径分布与形态结构的均一性差，容易造成酶分子和小分子激活剂的泄漏。再加上有机溶剂的引入常使膜发生溶胀从而使膜发生弯曲变形，丧失有效传质面积，所以需要开发耐溶胀的膜材料，研制生物相容性好、抗污染的高分子膜材料，采用先进的成膜工艺使膜的形态结构更优化。

③开发适用于酶膜反应器的新型酶制剂：酶在固定化的过程中存在空间位阻效应，这使得固定化酶可能因为空间构型改变或活性位点被遮蔽而失活。所以需要以定向固定化代替随机固定化，以保证酶的空间构型保持不变。另外，还可以对酶分子的侧链基团进行必要的化学修饰改性，以增加酶与膜材料之间的生物相容性，提高酶对有机溶剂的耐受性，同时可增大酶的相对分子质量，从而改善膜对酶的截留效应。

4. 酶反应器的研究新进展

目前工业上大规模应用的酶，仅限于水解酶和异构酶两大类中的某些酶，而且大多是单酶系统。为了适应酶的开发利用的需要，酶反应器的研制也在不断发展。目前，从出现的第二代酶反应器的研制来看，主要包括三种类型：①含辅因子再生的酶反应器；②多相或两相反应器；③固定化多酶反应器。其中多相反应器在近几年来进展较快，例如可以利用脂肪酶的特点来合成具有重要医疗价值的大环内酯和光学聚酯。

(1)含有辅因子再生的酶反应器　许多酶反应都需要辅因子（如辅酶、辅基、能量供给体等）的协助，而这些辅因子的价格较贵。如采用简单的添加方法，经济上很不合算。因此，发展了含有辅因子再生的酶反应器，使辅因子能反复使用，降低生产成本。例如：①利用固定化的脱氢酶，可将固定化 NADH 再生为固定化 NAD。而依靠半透膜，能将固定化 NAD 保留在反应器内。这样在反应过程中，固定化 NAD 不断变成固定化 NADH，又不断再生为固定化 NAD，以满足反应所需，实现了 NAD 的再生与循环使用。②美国麻省理工学院有关人员设计了 ATP 再生的酶反应器。反应器由三部分组成：第一部分固定两个酶系组成一个反应器，底物(氨基酸)在此经过这两个酶系催化合成短杆菌肽S;第二部分也固定两个酶系,目的是使第一部分产生的AMP再生成ATP;第三部分是提供第二部分反应所需的乙酰磷酸(由第一部分反应产生的磷酸和乙烯酮反应得到)。

(2)两相或多相反应器　由于许多底物不溶或微溶于水,如脂肪、类脂肪或极性较低的物质,进行酶转化时,在水相中有浓度低、反应体积大、分离困难、能耗大等缺点。若使酶反应能在水-有机相中进行,则可大大增加反应时的底物浓度。而且在两相或多相体系中反应,还常可减少底物,特别是产物对酶的抑制作用,使酶反应进行到底及酶的操作稳定性延长。

一般两相反应常常是将酶或固定化酶置于水相中,而底物溶于有机相中,然后在搅拌或乳化条件下反应。使酶反应在有机相中进行,可增加反应物浓度,还可减少底物,特别使产物对酶的抑制作用。有机相一般使用碳氧化合物及芳香族化合物,让有机相对酶活力的影响减至最小。

三相反应器是指将酶或水溶性固定化酶溶于水中,然后与一个溶有载体的有机相在剧烈搅拌下形成稳定的乳化液,再将此乳化液倾入缓缓搅拌的溶有底物的水相中,这样就形成内外是水相,而中间隔了一层有机相的反应系统。

(3)固定化多酶反应器　随着科学技术的发展,人们有可能将多种酶固定化后,制成多酶反应器,模拟微生物细胞的多酶系统,进行多种酶的顺序反应,来合成各种产物。它具有较好的发展前景,不但可组成高效率、巧妙的多酶反应器,而且还可构成全新的酶化学合成路线,生产人类所需的、自然界不存在的物质。可以预言,今后将利用固定化酶反应器进行顺序的连续反应,完全代替微生物的发酵来生产发酵产品,用小型的柱式反应器,取代今天庞大而低效的微生物发酵。化工厂、制药厂的高大的反应塔和密如蛛网的管道也将由简单、巧妙的生物反应器所取代。但目前此技术还处于实验室阶段,还未见有工业化的报道。

6.2　酶反应器的选择与操作

6.2.1　酶反应器选择的依据

在实际应用时,应当根据酶、底物和产物的特性,以及操作条件和操作要求的不同而进行设计和选择。影响酶反应器选择的因素很多,但一般可以从以下几个方面考虑:①从酶的应用形式(游离酶/固定化酶)、酶的反应动力学性质、底物和产物的理化性质、固定化酶的形状、酶的稳定性等几个方面进行考虑。②反应器应当尽可能具有结构简单、操作简便、易于维护和清洗、可以适用于多种酶的催化反应、制造成本以及运行和控制成本较低等特点。选择酶反应器的依据如下。

1. 根据酶的应用形式选择反应器

在酶催化反应中,酶的应用形式主要有游离酶和固定化酶,它们对酶反应器的要求也各不相同。

(1)游离酶反应器的选择　根据游离酶的特性及催化反应的特点,可选择不同的酶反应器类型:①游离酶催化反应最常用的反应器是搅拌罐式反应器。但用搅拌罐式反应器,酶难以回收,对于具有高浓度底物抑制作用的酶,采用流加式分批反应。②有气体参与的酶催化反应,通常采用鼓泡式反应器。既具搅拌作用,又可带走产物,以降低或消除产物对酶的反馈抑制作用。

③对于某些价格较高的酶，由于游离酶与反应产物混在一起，为了使酶能够回收，可以采用游离酶膜反应器。④对于某些耐高温的酶，可以采用喷射式反应器，进行连续式的高温短时反应。

(2)固定化酶反应器的选择　应用固定化酶进行催化反应，一般可以选择搅拌罐式反应器、填充床式反应器、鼓泡式反应器、流化床式反应器、膜反应器等。但需要同时根据固定化酶的形状、颗粒大小和稳定性的不同，进行选择：①颗粒状或片状固定化酶的反应器选择搅拌罐式反应器(机械强度稍差的固定化酶，注意搅拌桨叶旋转产生的剪切力会对固定化酶颗粒产生损伤甚至破坏)、填充床式反应器、鼓泡式反应器、流化床式反应器；②膜状和纤维状固定化酶的反应器选择填充床式反应器、膜反应器；③小颗粒状固定化酶的反应器选择流化床式反应器、鼓泡式反应器；④其他平板状、直管状、螺旋状的反应器一般作为膜反应器使用。

2. 根据酶反应动力学性质选择反应器

酶反应动力学主要研究酶催化反应的速度及其影响因素，影响反应动力学的因素包括：酶与底物投入量、酶的浓度、底物浓度对反应速度的影响、产物对酶的反馈抑制作用和反应温度条件等。根据这些条件通常采用以下选择方式。

(1)根据酶与底物的混合程度选择　可以采用搅拌罐式反应器、流化床式反应器，保证酶与底物分子有效碰撞和结合，反应系统混合均匀。相对来说，填充床式反应器效果较差，膜反应器可采用辅助搅拌。

(2)根据底物浓度对酶反应速度的影响选择　具有高浓度底物抑制作用的游离酶，可以采用流加分批罐式反应器和游离酶膜反应器；对具有高浓度底物抑制作用的固定化酶，可以采用连续搅拌罐式反应器、填充床式反应器、流化床式反应器、膜反应器等进行连续催化反应。

(3)根据反应产物对酶的反馈作用选择　阻止产物对酶反馈抑制作用最好选用膜反应器；对固定化酶而言，也可以采用填充床式反应器。

(4)根据酶催化反应条件选择　从酶催化作用温度条件来看，能耐受 100℃ 以上高温的酶，最好选用喷射式反应器。当反应过程需要控制温度、调节 pH 时，选用 CSTR 更为方便。

3. 根据底物或产物的理化性质选择反应器

底物和产物的理化性质直接影响酶催化反应速率，故底物或产物的相对分子质量、溶解性、黏度等性质对反应器的选择有重要影响。具体选择依据如下：①当反应底物或产物的相对分子质量较大时，由于底物或产物难于透过超滤膜的膜孔，一般不采用膜反应器。②当反应底物或产物的溶解度较低、黏度较高时，应当选择搅拌罐式反应器或流化床式反应器，而不采用填充床式反应器和膜反应器，以免造成阻塞。③当反应底物为气体时，通常选择鼓泡式反应器。④有些需小分子物质为辅酶(辅酶可以看作一种底物)的酶催化反应，通常不采用膜反应器，以免辅酶的流失而影响反应进行。⑤选择的反应器应当能够适用于多种酶的催化反应，并能满足酶催化反应所需的各种条件，并可进行适当的调节控制。⑥所选择的反应器应当尽可能结构简单、操作简便、易于维护和清洗。⑦所选择的反应器应当具有较低的制造成本和运行成本。

6.2.2　酶反应器的操作

保持酶反应器的操作稳定性(搅拌速度、流动速度、反应温度、反应液 pH 等)对于保持和提高酶反应器反应效率、提高生产效率、减少污染，以获得最好的经济效益和社会效益是十分必要的。一般通过酶反应器的反应温度、pH、底物浓度、酶浓度、反应液混合程度、物料流加速率、微生物污染的控制、搅拌速度、流动速度等多方面进行调节和控制。

1. 酶反应器中流动状态和方式的控制

酶反应器在运作时，反应器流动方式的改变会使酶与底物接触不良，造成反应器生产力下降；同时，由于流动方式的改变造成返混程度变化，也为副反应的发生提供了机会。因而在连续搅拌罐式反应器或流化床式反应器中，应控制好搅拌速度。由于生物催化剂颗粒的磨损随切变速率、颗粒占反应器体积的比例的增加而增加，而随悬浮液流的黏度和载体颗粒的强度的增加而减少，目前人们正试图通过采用磁性固定化酶的方法来解决搅拌速度控制的问题。在填充床式反应器中，流动方式还与柱压降的大小密切相关，而柱高和通过柱的液流流速是柱压降的主要决定因素，为减少压降作用，可以使用较大的、不易压缩的、光滑的珠型填充材料均匀填装。此外，堵塞也是影响酶反应器流动方式的一个不可忽视的问题，其是限制固定化催化剂在许多食品、饮料和制药工业上应用的主要因素。它的产生是由于固体或胶体沉积物的存在，妨碍了底物与酶的接触，从而导致固定化催化剂活性丧失，可以通过改善底物的流体性质来解决。

2. 酶反应器恒定生产能力的控制

在使用填充床式反应器的情况下，可以通过反应器的流速控制来达到恒定的生产能力，但在生产周期中，单位时间产物的合成会降低。在反应过程中，随时间而出现的酶活性丧失，可通过提高温度增加酶活力来补偿。现在普遍采用将若干使用不同时间或处于不同阶段的柱反应器串联的方法与上述方法之一相结合。尽管每根柱的生产能力不断衰减，但由于新柱不断地代替活力已耗尽的柱，总的固定化酶量不随时间而变化，采用顺序启动，掌握好换柱时间。增加柱反应器数量可获得更好的操作适用范围。由于在串联操作中物流较小，压降及压缩问题较大，如果采用并联法则具有最好的操作稳定性，每个反应器基本可以独立操作，能随时并入或撤离运转系统。

3. 酶反应器稳定性的控制

酶的稳定性对酶反应器的功效是很重要的。酶反应器操作中，生产能力逐渐降低，主要原因是固定化酶活力降低或损失。造成固定化酶活力损失可能有如下三种原因：①由于重金属离子过多、不合适的温度或 pH、混合过程中产生的气泡、剪切力过强使酶本身失活；②酶从载体上脱落；③载体的破碎或溶解。各种类型的反应器中，CSTR 最易引起这类损失。常采用的对策：①反应过程中，根据酶的动力学特征，确定酶催化反应的最适温度，温度发生变化时要及时调节。为了防止变性，操作温度不宜过高。②为了防止中毒，要求所用试剂和水不含毒物。③为了防止微生物污染，可以提高操作温度，并使反应液尽量偏离中性。④pH 的调节通常采用稀酸或稀碱进行，在操作过程中，必要时可以采用缓冲液（或酸、碱）调节反应液 pH，以维持反应液的 pH。如果局部的 pH 过高或过低，就会引起酶的失活，或者使底物和产物发生水解反应。这时，可加快搅拌以促使混合均匀。⑤反应器中底物浓度保持恒定：$[S]=(5\sim10)K_m$。如果底物和产物在反应器中不够稳定的话，可以采用高浓度的酶，以减少底物和产物在反应器中的停留时间，从而减少损失。⑥连续式固定化酶反应器应具备添加或更换酶的装置，而且要求这些装置的结构简单，操作容易。⑦搅拌速度过慢，会影响混合的均匀性；过快，则产生的剪切力会使酶的结构受到影响。⑧选择适宜的流动速度，例如流化床反应器的操作过程，要控制好流体的流速和流动状态，以保证混合均匀并且不会影响酶的催化。

4. 防止酶反应器的微生物污染

用酶反应器制造食品和生产药品时，生产环境通常须保持清洁，并应在必要的卫生条件下进行操作，因为不仅微生物的污染会堵塞反应柱，而且它们产生的酶和代谢物还会进一步使产物降解或产生令人厌恶的副产物，甚至能使固定化酶活性载体降解。防止酶反应器的微生物污染的主要措施：①经常检测；②保证生产环境的清洁、卫生，要求符合必要的卫生条件；③酶反应器在使用前后，都要进行清洗和适当的消毒处理，如可用酸性水或含过氧化氢、季铵盐的水反冲；④必要时，在反应液中添加适当的对酶催化反应和产品质量没有不良影响的物质（杀菌剂、抑菌剂、有机溶剂等物质），或隔一定时间用它们处理反应器，如在连续运转时也可周期性地用过氧化氢处理酶反应器，以抑制微生物的生长，防止微生物的污染等。但是，在进行所有这些操作之前，必须考虑这些操作是否会影响固定化酶的稳定性。一般情况下，当产物为抗生素、酒精、有机酸等能抑制微生物生长的物质时，污染机会可减少。

6.3　酶反应器的设计

设计酶反应器时要使用物料衡算、热量衡算、物料间的传质特性、反应动力学及流体力学等有关公式，其基本原理是基于“三传一反”定律。酶反应器的设计和操作，是酶工程中一个极其重要的问题，它对产品的成本和质量有着很大影响。酶反应器设计的基本要求是通用和简单。为此在设计之前，首先，要了解酶催化反应的动力学特性及其各种参数，再根据生产的要求进行酶反应器设计。具体包括：①底物的酶促反应动力学以及温度、压力、pH 等操作参数对此特性的影响；②酶反应器的形式和酶反应器内流体流动状态及传热特性；③需要的生产量及生产工艺流程。其次，无论采用什么样的工艺流程和设备系统，应尽量使其在经济、社会、时间和空间上是最优化的，因此必须在综合考虑酶生产流程和相应辅助过程及其之间的相互作用和结合方式的基础上，对整个工艺流程进行最优化，最终设计出生产成本最低、产品的质量最高的酶反应器。

6.3.1　酶反应器类型的确定

设计酶反应器时，首先要确定反应器的类型。不同类型的酶反应器，其特点各不相同。因此，需要按照上一节所述的选择原则，根据酶、底物和产物的性质，同时综合考虑其他因素和生产的实际要求选择并确定酶反应器的类型。

6.3.2　酶反应器制造材料的确定

由于酶催化反应具有条件温和的特点，通常都是在常温、常压及近中性的环境中进行反应，所以酶反应器的设计对制造材料没有什么特别要求，一般采用不锈钢制造反应容器即可。

6.3.3　酶反应器的性能评价

反应器的性能评价应尽可能在模拟原生产条件下进行，通过测定活性、稳定性、选择性、达到的产物产量、底物转化率等，来衡量其加工制造质量。测定的主要参数有底物停留时间（t）、转化率（χ）、产物浓度（ρ_{P}）、酶的催化率（$R_{\mathrm{p/e}}$）、反应器温度、pH、底物浓度和生产强度（Q_{p}）等。当副反应不可忽视时，选择性也是很重要的参数。

1. 底物停留时间

底物停留时间是指底物在反应器中的停留时间，指反应物料从进入反应器时算起，至离开反应器时为止所经历的时间，也称空时。其数值等于反应器体积与底物体积流速之比。当底物或产物不稳定或容易产生副产物时，应使用高活性酶，并尽可能缩短底物停留时间。对于分批式搅拌罐(BSTR),所有物料的停留时间都相等,且等于反应的时间。对 CPFR,两者也是一致的。对于 CSTR,是指"平均停留时间"。

$$t = \frac{V_R}{q_V} \tag{6-1}$$

式中,V_R 表示反应器体积(L);q_V 表示流速(L/h);其倒数 $1/t$ 称为空速,又常称为稀释率。

2. 转化率

转化率是指每克底物中有多少转化为产物。在设计时,应考虑尽可能利用最少的原料得到最多的产物。只要有可能,使用纯酶和纯的底物,以及减少反应器内的非理想流动,均有利于选择性反应。实际上,使用高浓度的反应物对产物的分离也是有利的,特别是当生物催化剂选择性高而反应不可逆时更加有利,同时也可以使所需溶剂量大大降低。

$$\chi = \frac{\rho_{S_0} - \rho_S}{\rho_{S_0}} \tag{6-2}$$

式中,ρ_{S_0} 表示流入反应器的底物浓度(g/L);ρ_S 表示流出反应器的底物浓度(g/L)。

3. 酶反应器的生产强度

酶反应器的生产强度(Q_p)表示以每小时每升反应器体积所生产的产品量,主要取决于酶的特性、浓度及反应器特性、操作方法等。使用高酶浓度及减小停留时间有利于生产强度的提高,但并不是酶浓度越高、停留时间越短越好,这样会造成浪费,在经济上不合算。总体而言,酶反应器的设计应该是在经济、合理的基础上提高生产强度。此外,由于酶对热是相对不稳定的,设计时还应特别注意质与热的传递,最佳的质与热的转移可获得最大的产率。

$$Q_p = \frac{\rho_p q_V}{V_R} = \frac{\chi \rho_{S_0}}{t} = q_V K'_m \chi \tag{6-3}$$

式中,Q_p 表示酶反应器的生产强度(g/(L·h));ρ_p 表示流出液终产物浓度(g/L);q_V 表示流速(L/h);V_R 表示反应器体积(L);χ 表示产品转化率;ρ_{S_0} 表示流入反应器的底物浓度(g/L);t 表示停留时间(h);K'_m 表示动力学参数(mol/L)。

空时、转化率和生产强度是表示酶反应器性能的重要参数,它们都和酶浓度、比活力以及反应条件密切相关,其中反应条件决定着酶催化活性的表现。

4. 酶的催化率

酶的催化率 $R_{p/e}$ 表示单位量的酶催化产物形成的克数,它与操作条件有如下关系:

$$R_{p/e} = \chi \int_0^{t_c} S_a(t)\,dt \tag{6-4}$$

式中,$S_a(t)$ 表示单位时间内每克酶能作用的底物质量(g);t_c 表示酶的有效时间(h/min/s),一般以酶的半衰期 $t_{1/2}$ 表示(h/min/s)。

可见,提高催化率 $R_{p/e}$ 必须使用高的 S_a 的酶并且要增大酶的稳定性。

5. 产物浓度

产物浓度 ρ_p 是一个影响到分离提纯,也就是回收成本高低的关键问题。在连续工艺中,降低稀释率可使产物浓度升高,但会使 Q_p 减小。

6.3.4 酶反应器的热量和物料衡算

1. 热量衡算

酶催化反应一般在 30～70 ℃的温度条件下进行,所以热量衡算并不复杂。温度的调节控制也较为简单，通常采用一定温度的热水通过夹套(或列管)加热或冷却方式，进行温度的调节控制，热量衡算是根据热水的温度和使用量计算。对于某些耐高温的酶，例如高温淀粉酶，可以采用喷射式反应器，热量衡算时，根据所使用的水蒸气热焓和用量进行计算。

(1)常温催化　通常采用一定温度的热水(通过夹套或列管)进行温度的调节控制。热量衡算是根据热水的温度和使用量计算。

(2)高温催化　采用喷射式反应器。热量衡算时，根据所使用的水蒸气热焓和用量进行计算。

2. 物料衡算

物料衡算是运用质量守恒定律，对化工过程或设备进行定量计算。通过物料衡算可解决以下问题：计算原料消耗量、副产品量；输出过程物料的损耗量及"三废"的生成量；在物料衡算基础做能量衡算，计算蒸汽、水、电、煤或其他燃料的消耗定额；计算产品的技术经济指标；为生产设备和辅助设备的选型及设计、管路设施与公用工程的设计等方面提供依据。

(1)物料衡算依据　理论依据是质量守恒定律。物料衡算范围包含单元操作的物料衡算和化工过程的物料衡算，其中单元操作的物料衡算是化工设备设计的前提，化工过程的物料衡算是化工过程设计的前提。

物料衡算的一般表达式为：

$$输入量-输出量+生成量-消耗量=积累量$$

对稳定操作过程：

$$积累量=0$$

$$输入量-输出量+生成量-消耗量=0$$

对无化学反应的过程：

$$输入量-输出量=积累量$$

对无化学反应的稳定操作过程：

$$输入量=输出量$$

对有化学反应的过程：

$$总物料衡算=元素衡算式$$

数据基础包括：技术方案、操作方法、生产能力、年工作时；建设单位或研究单位的要求、设计参数、小试及中试数据；化工单元过程的化学反应式、原料配比、转化率、选择率、总收率，催化剂状态、用量、回收方法、安全性能等；原料及产品的分离方式，分离剂的用量，各步的回收率；特殊化学品的物性如沸点、熔点、饱和蒸汽压、闪点等。

(2)物料衡算基准　物料衡算时须选择计算基准，并在计算过程中保持一致。一般计算过程的基准有以下几种：时间基准，指对连续生产过程，常以单位时间(如 d、h、s)的投料量或产品量为计算基准；批量基准，是指以每批操作或一釜料的生产周期为基准；质量基准，是指当系统介质为液、固相时，选择一定质量的原料或产品作为计算基准较适合；物质的量基准，是指对于有化学反应的过程因化学反应是按物质的量进行的，用物质的量基准更方便；标准体积基准，是指对气体物料进行衡算，可采用标准体积基准，既可排除 T、p 的影响，又可直接换算为物质的量；干湿基准，是指由于物料中均含有一定量的水分，选用基准时就有算不算水分的问题。湿基计算水分，干基不计算水分。在实际计算时，必须根据具体情况选择合适的基准，过程的物料衡算及能量衡算应在同一基准上进行。

(3)物料衡算的基本程序　物料衡算主要包括以下几步：①确定衡算对象和范围，画出计算对象的草图。注意物料种类和走向，明确输入和输出。②确定计算任务，明确已知项、待求项，选择数学公式，力求使计算方法简化。③确定过程所涉及的组分，并对所有组分依次编号。④对物流的流股进行编号，并标注物流变量。⑤收集数据资料。包括设计任务所规定的已知条件及与过程有关的物理化学参数（如临界参数、密度或比体积、状态方程参数、蒸汽压、气液平衡常数或平衡关系等）、生产规模（设计任务所规定，t/年）和生产时间（指全年有效生产天数，300～330 天/年，计约 8 000 h）以及有关定额的技术指标，通常指产品单耗、配料比、循环比、固液比、气液比、回流比、利用率、单程收率、回收率等；原辅材料、产品、中间产品的规格。⑥列出过程全部独立物料平衡方程式及其相关约束式，对有化学反应的还要写出化学反应方程式，指出其转化率和选择性。其中，分数约束式包括：a. 进料配比为一常数；b. 分流器出口物流具有相同的组成；c. 相平衡常数；d. 化学反应平衡常数；e. 化学反应的转化率、选择性或其他限度。⑦选择计算基准。⑧统计变量数与方程数，确定设计变量数及全部设计变量。⑨整理并校核计算结果，并根据需要换算基准，最后列成表格即物流表。⑩绘制物料流程图，编写物流表作为设计文件成果编入正式设计文件。

3. 计算公式

（1）计算底物用量　底物用量计算如下：

$$S=\frac{P}{\chi_{P/S}\cdot R} \tag{6-5}$$

式中，S 表示所需的底物用量（kg 或 g）；P 表示反应产物的产量（kg 或 g）；$\chi_{P/S}$表示产物转化率（%），其计算公式见式（6-6）；R 表示产物收得率（%），其计算公式见式（6-7）。

$$\chi_{P/S}=\frac{P}{S}=\frac{\Delta[\mathrm{S}]}{[\mathrm{S_0}]}=\frac{[\mathrm{S_0}]-[\mathrm{S_t}]}{[\mathrm{S_0}]} \tag{6-6}$$

式中，$\Delta[\mathrm{S}]$表示反应前后底物浓度的变化；$[\mathrm{S_0}]$表示反应前的底物浓度（g/L）；$[\mathrm{S_t}]$表示反应后的底物浓度（g/L）。

$$R=\frac{\text{分离得到的产物量}}{\text{反应生成的产物量}} \tag{6-7}$$

（2）计算反应液总体积　根据所需的底物用量和底物浓度，就可以计算得到反应液的总体积。

$$V_{\mathrm{t}}=\frac{S}{[\mathrm{S}]} \tag{6-8}$$

式中，V_{t} 表示反应液总体积（L）；S 表示底物用量（g）；$[\mathrm{S}]$表示反应前的底物浓度（g/L）。

（3）计算酶用量

根据催化反应所需的酶浓度和反应液体积，就可以计算所需的酶量，即

$$E=[\mathrm{E}]\cdot V_{\mathrm{t}} \tag{6-9}$$

式中，E 表示所需的酶量（U）；$[\mathrm{E}]$表示酶浓度（U/L）；V_{t} 表示反应液体积（L）。

（4）计算反应器数目　反应器的有效体积是指酶在反应器中进行催化反应时，单个反应器可以容纳反应液的最大体积，一般反应液体积为反应器总体积的 70%～80%。

①分批反应器：

$$N=\frac{V_{\mathrm{d}}\cdot t}{V_0\cdot 24} \tag{6-10}$$

式中，N 表示反应器数目（个）；V_{d} 表示每天获得的反应液总体积（L/d）；V_0 表示单个反应器的有效体积（L）；t 表示底物在反应器中的停留时间（h）；24 表示 24 h。

②连续反应器：

$$N = \frac{V_h \cdot t}{V_0} \tag{6-11}$$

式中，N 表示反应器数目(个)；V_h 表示每小时获得的反应液总体积(L/h)；V_0 表示单个反应器的有效体积(L)；t 表示底物在反应器中的停留时间(h)。

另外，还可以根据反应强度计算反应器数目：

$$N = \frac{Q_p \cdot t}{[P]} \tag{6-12}$$

式中，N 表示反应器数目(个)；Q_p 表示反应器的生产强度(g/(L·h))，其计算公式见式(6-13)；t 表示底物在反应器中的停留时间(h)；[P]表示产物浓度(g/L)。

$$Q_p = \frac{P_h}{V_0} = \frac{V_h \cdot [P]}{V_0} \tag{6-13}$$

式中，Q_p 表示反应器的生产强度(g/(L·h))；P_h 表示每小时获得的产物量(g/h)；V_0 表示每个反应器的有效体积(L)；V_h 表示每小时获得的反应液体积(L/h)；[P]表示产物浓度(g/L)。

(本章内容由耿丽晶编写、薛胜平初审、杜翠红审核)

思考题

1. 什么是分批式反应器、连续式反应器和游离酶膜反应器？
2. 如何根据酶反应动力学性质选择反应器？并说明理由。
3. 怎样进行酶反应器操作条件的调控？
4. 列举出 5 或 6 种酶反应器。
5. 怎样选择酶反应器的类型？
6. 酶反应器的操作应注意哪些事项？
7. 试述酶反应器与发酵反应器的区别。
8. 酶反应器放大过程要依据什么原则？考虑什么参数？
9. 举例说明酶膜反应器的设计原理。

参考文献

[1] 郭勇. 酶工程[M]. 3 版. 北京：科学出版社，2004.
[2] 贾士儒. 生物反应工程原理[M]. 3 版. 北京：科学出版社，2008.
[3] 姜涌明. 分子酶学导论[M]. 2 版. 北京：中国农业大学出版社，2000.
[4] 彭志英. 食品酶学导论[M]. 2 版. 北京：中国轻工业出版社，2002.
[5] 吴敬，殷幼平. 酶工程[M]. 北京：科学出版社，2013.
[6] 徐凤彩. 酶工程[M]. 北京：中国农业出版社，2001.
[7] 郑宝东. 食品酶学[M]. 南京：东南大学出版社，2006.

第7章 化学酶工程

【本章要点】

化学酶工程是通过化学手段对已经分离出来的酶分子的结构进行改造或创造出新的酶分子，改变酶的性质，拓宽酶的应用领域。本章主要讲授：①酶分子化学修饰的目的和原理，介绍酶分子侧链基团化学修饰、亲和标记、大分子结合修饰、化学交联等修饰方法，对化学修饰酶的性质进行讨论，并简单介绍酶分子化学修饰的应用；②模拟酶的理论基础，介绍环糊精模拟酶、冠醚模拟酶、杯芳烃模拟酶、金属卟啉模拟酶和肽酶五类模拟酶的基本知识；③印迹酶作为一类特殊的模拟酶，主要介绍分子印迹技术的基本原理和分类、印迹聚合物的制备方法等，并对分子印迹酶和生物印迹酶的制备进行讨论；④简单介绍模拟酶研究进展和应用前景。

酶作为一种生物催化剂，可以在常温常压的温和条件下，高效、高专一性地催化反应。随着对其认识的不断深入和社会实际需求的发展，酶的应用范围已遍及工业、农业、医药、食品、环境保护、能源开发等各领域，带来了巨大的经济和社会效益。但天然酶在使用过程中暴露出各种各样的缺点：在粗放的工业条件下，其稳定性差，抗酸、碱和有机溶剂的变性能力差，易受产物和抑制剂的抑制，体外要求的反应条件不在其最适反应条件的范围内；在体内使用时，其异体蛋白的抗原性、受蛋白水解酶水解、体内半衰期短、不能在靶部位有效聚集等不足严重影响其应用范围和效果，为此常需对酶进行适当改造，以改善其理化性质，于是产生了一门新兴学科——酶工程。根据研究方法和手段不同，酶工程中对酶的改造可以分为化学酶工程和生物酶工程。化学酶工程又称初级酶工程，是以化学的手段来改造已经分离出来的天然酶分子或创造新的酶分子，研究的内容主要包括酶分子的化学修饰、模拟酶的设计与开发、自然酶制剂的开发等。生物酶工程又称高级酶工程，是以蛋白质工程的方法来改造和创造酶分子，研究内容主要包括酶的基因克隆、定点突变、定向进化以及抗体酶和杂合酶等。

本章讲述化学酶工程的相关内容，主要包括酶分子的化学修饰和酶的模拟两部分。

7.1 酶分子的化学修饰

酶分子的化学修饰是指用化学方法对酶分子施行种种“手术”，即通过对主链的“切割”、“剪接”和侧链基团的“化学修饰”对酶蛋白进行分子改造的技术。自然界本身就存在着酶分子改造修饰过程，如酶原激活、可逆共价调节等，这是自然界赋予酶分子的自我调节的功能。从广义上说，凡通过化学基团的引入或除去，而使酶共价结构发生改变，都可看作酶分子的化学修饰；从狭义上说，酶分子的化学修饰则是指在较温和的条件下，以可控制的方式使酶同某些化学试剂发生特异反应，从而引起酶分子中某些基团发生共价的化学改变的过程。

7.1.1　酶分子化学修饰的目的

酶具有底物专一性强、催化效率高以及反应条件温和等显著特点，在生物技术与工程中占有十分重要的地位。酶分子是具有完整的化学结构和复杂的空间构象的生物大分子，酶分子的结构决定了它的性质和功能。如果使酶的结构发生某些改变，就有可能使它的某些特性和功能发生相应的变化。20 世纪 50 年代末期，为了考察酶分子中氨基酸残基的各种不同状态和确定哪些残基处于活性部位并为酶分子的特定功能所必需，人们研制出许多小分子化学修饰剂，进行了多种类型的化学修饰，为酶的结构与功能关系的研究提供了实验依据。

随着酶在生产和生活中的应用日趋广泛，为了克服其固有缺点，使酶发挥更大的催化效能，以适应各种不同需求，自 20 世纪 70 年代末以来，酶分子化学修饰的目的在于：人为地通过各种方法使酶分子结构发生某些变化，从而改变天然酶的某些特性和功能，创造天然酶所不具备的某些优良特性甚至创造出新的活性，来扩大酶的应用领域，促进生物技术的发展。通过修饰，可以显著提高酶的使用范围和应用价值。酶分子的化学修饰已成为酶工程中具有重要意义和应用前景的研究领域。

7.1.2　酶分子化学修饰的原理和要求

1. 酶分子化学修饰的内在机制及原理

近年来大量的实验研究表明，由于酶分子表面外形的不规则、各原子间极性和电荷的不同、各氨基酸残基间相互作用等，酶分子空间结构的局部形成了一个包含了活性部位的微环境，不论这个微环境是极性的还是非极性的，都直接影响到酶活性部位氨基酸残基的解离状态，并为活性部位发挥催化作用提供合适的条件。天然酶分子中的这种微环境可以通过人为的方法进行适当的改造，对酶分子的侧链基团或功能基团进行化学修饰或改造，就可以获得结构更合理、功能更完善的修饰酶。酶经过化学修饰后，能减少由于内部平衡力被破坏而引起的酶分子伸展，增强酶分子构象的稳定性；还可能在酶分子表面形成一层“缓冲外壳”，可以在一定程度上抵御外界环境的电荷、极性等的变化对酶分子的影响，维护酶活性部位微环境的相对稳定，使酶分子能在更广泛的条件下发挥作用。通过化学修饰，大分子修饰剂所产生的空间障碍可以“遮盖”酶的活性部位或酶分子上的敏感键，进而增强酶分子抗抑制剂、抗失活因子和抗蛋白水解酶的能力，提高药用酶的疗效；还可能破坏酶分子上抗原决定簇的结构，使酶的抗原性降低乃至消失，体内半衰期延长，有利于酶在体内发挥作用。

酶分子的化学修饰已经成为研究酶分子的结构与功能的一种重要的技术手段，是改善酶学性质和提高其应用价值的一种非常有效的措施。酶分子的化学修饰所用的方法和手段很多，但基本原理都是充分利用化学修饰剂所具有的各类化学基团的特性，直接或经过一定的活化过程与酶分子中的某种氨基酸残基发生化学反应，从而对酶分子的结构进行改造。

2. 酶分子化学修饰的基本要求

在设计酶分子化学修饰反应时需要考虑以下因素。

(1)被修饰酶　设计酶分子化学修饰反应时，首先要充分认识被修饰酶分子的特性，对其理化性质、活性部位、稳定条件、侧链基团的化学性质及酶反应的最适条件等应尽可能全面了解。

(2)修饰剂的选择　修饰剂的选择在很大程度上是依据实验目的和特定的样品。一般来讲,在选择修饰剂时要考虑几点:①修饰剂的相对分子质量、修饰剂链的长度对蛋白质的吸附性;②修饰剂上反应基团的数目及位置;③修饰剂上反应基团的活化方法与活化条件。一般药用酶的修饰剂要求具有较大的相对分子质量、良好的生物相容性和水溶性、修饰剂分子表面有较多的反应活性基团及修饰后酶活性的半衰期较长。

(3)修饰反应条件的选择　由于酶的结构各不相同,不同的酶所结合的修饰剂的种类和数量有所差别,修饰后酶的特性和功能的改变情况也不一样。必须通过试验确定最佳的修饰剂的种类和浓度。在确定反应条件时也必须考虑反应体系中酶与修饰剂的分子比例、反应温度、pH、反应时间、溶剂性质和离子强度等因素,以便获得理想的修饰效果。修饰反应一般要选择在酶稳定的条件下进行,尽可能少破坏酶活性功能的必需基团,选择酶与修饰剂的结合率和酶活回收率都较高的反应条件。因修饰剂和修饰反应的不同类型,反应条件需通过大量的试验才可确定。

(4)修饰反应的定性定量检测　修饰反应进行过程中还要建立适当的方法对反应进程进行跟踪,获得一系列有关修饰反应的数据。通过对数据进行分析,确定修饰程度和修饰部位。测定修饰反应程度最简单的方法是用光谱法进行追踪检查,但是受试剂的限制,此法应用不多。最常使用的是间接分析法,被修饰的残基经分离纯化后,可通过它含有的同位素标记量或通过有色修饰剂的光谱强度、顺磁共振谱、荧光标记量、修饰剂的可逆去除等来测定反应程度。在大多数情况下,对修饰部位进行鉴定,需要被修饰的酶蛋白经过总降解和氨基酸分析。

对修饰反应所得数据还可以进行定量分析,1962年,邹承鲁在统计学基础上提出了蛋白质侧链基团化学修饰和生物活力之间定量关系的方法——邹氏作图法,此法可以在不同的修饰条件下,确定酶分子中必需基团的性质和数目。邹氏作图法的建立不仅为酶分子的化学修饰研究由定性描述转为定量研究提供了理论依据和计算方法,同时先确定酶分子的必需基团也为后续的酶的蛋白质工程设计奠定了基础。

7.1.3　酶分子化学修饰的方法

目前,对酶分子进行化学修饰的主要方法包括:酶分子侧链基团的化学修饰、酶分子的亲和标记、大分子结合修饰及酶分子的化学交联。

1. 酶分子侧链基团的化学修饰

用化学修饰的方法研究酶分子的结构与功能已经成为一种重要的基础手段,由于酶分子侧链上有各种不同的活泼功能基团,这些活泼的功能基团可以与一些试剂发生化学反应,从而达到对酶分子进行化学修饰的目的。酶分子侧链基团化学修饰的一个重要的作用就是用来探测酶分子活性部位的结构。理想情况下,修饰剂只与某一特定的氨基酸残基发生反应,很少或几乎不引起酶分子的构象变化,在此基础上,通过从该基团的修饰对酶分子生物活性所造成的影响分析,就可以推测出被修饰的氨基酸残基在该酶分子中的功能。

(1)几种重要的修饰反应　根据酶分子与化学修饰剂之间反应性质的不同,酶分子侧链基团的修饰反应主要可以分为以下几种类型。

①酰化及其相关反应:乙酰化反应常用的化学修饰试剂有乙酰咪唑、二异丙基氟磷酸酯、酸酐磺酰氯、硫代三氟乙酸乙酯和*O*-甲基异脲等,它们在室温(20～25 ℃)、pH为4.5～9.0的条件下可与酶分子的某些侧链基团发生酰化反应(图7-1),被作用的酶分子的侧链基团有氨基、羟基、巯基、酚基等。

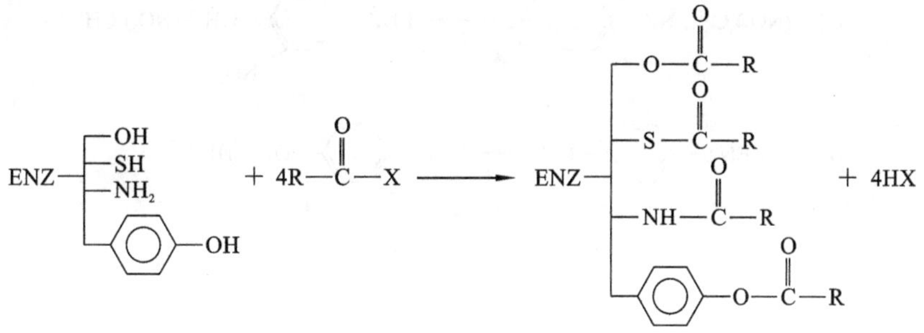

图 7-1　酶分子侧链基团的酰化反应

ENZ:酶分子

②烷基化反应:这类试剂的特点是常常带有活泼的卤素原子,卤素原子的电负性,使烷基带有部分正电荷,很容易导致酶分子的亲核基团(如—NH_2、—SH 等)发生烷基化(图 7-2)。属于这类修饰试剂的有 2,4-二硝基氟苯、碘乙酸、碘乙酰胺、苯甲酰卤代物和碘甲烷等,被作用的酶分子的侧链基团有氨基、巯基、羧基、硫醚基、咪唑基等。

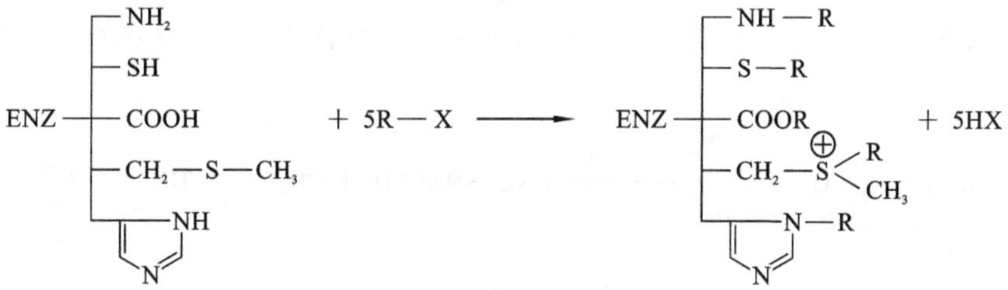

图 7-2　酶分子侧链基团的烷基化反应

③氧化和还原反应:这类试剂具有氧化性,能将侧链基团氧化,属于这类试剂的有 H_2O_2、*N*-溴代琥珀酰亚胺等,在修饰反应中要控制好反应条件,以免有些具有强氧化性的试剂使肽链断裂。光敏剂存在下的光氧化是一种比较温和的氧化作用,易受氧化反应作用的侧链基团有巯基、硫醚基、吲哚基、咪唑基、酚基等。还有一类修饰试剂主要作用于酶分子中的二硫键,包括 *β*-巯基乙醇、巯基乙酸、二硫苏糖醇(DTT)等。值得提出的是连四硫酸钠或连四硫酸钾是温和的氧化剂,在化学修饰反应中常用来作为巯基的可逆保护剂(图 7-3)。

$$\text{ENZ—SH} \xrightarrow[\text{Na}_2\text{S}_4\text{O}_6]{[\text{O}]} \text{ENZ—S—}\boxplus \qquad \text{ENZ—S—}\boxplus \xrightarrow[\text{DTT}]{[\text{H}]} \text{ENZ—SH}$$

图 7-3　酶分子中巯基的可逆保护反应

④芳香环取代反应:酶分子酪氨酸残基的酚羟基在苯环的 3 和 5 位上很容易发生亲电取代的硝化和碘化反应(图 7-4),这类修饰反应的一个典型例子是四硝基甲烷(TNM),它可以作用于酪氨酸的酚羟基,形成 3-硝基酪氨酸的衍生物。这种产物有特殊的光谱,可用于直接的定量测定。

总之,酶分子的化学修饰反应极其复杂,某一特定的侧链基团可以和很多种不同的试剂发生化学反应,不同酶分子中的同一种基团被某一试剂修饰时,其化学反应性也很不相同,修饰试剂与侧链基团的反应也很少是绝对专一性的,这给修饰结果的分析与处理带来了一定的困难。不管怎样,一个基团的修饰反应所需的特定反应条件暗示了酶分子内的特定的化学微环境。

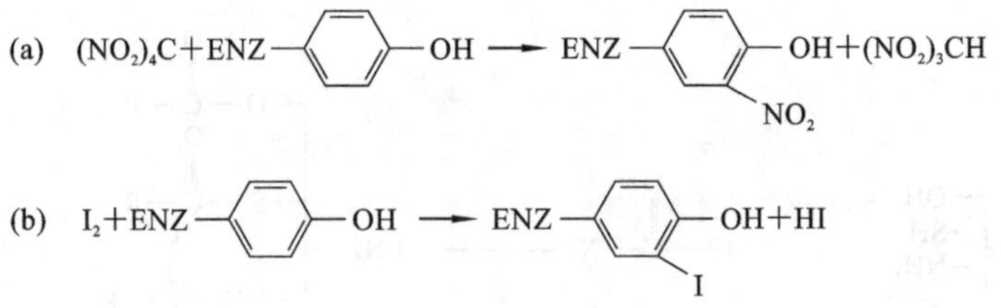

$$\text{(a)}\quad (NO_2)_4C + ENZ\text{—}C_6H_4\text{—}OH \longrightarrow ENZ\text{—}C_6H_3(NO_2)\text{—}OH + (NO_2)_3CH$$

$$\text{(b)}\quad I_2 + ENZ\text{—}C_6H_4\text{—}OH \longrightarrow ENZ\text{—}C_6H_3(I)\text{—}OH + HI$$

图 7-4 芳香环取代反应

(a)四硝基甲烷(TNM);(b)碘

(2)特定氨基酸残基侧链基团的化学修饰 在构成酶蛋白的 20 种氨基酸中,只有具有极性的氨基酸残基的侧链基团才能够进行化学修饰。酶分子侧链上的功能基团主要有氨基、羧基、巯基、咪唑基、胍基、吲哚基、酚基、羟基、硫醚基和二硫键。

①氨基的化学修饰:非质子化的赖氨酸的 ε-氨基是酶分子中亲核反应活性很高的基团,可用来修饰赖氨酸残基的修饰剂比较多,如乙酸酐、2,4,6-三硝基苯磺酸(TNBS)、2,4-二硝基氟苯(DNFB,Sanger 试剂)、碘乙酸(IAA)、丹磺酰氯(DNS)、亚硝酸、芳基卤、芳香族磺酸、苯异硫氰酸酯(PITC)等。如图 7-5 所示为几种常用的修饰剂与酶分子中氨基的反应方程式。其中 2,4,6-三硝基苯磺酸(TNBS)是一种非常有效的氨基修饰剂,它与赖氨酸残基上的氨基反

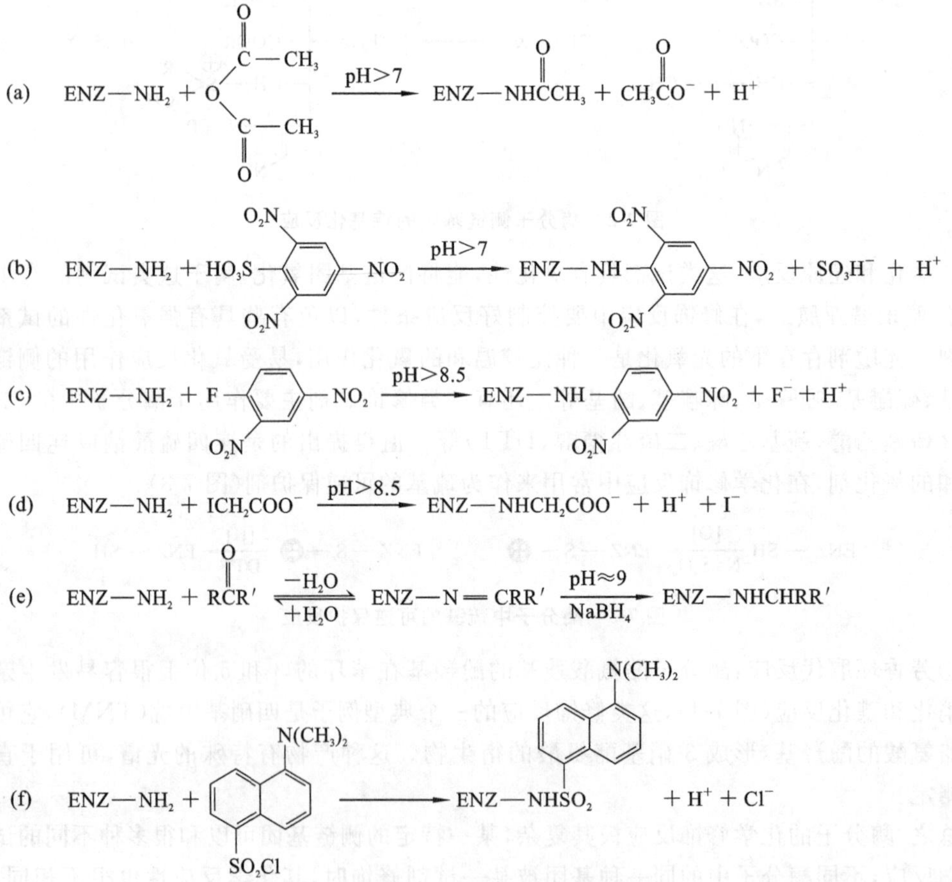

$$\text{(a)}\quad ENZ\text{—}NH_2 + (CH_3CO)_2O \xrightarrow{pH>7} ENZ\text{—}NHCOCH_3 + CH_3COO^- + H^+$$

$$\text{(b)}\quad ENZ\text{—}NH_2 + HO_3S\text{—}C_6H_2(NO_2)_2\text{—}NO_2 \xrightarrow{pH>7} ENZ\text{—}NH\text{—}C_6H_2(NO_2)_2\text{—}NO_2 + SO_3H^- + H^+$$

$$\text{(c)}\quad ENZ\text{—}NH_2 + F\text{—}C_6H_3(O_2N)\text{—}NO_2 \xrightarrow{pH>8.5} ENZ\text{—}NH\text{—}C_6H_3(O_2N)\text{—}NO_2 + F^- + H^+$$

$$\text{(d)}\quad ENZ\text{—}NH_2 + ICH_2COO^- \xrightarrow{pH>8.5} ENZ\text{—}NHCH_2COO^- + H^+ + I^-$$

$$\text{(e)}\quad ENZ\text{—}NH_2 + RCOR' \underset{+H_2O}{\overset{-H_2O}{\rightleftharpoons}} ENZ\text{—}N{=}CRR' \xrightarrow[NaBH_4]{pH\approx 9} ENZ\text{—}NHCHRR'$$

$$\text{(f)}\quad ENZ\text{—}NH_2 + (CH_3)_2N\text{—}C_{10}H_6\text{—}SO_2Cl \longrightarrow ENZ\text{—}NHSO_2\text{—}C_{10}H_6\text{—}N(CH_3)_2 + H^+ + Cl^-$$

图 7-5 氨基的化学修饰

(a)乙酸酐;(b)2,4,6-三硝基苯磺酸(TNBS);(c)2,4-二硝基氟苯(DNFB,Sanger 试剂);
(d)碘乙酸(IAA);(e)还原烷基化;(f)丹磺酰氯(DNS)

应，生成共价键结合的酶-三硝基苯衍生物，该衍生物在 420 nm 和 367 nm 波长下有特定的光吸收，据此可以快速、准确地测定酶蛋白中赖氨酸的数目。

在硼氢化钠、硼氢化氰或硼氨等氢供体存在下酶分子中的氨基也能与醛或酮发生还原烷基化反应。磷酸吡哆醛（PLP）是一种非常专一的赖氨酸修饰剂，它与赖氨酸残基反应，形成希夫碱后再用硼氢化钠还原，还原的 PLP 衍生物在 325 nm 处有最大光吸收，可用于定量检测。

还原烷基化反应过程中所使用的羰基试剂的大小对修饰结果有很大的影响。例如，在硼氢化钠的存在下，用不同的羰基试剂对卵类黏蛋白、溶菌酶、卵转铁蛋白的赖氨酸残基进行还原烷基化修饰，修饰程度为 40%～100%，其中丙酮、环戊酮、环己酮和苯甲醛为单取代，而丁酮有 20%～50%的双取代，甲醛则几乎 100%为双取代。

氰酸盐使氨基甲氨酰化形成非常稳定的衍生物，是一种常用的修饰赖氨酸残基的方法，该方法的优点是氰酸根离子小，容易接近要修饰的基团。

②羧基的化学修饰：由于羧基在水溶液中是一个不太活泼的功能团，所以对酶分子中的谷氨酸和天冬氨酸残基进行修饰的方法比较有限，修饰产物一般是酯类或酰胺类，图 7-6 所示为几种修饰剂与酶分子中羧基的反应方程式。水溶性的碳二亚胺类特定修饰酶分子中的羧基，反应可以在比较温和的条件下进行。但在一定条件下，丝氨酸、半胱氨酸和酪氨酸残基也可以与其反应。

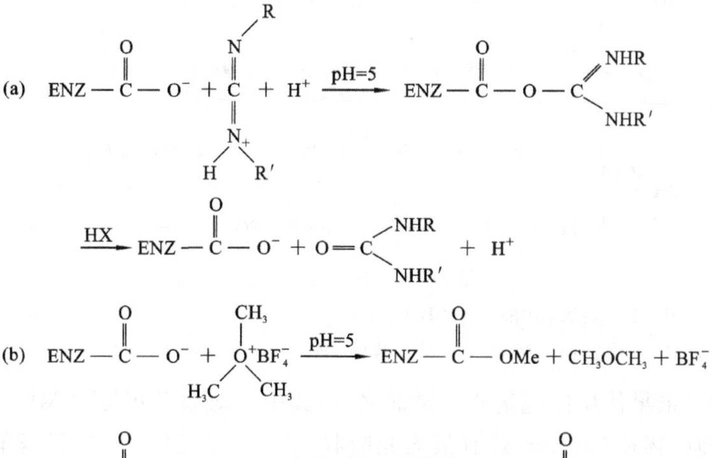

(a) $$\mathrm{ENZ-\overset{O}{\overset{\|}{C}}-O^- + R{-}N{=}C{=}\overset{+}{N}(H)R' + H^+ \xrightarrow{pH=5} ENZ-\overset{O}{\overset{\|}{C}}-O-C(=NHR)(NHR')}$$

$$\mathrm{\xrightarrow{HX} ENZ-\overset{O}{\overset{\|}{C}}-O^- + O{=}C(NHR)(NHR') + H^+}$$

(b) $$\mathrm{ENZ-\overset{O}{\overset{\|}{C}}-O^- + (CH_3)(H_3C)(CH_3)O^+BF_4^- \xrightarrow{pH=5} ENZ-\overset{O}{\overset{\|}{C}}-OMe + CH_3OCH_3 + BF_4^-}$$

(c) $$\mathrm{ENZ-\overset{O}{\overset{\|}{C}}-OH + CH_3OH \xrightarrow[0\sim25^\circ C]{0.02\sim0.1\ mol/L\ HCl} ENZ-\overset{O}{\overset{\|}{C}}-OMe + H_2O}$$

图 7-6　羧基的化学修饰

(a)HX 为卤素，一级或二级胺；(b)硼氟化三甲鉡盐；(c)甲醇

③巯基的化学修饰：巯基具有很强的亲核性，在含半胱氨酸残基的酶分子中是最容易起反应的侧链基团。巯基在维持酶蛋白亚基间的相互作用和酶的催化过程中起着重要作用，因此开发了许多修饰巯基的特异性试剂，图 7-7 所示为几种常用的巯基修饰剂与酶分子中巯基反应的方程式。

烷基化试剂是一种重要的巯基修饰剂，特别是碘乙酸和碘乙酰胺，修饰产物相当稳定，易于分析。现在已开发出许多基于碘乙酸的荧光试剂。

马来酰亚胺或马来酸酐类修饰剂能与巯基形成对酸稳定的衍生物。*N*-乙基马来酰亚胺（NEM）是一种反应专一性很强的巯基修饰剂，反应产物在 300 nm 波长处有最大光吸收，可以很容易通过光吸收的变化确定反应的程度。

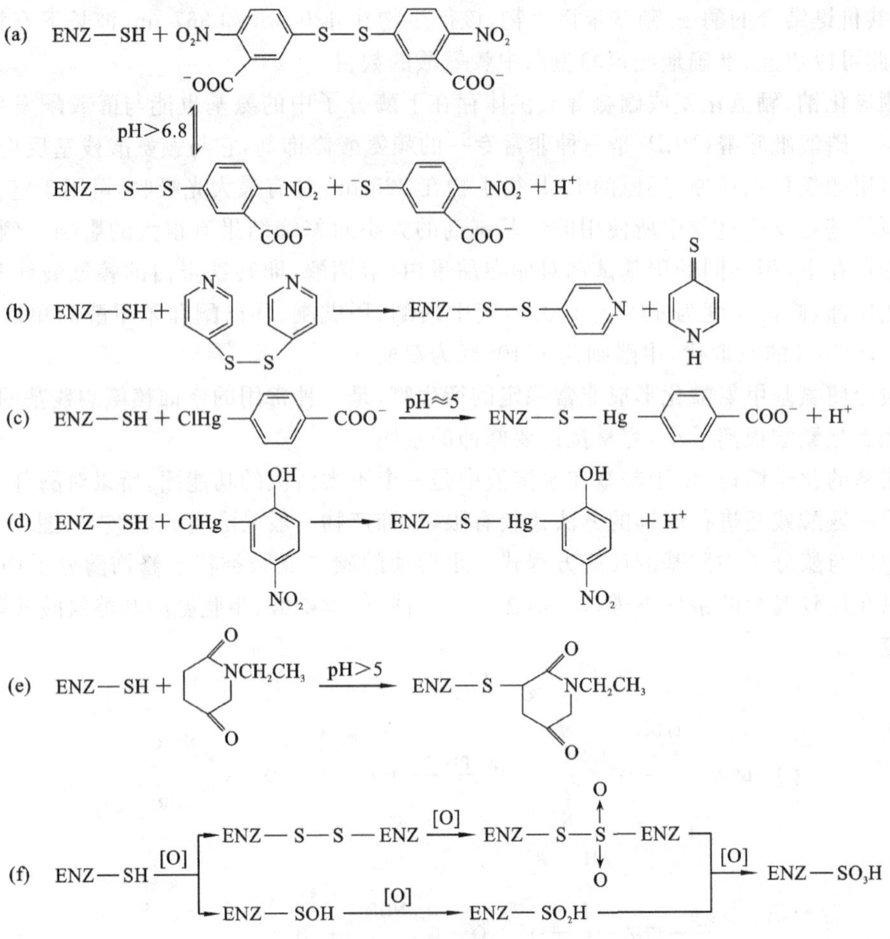

(a) $ENZ—SH + O_2N$-C$_6$H$_3$(COO$^-$)-S-S-C$_6$H$_3$(COO$^-$)-NO_2 $\xrightarrow{pH>6.8}$ ENZ—S—S-C$_6$H$_3$(COO$^-$)-NO_2 + $^-$S-C$_6$H$_3$(COO$^-$)-NO_2 + H^+

(b) ENZ—SH + 4-PDS ⟶ ENZ—S—S-(4-吡啶基) + 4-硫代吡啶酮

(c) ENZ—SH + ClHg-C$_6$H$_4$-COO$^-$ $\xrightarrow{pH\approx 5}$ ENZ—S—Hg-C$_6$H$_4$-COO$^-$ + H^+

(d) ENZ—SH + ClHg-C$_6$H$_3$(OH)(NO_2) ⟶ ENZ—S—Hg-C$_6$H$_3$(OH)(NO_2) + H^+

(e) ENZ—SH + NEM(NCH_2CH_3) $\xrightarrow{pH>5}$ ENZ—S-NEM(NCH_2CH_3)

(f) ENZ—SH $\xrightarrow{[O]}$ ENZ—S—S—ENZ $\xrightarrow{[O]}$ ENZ—S—S(O)(O)—ENZ $\xrightarrow{[O]}$ ENZ—SO_3H；ENZ—SH $\xrightarrow{[O]}$ ENZ—SOH $\xrightarrow{[O]}$ ENZ—SO_2H $\xrightarrow{[O]}$ ENZ—SO_3H

图 7-7 巯基的化学修饰

(a)5,5′-二硫代-双(2-硝基苯甲酸)(DTNB,Ellman 试剂)；(b)4,4-二硫二吡啶(4-PDS)；(c)对氯汞苯甲酸(PMB)；(d)2-氯汞-4-硝基苯酚(MNP)；(e)*N*-乙基马来酰亚胺(NEM)；(f)过氧化氢氧化

有机汞试剂是最早使用的巯基修饰试剂之一，其中对氯汞苯甲酸(PMB)对巯基的修饰专一性最强，其修饰产物在 255 nm 处有最大光吸收。5,5′-二硫代-双(2-硝基苯甲酸)(DTNB, Ellman 试剂)也是最常用的巯基修饰剂，它与巯基反应形成二硫键，释放出 1 个 2-硝基-5-苯甲酸阴离子，该阴离子在 412 nm 处有最大光吸收，可以很容易通过分光光度法监测反应进程。虽然目前在酶的结构与功能研究中，半胱氨酸侧链的化学修饰有被蛋白质定点突变的方法所取代的趋势，但 Ellman 试剂仍然是当前定量酶分子中巯基数目的最常用试剂，用于研究巯基改变程度和巯基所处环境，还可以用于研究蛋白质的构象变化。

④咪唑基的化学修饰：组氨酸残基在许多酶的催化反应中起着十分重要的作用，对组氨酸咪唑基的修饰常用的试剂有焦碳酸二乙酯(DPC)和碘乙酸(IAA)，如图 7-8 所示。焦碳酸二乙酯在近中性的 pH 下对组氨酸残基有较好的专一性，产物在 240 nm 处有最大光吸收，可以跟踪反应进程和定量分析。但在碱性条件下，该试剂的稳定性不够好，专一性不高，除了可以与组氨酸咪唑基进行可逆反应以外，还可以与半胱氨酸的巯基反应。焦碳酸二乙酯和碘乙酸都能修饰咪唑环上的两个氮原子，碘乙酸修饰时，有可能将 *N*-1 取代和 *N*-3 取代的衍生物分开，观察修饰不同氮原子后对酶活性的影响。

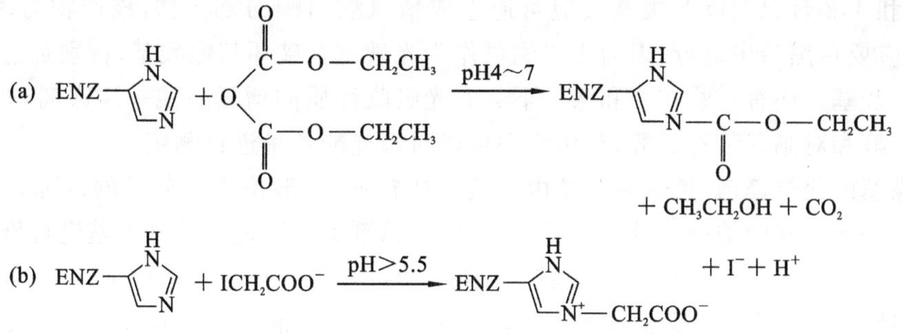

(a) ENZ—(咪唑基, NH) + O($C(=O)—O—CH_2CH_3$)$_2$ $\xrightarrow{pH4\sim7}$ ENZ—(咪唑基)—N—C(=O)—O—CH_2CH_3 + CH_3CH_2OH + CO_2

(b) ENZ—(咪唑基, NH) + ICH_2COO^- $\xrightarrow{pH>5.5}$ ENZ—(咪唑基)—N^+—CH_2COO^- + I^- + H^+

图 7-8　咪唑基的化学修饰

(a)焦碳酸二乙酯(DPC);(b)碘乙酸(IAA)

⑤胍基的化学修饰:精氨酸残基含有一个强碱性的胍基,在结合带有阴离子底物的酶的活性部位中起着重要的作用。一些具有两个邻位羰基的化合物在中性或弱碱性条件下能与精氨酸残基反应,如丁二酮、1,2-环己二酮和苯乙二醛是修饰精氨酸胍基的重要试剂,如图 7-9 所

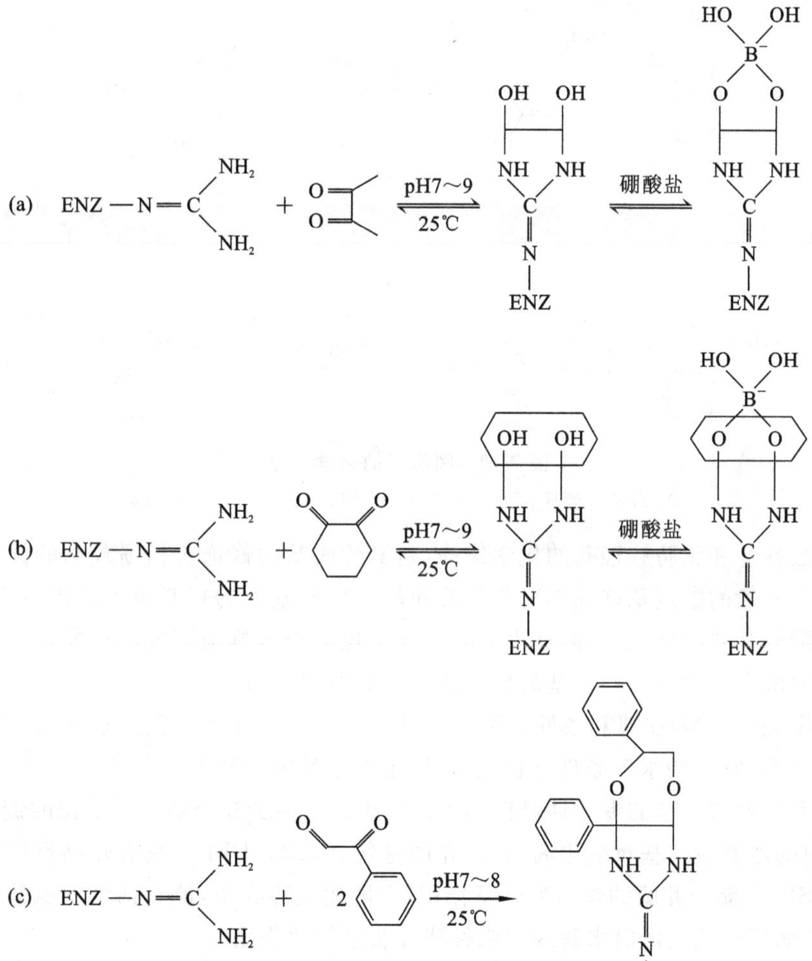

(a) ENZ—N═C(NH_2)$_2$ + 丁二酮 $\underset{25℃}{\overset{pH7\sim9}{\rightleftharpoons}}$ (OH OH / NH NH / C═N—ENZ) $\overset{硼酸盐}{\rightleftharpoons}$ (HO OH / B^- / O O / NH NH / C═N—ENZ)

(b) ENZ—N═C(NH_2)$_2$ + 1,2-环己二酮 $\underset{25℃}{\overset{pH7\sim9}{\rightleftharpoons}}$ (OH OH / NH NH / C═N—ENZ) $\overset{硼酸盐}{\rightleftharpoons}$ (HO OH / B^- / O O / NH NH / C═N—ENZ)

(c) ENZ—N═C(NH_2)$_2$ + 2 苯乙二醛 $\xrightarrow[25℃]{pH7\sim8}$ (O O / NH NH / C═N—ENZ)

图 7-9　胍基的化学修饰

(a)丁二酮;(b)1,2-环己二酮;(c)苯乙二醛

示，丁二酮和1，2-环己二酮与胍基反应可逆生成精氨酸与酮的复合物，该产物与硼酸结合后稳定，但反应要在黑暗中进行，因为丁二酮可作为光敏试剂破坏其他残基，特别是色氨酸、组氨酸和酪氨酸残基。还有一些在温和条件下具有光吸收性质的精氨酸残基修饰剂，如4-羟基-3-硝基苯乙二醛和对硝基苯乙二醛，利用它们可以对精氨酸含量进行测定。

⑥吲哚基的化学修饰：色氨酸残基由于疏水性较强，一般位于酶分子的内部，而且比巯基和氨基等一些亲核基团的反应性要差，所以一般的试剂难以对色氨酸吲哚基进行修饰。

N-溴代琥珀酰亚胺（NBS）是一种较常用的修饰吲哚基的试剂，可以通过280 nm处光吸收的减少跟踪反应进程，但是酪氨酸存在时也可以与修饰剂发生反应，干扰光吸收的测定。2-羟基-5-硝基苄溴（HNBB，Koshland试剂）和4-硝基苯硫氯对吲哚基的修饰比较专一，如图7-10所示。2-羟基-5-硝基苄溴水溶性较差，与它类似的二甲基（2-羟基-5-硝基苄基）溴化锍（Koshland试剂Ⅱ）易溶于水，有利于试剂与酶分子作用。这两种试剂还易与巯基作用，因此修饰色氨酸残基时要对巯基进行保护。

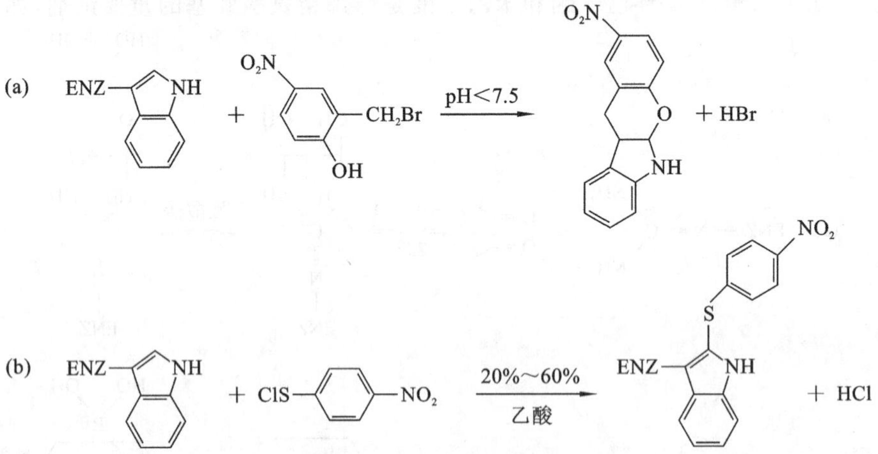

图7-10　吲哚基的化学修饰

（a）2-羟基-5-硝基苄溴（HNBB，Koshland试剂）；（b）4-硝基苯硫氯

⑦酪氨酸残基和脂肪族羟基的化学修饰：酪氨酸残基的修饰包括酚羟基的修饰和苯环上的取代修饰。一般的酚羟基修饰剂对苏氨酸和丝氨酸残基上的羟基也可以进行修饰，但反应条件比修饰酚羟基要严格一些，而且生成的产物也比酚羟基修饰形成的产物稳定性更好。几种常用的酪氨酸酚基和脂肪族羟基的化学修饰反应如图7-11所示。

四硝基甲烷（TNM）在温和条件下可高度专一性地硝化酪氨酸酚羟基，生成可电离的发色团3-硝基酪氨酸，它在酸水解条件下稳定，可用于氨基酸定量分析。

苏氨酸和丝氨酸残基的专一性修饰剂相对较少。丝氨酸参与酶活性部位的例子是丝氨酸蛋白酶，酶中的丝氨酸残基对酰化剂（如二异丙基氟磷酸酯（DFP））具有较高反应性。苯甲基磺酰氟（PMSF）也能与此酶的丝氨酸残基作用，在硒化氢存在下，能将活性丝氨酸转变为硒代半胱氨酸，从而把丝氨酸蛋白水解酶变成谷胱甘肽过氧化物酶。

⑧硫醚基的化学修饰：甲硫氨酸残基的极性较弱，在温和条件下，很难选择性修饰，但由于硫醚的硫原子具有亲核性，可以用一些氧化剂，如过氧化氢、过甲酸等，氧化成甲硫氨酸亚砜。另外一种修饰方法是通过卤化烷基酰胺使甲硫氨酸残基烷基化，如用碘乙酰胺进行修饰。图7-12为几种硫醚基的化学修饰反应。

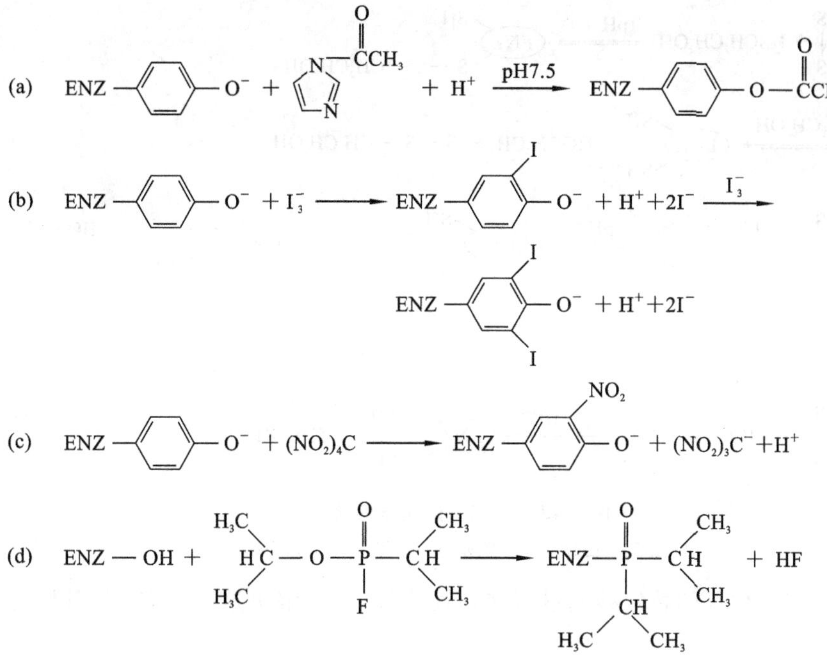

(a) $$\text{ENZ}-C_6H_4-O^- + \text{N-乙酰咪唑}(C_3H_3N_2-\overset{O}{\overset{\|}{C}}CH_3) + H^+ \xrightarrow{pH7.5} \text{ENZ}-C_6H_4-O-\overset{O}{\overset{\|}{C}}CH_3 + \text{咪唑}(C_3H_4N_2)$$

(b) $$\text{ENZ}-C_6H_4-O^- + I_3^- \longrightarrow \text{ENZ}-C_6H_3(I)-O^- + H^+ + 2I^- \xrightarrow{I_3^-} \text{ENZ}-C_6H_2(I)_2-O^- + H^+ + 2I^-$$

(c) $$\text{ENZ}-C_6H_4-O^- + (NO_2)_4C \longrightarrow \text{ENZ}-C_6H_3(NO_2)-O^- + (NO_2)_3C^- + H^+$$

(d) $$\text{ENZ}-OH + (H_3C)_2CH-O-\overset{O}{\overset{\|}{P}}(F)-CH(CH_3)_2 \longrightarrow \text{ENZ}-\overset{O}{\overset{\|}{P}}(CH(CH_3)_2)-CH(CH_3)_2 + HF$$

图 7-11　酪氨酸残基和脂肪族羟基的化学修饰

(a)N-乙酰咪唑；(b)碘；(c)四硝基甲烷(TNM)；(d)二异丙基氟磷酸酯(DFP)

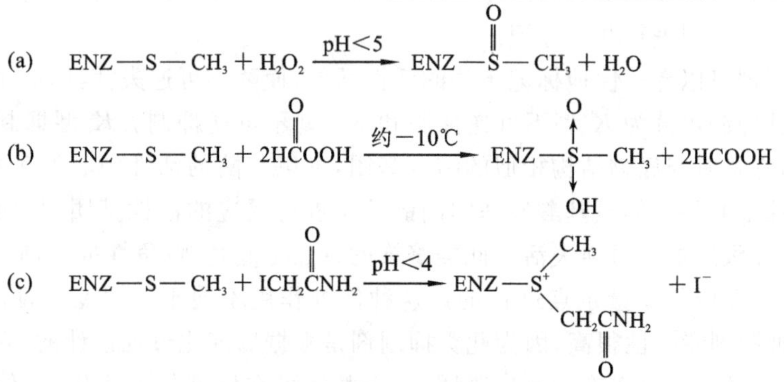

(a) $$\text{ENZ}-S-CH_3 + H_2O_2 \xrightarrow{pH<5} \text{ENZ}-\overset{O}{\overset{\|}{S}}-CH_3 + H_2O$$

(b) $$\text{ENZ}-S-CH_3 + 2H\overset{O}{\overset{\|}{C}}OOH \xrightarrow{约-10℃} \text{ENZ}-\overset{O}{\overset{\uparrow}{S}}(\downarrow OH)-CH_3 + 2HCOOH$$

(c) $$\text{ENZ}-S-CH_3 + ICH_2\overset{O}{\overset{\|}{C}}NH_2 \xrightarrow{pH<4} \text{ENZ}-S^+(CH_3)-CH_2\underset{O}{\underset{\|}{C}}NH_2 + I^-$$

图 7-12　硫醚基的化学修饰

(a)过氧化氢；(b)过甲酸；(c)碘乙酰胺

⑨二硫键的化学修饰：酶分子中的二硫键可以用还原或氧化的方法进行修饰(图 7-13)。用β-巯基乙醇将二硫键还原成游离巯基是很常用的方法，为使二硫键充分还原，常在体系中加入一定量的变性剂，并且使β-巯基乙醇大大过量。而用二硫苏糖醇(DTT)或它的差向异构体二硫赤藓糖醇(DTE)还原二硫键时，由于第二步反应是分子内反应以及还原试剂形成了一个空间上有利的环状二硫键，反应平衡向还原酶分子二硫键的方向移动，因此可以减少还原试剂的用量。二硫键还原为巯基后，很容易自动氧化回去，因此用还原的方法对二硫键进行特异修饰后，通常再与某些巯基修饰方法相结合以阻止再氧化成二硫键。

2. 酶分子的亲和标记

前面已经介绍了很多不同氨基酸残基侧链基团的特定的修饰试剂，但这些试剂的反应专一性不高，即使这些试剂对某一基团的反应是专一的，修饰过程中也仍然有多个同类残基与之

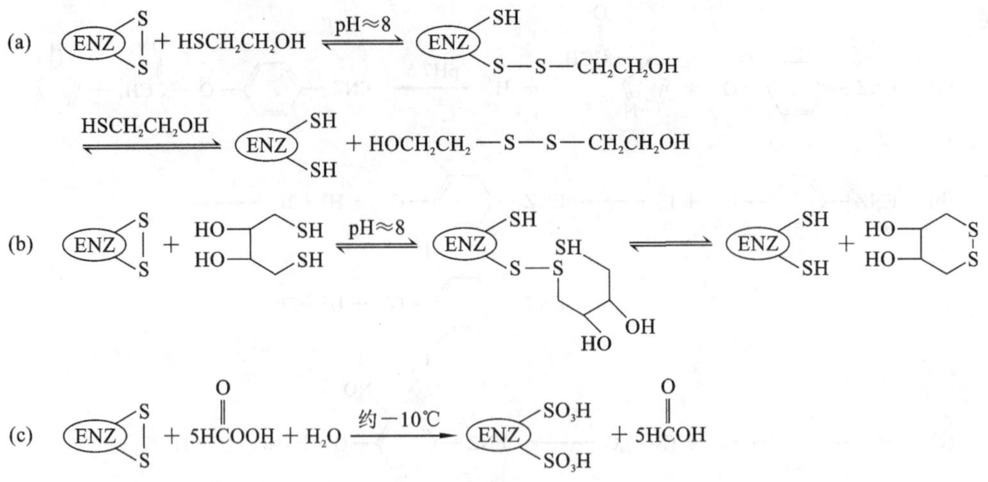

(a) ENZ(S—S) + $HSCH_2CH_2OH$ $\xrightleftharpoons{pH\approx 8}$ ENZ(SH)(S—S—CH_2CH_2OH)

$\xrightleftharpoons{HSCH_2CH_2OH}$ ENZ(SH)(SH) + $HOCH_2CH_2$—S—S—CH_2CH_2OH

(b) ENZ(S—S) + HO, HO, SH, SH (DTT) $\xrightleftharpoons{pH\approx 8}$ ENZ(SH)(S—S, SH, OH, HO) $\rightleftharpoons$ ENZ(SH)(SH) + HO, HO, S—S

(c) ENZ(S—S) + 5HCOOOH + H_2O $\xrightarrow{约-10℃}$ ENZ(SO_3H)(SO_3H) + 5HCOOH

图 7-13　二硫键的化学修饰

(a)β-巯基乙醇；(b)二硫苏糖醇(DTT)；(c)过甲酸

反应，难以对某个特定位置的特定残基进行选择性修饰，为了解决这个问题，人们开发了亲和标记试剂。

亲和标记是利用酶和底物的亲和性，使用与酶的底物或配体结构类似的修饰剂，专一性地共价结合到酶分子活性部位的氨基酸残基上，是一种位点专一性的化学修饰。用于亲和标记的亲和试剂不仅具有对被修饰基团的专一性，而且具有对被作用部位的专一性，即亲和试剂只对特定部位的特定基团进行共价标记。

亲和标记试剂可以专一性地标记于酶的活性部位，使酶不可逆失活，因此也称专一性的不可逆抑制。这种抑制可分为 K_s 型不可逆抑制和 K_{cat} 型不可逆抑制。K_s 型抑制剂是根据底物的结构设计的，它具有与底物结构相似的结合基团，可以与酶的活性中心发生特异结合；同时还具有能和活性中心特异的氨基酸残基的侧链基团进行反应的活性基团，从而可以对该侧链基团进行修饰，导致酶的不可逆失活。此类修饰的特点是底物、竞争性抑制剂或配体应对修饰有保护作用，修饰反应是定量定点进行的。这种修饰作用不同于基团专一性的作用方式(图 7-14)。K_{cat} 型抑制剂专一性很高，因为此类抑制剂是根据酶催化过程设计的，它除了具有酶的底物的性质以外，还有一个潜在的反应基团，这个基团可在酶催化下活化，共价结合在酶的活性部位，导致酶不可逆失活。K_{cat} 型抑制剂也称为“自杀性底物”，自杀性底物可以用来作为治疗某些疾病的有效药物，如 5-氟脱氧尿苷酸是胸苷酸合成酶的自杀性底物。

光亲和标记是亲和标记的一个重要变体。光亲和试剂在结构上除了有一般亲和试剂的特点外，还有一个光反应基团。这种试剂先与酶活性部位在黑暗条件下发生特异性结合，然后被光照激活后，产生一个非常活泼的功能基团(自由基)，可以与它附近几乎所有基团反应，形成一个共价的标记物。

3. 大分子结合修饰

大分子结合修饰是目前应用最广的酶分子修饰方法，通常采用聚乙二醇(PEG)、右旋糖酐、聚氨基酸、葡聚糖、环糊精、多聚唾液酸、肝素等可溶性的糖或糖的衍生物、大分子多聚物和具有生物活性的大分子物质，通过共价键将大分子连接到酶分子的表面，使之在酶的表面形成覆盖层，从而使酶的性质发生改变，以满足人们的需要。

作为修饰剂使用的水溶性大分子中含有的基团往往不能直接与酶分子上的基团进行反

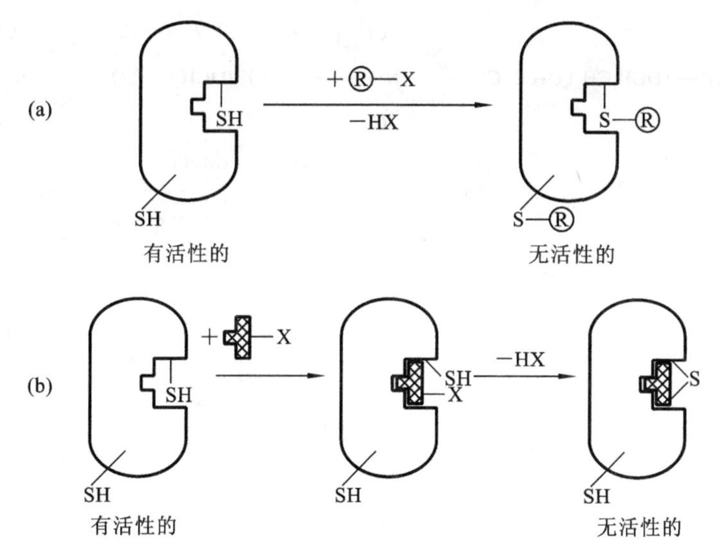

图 7-14　基团专一性修饰与位点专一性修饰的区别

(a)基团专一性修饰;(b)位点专一性修饰(亲和标记)

应,所以在使用之前一般需要进行活化,带有活化基团的大分子修饰剂在一定条件下与酶分子的某侧链基团以共价键结合,对酶分子进行修饰。下面介绍几种常用的大分子修饰剂对酶分子进行的化学修饰。

(1)聚乙二醇(PEG)　在各种大分子修饰剂中,用得最多的是相对分子质量在 500～20 000范围内的 PEG 类修饰剂,因为该类修饰剂溶解度高,既能溶于水,又可以溶于绝大多数有机溶剂,通常没有免疫原性和毒性,在体内不残留,其生物相容性已通过美国 FDA 认证。PEG 分子末端有两个能被活化的羟基,在实际的化学修饰过程中多采用只带有一个可被活化羟基的单甲氧基聚乙二醇(MPEG),下面介绍几种主要的用于酶分子修饰的 MPEG 衍生物。

①MPEG 三氯均嗪类衍生物:这类修饰剂包括 $MPEG_1$ 和 $MPEG_2$。三氯均嗪环上的氯原子很活泼,容易与 MPEG 的羟基反应,控制不同的反应条件,可以在一个三氯均嗪环上连一个 MPEG 和两个 MPEG 分子,分别制得活化的 $MPEG_1$ 和 $MPEG_2$。活化后的 $MPEG_1$ 和 $MPEG_2$ 分子中引入了活泼的氯原子,很容易与酶分子中的氨基反应,从而实现对酶的修饰。图 7-15 和图 7-16 分别为 $MPEG_1$ 和 $MPEG_2$ 修饰 L-天冬酰胺酶的过程。在氨基修饰程度相同的情况下,$MPEG_2$ 修饰酶所引入的 MPEG 分子数是 $MPEG_1$ 的两倍,其修饰效果要好于 $MPEG_1$。

②MPEG 的琥珀酰亚胺类衍生物:常用二溴代琥珀酸酐作为 MPEG 的活化剂,在温和的碱性条件下进行反应,制备出 MPEG 琥珀酰亚胺琥珀酸酯(SS-MPEG)、MPEG 琥珀酰亚胺琥珀酰胺(SSA-MPEG)、MPEG 琥珀酰亚胺碳酸酯(SC-MPEG)等衍生物,如图 7-17 所示,再用这些活化的衍生物在 pH 7～10 的范围内与酶分子上的氨基发生交联反应,获得修饰酶。

③MPEG 氨基酸类衍生物:MPEG 与亮氨酸的 α-氨基或赖氨酸的 α-氨基和 ε-氨基反应,制备出 MPEG 的氨基酸类衍生物(图 7-18),再通过 *N*-羟基琥珀酰亚胺活化。

④蜂巢型 MPEG:聚乙二醇与马来酸酐反应生成具有蜂巢型结构的聚乙二醇马来酸酐共聚物(PM),如图 7-19 所示。共聚物中的马来酸酐可以通过酰胺键直接与酶分子上的氨基进行反应。

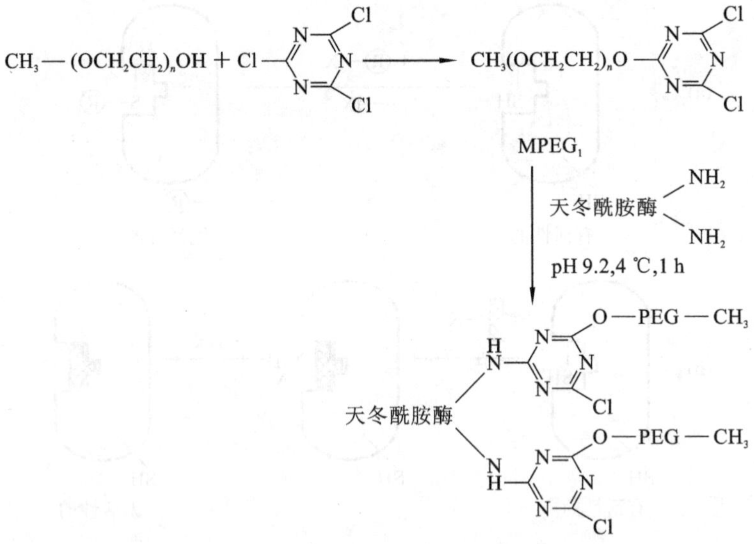

$$CH_3-(OCH_2CH_2)_nOH + Cl\text{-}C_3N_3Cl_2 \longrightarrow CH_3(OCH_2CH_2)_nO\text{-}C_3N_3Cl_2\ (MPEG_1)$$

$$MPEG_1 \xrightarrow[\text{pH 9.2, 4 ℃, 1 h}]{\text{天冬酰胺酶}(NH_2)_2} \text{天冬酰胺酶}[NH\text{-}C_3N_3(Cl)\text{-}O\text{-}PEG\text{-}CH_3]_2$$

图 7-15　$MPEG_1$ 修饰 L-天冬酰胺酶

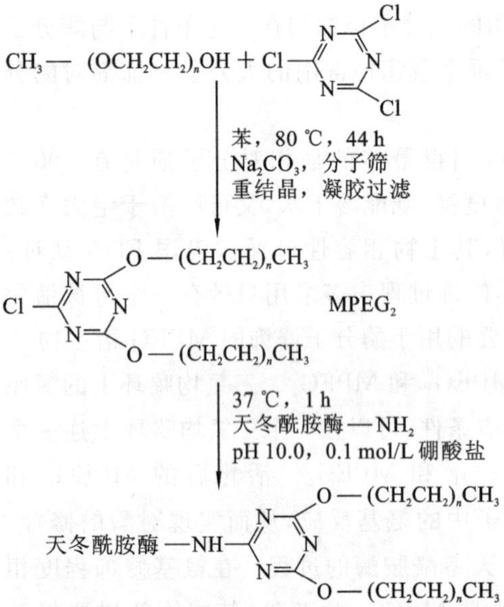

$$CH_3-(OCH_2CH_2)_nOH + Cl\text{-}C_3N_3Cl_2 \xrightarrow{\text{苯，80 ℃，44 h；}Na_2CO_3\text{，分子筛；重结晶，凝胶过滤}} Cl\text{-}C_3N_3[O-(CH_2CH_2)_nCH_3]_2\ (MPEG_2)$$

$$MPEG_2 \xrightarrow{\text{37 ℃，1 h；天冬酰胺酶}-NH_2\text{；pH 10.0，0.1 mol/L 硼酸盐}} \text{天冬酰胺酶}-NH\text{-}C_3N_3[O-(CH_2CH_2)_nCH_3]_2$$

图 7-16　$MPEG_2$ 修饰 L-天冬酰胺酶

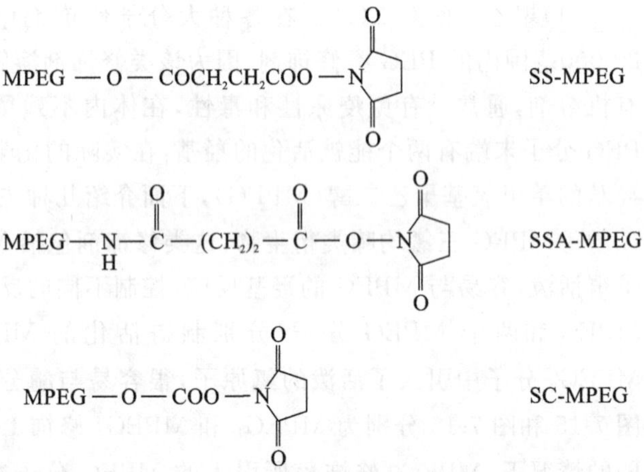

$MPEG-O-COCH_2CH_2COO-N$(琥珀酰亚胺)　SS-MPEG

$MPEG-NH-CO-(CH_2)_2-CO-O-N$(琥珀酰亚胺)　SSA-MPEG

$MPEG-O-COO-N$(琥珀酰亚胺)　SC-MPEG

图 7-17　MPEG 的琥珀酰亚胺类衍生物

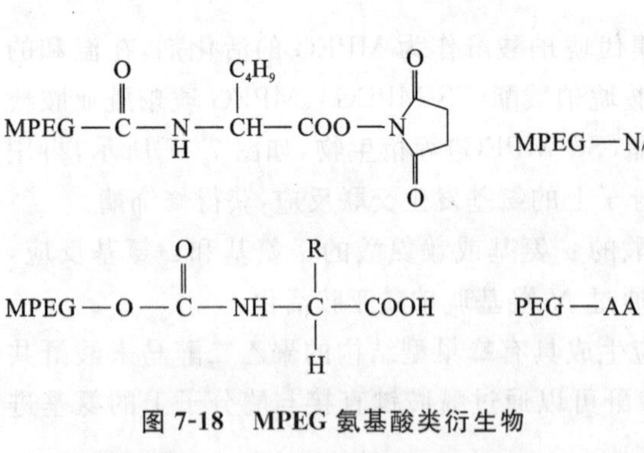

$MPEG-CO-NH-CH(C_4H_9)-COO-N$(琥珀酰亚胺)

MPEG—N/ε

$MPEG-O-CO-NH-CH(R)-COOH$

PEG—AA

图 7-18　MPEG 氨基酸类衍生物

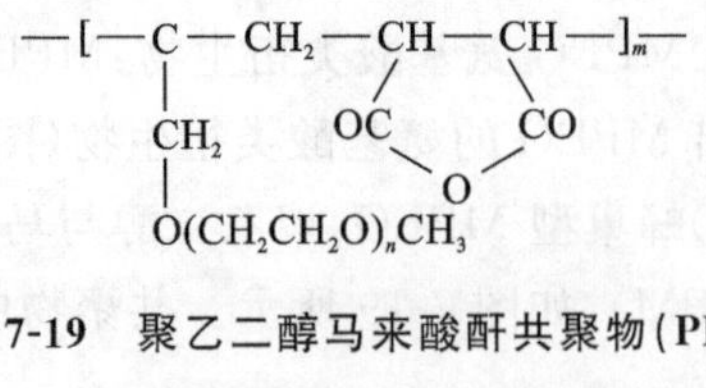

$$-[-CH(CH_2O(CH_2CH_2O)_nCH_3)-CH_2-CH-CH-]_m-\ \text{(CH—CH 为 OC—O—CO 酸酐环)}$$

图 7-19　聚乙二醇马来酸酐共聚物(PM)

(2)右旋糖酐及右旋糖酐硫酸酯　右旋糖酐是由 α-葡萄糖通过 α-1,6-糖苷键形成的高分子多糖,具有较好的水溶性和生物相容性,可作代血浆用。右旋糖酐硫酸酯是右旋糖酐分子中的羟基与硫酸缩合而成的酯。右旋糖酐及右旋糖酐硫酸酯分子中多糖链上的双羟基结构经活化后可与酶分子上的自由氨基结合,从而达到修饰酶的目的。其活化方法有两种:一是溴化氰法,这种方法是将多糖链上的邻双羟基在溴化氰的作用下活化,然后在碱性条件下与酶分子上的氨基进行反应,产生共价结合。用溴化氰法活化右旋糖酐后修饰酶的反应过程如图 7-20 所示。二是高碘酸氧化法,这种方法是通过高碘酸氧化多糖链上的邻双羟基结构,将葡萄糖环打开,形成的高活性醛基与酶分子上的氨基反应,使右旋糖酐或右旋糖酐硫酸酯与酶通过共价键结合,实现对酶的修饰。用高碘酸氧化法活化右旋糖酐后修饰酶的反应过程如图 7-21 所示。用硼氢化钠将不稳定的修饰酶还原为稳定的修饰酶的反应条件比较剧烈,对酶活性影响较大,因此可以考虑在酶和右旋糖酐之间增加一个“手臂”(如图 7-21 所示的联苯胺)来减少修饰过程中酶活力的损失。

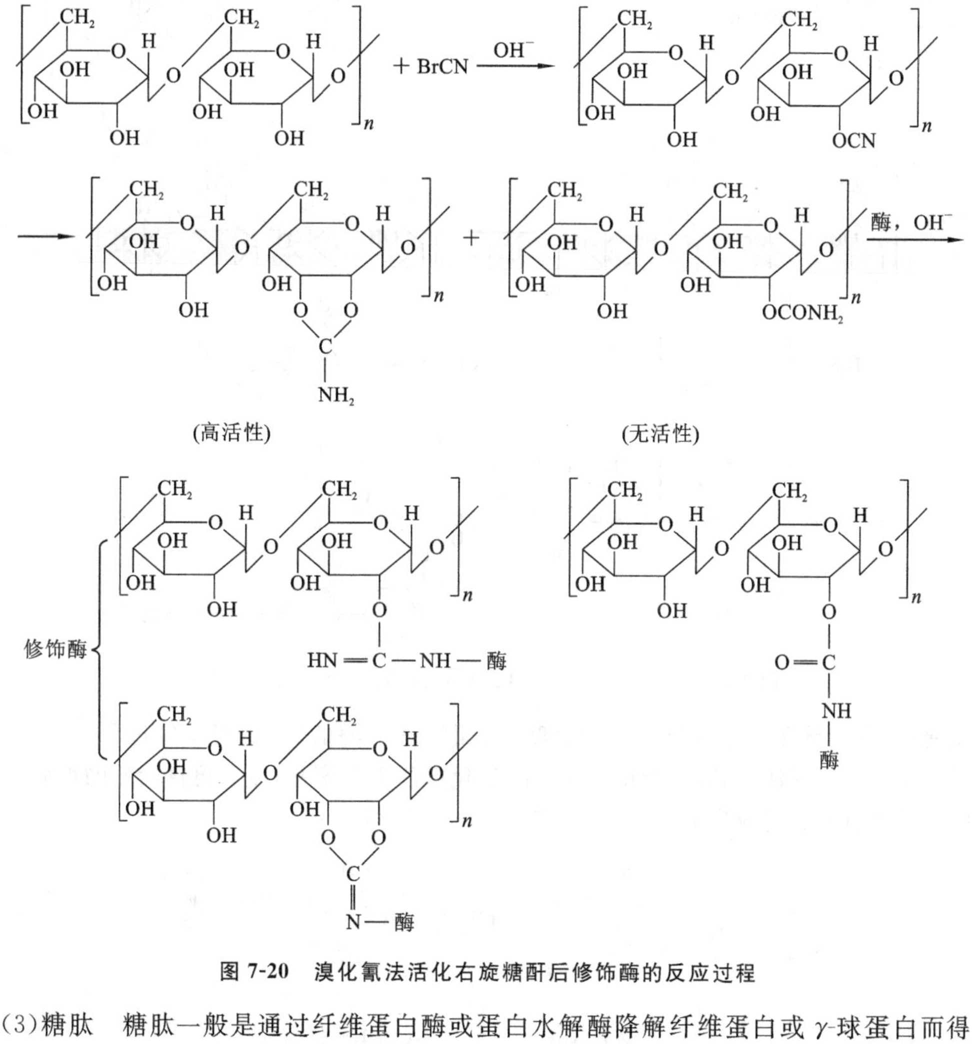

图 7-20　溴化氰法活化右旋糖酐后修饰酶的反应过程

(3)糖肽　糖肽一般是通过纤维蛋白酶或蛋白水解酶降解纤维蛋白或 γ-球蛋白而得。糖肽结构上的氨基经合适的方法活化后能与酶分子中的氨基发生反应而以共价键结合,实现对酶的修饰。常用的糖肽的活化方法有两种:一种是异氰酸法,在低温条件下,用 2,3-异氰酸甲

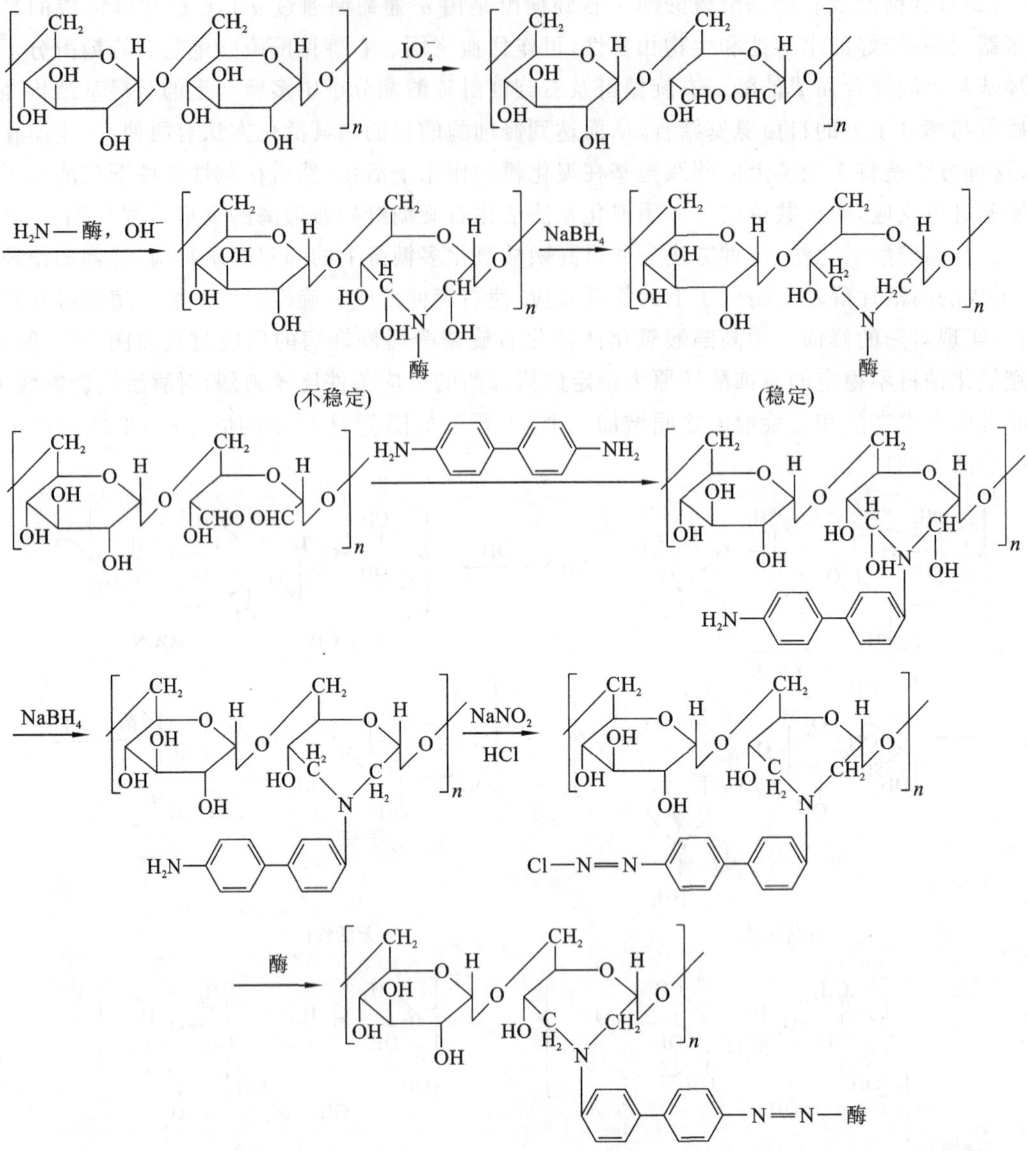

图 7-21　高碘酸氧化法活化右旋糖酐后修饰酶的反应过程

苯活化糖肽，再在碱性条件下与酶进行交联，从而实现对酶的修饰，其反应过程如图 7-22 所示。另一种是戊二醛法，用双功能试剂戊二醛活化糖肽上的氨基，然后再将活化的糖肽与酶分子上的氨基进行缩合反应生成修饰酶，反应过程如图 7-23 所示。

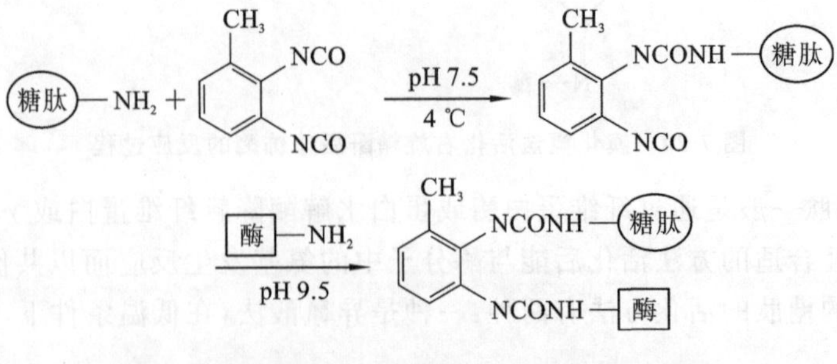

图 7-22　异氰酸法活化糖肽后修饰酶的反应过程

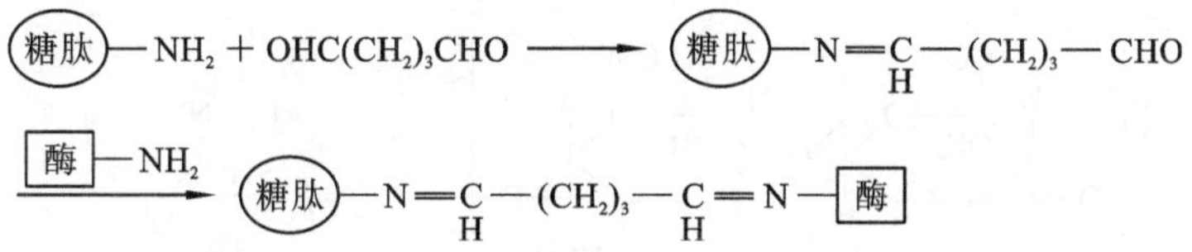

$$\text{糖肽}-NH_2 + OHC(CH_2)_3CHO \longrightarrow \text{糖肽}-N{=}\underset{H}{C}-(CH_2)_3-CHO$$

$$\xrightarrow{\text{酶}-NH_2} \text{糖肽}-N{=}\underset{H}{C}-(CH_2)_3-\underset{H}{C}{=}N-\text{酶}$$

图 7-23　戊二醛法活化糖肽后修饰酶的反应过程

(4)其他具有生物活性的大分子物质　主要包括肝素、蛋白质类物质及其他大分子物质。

①肝素:肝素是一种含硫酸酯的黏多糖,由氨基葡萄糖和两种糖醛酸组成,平均相对分子质量在 20 000 左右,结构如图 7-24 所示。

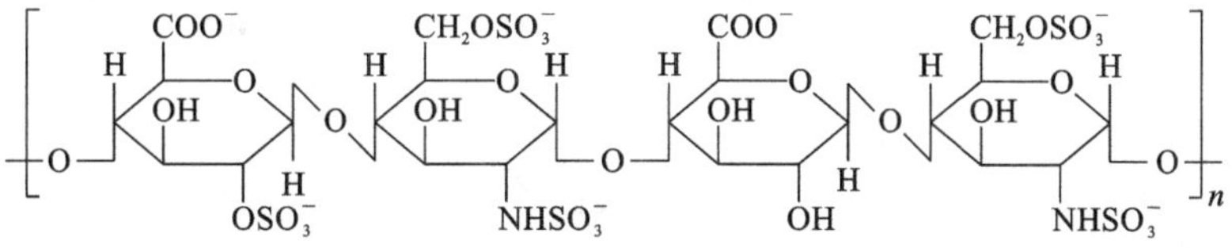

图 7-24　肝素的结构

与其他大分子修饰剂相比较,肝素不仅能通过与酶分子的共价交联而增加酶的稳定性,而且由于肝素在体内还具有抗凝血、抗血栓、降血脂等活性,更适合用来修饰溶解血栓酶类以增加疗效。根据肝素的分子结构特性,常用三种方法对其活化后进行酶的修饰。第一种方法为羰二亚胺法,用羰二亚胺活化肝素分子上的羧基,然后与酶分子上的氨基发生交联反应生成修饰酶,如图 7-25 所示。第二种方法是三氯均嗪法,用三氯均嗪活化肝素分子上的羟基,然后再与酶分子上的氨基发生反应而对酶进行修饰,如图 7-26 所示。第三种方法是溴化氰法,用溴化氰活化肝素分子上的邻双羟基,然后与酶分子上的氨基发生反应生成修饰酶,方法类同于溴

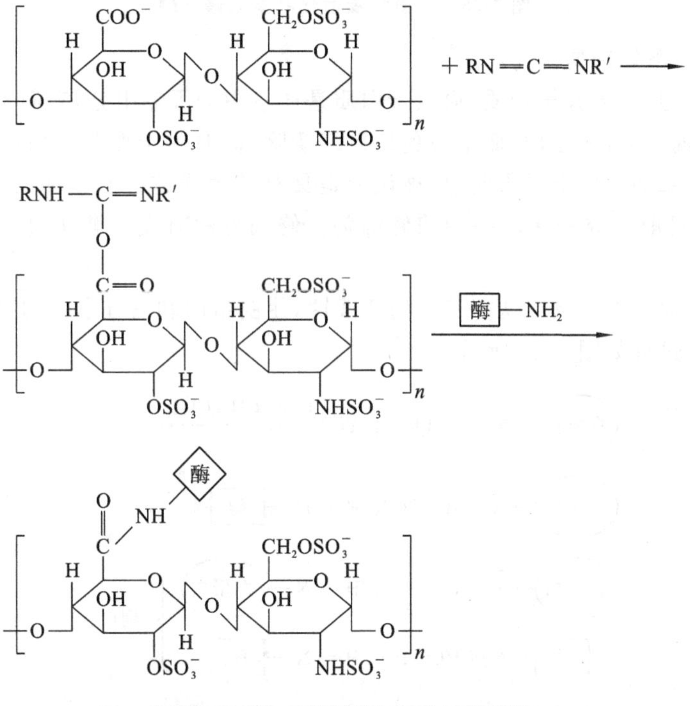

图 7-25　羰二亚胺活化肝素后修饰酶

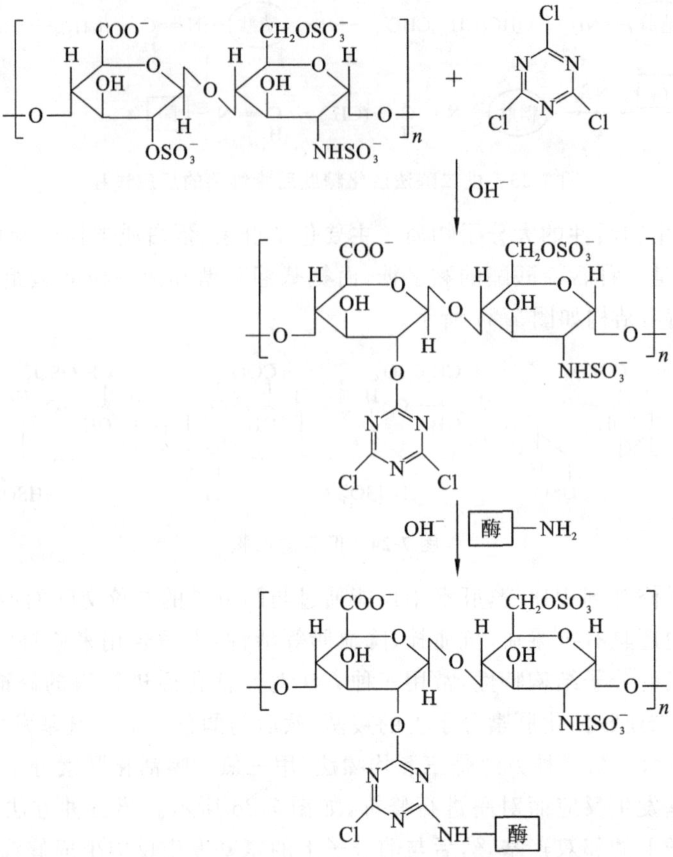

图 7-26　三氯均嗪活化肝素后修饰酶

化氰法活化右旋糖酐修饰酶。

②蛋白质类及其他大分子物质：血浆蛋白质是血浆中的天然组分，它们和酶类的复合物在血液中有可能被视为“自体蛋白”而不被免疫系统清除，同时由于血浆蛋白质具有较大的相对分子质量，在改进酶的性质上效果明显，被认为是具有较大优越性和前途的一类修饰剂，其中人血清白蛋白是目前研究较多的一种酶修饰剂。修饰方法有戊二醛法、羰二亚胺法、活化酯法等。

a. 戊二醛法：利用戊二醛双功能基团的活泼性，使白蛋白和酶分子上的氨基发生交联而对酶进行修饰，反应过程如图 7-27 所示。

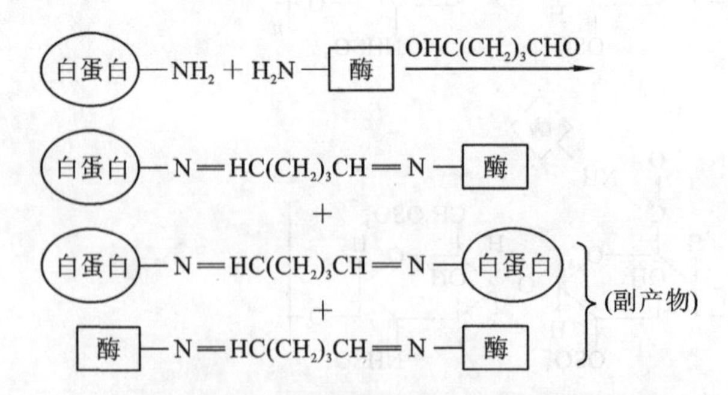

图 7-27　戊二醛法活化白蛋白修饰酶的反应过程

b. 羰二亚胺法：白蛋白与酶之间以羰二亚胺作为交联剂进行修饰反应，反应过程如图7-28所示。

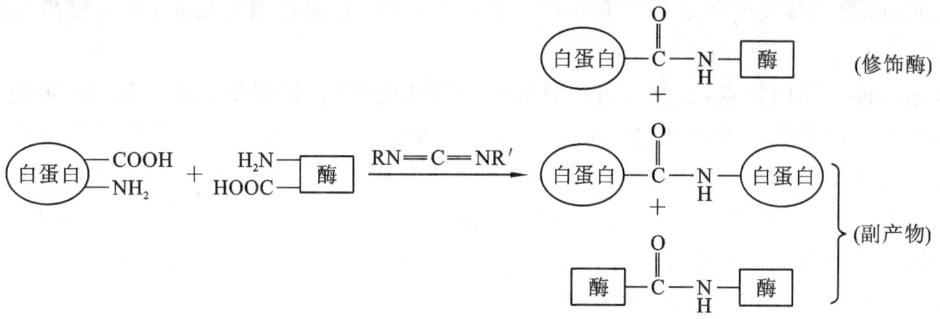

图 7-28　羰二亚胺法活化白蛋白修饰酶的反应过程

从上述两种方法可以看出，修饰反应的产物不仅有修饰酶，还有酶分子间和白蛋白之间相互交联的副产物，直接影响到修饰酶的收率，而且在修饰反应过程中，活泼的双功能交联剂不仅与白蛋白和酶分子中的氨基、羧基反应，还可能与酶活性中心的必需基团，如组氨酸、酪氨酸残基中的环状结构和半胱氨酸的巯基等，发生反应而导致酶失活。因此，人们在进行白蛋白修饰酶反应时，常在反应体系中加入一些酶的专一性底物来保护酶的活性部位。

c. 活性酯法：活性酯法活化白蛋白修饰酶是在多肽合成的原理上发展而来的，主要特点是反应条件温和，减少了修饰反应中副反应的发生，提高了修饰酶的活性回收率。修饰反应过程如图 7-29 所示，首先白蛋白与琥珀酸酐作用，使白蛋白分子表面的氨基琥珀酰化，然后在羰二亚胺作用下与对硝基苯酚形成活性酯，再与酶分子反应形成修饰酶。

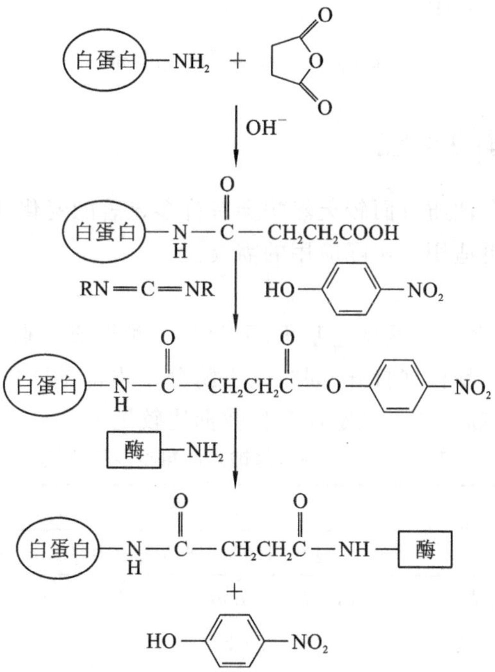

图 7-29　活性酯法活化白蛋白修饰酶的反应过程

4. 酶分子的化学交联

交联剂是具有两个活性反应基团的双功能试剂，可以在酶分子内相距较近的两个氨基酸残基之间，或酶与其他分子之间形成共价交联，使酶分子空间构象更稳定，从而提高酶分子的稳定性。

根据功能基团的特点，交联剂可以分为同型双功能试剂、异型双功能试剂和可被光活化试剂三种类型。同型双功能试剂的两端具有相同的活性反应基团，可以与氨基反应的戊二醛和双亚胺酯是典型的同型双功能试剂，戊二醛还可与羟基反应。异型双功能试剂的两端所含的活性反应基团不同，可以与酶分子上不同的氨基酸残基反应，如一端与酶分子的氨基作用，另一端与酶分子的巯基或羧基作用等。可被光活化试剂一端与酶反应后，经光照，另一端产生一个活性反应基团（自由基），如碳烯或氮烯，它们的反应活性很高，但没有专一性。

交联剂的种类繁多，不同的交联剂具有不同的分子长度，其氨基酸专一性、交联速度和交联效率都不相同，可以通过试验找出适宜的交联剂进行分子内或分子间的交联修饰。从而改善酶的生物化学性质，特别是稳定性。

在交联剂对溶液酶进行化学交联的基础上，开发了交联酶晶体（CLEC）技术。交联酶晶体制备分为两步：首先将酶蛋白结晶，然后在保持酶活性和晶格结构不被破坏的条件下，用交联剂将酶蛋白分子内或分子间进行化学交联，如图 7-30 所示。

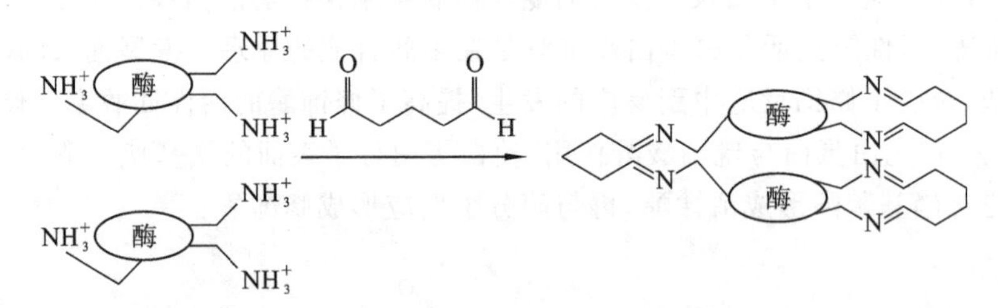

图 7-30　交联酶晶体的制备

7.1.4　化学修饰酶的特性

经过化学修饰的酶，在性质方面较天然酶会有许多显著的变化，在一定程度上会大大改善天然酶的一些不足之处，更适用于实际应用的需要。

1. 热稳定性

许多修饰剂分子存在多个活性反应基团，因此常与酶形成多点交联，稳定酶的天然构象，增强酶分子的结构刚性，不易伸展打开，同时减少酶分子内部基团的热振动，增强酶的热稳定性。几种天然酶在经过修饰后的热稳定性变化数据比较见表 7-1。

表 7-1　天然酶和修饰酶的热稳定性比较

酶	修饰剂	天然酶		修饰酶	
		温度/时间	保留酶活力/(%)	温度/时间	保留酶活力/(%)
腺苷脱氢酶	右旋糖酐	37 ℃/100 min	80	37 ℃/100 min	100
α-淀粉酶	右旋糖酐	65 ℃/2.5 h	50	65 ℃/63 min	50
β-淀粉酶	右旋糖酐	60 ℃/5 min	50	60 ℃/175 min	50
胰蛋白酶	右旋糖酐	100 ℃/30 min	46	100 ℃/30 min	64

续表

酶	修饰剂	天然酶		修饰酶	
		温度/时间	保留酶活力/(%)	温度/时间	保留酶活力/(%)
过氧化氢酶	右旋糖酐	50 ℃/10 min	40	50 ℃/10 min	90
溶菌酶	右旋糖酐	100 ℃/30 min	20	100 ℃/30 min	99
α-糜蛋白酶	右旋糖酐	37 ℃/6 h	0	37 ℃/6 h	70
β-葡萄糖苷酶	右旋糖酐	60 ℃/40 min	41	60 ℃/40 min	82
尿酸酶	人血清白蛋白	37 ℃/48 h	50	37 ℃/48 h	95
α-葡萄糖苷酶	人血清白蛋白	55 ℃/3 min	50	55 ℃/60 min	50
L-天冬酰胺酶	人血清白蛋白	37 ℃/4 h	50	37 ℃/40 h	50
尿激酶	人血清白蛋白	65 ℃/5 h	25	65 ℃/5 h	85
尿激酶	聚丙烯酰胺-丙烯酸	37 ℃/2 d	50	37 ℃/2 d	100
糜蛋白酶	肝素	37 ℃/6 h	0	37 ℃/24 h	80
L-天冬酰胺酶	聚乳糖	60 ℃/10 min	19	60 ℃/10 min	63
葡萄糖氧化酶	聚乙烯酸	50 ℃/4 h	52	50 ℃/4 h	77
糜蛋白酶	聚 N-乙烯吡咯烷酮	75 ℃/117 h	61	75 ℃/117 min	100
L-天冬酰胺酶	聚丙氨酸	50 ℃/7 min	50	50 ℃/22 min	50

2. 抗原性

酶分子结构中的一些氨基酸残基组成抗原决定簇，当酶作为异源蛋白进入机体后，会诱发机体产生抗体，抗原抗体反应不但能使酶失活，且会对人体造成伤害及危险。当酶被修饰以后，酶分子表面上组成抗原决定簇的基团与修饰剂形成共价键，可能破坏酶分子上抗原决定簇的结构，大分子修饰剂也可能“遮盖”抗原决定簇，阻碍抗原与抗体的结合，使酶的抗原性降低乃至消除。大量的研究表明聚乙二醇(包括其衍生物)和人血清白蛋白在消除酶的抗原性上效果明显，如表 7-2 所示。

表 7-2　修饰酶的抗原性变化

酶	修　饰　剂	抗　原　性
胰蛋白酶	PEG	消除
过氧化氢酶	PEG	消除
精氨酸酶	PEG	消除
尿激酶	PEG	消除
腺苷脱氨酶	PEG	消除
L-天冬酰胺酶	PEG	消除
超氧化物歧化酶	PEG	消除
链激酶	PEG	消除
核糖核酸酶	PEG	降低
超氧化物歧化酶	白蛋白	消除

续表

酶	修饰剂	抗原性
α-葡萄糖苷酶	白蛋白	消除
尿激酶	白蛋白	消除
尿酸氧化酶	聚DL-丙氨酸	消除
L-天冬酰胺酶	聚DL-丙氨酸	降低
胰蛋白酶	聚DL-丙氨酸	降低

3. 半衰期

许多酶在经过化学修饰后，增强了抗蛋白水解酶、抗抑制剂和抗失活因子的能力，同时提高了热稳定性，其体内半衰期都比天然酶长，这对于提高药用酶的体内疗效具有很重要的意义。经过修饰，某些酶的半衰期改变的情况见表7-3。

表7-3　天然酶和修饰酶的体内半衰期对比

酶	修饰剂	半衰期	
		天然酶	修饰酶
精氨酸酶	PEG	1 h	12 h
腺苷脱氨酶	PEG	30 min	28 h
L-天冬酰胺酶	PEG	2 h	24 h
超氧化物歧化酶	PEG	6 min	35 h
氨基己糖苷酶A	PVP	5 min	35 min
尿酸酶	白蛋白	4 h	20 h
超氧化物歧化酶	白蛋白	6 min	4 h
α-葡萄糖苷酶	白蛋白	10 min	3 h
尿激酶	白蛋白	20 min	90 min
L-天冬酰胺酶	聚丙氨酸	3 h	21 h
精氨酸酶	右旋糖酐	1.4 h	12 h
超氧化物歧化酶	右旋糖酐	6 min	7 h

4. 最适pH

有些酶经过化学修饰后，最适pH发生变化，这在生理和临床应用上有重要意义。例如，猪肝尿酸酶的最适pH为10.5，在pH 7.4的生理环境时仅剩5%～10%的酶活力。用白蛋白修饰后，其最适pH范围扩大，在pH 7.4时保留60%的酶活力，这有利于酶在体内发挥作用。解释这一现象的假设是修饰酶的活性部位的微环境更为稳定。当酶在pH 7.4的环境时，酶活性部位仍能处于相对偏碱的微环境内，并行使催化功能，或者是修饰酶被“固定”于一个更活泼的状态，并且当环境pH下降时，酶仍能保持这种活泼状态使催化功能不受影响。

吲哚-3-链烷羟化酶经聚丙烯酸修饰后，最适pH从3.5变为5.5，这样在pH 7左右时，修饰酶活力比天然酶增加3倍，在生理环境下修饰酶抗肿瘤效果要比天然酶大得多。

经修饰，几种酶的最适pH改变情况见表7-4。

表 7-4　天然酶和修饰酶的最适 pH 对比

酶	修饰剂	最适 pH	
		天然酶	修饰酶
猪肝尿酸酶	白蛋白	10.5	7.4～8.5
糜蛋白酶	肝素	8.0	9.0
吲哚-3-链烷羟化酶	聚丙烯酸	3.5	5.0～5.5
产朊假丝酵母尿酸酶	PEG	8.2	8.8

5. 动力学性质

绝大多数酶经过修饰后，最大反应速度 v_{max} 并没有变化。但有些酶经修饰后米氏常数 K_m 会增大。这可能主要是由于共价结合于酶分子上的大分子修饰剂所产生的空间障碍影响了底物对酶的接近和结合。尽管如此，人们认为修饰酶抵抗各种失活因子的能力增强以及体内半衰期的延长能够弥补 K_m 增加带来的缺陷，而不影响修饰酶的应用价值。某些酶经修饰后 K_m 变化情况见表 7-5。

表 7-5　天然酶和修饰酶的 K_m 对比

酶	修饰剂	K_m	
		天然酶	修饰酶
苯丙氨酸解氨酶	PEG	6×10^{-5}	1.2×10^{-4}
猪肝尿酸酶	PEG	2×10^{-5}	7×10^{-5}
产朊假丝酵母尿酸酶	PEG	5×10^{-5}	5.6×10^{-5}
精氨酸酶	PEG	6×10^{-3}	1.2×10^{-2}
猪肝尿酸氧化酶	PEG	2×10^{-5}	6.9×10^{-5}
L-天冬酰胺酶	白蛋白	4×10^{-5}	6.5×10^{-5}
尿酸酶	白蛋白	3.5×10^{-5}	8×10^{-5}
吲哚-3-链烷羟化酶	聚顺丁烯二酸	2.4×10^{-6}	3.4×10^{-6}
吲哚-3-链烷羟化酶	聚丙烯酸	2.4×10^{-6}	7×10^{-6}
腺苷脱氨酶	右旋糖酐	3×10^{-5}	7×10^{-5}
胰蛋白酶	右旋糖酐	—	不变
L-天冬酰胺酶	聚丙氨酸	—	不变

6. 组织分布能力

某些酶经化学修饰后，对组织的分布能力有所改变，能在血液中被靶器官选择性吸收，这在临床应用上有重要价值。

天然溶菌酶几乎不被肝细胞吸收，用唾液酸苷酶处理后也没有变化。但溶菌酶被胎球蛋白来源的糖肽修饰后，再用唾液酸苷酶除去糖肽末端唾液酸，暴露出半乳糖残基后，就能很快被肝细胞吸收。如果再用半乳糖苷酶除去半乳糖，则肝细胞的吸收又马上下降，由此可见，肝细胞表面有特异性的半乳糖受体来识别和结合半乳糖分子。同样用聚乳糖修饰的 L-天冬酰胺酶在进入体内 10 min 后即被肝细胞吸收，但此时，90％的天然酶还存留于血液中，也是由于肝细胞表面的特异性受体能和乳糖的非还原端半乳糖结合导致的。

Poduslo 等的研究结果表明，超氧化物歧化酶经丁二胺修饰后，可显著增强其对血脑屏障和血神经屏障的透过能力，因而可能会对由自由基引起的脑及神经疾病有较好的治疗作用。

7.1.5 酶分子化学修饰的应用

通过酶分子的化学修饰可以探索酶的结构与功能的关系，可以提高酶的稳定性，改变酶的各种生物学性质，提高酶在生物医学和生物技术等领域的应用价值。

1. 化学修饰在酶学研究方面的应用

20 世纪 50 年代以来，酶分子侧链基团的化学修饰就成为生物化学和酶学领域研究的热门课题。对酶分子进行化学修饰主要用于研究酶的结构与功能的关系，特别是在研究酶类活性部位的组成及其催化作用机制的方面，选择性化学修饰方法越来越受到重视。

酶分子中氨基酸残基侧链的反应性与它周围的微环境密切相关，采用具有荧光特性的修饰试剂修饰后，借助荧光光谱研究，可以分析各基团在酶分子中的空间分布情况，了解溶液状态下的酶分子构象；研究酶分子的解离-缔合现象。利用双功能试剂交联修饰可以测定酶分子中特定基团的距离。通常情况下，酶分子表面基团能与修饰剂反应，埋藏在分子内或形成次级键的基团不能与修饰剂反应，由此可以测定氨基酸残基在酶分子中存在的状态。

通过酶分子的修饰作用，可以了解各种残基及其侧链基团在酶催化过程中的作用，如果修饰反应的可逆性对应着生物功能的改变，则可以为确定某一残基的可能功能提供一定的试验证据。如对丙酮酸激酶分子中的精氨酸残基进行修饰的反应过程中，伴随着精氨酸残基的修饰，酶分子可逆地失活，底物保护作用说明酶分子在底物磷酸烯醇式丙酮酸的磷酸结合位点有一个必需的精氨酸残基。

2. 化学修饰酶在医药方面的应用

药用酶等大分子药物在临床应用时存在体内稳定性差、血浆半衰期短、具有免疫原性等特点，严重影响其使用效果。通过化学修饰，特别是大分子结合修饰，可以克服上述缺陷，大大提高药用酶的应用价值。目前，PEG 修饰已成为改善这种限制用得最多、最成熟的技术。PEG 与酶分子连接后可以在酶分子表面形成一个可变化的保护层，同时 PEG 分子特有的线性和柔性，能够很好地掩盖酶蛋白的抗原决定簇，还可以提高对蛋白酶消化的抵抗能力。

超氧化物歧化酶(SOD)起着清除自由基、消除炎症的作用，并与抗肿瘤、调节免疫、辐射保护及组织发育都有关系，但 SOD 不易进入细胞，在体内的半衰期短和异体蛋白质抗原性等缺点限制了它的临床应用。Beckman 等利用 PEG 修饰 SOD，使其在血液中的半衰期由几分钟提高到数小时，降低了抗原性，提高了对胰蛋白酶的消化抵抗能力，通过培养内皮细胞也显示 SOD 与 PEG 连接可增强酶活性吸收。Miyata 等研究表明，SOD 用 PEG 修饰后，诱发机体产生抗体的能力随 PEG 相对分子质量的增大而显著减少，当 PEG 相对分子质量达到一定程度时，不再诱发机体产生抗 SOD 和抗 PEG-SOD 的抗体。

腺苷脱氨酶(ADA)对免疫系统的发育非常重要，此酶缺乏，会产生严重综合免疫缺陷症(SCID)，患者对各种感染的抵抗力下降。Hershfield 等用 PEG 修饰的 ADA 注射体内后，PEG-ADA 可在血液中存留 1～2 周，抗原反应降低，活性可保留未修饰 ADA 达 40%左右，患者的免疫功能得到不同程度的恢复且无过敏反应。而注射天然 ADA 后，在血液循环中最多可测出 7%的酶活力，而且在 2 h 内被清除而达不到修复免疫缺陷的目的。1990 年，PEG-ADA 成为通过 FDA 认证的第一种修饰蛋白用于临床。

L-天冬酰胺酶是治疗白血病的有效药物，对淋巴细胞白血病，尤其是对儿童的淋巴细胞白血病有很好疗效。它能将肿瘤细胞生长所需的L-天冬酰胺水解为天冬氨酸和氨，从而特异并有效地抑制肿瘤细胞的恶性生长。PEG修饰的L-天冬酰胺酶能显著降低原有酶的免疫原性，在体内的作用时间由18 h提高到2周，免疫反应消失，不过酶活回收率较低，只有7%～15%。1994年，PEG修饰的L-天冬酰胺酶首先在美国上市，作为治疗急性淋巴性白血病的药物在临床使用，商品名为Oncaspar。

精氨酸酶具有抗癌作用，它用PEG修饰后，修饰率为53%时，酶活力保持65%。与抗体结合能力和诱导产生新抗体的能力均消失，在血液中停留时间延长，显著地延长了移植肝癌后的小鼠生命。

曹淑桂等用肝素、右旋糖酐修饰抗血栓药物尿激酶，修饰酶活力保持在90%以上，抗蛋白酶水解和抗稀释变性能力明显提高，在小鼠体内半衰期显著延长，降低了抗原性。

3. 化学修饰酶在生物技术方面的应用

酶作为催化剂，具有专一性强、催化效率高以及反应条件温和等显著特点，越来越多的酶制剂被用于工农业生产、环境保护和监测等各领域，但是由于酶离开其天然环境后的稳定性较差，活力较低等，限制了它在体外的广泛应用。通过化学修饰，可以显著增强酶的稳定性，提高酶的催化效率，还可以改变酶的某些动力学特性，而且某些化学修饰酶能够在有机溶剂中高效地发挥催化作用并表现出新颖的催化性能，从而大大拓宽其应用范围。

右旋糖酐修饰的过氧化氢酶表现出较高的热稳定性，在52℃保持10 min，酶活力丧失10%，而未修饰酶则丧失60%酶活力。辣根过氧化物酶用MPEG共价修饰后，在极端pH条件下抗变性能力提高，耐热性也有所加强。

胰蛋白酶可以用于蛋白质水解物、氨基酸等的生产，采用大分子结合修饰，使1分子胰凝乳蛋白酶与11分子右旋糖酐结合，酶的催化效率可以达到原有酶的5.1倍。

葡萄糖异构酶能催化葡萄糖变为果糖，该酶经琥珀酰化修饰后，其最适pH下降0.5，稳定性也得到增强，有利于果葡糖浆和果糖的生产。

马肝醇脱氢酶分子中赖氨酸的乙基化、糖基化和甲基化都能增加酶的活力，其中甲基化使酶活力增加最大，同时酶稳定性也提高许多；而糖基化酶和甲基化酶的底物专一性都有所改变，这种操纵底物专一性的能力在立体专一性有机合成中特别有用。

MPEG对脂肪酶、过氧化氢酶、过氧化物酶等酶分子表面上的氨基进行共价结合修饰，得到的修饰酶能够均一地溶解于苯、氯仿等有机溶剂中，并具有较高的催化活性和稳定性。

相信随着后基因组时代的到来和重组酶生产技术的开发，特别是随着从极端环境微生物或不可培养微生物中获得新酶蛋白的数量的不断增加，将加速人类改造酶蛋白旧功能和开发新功能的步伐，对于酶的应用必将产生重大而深远的影响。

7.2　酶的模拟

7.2.1　模拟酶的概念

与普通的化学催化剂相比，酶具有催化效率高、专一性强、反应条件温和等特点。但是酶作为生物分子，在实际应用时容易受到多种物理、化学因素的影响而失活，且其来源有限。如何通过人工设计来制备同天然酶具有相同催化活性的酶模拟物一直是许多科学家密切关注的一个科学问题。为了得到活性高、稳定性好、价格低廉的催化剂，20 世纪 80 年代以来，化学家们开始利用合成高分子来模拟酶的结构、作用机理以及酶在生物体内的化学反应过程。

模拟酶又称人工酶或酶模型，它是生物有机化学的一个分支，是仿生高分子的一个重要的内容。模拟酶的研究就是吸收酶中起主导作用的因素，利用有机化学、生物化学等方法设计和合成一些较天然酶简单的非蛋白质分子或蛋白质分子，以这些分子作为模型来模拟酶对其作用底物的结合和催化过程，也就是说，模拟酶是在分子水平上模拟天然酶活性部位的形状、大小及其微环境等结构特征，以及天然酶的作用机理和立体化学等特性的一门学科。目前，较为理想的小分子仿酶体系有环糊精、冠醚、杯芳烃和卟啉等环状化合物，大分子仿酶体系有聚合物酶模型、分子印迹酶模型等。

7.2.2 模拟酶的理论基础

1. 模拟酶的酶学基础

对天然酶的结构和催化机制的深入了解是对酶进行模拟，制备高效模拟酶的基础。20 世纪 70 年代以来，随着蛋白质结晶学、X 射线衍射技术和光谱技术的发展，人们对许多酶的结构及其作用机制能在分子水平上作出解释。动力学方法的发展以及对酶的活性中心、酶抑制剂复合物和催化反应过渡态等结构的描述促进了酶作用机制的深入研究，为模拟酶的发展注入了新的活力。

酶具有高效、高度专一的催化特性的主要原因是它的分子结构中有活性中心。活性中心包含了决定酶反应性的结合基团和直接参与催化的催化基团，这些基团通过各种机制帮助酶分子对底物进行高效转化。模拟酶要和天然酶一样，能够在与底物的结合中，通过底物的定向、键的扭曲及形变来降低活化能。因此构建的模拟酶在结构上应具有两个特殊部位，一个是底物结合部位，另一个是催化部位。一般都要以高分子化合物、高分子聚合物或配合了金属的高分子聚合物为母体，并在适宜的部位引入相应的疏水基，做成一个能容纳底物、适于和底物结合的空腔，同时在适宜的位置定向引入担负催化功能的催化基团，这对于形成良好的反应特异性和提高催化效率是相当重要的。

2. 模拟酶的超分子化学基础

20 世纪七八十年代，Pederson 和 Cram 报道了一系列光学活性冠醚的合成方法。这些冠醚可以作为主体与伯铵盐客体形成复合物。Cram 把主体与客体通过配位键或其他次级键形成稳定复合物的化学领域称为主-客体化学。主-客体化学的基本思想：具有显著识别能力的某些冠醚可以作为主体，有选择性地与作为客体的底物发生配合，体现为主体和客体在结合部位的空间及电子排布的互补，这种主、客体互补与酶和底物的结合情况近似。Lehn 在研究穴醚和大环化合物与配体配合的过程中，提出了超分子化学的概念，在此理论的指导下，合成了更为复杂的主体分子。他在发表的“超分子化学”一文中阐明：超分子的形成源于底物和受体的结合，这种结合基于非共价键的相互作用，如静电作用、疏水相互作用、氢键和范德华力等。当底物与受体结合成具有稳定结构和性质的实体，即形成了“超分子”，它兼具分子识别、催化和选择性输送的功能。

主-客体化学和超分子化学关注的焦点之一是模拟天然分子的识别过程，在这一过程中，主体与客体间的弱的、非共价的相互影响起了关键作用。主-客体化学和超分子化学已经成为酶人工模拟的重要理论基础。根据酶催化反应机制，如果合成出既能识别底物又具有酶活性部位催化基团的主体分子，就能有效地模拟酶的催化过程。

7.2.3　模拟酶的分类

由于天然酶的种类繁多，人们对其模拟的途径、方法、原理和目的各不相同，除了化学手段，基因工程、蛋白质工程等分子生物学手段在酶的模拟方面正发挥越来越大的作用。在众多的模拟酶中，已有部分非常成功的例子，它们的催化效率和专一性可与天然酶相媲美。由于印迹酶特殊的制备原理和方法，后面还将进行单独和深入的介绍。

1. 环糊精模拟酶

环糊精(cyclodextrin，CD)是直链淀粉在芽孢杆菌产生的环糊精葡萄糖基转移酶作用下生成的一系列环状低聚糖的总称，通常由 6～12 个 D-吡喃葡萄糖单元以 α-1，4-糖苷键聚合而成。其中研究得较多并且具有重要应用价值的是含有 6、7、8 个葡萄糖单元的分子，分别称为 α、β 和 γ-环糊精(图 7-31)。根据 X 射线晶体衍射、红外光谱和核磁共振波谱的分析结果，确定构成环糊精分子的每个葡萄糖残基都是椅式构象，由于连接葡萄糖单元的糖苷键不能自由旋转，环糊精是略呈锥形的圆筒状中空分子。

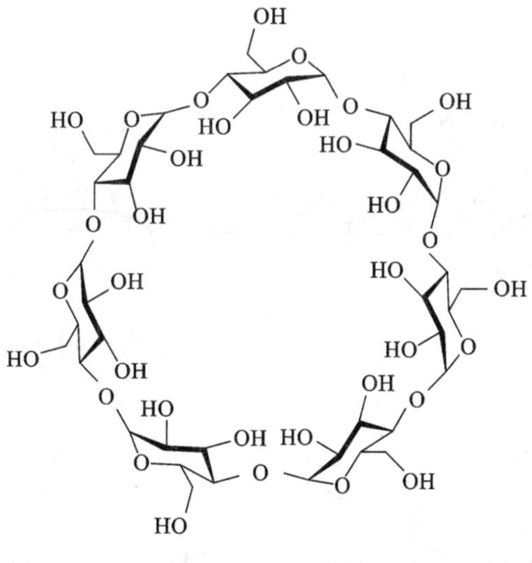

图 7-31　β-环糊精

由于自身结构的特点，环糊精的化学和酶反应性质与开链糊精有根本性的差别，因其没有还原端，不具有还原性，也没有非还原端，不能被某些淀粉酶水解。环糊精分子中葡萄糖残基的伯羟基围成了圆筒的小口，而其仲羟基围成了圆筒的大口。圆筒的外面具有亲水性，而圆筒的内壁为氢原子和糖苷键氧原子，具有疏水性。环糊精的这些特殊结构，使环糊精分子能够作为主体识别并捕捉一些匹配的客体分子，如有机分子、无机离子以及气体分子等，形成易溶于水的包结物，模拟了酶的识别作用。如果把类似于酶催化基团的小分子修饰到环糊精上，那就可以模拟天然酶对有机化合物的水解、转氨基以及氧化还原等催化作用。作为模拟酶的主体分子有很多种，但环糊精具有无毒、无污染、生物相容性好等优点，再加上不同葡萄糖单元数的环糊精或不同修饰的环糊精有着不同大小的空腔，使其可以对不同的分子都具有一定的识别能力，所以迄今仍是被广泛采用且较为优越的主体分子。

(1)水解酶的模拟　早期人们发现环糊精的羟基形成氧负离子可与羧酸酯反应，随后又发现环糊精上的羟基能被包合于环糊精空腔中的酯乙酰化。因而单独的环糊精分子被用来模拟水解酶，它可以使乙酸间硝基苯酚酯的水解速度提高 100 倍。

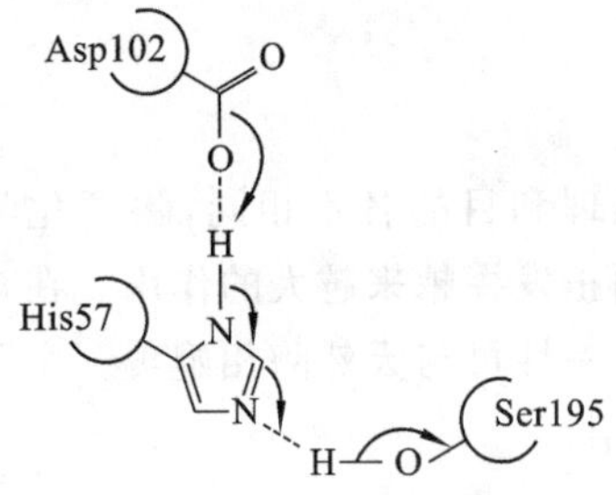

胰凝乳蛋白酶是一种蛋白水解酶，其分子结构和作用机制研究得比较清楚，酶分子中有疏水性的环状结合部位能有效包合芳环等疏水基团，催化部位由 57 位组氨酸的咪唑基、102 位天冬氨酸的羧基和 195 位丝氨酸的羟基组成。虽然这三个氨基酸残基在一级结构上相距很远，但它们在空间结构上却很接近，形成了"电荷中继系统"(图 7-32)，参与底物的水解反应。

图 7-32　胰凝乳蛋白酶分子中形成的"电荷中继系统"

Bender 等将酰基酶的催化部位引入环糊精分子的大口端得到了胰凝乳蛋白酶的模拟酶(β-Benzyme)，其催化反应机制如图 7-33 所示。它催化对叔丁基苯基乙酸酯的水解速度比天然酶快 1 倍以上，K_{cat}/K_m 也与天然酶相当，但其具有更高的 pH 和温度稳定性。该模拟酶利用 β-环糊精的疏水空腔作为底物的结合部位，以连接在环糊精侧链上的羧基、咪唑基和环糊精分子上的一个羟基共同构成催化部位，实现了对胰凝乳蛋白酶的模拟。

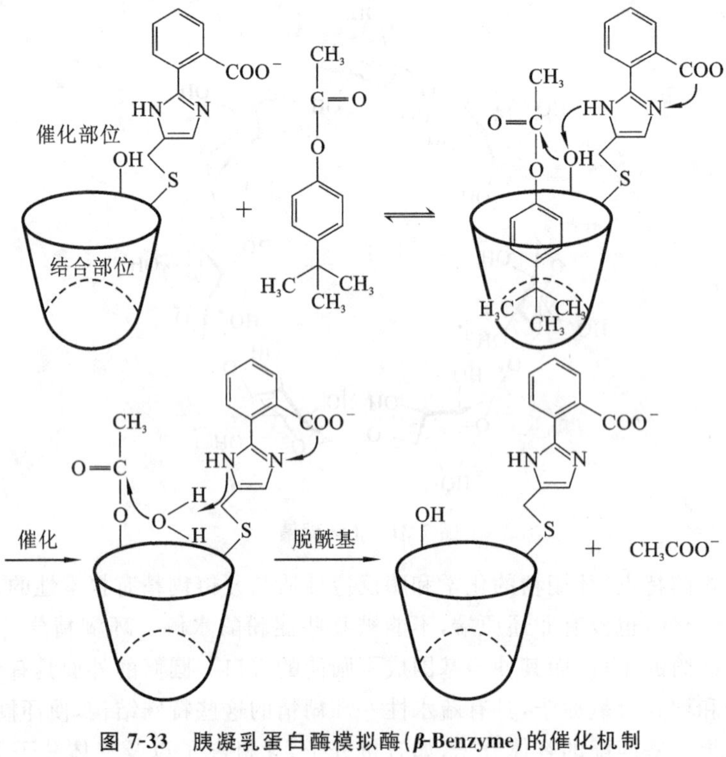

图 7-33　胰凝乳蛋白酶模拟酶(**β-Benzyme**)的催化机制

(2)核酸酶的模拟　核糖核酸酶催化 RNA 中磷酸二酯键的水解断裂，其活性中心是由 12 位的组氨酸、41 位的赖氨酸和 119 位的组氨酸残基组成。Breslow 等在环糊精的小口端引入催化基团设计合成了两种环糊精 A 和 B，来模拟核糖核酸酶催化环状磷酸二酯键的水解，当环状磷酸二酯键在碱性条件下水解时，同时产生两种产物 C 和 D，而在环糊精 A 的催化下水解反应只生成 C，环糊精 B 催化时水解反应只生成 D，如图 7-34 所示，两种模拟酶催化反应的最适 pH 均为 6.0 左右，说明引入的两个咪唑基在反应过程中交替起着一般的酸和碱的作用，使离去基团质子化或增加亲核基团的亲核性，其作用机理与天然酶一致。

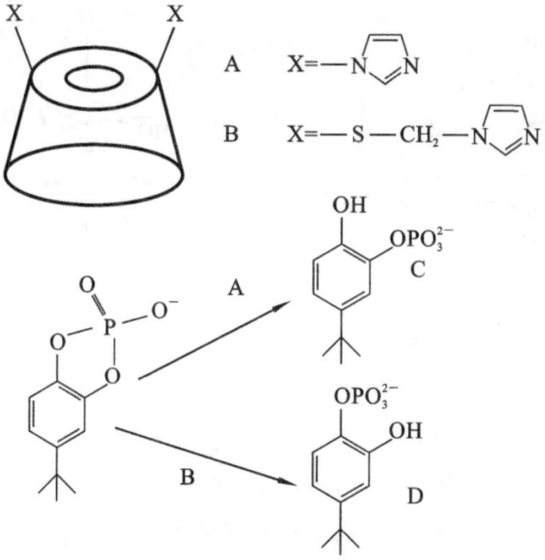

图 7-34　环糊精模拟酶催化环状磷酸二酯键的水解反应

(3)转氨酶的模拟　转氨酶催化的最重要的反应是酮酸和氨基酸间的转换,磷酸吡哆醛和磷酸吡哆胺是转氨酶的辅酶。没有酶存在的情况下,吡哆醛(胺)也能实现转氨基作用,但由于它们的分子小,结构中没有底物结合部位,所以它们催化反应的速度很慢,且反应无任何选择性。据此,可以将磷酸吡哆醛(胺)的类似物连接到环糊精分子上来模拟转氨酶。图 7-35 为合成出的第一个转氨酶的模拟酶,在它的存在下,其苯并咪唑基酮酸转氨基速度比吡哆胺单独存在时快约 200 倍,且表现出良好的底物选择性。环糊精的疏水内腔提供底物结合部位,稳定结合反应过渡态是提高反应速率的关键。

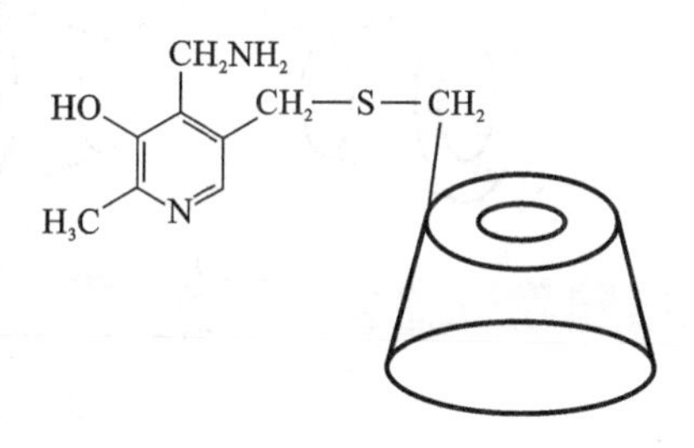

图 7-35　转氨酶的环糊精模拟酶

由于环糊精本身具有手性,可以预料产物氨基酸亦应该具有光学活性,实验结果表明产物中 L 型和 D 型氨基酸的含量确实不同,说明该模拟酶有一定的立体选择性。上述转氨酶模型中包含了天然酶结构中的底物结合部位和辅助因子,尚缺乏催化基团。Tabushi 等将辅助因子和催化基团同时引入环糊精分子中,所得模拟酶不仅使反应加速 2 000 倍以上,而且表现出很好的立体选择性。

(4)桥联环糊精模拟酶　桥联环糊精是近年来发展起来的一类新型模拟酶,其分子中的两个环糊精及桥基上的功能基构成了具有协同包结和多重识别功能的活性中心,能更好地模拟天然酶对底物的识别与催化功能。Matsui 等将乙二胺偶联到环糊精上,然后与铜盐作用形成桥联环糊精(图 7-36 中的 A),它催化糠偶姻(图 7-36 中的 B)氧化成糠偶酰的反应,其催化速率比没有催化剂时大 20 倍。A 的两个环糊精圆筒协同包结糠偶姻的两个呋喃环,同时糠偶姻的烯醇负离子通过与桥基铜离子形成静电或配位作用得以稳定,从而加速了反应。Breslow 等将图 7-36 中的桥联环糊精 C 用于催化双疏水部位酯(图 7-36 中的 D)的水解反应,底物两端的疏水部位分别被两个环糊精圆筒包结后,配位于桥基的 Cu^{2+} 正好处于底物酯基的附近,有利于 OH^- 对酯基的进攻,因而显著地加速了水解反应,其催化速率比单独用 β-环糊精和 Cu^{2+} 提高 10^4 倍。

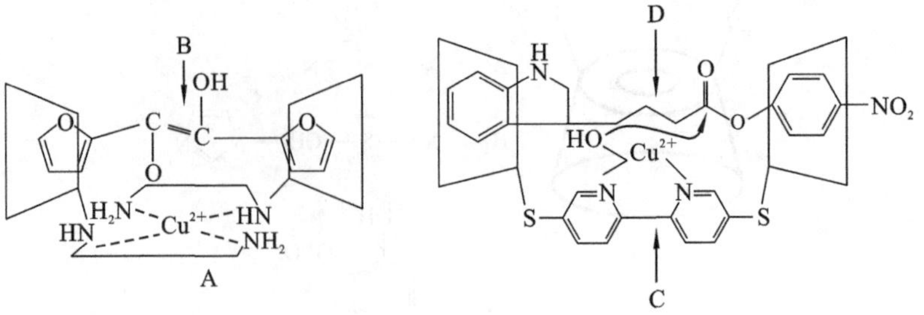

图 7-36　桥联环糊精模拟酶

谷胱甘肽过氧化物酶(GPX)为含硒酶,能有效消除自由基,是重要的抗氧化物酶。为克服以往 GPX 模拟物如 PZ51 无底物结合部位的缺点,罗贵民等利用环糊精的疏水空腔作为底物结合部位,硒代巯基为催化基团,制备出双硒桥联环糊精(图 7-37(a)),将硒换成碲,制成双碲桥联环糊精(图 7-37(b))。二位硒化和碲化环糊精均表现出很高的 GPX 活力,分别为 GPX 模拟物 PZ51 的 4.3 倍和 46 倍。

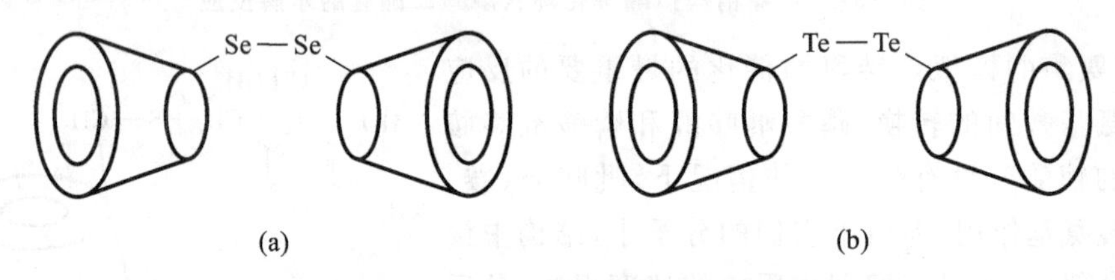

图 7-37　双硒桥联环糊精和双碲桥联环糊精

(a)双硒桥联环糊精;(b)双碲桥联环糊精

2. 冠醚模拟酶

冠醚是一类含杂原子的大环聚醚类化合物。1967 年,C. J. Pederson 首次合成出冠醚分子(图 7-38),母体是 18-冠-6,由聚乙二醇和卤代醚聚合而成,基本结构是—CH_2—CH_2—X(其中 X 为 P、N、S、O 等原子),分子呈环形,氧原子朝向环的内部,亚甲基朝向环的外部。冠醚及其含 S、N 大杂环类似物具有选择性结合配体的能力,在一定条件下,一些金属离子或极性离子会陷入醚环中,与带孤对电子的氧原子发生静电相互作用。这类化合物具有和金属离子形成稳定配合物的独特性质。人们已经成功利用冠醚化合物模拟了水解酶和肽合成酶等多种酶活性。

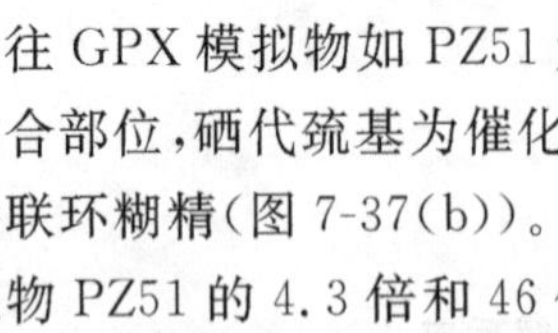

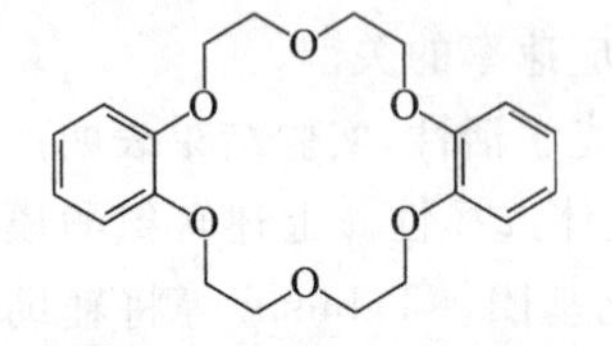

图 7-38　二苯并-18-冠-6

(1)水解酶的模拟　Matsui 等设计合成了系列以冠醚环和巯基为主体分子的冠醚模拟酶(图 7-39),分子中冠醚环为结合部位,含醚侧臂或亚甲基为立体识别部位,侧臂末端的巯基为催化部位。利用这些模拟酶成功催化了氨基酸对硝基苯酯释放对硝基苯酚等一系列水解反应。在催化反应过程中,各种氨基酸的盐与冠醚结合,使巯基附近有较高的底物浓度,巯基亲核攻击底物分子中的羰基碳,使 C—O 键扭曲断裂,释放出对硝基苯酚。实验结果表明,这类模拟酶对 α-氨基酸酯的催化速度特别高,且侧臂长的 C 比 B 的催化能力强,可能跟模拟酶中催化基团的取向有关。

(2)肽合成酶的模拟　Koga 等以冠醚为主体,合成了带有巯基的肽合成酶模拟酶(图 7-40),利用此模拟酶可以在分子内实行“准双分子反应”以合成多肽。

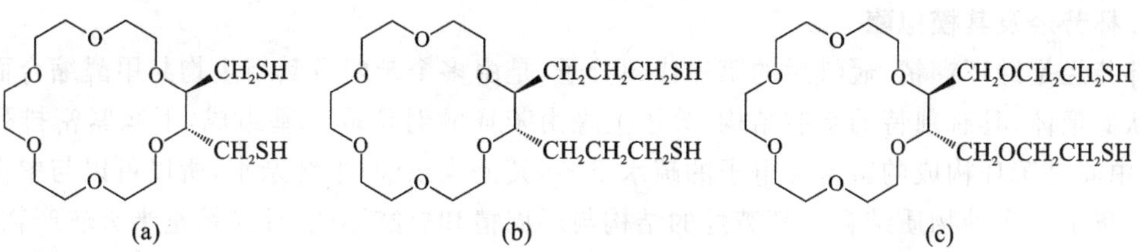

图 7-39　水解酶的冠醚模拟酶

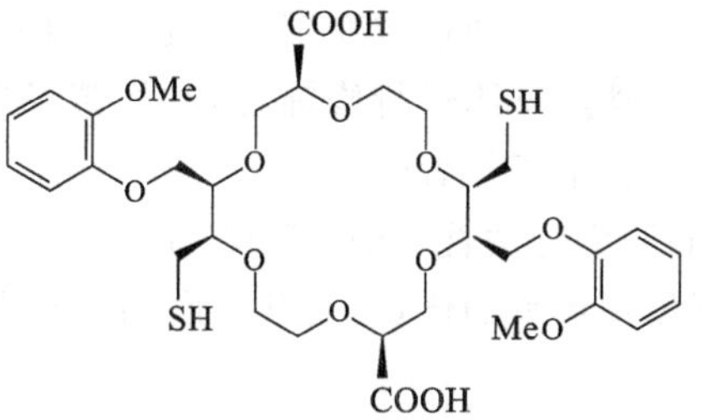

图 7-40　带有巯基的肽合成酶模拟酶

Susaki 等合成了含有一个结合位点和两个反应部位的冠醚化合物模拟肽合成酶。其反应机理见图 7-41，底物是含有 α-氨基酸残基的对硝基苯酚酯，冠醚环结合质子化的 α-氨基酸对硝基苯酯分子，形成非共价键配合物，由于巯基的进攻，催化水解释放出对硝基苯酚，生成双硫酯。由于分子内两侧链距离很近，易发生分子内反应，羰基碳攻击铵离子，酰基转移形成肽键，再生巯基，重复以上反应可以延长肽链。

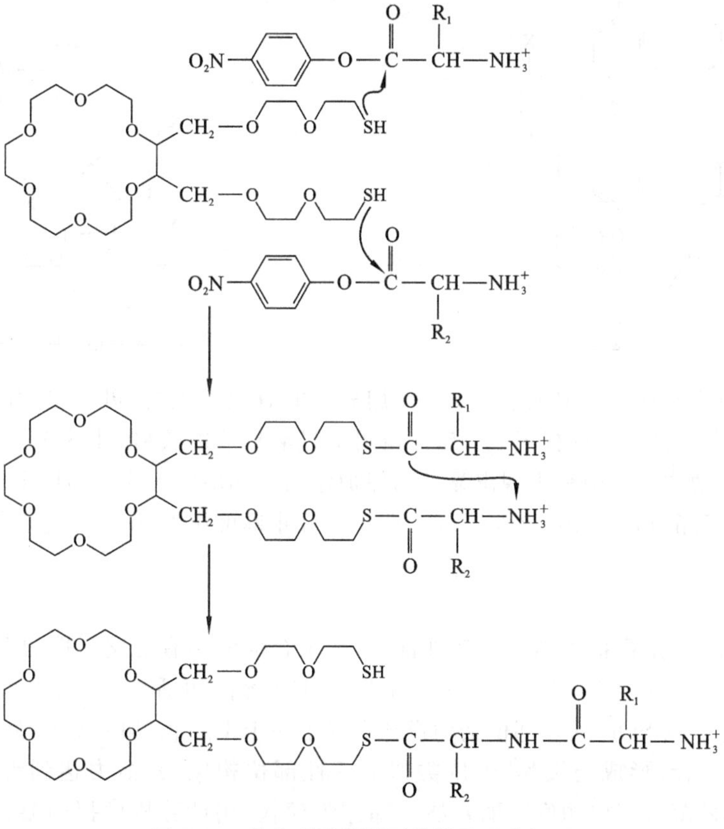

图 7-41　肽合成酶的冠醚模拟酶反应机理

3. 杯芳烃及其模拟酶

杯芳烃是继环糊精、冠醚后的第三代超分子，是由多个苯酚及其衍生物与甲醛缩合而得到的环状低聚体，具有独特的空腔结构，分子上缘由苯环的对位取代基组成，下缘紧密排列着酚羟基，中间是苯环构成的富含 π 电子的疏水空腔，其上缘亲油，下缘亲水，所以可以与中性分子和极性离子等多种物质结合。杯芳烃的结构与环糊精和冠醚不同，环糊精是半天然产物，其空腔骨架过于刚性，使其对底物的结合能力受到了一定限制。冠醚在溶液中通常表现为环状结构而不是穴状结构，不能为底物提供有效的结合空腔。杯芳烃则是完全通过实验室合成的一类大环化合物，其疏水空腔的大小可以通过改变聚合度进行调节，构象可受到调控，以适应不同大小的底物分子，也可以引入功能基团进行修饰，同时杯芳烃还具有良好的热稳定性、高熔点、非挥发性等特点而备受广大科学工作者的关注。

近年来杯冠醚受到了人们的广泛关注，如图 7-42 所示，它同时含有杯芳烃和冠醚两种主体分子的亚单元，在功能上可发挥更大的优势，对某些底物具有更优越的配合和识别能力。

4. 金属卟啉及其模拟酶

金属卟啉可以模拟以金属离子为辅助因子的天然酶。卟啉是含有四个吡咯分子的大环聚合物，主要骨架是卟吩，其结构如图 7-43 所示，卟吩上四个 N 的四对孤电子对朝向环内，同时它有间隔出现的双键构成的共轭大 π 键，对位于中心部位的金属进行配位。金属卟啉类分子具有以共轭大 π 电子体系、金属原子价改变为基础的氧化还原性质，可以模拟与分子氧有关的一些反应。自然界有很多分子带有金属卟啉结构，它们都参与分子氧有关的反应，如叶绿素、血红素等。

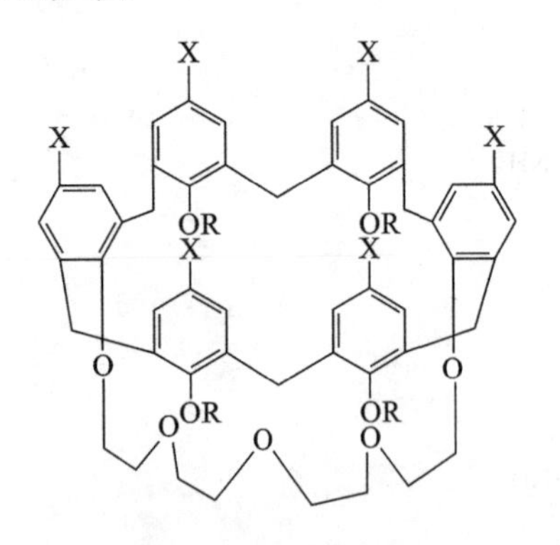

图 7-42 杯(6)冠醚

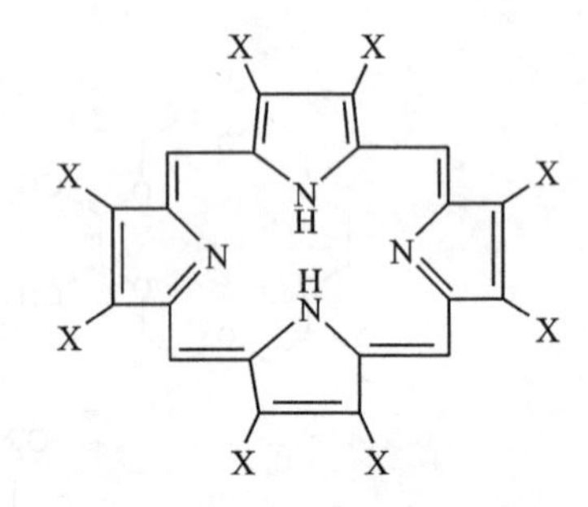

图 7-43 卟吩结构示意图

金属卟啉类化合物是细胞色素 P-450 单加氧酶的有效模拟物，可在温和的条件下活化分子氧，实现对烃类化合物的选择氧化。锰卟啉可通过清除活性氧和活性氮来降低氧化压力，在癌症和糖尿病的动物模型中都表现出显著的保护作用。郭灿城等成功利用金属卟啉模拟酶将环己烷氧化成环己醇和环己酮，并实现其产业化。钌卟啉可作为 SOD 和过氧化氢酶的双功能模拟酶。

5. 肽酶

肽酶(pepzyme)是模拟天然酶的活性部位，人工合成的具有催化活性的多肽。1977 年人工合成的八肽 Glu-Phe-Ala-Glu-Glu-Ala-Ser-Phe 具有溶菌酶活性，其活力可达到天然酶的 50%。罗贵民等根据 SOD 活性部位结构设计合成了一个十六肽，加入 Cu^{2+} 后，十六肽中 4 个组氨酸与 Cu^{2+} 配合，形成与天然 SOD 类似的活性部位构象，其活力达到天然酶的 6.8%。Steward 等使用胰凝乳蛋白酶底物酪氨酸乙酯作为模板，用计算机模拟胰凝乳蛋白酶的活性位点，构建出一种由 73 个氨基酸残基组成的多肽，其活性部位引入组氨酸、天冬氨酸和丝氨酸，对烷基酯底物的水解活性为天然胰凝乳蛋白酶的 1%，并对胰凝乳蛋白酶抑制剂敏感。

近年来，人们发现环肽（图 7-44）的结构类似于环形有机分子如冠醚、环糊精、杯芳烃等，易形成氢键网络，而且环肽还存在内在构象约束，在超分子化学及分子识别方面已经引起人们的关注。

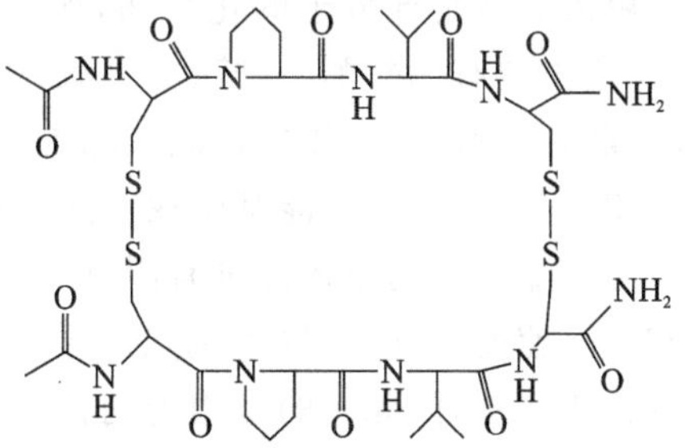

图 7-44　环肽

7.2.4　印迹酶

印迹酶属于一种特殊的模拟酶，其制备原理和方法是基于分子印迹技术。根据主体分子的类型不同，印迹酶又可分为分子印迹酶和生物印迹酶。

1. 分子印迹技术

在分子水平上模拟生物体系中的识别作用是各国科学工作者广泛关注的课题之一。分子识别在酶-底物、抗原-抗体以及配体-受体之间的选择性方面起着非常重要的作用，分子之间的特异性的互相识别主要源于两者在空间结构上的互补性。为此科学家们应用环状小分子或冠状化合物如环糊精、冠醚、杯芳烃等来模拟酶活性中心的结合部位，期望这样的化合物经过适当改造后能识别底物，进而像酶一样能催化反应的进行。基于同样的思路，类似于酶的结合部位应该也能在聚合物中产生，于是分子印迹技术得以发展。

20 世纪 40 年代，Pauling 提出了抗体形成学说试图解释抗体的产生，该学说认为抗体在形成时其三维结构尽可能地同抗原形成多重作用点，抗原作为一种模板就会被“铸造”在抗体的结合部位。虽然这个理论后来被“克隆选择理论”所推翻，但却为分子印迹的发展奠定了基础。

早期科学家对分子印迹进行过各种尝试，1972 年，Wulff 研究小组首次报道成功地制备出分子印迹聚合物。20 世纪 90 年代，分子印迹技术迅速发展并趋于成熟，在分离提纯、免疫分析、生物传感器，特别是人工模拟酶方面显示出广泛的应用前景。

（1）分子印迹的概念　如果以一种分子充当模板，其周围用聚合物交联，当模板分子除去后，聚合物中间就留下了与该分子形状相匹配的空穴，这种聚合物有可能对该分子具有选择性识别作用。分子印迹就是制备对某一化合物具有选择性的聚合物的过程。这个化合物称为印迹分子，也称模板分子，制得的聚合物称为分子印迹聚合物。这种分子印迹的思路通常被人们描述为制造识别“分子钥匙”的人工“锁”技术。人们研究分子印迹的出发点之一是想从合成的聚合物出发，构建人工酶模型，显然，这种技术可以产生对底物的特异性结合部位，并能诱导功能基团以预先排列的方式进入结合部位，从而制备出催化活性聚合物。

（2）分子印迹技术的分类　根据模板分子与功能单体的结合方式可将分子印迹技术分为

三类:预组织法、自组装法、自组装和预组织相结合的方法。

①预组织法:预组织法又称可逆共价结合法,主要是由德国的 Wulff 及其同事在 20 世纪 70 年代初期创立的。在此方法中,印迹分子先通过共价键与功能单体结合,然后交联聚合,聚合后打开共价键洗脱去除印迹分子。从理论上讲,聚合物与印迹分子之间结合位点越多,其内部结合基团的方向和空穴结构定位越精确,聚合物呈现的选择性越高。

预组织法中所使用的功能单体通常是低分子的化合物,如含有乙烯基的硼酸、醛、胺、酚、醇等,与印迹分子形成的共价作用主要有硼酸酯、亚胺、希夫碱、缩醛酮、酯和螯合物等,由于硼酸酯键的键能适当,易于形成和断裂,所以最常用的是硼酸酯类化合物。

通过预组织法得到的分子印迹聚合物,其功能基团在空间上有精确的定位,对印迹分子有高度的选择性。但由于携带适当功能基团的单体数量有限,而且共价键一般较牢固,在印迹分子预组装或识别过程中结合和解离速度较慢,难以达到热力学平衡,不适合于快速识别,且聚合反应后印迹分子不能以高百分比除去,因此它的应用受到较大限制。

②自组装法:自组装法又称非共价法,主要是由瑞典的 Mosbach 及其同事在 20 世纪 80 年代后期创立的。在此方法中,印迹分子与功能单体之间自组织排列,以非共价键形成多点相互作用,经交联聚合后这种作用位点保存下来。通常的非共价作用包括离子键、氢键、金属螯合作用、电荷转移、疏水作用以及范德华力等,其中离子键和氢键最为重要。

自组装法中使用的功能单体有丙烯酸、丙烯酰胺、苯甲酸、苯乙酸、咪唑和吡啶类化合物,其中最常用的是 α-甲基丙烯酸,其分子内有一个碳碳双键和一个羧基,可以与铵发生离子键合作用,或与酰胺、氨基甲酸酯、羧基等发生氢键相互作用。

与预组织法相比,自组装法简单易行,可同时采用多种单体,以提供给印迹分子更多的相互作用,聚合后印迹分子易于除去,所得聚合物的分子识别过程更接近于天然的分子识别系统。因此,自组装法已成为分子印迹技术研究的热点。

③自组装和预组织相结合的方法:Whitecomb 等综合了共价和非共价分子印迹技术的优点,设计了自组装和预组织相结合的方法,即聚合时印迹分子与功能单体以共价键的方式形成复合物(相当于分子预组织过程),而分子印迹聚合物在对印迹分子的识别过程中则是非共价相互作用(相当于分子自组装)。这种方法兼有自组装和预组织的优点,即共价分子印迹聚合物具有的亲和专一性强和非共价印迹聚合物的操作条件温和的特征。

分子印迹聚合物对分子识别作用的本质是分子印迹聚合物与印迹分子之间在化学基团以及三维空间结构上的相互匹配性。聚合物空穴对印迹分子的选择性结合作用来源于空穴中起结合作用的功能基团的排列以及空穴的形状。大量研究表明功能基团的排列在空穴特异性结合中起决定作用,而空穴的形状在某种程度上是次要因素。

(3)分子印迹聚合物的制备　制备分子印迹聚合物的过程一般包括:①印迹分子与单体发生相互作用:选定印迹分子和有合适功能基团的功能单体,使二者发生互补反应,功能单体按照一定的顺序排列在印迹分子的周围,并形成特定的空间构象。②聚合反应:在印迹分子和交联剂存在的条件下,对功能单体进行聚合。③印迹分子的去除:采用萃取、酸解等手段从聚合物中将占据在识别位点上的绝大部分印迹分子洗脱下来,则形成的聚合物内保留有与印迹分子的形状、大小、功能团互补的孔穴。④后处理:在适宜温度下对印迹分子聚合物进行成型加工和真空干燥等后处理。所得印迹聚合物对印迹分子或与印迹分子结构相似的客体分子具有选择性识别能力(图 7-45)。

制备分子印迹聚合物的聚合反应和一般的聚合反应相同,是通过自由基引发的。在设计

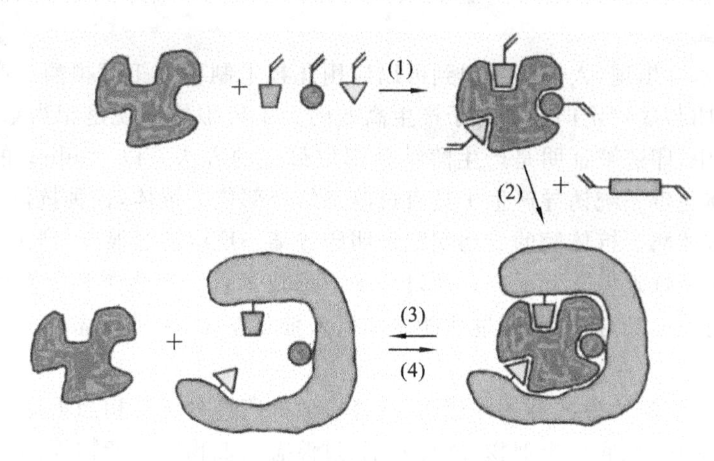

图 7-45　分子印迹过程示意图

(1)自组装;(2)聚合;(3)解吸附(抽取);(4)吸附(识别)

分子印迹聚合体系时,为了使分子印迹聚合物对印迹分子的选择性高,关键要选择与印迹分子尽可能有特异结合的功能单体,然后选择适当的交联剂和溶剂。

对印迹分子的要求是稳定性好、耐高温,既不参与也不抑制交联反应。目前,氨基酸、糖、核酸、激素、辅酶等均已成功地用于分子印迹聚合物的制备中。

分子印迹聚合中应用最广泛的功能单体:羧酸类化合物(如甲基丙烯酸、丙烯酸、乙烯基苯甲酸)、磺酸以及杂环弱碱类(乙烯基吡啶、乙烯基咪唑),其中最常用的体系为聚丙烯酸和聚丙烯酰胺体系。

交联剂的类型和用量会显著影响分子印迹聚合物对印迹分子的选择性。分子印迹聚合物要求的交联度很高(70%～90%),因此交联剂的种类受到限制。最初,人们用二乙烯基苯作为交联剂,但后来发现丙烯酸类交联剂能制备出更高特异性的聚合物。在肽类分子印迹中,三功能团交联剂和四功能团交联剂,如季戊四醇三丙烯酸酯和季戊四醇四丙烯酸酯,已用于聚合体系中。

溶剂在分子印迹中发挥着重要作用。溶剂的极性、介电常数等会影响功能单体和印迹分子两者之间的选择性和亲和力。溶剂的选择应使功能单体和印迹分子的相互作用达到最佳。一般来说,溶剂的极性越大,产生的识别效果就越弱,因此,最好的溶剂应选择低介电常数的溶剂(如甲苯和二氯甲烷等)。

低温聚合可以稳定印迹分子和功能单体间的相互作用,容许印迹热敏分子;同时还能改变聚合物的物理性质,具有制备较高分辨力聚合物的可能性。例如,0 ℃制备的L-苯丙氨酸酰苯胺印迹的聚合物比在 60 ℃制备的聚合物显示较高分辨力。

分子印迹技术的优点是制备费用相对便宜,可回收、重复利用,所得聚合物具有相当好的化学稳定性、热稳定性和机械稳定性,能适用于各种极端条件(如高温、非水介质等),并且可以创造出自然界不存在的具有全新催化活力的催化剂,但是由于动力学上可接近的识别位点数目有限(扩散限制)造成分子印迹聚合物的容量比较低。

近年来,分子印迹聚合物的制备有了很大发展,方法主要有扩散聚合法、悬浮聚合法、表面印迹法、溶胶-凝胶法、电化学聚合法、纳米分子印迹法等。目前常规的工艺是制备整块聚合物,然后粉碎过筛,获得不同粒径的颗粒。分子印迹聚合物的形态有无定形粉末、棒状、球形、薄膜等。

2. 分子印迹酶

分子印迹技术一出现，人们就意识到可以应用此技术制备人工模拟酶。产生底物的结合部位并使催化基团与底物定向排列对于产生高效的人工模拟酶来说是相当重要的两个方面。在人工酶的研究中，印迹被证明是产生酶结合部位最好的方法。以 Pauling 的过渡态理论为指导，通过生物体免疫系统诱导产生了具有过渡态结合部位的抗体，这种抗体表现出很高的催化活性，被称为抗体酶。抗体酶的成功实践证明印迹某一反应的过渡态，产生与之互补的过渡态结合部位，会选择性地催化此反应。通过分子印迹技术可以产生类似于酶的活性部位的空腔，对底物产生有效的结合作用，通过功能单体引入催化基团，可以制备出具有酶活性的分子印迹酶。

要想制备出具有酶活性的分子印迹酶，选择合适的印迹分子是相当重要的。目前，所选择的印迹分子主要有底物、底物类似物、酶抑制剂、过渡态类似物以及产物等。

(1)印迹底物、产物及底物类似物　酶的催化是从对底物的结合开始的，产生对底物的识别可促进催化作用的进行。为此，人们做了很多尝试。Mosbach 等分别以底物混合物(L-天冬氨酸与 L-苯丙氨酸等比例混合)以及产物(L-天冬氨酰-L-苯丙氨酸甲酯)为印迹分子，以甲基丙烯酸甲酯为聚合单体，二亚乙基甲基丙烯酸甲酯为交联剂，经聚合产生了具有催化二肽合成能力的分子印迹酶。实验结果表明以产物为印迹分子的印迹聚合物表现出较高的催化活性，在反应进行 48 h 后，其二肽产率达到 63%，而以反应物为印迹分子的印迹聚合物催化相同反应时，二肽产率较低。

(2)印迹过渡态类似物　借鉴过渡态类似物法制备抗体酶的成功经验，用过渡态类似物作为印迹分子制备的印迹聚合物应该具有相应的催化活性，也能结合反应过渡态，降低反应活化能，从而加速反应。Robinson 等首先将过渡态类似物法应用于分子印迹中，他们用对硝基苯乙酸酯水解反应的过渡态类似物，对硝基苯甲基磷酸酯作印迹分子，将含水解功能基团的 4(5)-乙烯咪唑作单体和双功能试剂 1,4-二溴丁烷进行分子印迹聚合，制备出具有相应酯水解能力的印迹酶，其催化水解对硝基苯乙酸酯的活性比未用印迹分子的相应聚合物高出 60%。而且这种速度加快可被过渡态类似物专一性抑制，从而证明所得到的速度加快完全是由分子印迹提供的专一性结合部位引起的。

很多研究结果表明，仅仅印迹产生过渡态结合部位不能引起高效的催化作用，在结合部位的适当位置定向引入催化功能基团对提高催化效率至关重要。通常引入催化基团的方法是诱导法，即通过相反电荷等的相互作用引入互补基团。Wulff 等充分考虑了过渡态结合和定向引入催化基团对催化的作用，利用磷酸单酯作为酯水解的过渡态类似物进行印迹，通过含脒基的功能单体与印迹分子形成稳定的复合物，将功能基团引入印迹的过渡态结合部位中，产生的印迹聚合物表现出很强的酯水解活性，其催化效率仅比相应的抗体酶低 1～2 个数量级。他们用相同的体系印迹碳酸酯和碳酸酰胺，获得了与相应抗体酶活力相当的分子印迹酶模型。

(3)表面印迹过渡态类似物　分子印迹酶催化效率低的一个主要原因是底物分子在大块的印迹聚合物中扩散很慢，从而降低酶活性。最近，人们试图利用表面分子印迹技术来克服扩散效应对反应速度的影响。所谓表面分子印迹是指在某些载体(如硅胶)表面产生分子印迹空腔或进行表面修饰产生印迹结合部位的过程。Markowitz 等将胰蛋白酶水解反应的过渡态类似物与长链烃酰化制备成类似于表面活性剂的分子，并以此作为印迹分子与表面活性剂、硅氧烷、硅胶微粒混合在水/油型乳液中，待硅氧烷聚合后，过渡态类似物作为表面活性剂的亲水头就定位在硅胶表面，去除印迹分子，在硅胶微粒表面就形成了与过渡态互补的微孔，此印迹酶具有酰胺水解酶活性。

分子印迹酶都能不同程度地加速相应反应的速度。但是无论是印迹底物类似物还是过渡态类似物都不能充分提高催化效率。尽管人们也采用了很多手段，如将催化基团引入到印迹空腔，但用高聚物制备的印迹酶其催化效率普遍不高。可能的原因是，分子印迹聚合物一般是高交联聚合物，其结构的刚性大，缺乏酶分子的柔性。另外，用于聚合的单体种类较少，使得印迹分子与空腔周围基团形成次级键的作用力减少，也就是说印迹聚合物对反应底物的识别能力受到限制，导致酶活力普遍不高。

相信随着新的功能单体的不断出现和新的印迹技术的发展，分子印迹酶的催化效率会不断提高，定会成为研究酶催化机制的强有力工具，并最终获得实用酶。

3. 生物印迹酶

生物印迹(bioimprinting)是分子印迹的一种形式，只不过主体分子是生物分子而不是聚合物，它是指以天然的生物材料，如蛋白质和糖类物质为骨架，在其上进行印迹而产生对印迹分子具有特异性识别空腔的过程。生物印迹最初在有机相中得到了很好的应用，其原理是当印迹分子与蛋白质或其他生物分子在水溶液中结合后，冷冻干燥，除去印迹分子，然后将其置于有机相中，由于生物分子构象的柔性在有机相中被取消，构象被固定，所以生物分子保持了印迹产生的结合部位，因而可以对印迹分子产生很好的识别作用，但在水相中这种识别能力完全消失。

Klibanov 研究小组用酒石酸作用于牛血清白蛋白，冷冻干燥后用有机溶剂抽提酒石酸，得到酒石酸印迹的牛血清白蛋白。印迹的蛋白质在无水乙酸乙酯溶剂中结合酒石酸的量是未印迹蛋白质结合酒石酸的 30 倍。

如果生物印迹中采用的印迹分子是酶的底物、抑制剂或过渡态类似物，则印迹后的生物分子中除了可以产生类似于酶的活性中心的空腔，能对底物产生有效的结合以外，更重要的是可以在结合部位诱导产生与底物定向排列的催化基团，从而表现出酶的性质，应用上述方法人们首先得到了有机相生物印迹酶，该酶在有机溶剂中保持新构象的时间相当长(可达几周)。

那么能否制备出在水相中也能起高效催化作用的生物印迹酶呢？1984 年，Keyes 等选择吲哚丙酸为印迹分子，印迹牛胰核糖核酸酶。首先使牛胰核糖核酸酶在部分变性的条件下与吲哚丙酸充分结合，然后用戊二醛交联固定牛胰核糖核酸酶的构象，透析去除吲哚丙酸后就制得了具有酯水解能力的生物印迹酶，此印迹酶的最适 pH、底物饱和特性以及产物抑制等均与天然酶类似，但却具有较宽的底物特异性。制备生物印迹酶的主要过程：①使生物分子部分变性，扰乱其天然构象；②加入印迹分子，使印迹分子与部分变性的生物分子充分结合；③用交联剂交联印迹的生物分子；④用透析等方法除去印迹分子。对这种印迹来说，起始的生物分子既可以是无酶活力的蛋白质(如血清白蛋白等)，又可以是具有催化活力的酶(如核糖核酸酶、胰蛋白酶等)，而印迹分子通常是某种酶的底物类似物、抑制剂、过渡态类似物等。

生物印迹是一种很有前途的模拟酶制备技术，为模拟酶的发展开辟了新的研究方向。生物印迹酶中，活性中心的结合和催化机制更接近于天然酶，因而呈现出较高的催化活性。随着人们在这一新兴领域的进一步探索，必将创造出高效率的模拟酶。

7.2.5　模拟酶研究进展及展望

酶是一种绿色、高效的催化剂，它能在温和条件下，高效、高专一性地催化某些化学反应，能够在各领域的应用中为人类带来巨大的经济和社会效益，设计合成像酶那样高效高专一性的催化剂和理解酶的催化原理一直是科学家们追求的目标之一。

模拟酶的研究是生物有机化学的重要研究领域之一。研究模拟酶可以较直观地观察与酶的催化作用相关的各种因素，是实现人工合成具有高性能酶模型的基础，然而，模拟酶的研究远不止制备酶本身，更重要的是模拟酶的设计在很大程度上反映了人们对酶的结构以及反应机制的认识，通过改变或简化活性位点中的功能团，模拟酶可以帮助人们对整个催化反应历程有更深入的了解，从而认识生命自身的化学和生物学过程，继而有助于解决诸如寿命的延长、疾病的防治等一系列重大问题。因而对模拟酶的研究具有深刻的理论意义和广阔的应用前景。

在模拟酶的研究初期，由于对酶结构认识的局限性，很难制备出具有天然酶活力的人工酶。近年来，随着对酶结构的认识及对其作用机理的深入了解，人们在分子水平上模拟天然酶对底物的结合和催化，取得了许多重要成果。模拟酶的实践证明，部分人工酶模型的催化效率及选择性已能与天然酶媲美。但也应看到，大多数人工酶的催化活性不高，这主要是由于目前尚缺乏系统的、定量的理论作为指导。另外，大多数人工酶模型过于简单，缺乏对结合和催化因素的全面考虑。与天然酶相比，理想的模拟酶除具备可与之相匹敌的高的催化活性和选择性外，还应具有如下特点：①结构的可调控性，可针对不同底物和反应需要设计不同结构的结合空腔；②结构和性能更稳定，耐高温、耐酸碱、耐有机溶剂能力更强，适用性更广，寿命更长；③材料易得、价格便宜、便于储存和规模化生产。

最初的模拟酶设计主要集中在构建具有底物结合和催化部位的大环化合物上。近年来，超分子模拟酶的构建为制备更复杂、活力更高的人工酶模型提供了新的平台，这种新型超分子主体化合物具有多重识别位点，可在作用的过程中引入更多识别因素，继而表现出一些特殊的性能。运用超分子组装的技术与方法，很多功能化的小分子或嵌段聚合物都可以组装成各种高催化活性的纳米酶模型。纳米科学、生物工程、超分子化学的快速发展也为我们设计更为优异的模拟酶提供了更好的平台。

分子印迹技术的出现为高效人工酶催化剂的研究带来了新的希望。从理论上讲，这一技术可应用于制备各类化学反应的催化剂，虽然从反应速率来看，效果还不理想，但其反应选择性还是相当高的。这类材料还可以用于非天然酶催化的反应和相对恶劣的环境中，这一点可以弥补天然酶的不足，也是模拟酶最具吸引力的地方。目前，研究较多的分子印迹聚合物模拟酶催化的反应主要有水解反应、合成反应、氧化还原反应、转移反应、异构化反应等。这些反应都是化工领域特别是生物化工领域的基础且重要的反应，是制备有机原料及生物产品的关键。当然传统的分子印迹法也有其局限性问题，如何将模板分子更为完全地除去，如何建立更广的客体分子选择性和亲和性，以及需要克服由于传质受阻而引起的慢的催化动力学问题等。展望未来，分子印迹技术的发展趋势可能有如下几个方面：增加功能单体和交联剂的类型，拓宽分子印迹技术的应用范围；印迹分子将从氨基酸、药物等小分子拓宽到多肽、蛋白质等生物大分子，甚至生物体活细胞；将组织化学原理应用到分子印迹聚合物亲和性和选择性的筛选，可大大提高分子印迹聚合物的制备效率等。分子印迹技术的发展几乎是日新月异，随着人们在分子工程领域中的进一步研究与探索，利用该技术必将创造出高效率的人工酶。

目前，对模拟酶的构建已不仅局限于化学手段，基因工程等分子生物学手段正在发挥越来越重要的作用，化学、分子生物学以及其他学科的结合使酶模型更加成熟起来。随着酶学理论的发展，人们对酶学机制的进一步认识，以及新技术、新思维的不断涌现，理想的人工模拟酶将会不断出现。

（本章内容由林爱华编写、胡永红初审、刘越审核）

思考题

1. 试述酶分子化学修饰的基本原理。
2. 酶分子被化学修饰后在性质上有哪些变化？
3. 酶的化学修饰在理论研究和实际生产中有哪些应用？
4. 什么是模拟酶？模拟酶的理论基础是什么？
5. 环糊精、冠醚、杯芳烃、卟啉作为模拟酶的主体分子各有什么优点？
6. 什么是分子印迹技术？试述分子印迹技术的一般操作过程。
7. 什么是生物印迹？什么是分子印迹酶？
8. 试述模拟酶的发展前景。

参考文献

[1] 陈守文. 酶工程[M]. 北京：科学出版社，2008.

[2] 郭勇. 酶工程[M]. 3 版. 北京：科学出版社，2009.

[3] 罗贵民. 酶工程[M]. 北京：化学工业出版社，2003.

[4] 施巧琴. 酶工程[M]. 北京：科学出版社，2005.

[5] 孙涛，申健，孙宏元，等. 基于环糊精和冠醚偶联体系的新型超分子主体模型[J]. 化学进展，2009，21(12)：2515-2524.

[6] 尹艳镇，王亮，张伟，等. 人工硒酶设计新策略[J]. 中国科学：化学，2011，41(2)：205-215.

[7] 袁勤生. 酶与酶工程[M]. 2 版. 上海：华东理工大学出版社，2012.

[8] 周海梦，王洪睿. 蛋白质化学修饰[M]. 北京：清华大学出版社，1998.

[9] 周晓云. 酶学原理与酶工程[M]. 北京：中国轻工业出版社，2007.

[10] Breslow R，Zhang B. Very fast ester hydrolysis by a cyclodextrin dimmer with a catalytic linking group[J]. Journal of the American Chemical Society，1992，114：5882-5883.

[11] Davis B G. Chemical modification of biocatalysts [J]. Current Opinion in Biotechnology，2003，14(4)：379-386.

[12] Harris J M，Chess R B. Effect of pegylation on pharmaceuticals[J]. Nature Reviews Drug Discovery，2003，2(3)：214-221.

[13]Robert M J，Bentley M D，Harris J M. Chemistry for peptide and protein PEGylation [J]. Advanced Drug Delivery Reviews，2002，54(4)：459-476.

[14] Robinson D，Mosbach K. Molecular imprinting of a transition state analogue leads to a polymer exhibiting esterolytic activity[J]. Journal of the Chemical Society，Chemical Communications，1989，14：969-970.

[15] Villalonga R，Cao R，Fragoso A. Supramolecular chemistry of cyclodextrins in

enzyme technology[J]. Chemical Reviews,2007,107(7):3088-3116.

[16] Wulff G. Enzyme-like catalysis by molecularly imprinted polymers[J]. Chemical Reviews,2002,102(1):1-27.

[17] Wulff G,Gross T,Schonfeld R. Enzyme models based on molecularly imprinted polymers with strong esterase activity[J]. Angewandte Chemie International Edition. 1997, 36(18):1962-1964.

第8章 生物酶工程

【本章要点】

根据酶的化学本质，酶可分为蛋白类酶和核酸类酶。本章主要涉及蛋白类酶的基因克隆与重组表达、酶分子的基因改造（包括酶的定点突变及其定向进化）、抗体酶及杂合酶等。主要讲授：①酶基因克隆的一般流程及操作步骤；②酶分子定点突变位点的设计及其实现定点突变的方法；③亲本酶和突变酶的重组表达系统及其应用；④酶的定向进化的基本原理及策略；⑤抗体酶和杂合酶的基本概念及其构建策略。

酶是生物体内进行新陈代谢不可缺少的生物催化剂。与化学催化剂相比，由于酶具有反应条件温和、特异性强及催化效率高等特点，所以酶的开发和利用是当代生物技术革命的一个重要课题。酶工程是指酶制剂在工业上的大规模应用。然而，有些天然酶在生物体内含量很低，分离纯化工艺复杂，酶制剂生产成本高，不具备商业价值；同时，有些天然酶在实际工业应用中存在一些缺陷，无法满足人们的实际要求。因此，有必要采用基因工程和蛋白质工程的技术和方法，对天然酶进行基因克隆、分子改造及重组表达，以获得大量的重组酶及性能优越的新型酶，从而满足工业上的大规模应用及人们的实际需要。另外，通过抗体酶和杂合酶技术可以创造出自然界不存在的新型酶，可催化一些天然酶不能催化的反应。

8.1 酶分子的基因克隆及其定点突变

随着分子生物学实验技术和基因工程的发展，人们能够通过克隆获得多种天然酶分子的基因。目前许多天然酶基因已被成功克隆，包括蛋白酶、脂肪酶、纤维素酶、淀粉酶、植酸酶、尿激酶等，从而为天然酶的基因改造及其大量重组表达提供了前提条件。同时，随着DNA序列和蛋白质结构与功能关系数据库的建立，人们可以利用生物信息学网站及软件，根据酶蛋白分子的一级结构对其二级和三级结构进行预测，从而合理设计酶的突变位点，然后利用相关分子生物学实验技术实现酶分子的定点突变。

8.1.1 酶分子的基因克隆

酶分子的基因克隆是指从复杂的生物体基因组中采用不同方法分离并获得带有目标酶基因的DNA片段，然后将其与克隆载体连接形成具有自我复制能力的重组克隆载体，随后将重组载体导入宿主细胞，筛选并鉴定含有目标酶基因的阳性转化子细胞，接着对阳性转化子细胞进行培养，使重组克隆载体在宿主细胞中进行扩增后，提取重组载体，最终获得大量的目标酶

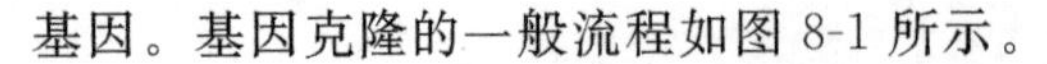

基因。基因克隆的一般流程如图 8-1 所示。

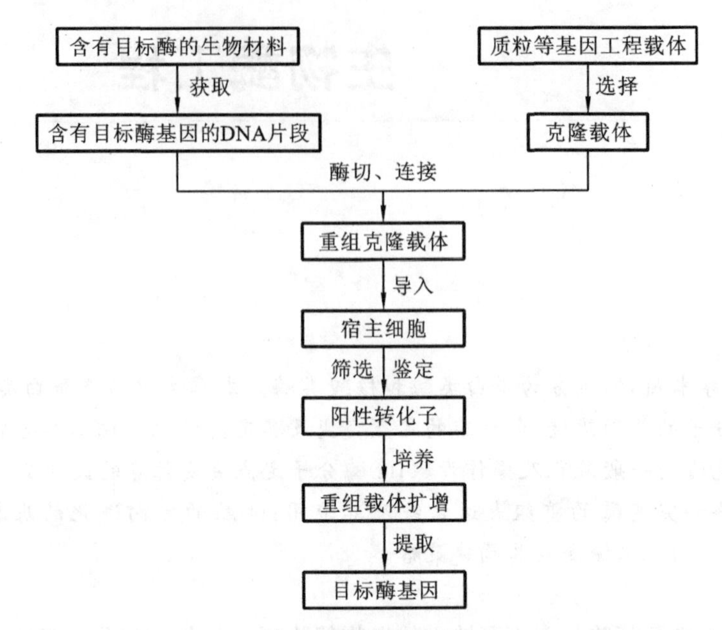

图 8-1　酶基因克隆的一般流程

酶分子基因克隆的主要操作步骤包括:目标酶基因的获取、克隆载体的选择、重组载体的构建、重组载体导入宿主细胞及阳性转化子的筛选与鉴定,其中目标酶基因的获取是关键。

1. 目标酶基因的获取

目的基因的获取方法主要有以下几种。

(1)聚合酶链式反应方法　聚合酶链式反应(polymerase chain reaction,PCR)是 1983 年由美国科学家 Mullis 发明的,它是一种在体外快速扩增特定基因或 DNA 序列的方法。该方法是目前最常用和最简单的一种获取目的基因的方法。随着生物信息学的不断发展,核酸数据库每天都在不断更新,我们可以直接利用网上数据库中的有关信息,设计 PCR 引物,以含有目标酶基因的生物材料中的基因组 DNA(针对原核生物)或 cDNA(针对真核生物)为模板,通过 PCR 技术快速获取目的基因。一般思路:从文献或有关核酸序列数据库(如 GenBank 数据库、EMBL 核酸序列数据库、DDBJ 核酸序列数据库等)中查找目标酶基因序列或其他来源的类似酶的基因序列。如果文献中有报道目标酶的基因序列,可以直接根据目标酶的基因序列,在阅读框两侧设计上游和下游引物,通过 PCR 扩增直接获得目的基因片段;如果文献中只有其他来源的类似酶的基因,可以通过多序列比对,根据保守序列设计上游和下游引物,首先通过 PCR 技术扩增到目的基因的中间片段,然后根据中间片段的测序结果设计特异性引物,采用 RACE 技术获得 3′端和 5′端的 DNA 片段,最后将中间片段、3′端和 5′端的 DNA 片段进行拼接后,即可得到目的基因的全序列信息。如果文献或数据库中无法找到目标酶基因序列或其他来源的类似酶的基因序列,可以通过分离纯化目标酶,进行两端氨基酸序列测定后,设计一对简并引物,再进行 PCR 扩增。

(2)构建基因文库的方法　该方法是一种直接从基因组或基因转录组获取目的基因的方法。其一般思路:首先需要构建基因组文库或 cDNA 文库,然后以目的基因或同源基因为探针,与基因组文库或 cDNA 文库进行杂交,筛选目的基因。

所谓基因组文库是指汇集某一生物体基因组所有 DNA 序列的重组 DNA 群体。构建基因组文库的一般操作程序：首先提取生物体内的基因组 DNA 及适当的载体 DNA（一般原核生物选择质粒载体，真核生物选择 λ 噬菌体或柯斯质粒）；然后选用适当的限制性核酸内切酶分别酶切基因组 DNA 和载体 DNA，其中基因组 DNA 酶切片段控制在 10～30 kb 之间，利用凝胶电泳法等从中分离出大小为 20 kb 左右的随机片段群体；接着将基因组 DNA 限制性酶切片段与载体进行体外连接重组（如果使用 λ 噬菌体作为载体，还需要利用体外包装系统将重组体包装成完整的颗粒）；随后将连接液（以质粒为载体时）直接转化大肠杆菌感受态细胞，采用抗生素抗性平板筛选转化子，或用重组噬菌体颗粒侵染大肠杆菌，形成大量噬菌斑；最后形成含有整个基因组 DNA 的重组 DNA 群体，即文库。

所谓 cDNA 文库，是指汇集以某生物成熟 mRNA 为模板逆转录而成的 cDNA 序列的重组 DNA 群体。cDNA 文库通常以 λ 噬菌体或质粒作为载体构建。构建 cDNA 文库的一般操作程序：生物体内总 RNA 提取→mRNA 的分离→cDNA 的双链合成→cDNA 与载体的酶切和连接→噬菌体的包装及转染或质粒的转化，形成大量噬菌斑或菌落→获得 cDNA 文库。cDNA 文库法比基因组文库法简单，工作量较少，不包括内含子，由于以真核生物成熟 mRNA 为模板，逆转录而成的 cDNA 可被大肠杆菌表达，因此，在基因工程中，cDNA 文库法是从真核生物细胞中分离目的基因的常用方法。

（3）鸟枪法　该方法是一种由生物基因组提取目的基因的方法。首先利用物理方法（如剪切力、超声波等）或限制性核酸内切酶将生物细胞染色体 DNA 切割成为 DNA 片段，继而将这些片段与适当的载体连接获得重组 DNA，将重组 DNA 转入受体菌中扩增，获得无性繁殖的基因文库，再结合筛选方法，从众多的转化子菌株中选出含有某一基因的菌株，从中将重组 DNA 分离、回收。由于目的基因在整个基因组中太少太小，在相当程度上还得靠“碰运气”，所以人们称这个方法为“鸟枪法”或“散弹枪”实验法。由于真核生物中的目的基因是含有内含子的结构基因，不宜在原核宿主中进行表达和筛选。因此，鸟枪法只适合原核生物的基因克隆。

（4）电子克隆法　该方法是利用目的基因在其他生物中的同源基因对目的基因所在生物的 EST 库通过序列比对进行筛选，如果能够得到相似性比较高的 EST 序列，则再根据这些 EST 序列设计引物进行 PCR 或 RT-PCR，就可以得到目的基因的部分片段，然后通过染色体步移或 RACE 得到全长基因或 cDNA。

（5）化学合成法　对于碱基较少的基因，可以利用核酸合成仪直接合成基因；对于相对分子质量较大的基因，则必须分多段合成后，再将其连接成一个整体来合成基因。基因化学合成是一个功能强大的工具，可以用于基础生物学研究和生物科技应用领域，尤其是在基因合成过程中，可以根据目的基因的表达系统及其密码子的偏好性，适当改变 DNA 的碱基种类，但要保证目的蛋白的氨基酸序列不变，从而提高重组蛋白的表达量。

2. 克隆载体的选择

基因克隆载体是指可携带外源基因并将其导入受体细胞得以稳定复制的 DNA 分子。理想的克隆载体应具备几个条件：①含有一个复制起始序列，可在宿主细胞中进行自主复制；②含有多克隆位点（多个单一的限制性核酸内切酶位点），便于外源基因片段的插入；③含有筛选标记基因，以便筛选阳性转化子；④克隆载体必须是安全的，不应含有对受体细胞有害的基因。常用的克隆载体有大肠杆菌质粒载体、噬菌体载体、柯斯质粒载体、酵母质粒载体、动物病毒载体和人工染色体等。

3. 重组载体的构建

为了将目标酶基因在宿主细胞中进行大量复制，需要首先构建含有目的基因的重组载体。

即用相同的限制性核酸内切酶分别酶切目标酶基因与克隆载体(如是采用 PCR 法获得的目的基因,可直接使用 T-载体),然后用适当的连接酶将酶切后的目标酶基因与克隆载体进行体外连接。

根据酶切后 DNA 片段的末端状态不同,采用的连接方法也不同。目前主要有三种连接方法:①如果目标酶基因与克隆载体为具有互补黏性末端的 DNA 片段,则用 T_4 DNA 连接酶或大肠杆菌 DNA 连接酶进行连接;②如果目标酶基因与克隆载体均为平末端的 DNA 片段,则用 T_4 DNA 连接酶进行连接;③如果目标酶基因与克隆载体中,一个为平末端,另一个为黏性末端,则需先在 DNA 片段的平末端加入人工接头,使其形成黏性末端,然后再进行连接。

4. 重组载体导入宿主细胞

采用特定的方法将重组载体导入到适当受体细胞(又称宿主细胞),并与之同步增殖,从而使目标酶基因在宿主细胞中得到大量复制。根据所选用的克隆载体不同,受体细胞的种类也不同,而将重组载体导入受体细胞的方法也有所不同。被导入的受体细胞主要分为两大类:第一类为原核细胞,目前常用的有大肠杆菌、枯草芽孢杆菌、链霉菌等;第二类为真核细胞,主要包括真核微生物(如酵母和丝状真菌等)、动物细胞和植物细胞,以及动物体和植物体。

针对原核细胞,重组载体导入的方法主要有转化和转导。其操作步骤为:感受态细胞的制备→重组载体转化或转导感受态细胞→培养筛选转化子。其中,转化方式主要适用于重组质粒载体的导入,目前主要有热激法和电转化法,而对应的感受态细胞的制备方法为用预冷的 $CaCl_2$ 溶液处理细菌细胞(适用于热激法)和用低盐缓冲液充分洗涤细胞后用 10%的甘油重悬(适用于电转化法);转导方式主要适用于重组噬菌体载体的导入,即先将重组噬菌体 DNA 分子进行体外包装为具有感染能力的噬菌体颗粒,然后感染感受态受体细胞(一般用预冷的 $CaCl_2$ 溶液处理细胞),使外源基因导入受体细胞。

针对真核细胞,细胞种类不同,重组载体导入的方法也不同。对于酵母细胞,主要有原生质球转化法和完整细胞转化法。原生质球转化法一般用蜗牛酶去除酵母细胞壁形成原生质体,再用 $CaCl_2$ 和聚乙二醇处理,重组载体以转化方式导入酵母细胞原生质体后,将其置于再生培养基上培养,使原生质体再生出细胞壁形成完整酵母细胞。原生质球的转化方法虽然使用广泛,但操作周期较长,而且转化效率受到原生质球再生率的严重制约,因此几种全细胞的转化方法相继建立,其中有些方法的转化率与原生质球的方法不相上下。酿酒酵母的完整细胞经碱金属离子(如 Li^+、Ca^{2+} 等)或 2-巯基乙醇处理后,在聚乙二醇存在下和热休克之后可高效吸收质粒 DNA。虽然不同的菌株对 Li^+ 或 Ca^{2+} 的要求不同,但 LiCl 介导的全细胞转化法同样适用于非洲酒裂殖酵母、乳酸克鲁维酵母以及脂解雅氏酵母系统。完整细胞转化与原生质球转化的机制并不完全相同。在酿酒酵母的原生质球转化过程中,一个细胞可同时接纳多个质粒,而且这种共转化的原生质球占转化子总数的 25%~33%,但在 LiCl 介导的完整细胞转化中,共转化现象较为罕见。另外,LiCl 处理的酵母菌感受态细胞吸收线形 DNA 的能力明显大于环状 DNA(两者相差 80 倍),而原生质球对这两种形态的 DNA 的吸收能力并没有特异性。此外,酵母菌原生质球和完整细胞均可在电击条件下吸收质粒 DNA,但在此过程中应避免使用聚乙二醇,因为它对受电击的细胞的存活具有较大的副作用。对于哺乳细胞,主要有电穿孔法和微量注射法,其中体积大的动物细胞(如受精卵)更适合用微量注射法。对于植物细胞,常用农杆菌介导的 Ti 质粒载体转化法,即将待转移的目的基因插入 Ti 质粒载体,通过农杆菌介导进入植物细胞，与染色体 DNA 整合，可以稳定维持或表达；此外也可以使用电穿孔法和微量注射法。

5. 阳性转化子的筛选与鉴定

阳性转化子的筛选一般是首先根据载体上的选择性标记进行初步筛选，即将转化处理后的菌液涂布在选择性培养基上，在适当条件下培养一段时间，观察菌落生长情况，即可初步筛出阳性转化子。其中，选择性标记主要有抗生素抗性标记、营养缺陷标记、培养温度标记等。根据重组载体的选择性标记可筛去大量的非阳性转化子，但只是初筛，所得到的阳性转化子还需要进一步鉴定。

阳性转化子的鉴定方法主要有以下几种。

(1)PCR 法　如果目的基因片段的大小和两端的序列已知，则可以设计合成一对引物，以初筛转化子细胞中的 DNA 为模板进行 PCR 扩增。若能得到预期长度的 PCR 产物，则该转化子中可能含有目的基因，即为阳性转化子。但还需要进一步通过质粒酶切鉴定及核苷酸序列测定进行最终确定。

(2)DNA 限制性内切酶图谱分析　该法可以进一步鉴定转化子中是否含有目的基因。首先从初筛转化子细胞中提取重组载体 DNA，然后选择适当的 DNA 限制性内切酶对其酶切后进行电泳分离，观察其酶切图谱。由于目的基因片段插入载体会使重组载体的酶切图谱发生变化，所以通过分析重组载体的酶切图谱，即可鉴定初筛转化子是否为阳性转化子。

(3)核苷酸序列测定　所得到的目的基因的克隆子，进行末端放射性标记、化学降解后，经聚丙烯酰胺凝胶电泳和放射自显影检测，即可读出 DNA 分子的碱基序列。一般通过 PCR 方法获取目的基因的阳性转化子一定要进行核苷酸序列测定，以防在 PCR 方法过程中的碱基突变。

(4)核酸杂交法　以目的基因或同源基因为探针与转化细胞的 DNA 进行杂交，可以直接鉴定目的基因的克隆。但该方法需要用放射性核素或非放射性物质标记核酸，成本较高。目前常用前三种方法。

8.1.2 酶分子的定点突变

酶分子的定点突变是指从基因水平上进行蛋白类酶分子的改造，即采用定位诱变的方法对编码蛋白类酶的基因进行核苷酸密码子的插入、删除及置换，然后对突变后的基因进行重组表达并分析所表达的重组突变酶的特性及活性变化情况。

1. 酶分子突变位点的设计原则

酶分子定点突变常见的设计目标是提高酶的稳定性(包括热稳定性、酸碱稳定性及对重金属的稳定性等)、提高酶的抗氧化性、增加酶活性、提高酶对底物的特异性，以及通过蛋白质工程手段进行酶的结构与功能关系的研究等。如果以提高酶的稳定性和抗氧化性为目标时，主要涉及对酶的非催化位点的改造；而以增加酶活性、提高酶对底物的特异性以及研究酶的结构与功能关系为目标时，主要涉及对酶催化位点的改造。其中酶的稳定性是保持酶活性的重要前提，而改善酶的稳定性可以扩展酶的应用范围，有利于满足人们对酶制剂在工业应用中的实际需求。因此，改善蛋白类酶的稳定性是酶分子设计和改造的重要目标之一。表 8-1 是根据文献报道所总结的改善酶稳定性的突变位点设计原则。

表 8-1　改善酶稳定性的突变位点设计原则

设 计 目 标	突变位点的设计原则
提高酶的热稳定性	引入二硫键
	增加分子内氢键数目
	增加分子内疏水相互作用
	增加酶分子表面的离子键数目
	增加芳香环的相互作用
提高酶的酸碱稳定性	替换酶分子表面的带电基团
	His、Cys 以及 Tyr 的置换
	内离子对的置换
提高酶对重金属的稳定性	用 Ala 或 Ser 置换 Cys
	用 Gln、Val、Ile 或 Leu 置换 Met
	替代表面羧基
提高酶的抗氧化性	用 Ala 或 Ser 置换 Cys
	用 Gln、Val、Ile 或 Leu 置换 Met
	用 Phe 或 Tyr 置换 Trp

2. 酶分子定点突变的一般程序

酶分子定点突变的一般程序包括：建立酶分子的蛋白质结构模型、找出与突变目标密切相关的蛋白质结构区域（设计突变位点）、预测突变体的空间结构、突变位点的实现和突变体的重组表达及突变酶的性质分析。

(1)建立酶分子的蛋白质结构模型　建立蛋白质的三维结构模型对于确定酶分子的突变位点（或区域）以及预测突变酶的结构与功能至关重要。其中蛋白质的三维结构模型包括蛋白质晶体结构及蛋白质三维结构预测模型。蛋白质晶体结构数据可以通过互联网上的蛋白质三维结构数据库 PDB(http://www.rcsb.org/pdb/)进行直接查找。但如果在 PDB 中无法找到所研究的目标酶分子的三维结构信息，则需要首先对其进行分离纯化，获得结晶体后，再通过 X 射线晶体学、二维核磁共振等手段进行蛋白质三维结构测定。虽然蛋白质晶体结构信息是蛋白质三维结构的真实再现，可靠性更强，但获得其结晶体的操作难度大、周期长，而且对现代分析仪器的依赖性更强。随着生物信息学技术的不断发展，各种生物信息学的网站和软件层出不穷，蛋白质三维结构预测模型也在不断完善，目前采用预测蛋白质三维结构模型更为普及。蛋白质三维结构模型的预测方法主要有同源建模和从头预测。同源建模是指以与目标酶分子氨基酸序列相似性较高的蛋白质晶体的三维结构为模板，依据一定的预测模型，在生物信息学的相关网站上，利用生物信息学软件预测目标酶分子的三维结构模型。当两个蛋白质序列的相似度超过 50%时，所预测的三维结构模型可靠性较强。常见的同源建模的网络服务器有瑞士生物信息院（SIB）提供的蛋白质分析专家系统（expert protein analysis system，ExPASy）(http://www.expasy.org/)中的 SWISS-MODEL 和 Columbio 的预测蛋白（predict protein）(http://cnbic.bioc.columbia.edu/predictprotein/)等服务器。如果在 PDB 中无法找到与所研究的目标酶分子氨基酸序列相似性较高的蛋白质晶体的三维结构信息，可以考虑使用从头预测的方法来获得目标酶的三维结构模型。从头预测建模是根据自由能全局最小化对蛋白质进行模拟折叠，并不与已知的蛋白质结构进行比对。从头预测的方法尽管只能得到低分辨率的结构模型，但仍不失为一种得到蛋白质三维结构模型的有效方法。

（2）找出与突变目标密切相关的蛋白质结构区域　在对酶的分子改造中，如何找出与突变目标密切相关的蛋白质结构区域或突变残基是一个关键问题。这不仅需要分析氨基酸残基的性质，还需要结合已有的三维结构或结构模型。例如，根据表 8-1 中的突变位点设计原则，可以通过引入二硫键期望提高酶的热稳定性，但面临的问题是如何选择合适的突变位点。因为二硫键在蛋白质中具有一定的结构特征，如果二硫键引入不当，会给整个蛋白质分子带来不利的张力，这样不但不会提高酶分子的热稳定性，反而会使其稳定性下降，甚至会使酶的活性下降或丧失。由此可见，选择突变位点，最重要的信息主要来自结构特征。但如果所研究的目标酶的空间结构是未知的，则突变功能残基的选择就带有一定的不确定性。为了能够有效地获得正确的突变位点，目前常采取以下措施：①根据几何学、分子热力学和分子动力学等多种方法，编制一些实用的程序，可以从可能的突变位点中筛选出较好的突变位点。目前已有许多方法和程序可以在已知天然蛋白质结构的基础上预测突变体的结构和性质，这些设计工作为人们的科学实验提供了有用信息和指导。②根据序列同源性或生物化学实验证实来选择突变残基，然后通过合理筛选技术鉴定重要的功能区域，以便进一步重点分析蛋白质功能残基。③从天然蛋白质的三维结构出发，利用计算机模拟技术确定突变位点。同一家族中蛋白质的序列对比和分析往往是一种有效的途径。

总之，在选择突变位点时，一方面要考虑在对酶的分子改造中所要求的性质受哪些因素所影响，并逐一对各因素进行分析找出重要位点；另一方面又要尽量保持原有结构，使其不发生大的变动。一旦确定了突变区域，尽量在同源结构中某位点已有的氨基酸残基表中进行选择，同时还要考虑该残基的体积、疏水性等性质的变化所带来的影响。如果只是为了提高酶的稳定性和抗氧化性，尽量不要选择蛋白质折叠敏感区域和酶的活性中心；如果是为了增加酶活性或提高酶的底物特异性，则需要选择酶的活性中心及附近区域，但也要尽量避开蛋白质折叠敏感区域。

（3）预测突变体的空间结构　根据所选定的氨基酸残基位点及突变后的氨基酸种类，利用相关软件进行突变体的结构预测，将所预测的突变酶结构和亲本酶的蛋白质结构相比较，利用蛋白质结构与功能或结构与稳定性相关知识及理论计算预测突变酶可能具有的性质。如果预测结果与预期目标一致，则所设计的突变位点正确；如果预测结果与预期目标存在差异，则需要调整所选择的氨基酸残基位点及突变后的氨基酸种类后，重新预测，直到预测结果与预期目标达到一致。

（4）突变位点的实现和突变体的重组表达　根据最终选定的氨基酸的突变位点，确定对应的 DNA 序列中的碱基突变位点。利用化学合成或 PCR 等方法（具体参见“8.1.2 中的 3. 基因定点突变技术”）实现基因水平的定点突变。然后将突变基因通过适当的基因表达系统（具体参见“8.1.3 亲本酶和突变酶的重组表达”）进行重组表达和纯化，获得所设计的突变酶。

（5）突变酶的性质分析　对突变酶的性质进行系统分析，包括酶的催化活性、底物特异性、稳定性及三维结构等，并与对应的亲本酶的性质进行比较，检验突变设计的效果。如果突变结果与预期目标不一致，还需要进一步修正设计方案。

3. 基因定点突变技术

基因定点突变技术是通过在基因水平上的特定碱基突变对其编码的蛋白质分子进行定向改造，从而获得性能优异的新型蛋白质或研究蛋白质的结构与功能关系。利用定点突变进行蛋白质的理性设计是蛋白质工程广泛使用的技术。与定向进化的方法相比，定点突变具有突变率高、简单易行、重复性好等特点。目前常用的定点突变方法有寡核苷酸引物介导的定点突变、PCR介导的定点突变及盒式定点突变。

(1)寡核苷酸引物介导的定点突变方法　该方法的基本原理是用含有突变碱基的寡核苷酸片段作引物，在聚合酶的作用下启动DNA分子进行复制。其操作过程包括：①将待突变的目的基因克隆到载体上，然后制备含目的基因的单链模板。②合成一段含有预期突变点的寡核苷酸引物，其余部分与模板DNA互补。引物与模板退火形成一小段碱基错配的异源双链的DNA。③合成突变链，即在DNA聚合酶的催化下，引物以单链DNA为模板合成全长的互补链，而后由连接酶封闭缺口，产生闭环的异源双链DNA分子。④转化和初步筛选，即异源双链DNA分子转化大肠杆菌后，产生野生型、突变型的同源双链DNA分子，可以用限制性酶切法、斑点杂交法和生物学法来初步筛选突变的基因。⑤对突变基因进行序列分析。

该方法的保真度比PCR突变法高，但常产生突变效率低的现象，其主要原因是大肠杆菌中存在甲基介导的碱基错配修复系统，同时操作过程环节复杂、周期长，而且在克隆待突变基因时会受到限制性酶切位点的限制。目前对该方法的改进措施主要有以下几个方面：①采用甲基修复酶缺乏的菌株作为受菌体，大大降低了突变修复频率；②采用改进后的质粒，省去了制备单链模板的烦琐步骤，节省了时间；③增加了多个抗生素筛选标志和相对应的多对敲除/修复引物，使得在该质粒上可以连续进行不止一次的突变反应，使突变反应更加快速、简便。

(2)PCR介导的定点突变方法　自PCR方法建立以来，很快被应用于基因定点突变技术中，目前已成为一种简便、高效的定点突变技术。该方法的基本原理是在PCR反应中所用的两个引物(或一条引物)中含有所需的突变位点，然后按照PCR常规的扩增方法获得含有突变位点的双链DNA片段。这种方法的优点在于所扩增得到的DNA片段中直接就含有突变位点，不需再进行筛选工作。根据突变位点在目的基因中的位置不同，可分为3种方法，即在基因末端产生突变、重叠延伸PCR法及大引物PCR法。

①在基因末端产生突变：如果突变位点处于目的基因的5′末端或3′末端时，可以在设计上游或下游引物时，直接引入突变位点，然后以目的基因为模板，按照常规PCR扩增方法即可获得含有突变位点的双链DNA片段。在设计含突变位点的上游或下游引物的同时，还可以设计适当的限制性内切酶位点，为后续的突变基因的克隆和重组表达提供方便。

②重叠延伸PCR法：如果突变位点处于目的基因的中间区域，则需要在突变位点区域设计两个末端重叠互补引物，其中重叠部分一定要包含突变位点，同时还需要在目的基因5′末端和3′末端设计一对常规引物。即采用重叠延伸PCR方法进行定点突变时，需要4种扩增引物，进行3次PCR反应(图8-2)。图中引物F-A和R-B是原始基因(待突变基因)两端的一对与模板链互补的上游和下游引物，R-A和F-B是两个末端重叠互补的突变引物。首先以F-A和R-A为引物，以待突变基因片段为模板，进行第一次PCR反应获得PCR产物A；然后以F-B和R-B为引物，以待突变基因片段为模板，进行第二次PCR反应获得PCR产物B；最后以F-A和R-B为引物，以PCR产物A和B的混合物为模板，进行第三次PCR反应，即可获得带有突变点的DNA片段，即突变基因。

③大引物PCR法：大引物PCR法是定点突变中应用比较广的方法，是1989年由Kammann建立的一种方法。大引物PCR法是以第一轮PCR扩增产物作为第二轮PCR扩增的大引物，整个过程只需3个扩增引物(即1个突变引物，2个正常引物)进行2次PCR反应，即可获得突变体DNA。但是大引物PCR法有一个致命的缺点，即全长扩增产物的产率均较

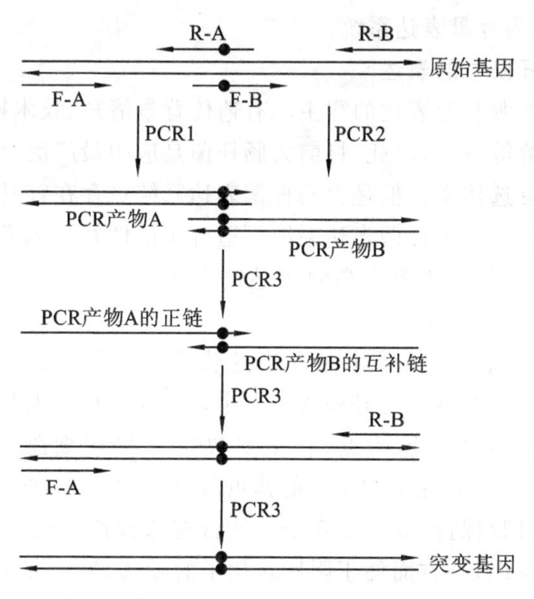

图 8-2　重叠延伸 PCR 法进行定点突变的示意图

●表示突变位点

低，而且其产率与大引物长度成反比，严重时，甚至导致实验的失败。为此，有人将滚环扩增与大引物 PCR 法结合起来，建立了一种简单、快捷的高效定点突变方法。即在第一轮 PCR 反应中，上游引物和突变引物先以 1：10 的比例进行不对称 PCR，以提高大引物突变比例。第二轮 PCR 反应以滚环扩增产生的单链 DNA 作为大引物 PCR 反应的模板，不需要优化 PCR 反应的条件，通过一般的反应条件就可得到大量 PCR 产物，并且突变的成功率可达 100%。

(3)盒式定点突变方法　盒式突变(cassette mutagenesis)又称 DNA 片段取代法(DNA fragment replacement)，是 1985 年由 Wells 提出的一种基因修饰技术。其操作要点是利用一段人工合成的含有基因突变序列的寡核苷酸片段取代野生型基因中的相应序列。这种方法在扩增过程中不存在异源双链的中间体，因此在理论上重组质粒全部是突变体。这种方法简单易行，突变效率高，但是扩增过程需要合成多条引物，而且要求靶 DNA 片段的两侧存在一对单一的限制性内切酶位点(即在原载体和靶 DNA 片段中间均不存在该酶切位点)。如果不存在单一的限制性内切酶位点，也可以利用定点突变在拟改造的氨基酸密码两侧添加两个在原载体和靶基因上均没有的酶切位点，用该内切酶消化基因，再用合成的带有不同突变位点的 DNA 片段替代被消化的部分，这样一次处理就可以得到多种突变型基因。

8.1.3　亲本酶和突变酶的重组表达

要想获得大量的重组酶和突变酶，需要将以上获得的亲本酶(未突变的目标酶)基因和突变基因进行基因重组和异源表达。基因工程的表达系统包括原核生物表达系统和真核生物表达系统。一般源于原核生物的基因选择在原核表达系统，源于真核生物的基因选择真核表达系统。当真核生物中的目标酶不存在表达后的糖基化、磷酸化等修饰时，也可以选择原核表达系统。由于每一类表达系统都有其自身的特点和适用范围，而且不同的目的蛋白的相对分子质量大小和结构不同，其表达量、可溶性及稳定性都有所差异，因此，如何选择高效的表达系统就显得尤为重要。在对各种生物酶的重组表达中，常用的原核生物表达系统为大肠杆菌表达系统，真核生物表达系统为酵母表达系统。

1. 蛋白类酶在大肠杆菌中的表达

由于大肠杆菌作为外源基因表达的宿主具有遗传背景清楚、技术操作和培养条件简单、生长繁殖快及可大规模发酵等特点，因此，目前大肠杆菌是应用最广泛、最成功的表达系统，常作为蛋白类酶高效表达的首选体系。但是大肠杆菌表达系统也存在容易形成包含体、复性率低、无表达后修饰等缺陷，因此，大肠杆菌表达系统更适合水溶性好且无需表达后修饰的蛋白类酶的重组表达。外源基因在大肠杆菌中高效表达的关键在于表达载体的选择和表达条件的优化。

（1）表达载体的选择　表达系统的核心是表达载体。大肠杆菌的表达载体必须具备以下特征：①载体能够独立复制，即载体上必须含有一个复制起始点。大肠杆菌的大部分载体是基于 pBR322 或 pUC 质粒的复制起始点，它主要决定质粒在细胞中的拷贝数。其中基于 pBR322 的复制起始点可使质粒在细胞中的的拷贝数保持 20～50 个；基于 pUC 的复制起始点可使质粒在细胞中的拷贝数保持 150～200 个。②含有选择性标记基因。表达载体上需要含有至少一个选择性标记基因，一方面便于阳性转化子的筛选，另一方面可以使阳性转化菌株在培养过程中防止混入不含质粒载体的杂菌，从而保证质粒的稳定性。因为不含质粒载体的杂菌生长速度大于含有质粒的菌体，当培养体系中混有这些杂菌时，随着培养时间的延长，混入的杂菌将会完全替代含有质粒的菌体，使质粒丢失。大肠杆菌表达载体中选择性基因一般为抗生素基因（如氨苄青霉素、卡那霉素及四环素等抗性基因）或报告基因（如 *lacZ*）。③含有启动子和终止子。其中，启动子是表达载体最关键的部分，它标志着基因转录的起点。在大肠杆菌中，启动子被 RNA 聚合酶的 σ 亚单位识别。启动子决定着基因表达的起始阶段和 mRNA 的合成速度，因此，启动子在很大程度上决定着重组蛋白质的表达量。大肠杆菌表达载体中常见的启动子如表 8-2 所示。而终止子标志着基因转录的终点。在原核生物中，转录终止有两种不同的机制：一是依赖六聚体蛋白 rho 使新生 RNA 转录本从模板解离；二是在新生 RNA 中存在一段核苷酸序列自身配对，形成一个茎-环结构，导致基因的转录终止。④含有核糖体结合位点（ribosome binding site，RBS）。RBS 又称 SD 序列（Shine-Dalgarno sequence），它是在 mRNA 上位于 AUG 上游 8～13 个核苷酸处的一段序列（富含嘌呤），可与 16S rRNA 中部分序列互补，使 mRNA 与核糖体结合，故又可称为核蛋白结合位点。外源基因在大肠杆菌细胞中的高效表达不仅取决于转录启动的频率，而且在很大程度上还与 mRNA 的翻译起始效率密切相关，而 mRNA 翻译的起始效率主要由其 5′端的结构序列所决定。大肠杆菌细胞中结构不同的 mRNA 分子具有不同的翻译效率，它们之间的差别有时可高达数百倍，这是由于 SD 序列本身及其与起始密码子之间的序列和距离对翻译效率均有一定的影响，这种影响对于不同基因是有差别的。⑤含有多克隆位点。在表达载体上必须具有多个单一内切酶位点，便于外源基因的插入。为了对目的基因进行定向插入（使目的基因的转录顺序与启动子一致），需要在多克隆位点中选择目的基因序列中不存在的两个限制性内切酶，通过设计 PCR 引物添加到目的基因的两侧。

大肠杆菌表达载体应满足下列条件：①重组质粒有较高拷贝数且表达量高；②适用范围广；③稳定性高；④表达产物容易纯化。目前应用较广的大肠杆菌表达载体有非融合表达载体、融合表达载体及分泌型表达载体。其中，非融合表达载体的优越性在于表达的非融合蛋白与天然蛋白在结构、功能以及免疫原性等方面基本一致，从而可以直接进行后续研究。融合表达载体是指在起始密码子与多克隆位点之间存在一段标签蛋白基因，当目的基因通过多克隆位点引入表达载体后，所表达的重组蛋白实际上是含有标签蛋白的融合蛋白。标签蛋白的作用：一是为了增加重组蛋白的可溶性（如谷胱甘肽-S-转移酶 GST 标签、硫氧还蛋白 Trx 标签及 Nus 蛋白标签等）；二是作为纯化标签（如 GST 标签和$(His)_6$标签等），以便简化纯化工艺。分泌型表达载体是指在起始密码子与多克隆位点之间存在一段信号肽基因，当目的基因通过多克隆位点引入表达载体后，所表达的目的蛋白可通过其上游的信号肽分泌到细胞外，从而简化纯化工艺。

（2）外源基因在大肠杆菌中的高效表达　影响外源基因在大肠杆菌表达效率的因素很多，主要包括启动子结构、转录终止区、mRNA 的稳定性、密码子的偏好性、表达宿主的类型及培养条件等。

①启动子结构的影响：在大肠杆菌表达系统中，不同类型的启动子对外源基因的表达效率不同。一个合适的启动子应满足以下特点：第一，必须是较强的启动子，使目的蛋白的表达量占菌体总蛋白的 10%～30%；第二，应具有较低的本底转录水平，这对于表达那些对宿主有毒性的外源蛋白尤为重要；第三，启动子能够由一些简单及经济合算的方式诱导启动（如温度诱导或化合物诱导等方式）。表 8-2 中列出了几种大肠杆菌表达载体中常见的启动子，在实际应用中可根据不同外源基因进行适当选择和筛选。

表 8-2　大肠杆菌表达载体中常见的启动子

启动子类型	来　源	诱导作用
乳糖启动子（*lac*/*lacUV5*）	大肠杆菌乳糖操纵子	通过 IPTG 诱导目的基因转录（调节作用较强）
色氨酸启动子（*trp*）	大肠杆菌色氨酸操纵子的调控区	色氨酸负调控，容易被 3-β-吲哚丙烯酸诱导（启动作用较强）
tac 启动子	*trp-tac* 杂合启动子	通过 IPTG 诱导目的基因转录（启动作用更强）
λP_L/ λP_R启动子	λ 噬菌体早期左臂和右臂的转录控制区	通过改变培养温度诱导目的基因转录
T_7 启动子	T_7 噬菌体晚期转录基因的启动子	通过在 T_7 RNA 聚合酶基因的上游设计一个 *lac* 启动子，改变了噬菌体的 DNA。通过 IPTG 诱导 T_7 RNA 聚合酶的合成，然后激活 T_7 启动子启动其下游的目的基因的转录（转录活性高）

②转录终止区的影响：贯穿启动子的转录将会抑制启动子的功能，因此，可通过在编码序列下游的适当位置放置一个转录终止子，以阻止贯穿启动子现象的发生。同样，在目的基因启动子的上游放置一个转录终止子，将最大限度地减小背景转录。

③mRNA 的稳定性的影响：mRNA 的快速降解必然会影响目的蛋白的产生。通常用非常强的启动子来弥补不稳定的 mRNA 转录物，从而增加蛋白质的合成量。

④密码子的偏好性对基因表达的影响：在翻译的过程中，宿主菌存在密码子的偏爱性，即对于编码相同氨基酸的简并密码，不同生物细胞（如大肠杆菌、酵母、动物和植物等）表现出不同程度的密码子利用的差异。这种差异性可能是 tRNA 的含量不同造成的。那些不被经常利用的密码子称为稀有密码子。据统计，在大肠杆菌编码含量丰富蛋白质氨基酸的密码子中，属于稀有密码子的有 AGA、AGC、ATA、CCG、CCT、CTC、CGA 及 GTC 等。因此，富含大肠杆菌稀有密码子的外源基因有可能在大肠杆菌中得不到有效表达，需要通过基因合成或基因

突变将目的基因的碱基序列转化成大肠杆菌的常用密码子。

⑤表达宿主的选择:大肠杆菌的表达宿主一般应具有以下特征。一是限制性外切酶和内切酶活性缺陷型(如 *recB-*,*recC-*,*hsdR-*);二是蛋白酶缺陷型,即菌株中缺乏纯化过程中降解蛋白的 *lon* 蛋白酶及 *ompT* 外膜蛋白酶,从而使目的蛋白在这些菌株中的稳定性较高,最常用的表达菌株为 BL21(DE3);三是氨基酸营养缺陷型,如 Origami(DE3)/Origami B(DE3)为谷胱甘肽还原酶(*gor*)/硫氧蛋白还原酶(*trxB*)突变株,能增加细胞质中二硫键的形成,增加目的蛋白的可溶性。另外,为了使富含大肠杆菌稀有密码子的外源基因在大肠杆菌中得到有效表达,可将携带大肠杆菌稀有密码子的 pRARE2 质粒转入以上表达宿主中,从而补充大肠杆菌缺乏的稀有密码子对应的 tRNA,以提高外源基因的表达水平。

⑥培养条件对表达效率的影响:重组大肠杆菌的培养条件主要包括培养基的组成、培养条件(如 pH、温度、供氧量、诱导剂浓度和诱导时机等)和培养方式(包括分批培养、补料培养及连续培养)等。

大肠杆菌高密度发酵的常用培养基为半合成培养基,培养基各组分的浓度和比例要适当,过量的营养物质会抑制细菌的生长,特别是碳源和氮源的比例需进行优化和严格控制。

大肠杆菌的适宜 pH 为 7.0～7.2,最适生长温度为 37 ℃,但在具体培养过程中,可通过适当调节 pH 值,使之不利于水解酶发挥作用,或者控制温度使其不处于蛋白水解酶的适宜温度范围。具体采用哪种方法要根据外源基因、目的蛋白及宿主菌的具体情况而定。有时为了增加目的蛋白的可溶性表达量,尽量选择低温和低诱导剂浓度进行诱导表达,使目的蛋白的表达速度缓慢,避免形成包含体。另外,诱导时机的选择也需通过实验进行优化,因为提早诱导会造成生物量和目的蛋白产量偏低,同时也会增加染菌的机会;而诱导较晚虽可获得高产量的生物量,但细胞表达外源蛋白的时间则减少。

在培养方式方面,可通过补料分批培养、连续培养或透析培养等方法减少细菌副产物(如乙酸)的产生和影响。

2. 蛋白类酶在酵母细胞中的表达

酵母菌泛指能发酵糖类的各种单细胞真菌,属于低等真核生物。酵母细胞表达系统既具有类似原核表达系统的优点,如操作简单、易于培养、适合高密度发酵、表达量高及成本低等;又具有一般真核生物的细胞生物学特性,如具有对外源蛋白翻译后修饰功能,如糖基化、磷酸化等,有利于保持重组蛋白的生物学活性和稳定性,特别适合于表达真核生物基因和制备有功能的重组蛋白质。同时,有些酵母表达系统具有分泌信号序列,能够将所表达的外源蛋白分泌到细胞外,有利于简化纯化工艺。因此,酵母细胞表达系统常用作基因工程外源基因表达系统之一,尤其是来源于真核生物的蛋白类酶的重组表达常选择酵母细胞表达系统。

常用的酵母细胞表达系统有酿酒酵母(*Saccharomyces cerevisiae*)系统和巴斯德毕赤酵母(*Pichaia pastoris*)表达系统。但由于酿酒酵母系统存在启动子较弱、分泌效率低及表达质粒易丢失等缺陷,目前已逐渐被巴斯德毕赤酵母表达系统所取代。应用巴斯德毕赤酵母表达系统表达外源基因具有以下优点:①具有强有力的乙醇氧化酶基因(*AOX*1)启动子,可通过甲醇诱导调控外源基因的表达。②可对所表达的蛋白质进行糖基化、磷酸化、正确折叠及信号序列加工等翻译后修饰,从而保证重组蛋白的生物学活性和稳定性。③可以进行高密度连续发酵培养,外源蛋白表达量高。④根据载体类型不同,外源基因表达产物既可以在胞内积累,又可以被分泌到培养基中。由于甲醇营养型酵母自身分泌的背景蛋白非常少,而培养基中又不含其他蛋白质,因此分泌表达的外源蛋白很容易进行分离纯化。⑤外源蛋白基因整合到毕赤酵母染色体上，随染色体复制而复制，不易丢失，因此，外源基因具有遗传稳定性。⑥巴斯德毕赤酵母表达系统由于对营养要求低，培养基成分简单低廉，工业化生产的成本低。

外源基因在酵母中高效表达的关键在于表达载体的构建、表达宿主的选择及发酵培养条件的优化。

(1)表达载体的构建　巴斯德毕赤酵母一般用整合型载体作为外源基因的表达载体，可将外源基因整合到酵母宿主的染色体 DNA 上，因此具有遗传稳定性，但基因的拷贝数较低。为了操作方便，一般酵母表达载体通常被设计成大肠杆菌和酵母细胞的穿梭质粒，即它可以首先在大肠杆菌中进行保存、扩增及重组表达质粒的构建，然后线性化后再转入酵母细胞中，最终将外源基因整合到酵母宿主的染色体 DNA 上。因此，作为酵母细胞的表达载体必须具备以下基本元件：①大肠杆菌复制子。复制子用来保证质粒在大肠杆菌中能够进行自我复制，常用的复制子有 *ColE*1 和 *pMB*1。②大肠杆菌选择标记。常见的有氨苄青霉素(ampicillin)和卡那霉素(kanamycin)抗性标记，主要是为了便于在大肠杆菌中筛选重组子。③启动子。启动子是基因表达的关键元件，它直接关系到外源基因的表达水平。巴斯德毕赤酵母最常用的是 *AOX*1 启动子，它仅受甲醇诱导，在其控制下的外源基因能够得到较高水平的表达。但由于含有该启动子的重组酵母在发酵培养时需添加大量甲醇而存在火灾隐患。因此，人们又开发了一些不以甲醇为唯一诱导物的启动子，如 *GAP*、*FLD*1、*DAS* 和 *AOX*2 等启动子。其中 *GAP* 启动子为 3-磷酸甘油醛脱氢酶基因的启动子，它可在多种碳源如葡萄糖、甘油或油酸诱导下表达外源基因。由于这些新型启动子不需甲醇诱导，发酵过程安全、简单，同时其表达量也很高，因此有望成为替代 *AOX*1 的启动子。④信号肽序列。如果希望外源基因所表达的蛋白质能够有效地分泌到细胞外，在编码外源蛋白的上游需要加上一段信号肽序列。可供毕赤酵母选择的信号肽有外源基因自身的信号肽和酵母本身的信号肽。但有时外源基因自身的信号肽不能被毕赤酵母有效利用，则需要将其去掉，直接使用载体上的酵母信号肽。目前可供选择的酵母信号肽有 α-结合因子的前导肽序列、酸性磷酸酶信号肽和蔗糖酶信号肽等。其中，源于酿酒酵母的 α-结合因子的前导肽序列使用最为广泛。⑤多克隆位点。即在表达载体上的多个单一内切酶位点，便于外源基因的插入，其位于启动子或信号肽序列的下游。⑥终止子。毕赤酵母常用的终止子为乙醇氧化酶基因(*AOX*1)的终止子，处于多克隆位的下游，以保证重组基因转录的终点。⑦酵母选择标记。为了筛选酵母重组子，一般采用两种选择标记：一是营养缺陷性选择标记，如 *His*4、*Suc*2、*Arg*4、*Ura*3 等；二是抗性选择标记，如来自大肠杆菌转座子 *Tn*903 编码的 *G*418 抗性基因，一般采用不同浓度的抗生素 *G*418 来筛选目的基因高拷贝数阳性转化子。⑧基因整合位点。表达载体转化到酵母细胞后，以整合方式进入酵母染色体基因组中。整合方式有两种：一是单交换，即外源基因通过基因重组插入到毕赤酵母染色体基因组 *His*4 位点或 *AOX*1 基因的上游或下游，*AOX*1 基因仍保留，此种整合的成功率为 50%～80%，而且这一整合过程可重复发生，使更多拷贝的表达单位插入基因组中，形成多拷贝的转化子；二是双交换，即载体酶切后，使其外源基因的表达元件和标记基因的两端与酵母染色体中的 *AOX*1 基因的 3′和 5′端发生双交换整合(整合率为 10%～20%)，即酵母染色体中的 *AOX*1 基因被载体上的外源基因的表达元件和标记基因所替代，因此，酵母只能依赖 *AOX*2 基因编码的活性较低的醇氧化酶进行甲醇代谢，此种转化子利用甲醇的效率很低，但它表达外源基因的效率高。

巴斯德毕赤酵母载体分为胞内表达和分泌表达两类，表达胞内蛋白的载体有 pPIC3、pPIC3K、pPIC3.5K、pHIL-D2 和 pPICZA(B,C)等，分泌表达的载体有 pPIC9、pPIC9、KpHIL-S1、 pAC0815 和 pPICZαA(B,C)等，它们均为大肠杆菌和酵母细胞的穿梭质粒。因此，酵母重组表达载体的构建是在大肠杆菌中进行操作，其一般步骤包括：①选择合适的表达载体；②设计目的基因的 PCR 引物（上、下游引物上分别含有一个表达载体多克隆位点中的不同酶切位点），通过 PCR 技术扩增目的基因片段；③表达载体和目的基因片段分别进行双酶切后，进行连接；④以上连接液转化大肠杆菌感受态细胞后，在含有抗生素的抗性平板上进行初筛；⑤通过菌落 PCR、质粒提取及酶切等方式进行进一步鉴定；⑥对所构建的表达载体进行目的基因的 DNA 测序，以确保目的基因"阅读框"和核苷酸序列的正确性。

(2)表达宿主的选择　巴斯德毕赤酵母表达系统常用的表达宿主有 GS115、KM71、PMAD11、pMAD16 等，均为甲醇诱导型。即在以葡萄糖或甘油为碳源的培养基中生长时，该表达系统的宿主菌中 *AOX*1 基因的表达受到抑制；而在以甲醇为唯一碳源时，宿主菌中 *AOX*1 启动子被强烈诱导，使外源蛋白得到大量表达。为了防止外源蛋白的降解，人们又开发了一类蛋白酶缺陷株，如 SMD1168（*his*4，*pep*4）、SMD1163（*his*4，*pep*4，*prb*1）、SMD1165（*his*4，*prb*1）等，在这类菌株中可以大大减少分泌蛋白的酶解消化，为外源蛋白的成功表达创造了有利条件。

(3)发酵培养条件的优化　重组毕赤酵母的发酵培养条件包括：培养基的组成，培养基的 pH，培养温度，发酵培养时的通气量及甲醇诱导方式、用量和诱导时间等均会影响外源蛋白在酵母中的表达量。

毕赤酵母表达培养基常用的碳源是甘油，但甘油对 *AOX*1 启动子有抑制作用，因此甘油的添加量会影响外源基因的表达，甘油添加的最适水平应该是在利用甲醇诱导时能够被完全消耗。另外，有时在培养基中添加适量的蛋白胨和酵母提取物以增加蛋白酶作用的底物，可减少目的蛋白的降解。

降低培养基的 pH（一般控制在 pH 5.0 左右）和培养温度（22～30℃），避开蛋白酶作用的最适条件，可减少外源目的蛋白的降解。

发酵培养时的通气量（溶氧量）是影响外源蛋白表达水平的重要因素。用发酵罐进行培养重组毕赤酵母菌体时，外源蛋白的表达水平一般比普通摇瓶培养高出 10～100 倍。

甲醇诱导方式、用量和诱导时间都会对外源蛋白的表达水平产生影响。一般采用甘油培养使细胞达到一定的浓度后，再加甲醇诱导的两步法所表达的外源蛋白的产率比普通方法高出 10 倍左右。而甲醇的添加量一般为 0.5%～1.0%。诱导时间一般在 5 天左右，外源基因的表达才能达到最高。但有些菌表达时可能需要诱导 7 天以上，过短的时间（如 3 天）表达量很低，过长的时间外源蛋白的降解增加。因此最佳诱导时间需要根据实际情况通过实验来进行优化。

8.2　酶分子的定向进化

酶分子的定向进化属于蛋白质的非理性设计，与传统的化学修饰、定点突变等理性设计相比，它不需事先了解酶分子的结构、活性位点、催化机制等因素，而是人为地创造特殊的进化条件，模拟自然进化机制，在体外对酶基因进行改造，并通过定向筛选，获得具有某些预期特征的进化酶。同时，它与自然进化也不同：天然酶的自然进化是一个极其漫长的过程，自然选择使进化向有利于生物适应环境的方向发展，环境的多样性和适应方式的多样性决定了进化方向的多样性，其突变是随机的，是不被人为所控制的；而定向进化是人为引发的，针对突变库进行选择，起着选择某一方向的进化而排除其他方向突变的作用，整个进化过程是在人为控制下进行的。因此，定向进化大大拓宽了蛋白质工程学的研究和应用范围，是蛋白质工程技术发展的一大飞跃。定向进化与合理设计互补，使生物学家可以有效解决复杂的蛋白质分子设计问题。它不但可以进化具有单一催化特性的蛋白质，而且可以使两个酶的性质叠加，产生具有多项优化功能的酶。

8.2.1　酶分子定向进化的原理及一般流程

1. 酶分子定向进化的基本原理

酶分子的定向进化是指从一个或多个已经存在的亲本酶（天然的或人为获得的）出发，人为地创造特殊的进化条件，模拟自然进化机制（随机突变、基因重组和自然选择），构建一个人工突变酶库，并定向选择（或筛选）出所需性质的突变酶。定向进化的基本原则是：随机突变＋定向选择＝目标突变体。

酶分子定向进化与定点突变都是对酶分子进行人为改造，使其具有优良性能或新功能，但二者又具有不同的特点。

酶分子定向进化的特点包括：①突变位点是随机的、不确定的；②突变位点的数目也是不确定的；③突变的效应更是不可预知的；④理论上讲，凡是能够引起突变的因素（物理的、化学的、生物的）都可以应用于定向进化中突变体的产生。

酶分子定点突变的特点包括：①突变位点是确定的，突变的个数也是可预知的；②突变的效应可能是已知的，也可能是未知的；③定点突变的方法一般是以 PCR 技术为基础的。

总之，酶的定点突变一般用来在分子中引入随机突变不易获得的关键性的残基或结构元素；而酶的定向进化常用来产生有利于酶蛋白的折叠和功能发挥的一些精细结构变化。因此，两者的结合将大大扩展酶工程学的研究范围，产生具有许多优良性状的酶，大大缩短自然进化进程，从而极大地发展和丰富了酶类资源。

2. 酶分子定向进化的一般流程

酶分子定向进化的一般流程包括 6 个步骤（图 8-3）：①选择目的基因，即选择编码所需改

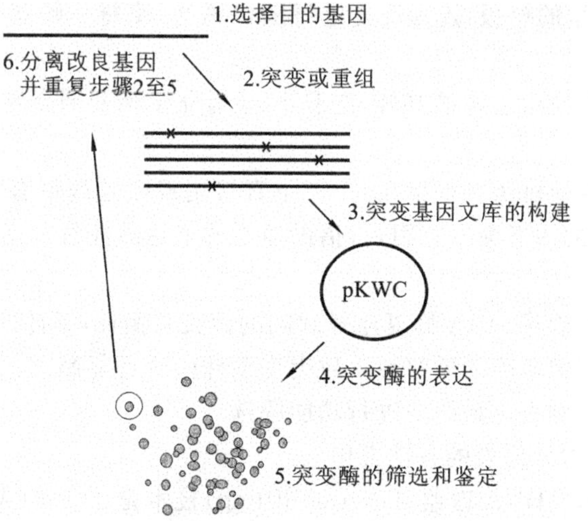

图 8-3　酶分子定向进化的一般流程

造的目标酶分子的 DNA 序列；②突变或重组，即采用某种定向进化策略对目标基因进行突变或重组；③突变基因文库的构建，即将获得的突变重组基因插入到表达载体中构建突变库；④突变酶的表达，即将载体转入受体细胞中表达各种突变酶；⑤突变酶的筛选和鉴定，即利用筛选和选择方法确定有益特性的克隆；⑥分离改良基因并重复上述过程，直至获得所需性质的酶分子。其中，关键在于通过各种定向进化策略创造酶基因的多样性。

8.2.2　酶分子的定向进化策略

目前常用的酶分子定向进化策略主要有两大类：一是以易错 PCR 技术为代表的无性进化；二是以 DNA 改组技术为代表的有性进化。这些策略的侧重点有所不同，但它们之间在思想上和实验手段上有重叠之处，在实际应用过程中，有时也可以同时使用、相互补充以实现对酶分子的定向进化。

1. 以易错 PCR 技术为代表的无性进化

易错 PCR 技术是一种相对简单、快速廉价的随机突变方法。其基本原理是在体外扩增基因片段时通过适当改变 PCR 条件，使扩增的基因出现少量碱基错配，从而导致目的基因的随机突变。易错 PCR 技术的特点：①在易错 PCR 方法中，遗传变化只发生在单一分子内部，属于无性进化(asexual evolution)。②易错 PCR 方法一般适用于较小的基因片段(＜800 bp)。③易错 PCR 的关键是控制 DNA 的突变频率：如果 DNA 的突变频率太高，会产生过多的失活突变酶；如果 DNA 的突变频率太低，样品的多样性太少，不易筛选到满意的突变酶。因此，易错 PCR 最佳条件的优化是获得理性的碱基突变率的关键。

易错 PCR 的条件控制主要是调节非正常 PCR 条件，主要包括：①采用较低的退火温度，以减小 PCR 产物的特异性，从而降低其准确度；②改变体系中四种 dNTP 的浓度，使扩增的基因出现碱基错配；③采用非校读型聚合酶，使错配的碱基进一步扩增；④提高镁离子的浓度，可适当加入锰离子；⑤采用较高的循环数(如 40、60 或 80 个循环数)。通过采取以上措施使目的基因的 PCR 产物中以一定的频率随机引入突变，以构建突变库，然后选择或筛选需要的突变体。其中关键在于突变率需仔细调控。但通常经过一次突变很难获得满意的结果，为此发展出连续易错 PCR(sequential error-prone PCR)技术，即将第一轮 PCR 扩增得到的有益突变基因作为下一轮 PCR 扩增的模板，连续反复进行随机诱变，使每一轮获得的少量突变累积而产生重要的有益突变。

实现无性进化的方法除了易错 PCR 技术外，还有化学诱变剂介导的随机诱变和由致突变菌株产生的随机突变。

化学诱变剂介导的随机诱变是指在 65 ℃下直接用羟胺处理带有目的基因片段的克隆质粒，然后用限制性内切酶切下突变基因，再借助适当的表达载体将突变基因转入表达宿主中进行功能筛选。

通过基因敲除技术构建 DNA 修复途径缺陷的致突变菌株，其体内的 DNA 突变率远远高于野生型菌株。将带有靶基因的质粒转入致突变菌株内进行复制，会产生随机突变，然后将带有突变基因的质粒转化到表达系统中进行功能筛选。

2. 以 DNA 改组技术为代表的有性进化

(1)DNA 改组技术　DNA 改组(DNA shuffling)技术是于 1994 年由 Stemmer 等首次提出并成功运用的。它的前提是存在两个或多个父本基因，它们之间含有不同的点突变或表观性质有不同的优势并且碱基序列具有一定程度的一致性，这时应用 DNA 改组技术比易错

PCR 技术更具针对性。DNA 改组技术的基本操作过程是从正突变基因库中分离出来的 DNA 片段用脱氧核糖核酸酶Ⅰ(DNase Ⅰ)随机切割,得到的随机片段均有部分碱基序列重叠,经过不加引物的多次 PCR 循环,在 PCR 循环过程中,随机片段互为模板和引物进行扩增,直到获得全长的基因,最终导致来自不同基因片段之间的重组(图 8-4)。由于片段之间可借助互补序列而自由匹配,一个亲本的突变可与另一亲本的突变相结合,从而产生新的突变组合,构成嵌合突变文库。因此,DNA 改组技术又称为有性进化(sexual evolution)。通过对嵌合突变文库进行筛选,选择改良的突变体组成下一轮 DNA 改组的模板,重复上述步骤进行多次改组和筛选,最终获得性能满意的突变体。

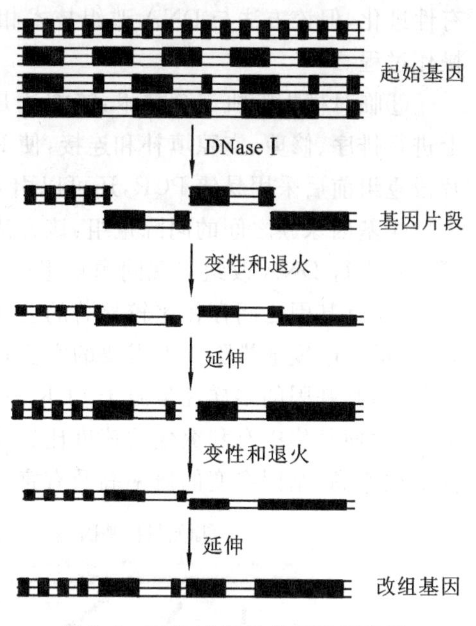

图 8-4　DNA 改组技术原理示意图

DNA 改组技术的优点:①可利用现存的有利突变,快速积累不同的有利突变;②重组可伴随点突变同时发生;③可删除个体中有害突变和中性突变。

然而,DNA 改组技术也有其局限性:①不能利用本技术对尚未建立筛选模型的酶分子进行改造;②DNA 改组过程中伴随的较高突变率会严重阻碍正突变组合的发现,因为绝大多数的突变是有害的,有利突变的重组和稀少有利点突变会被有害突变的背景所掩盖。因此,需要采用高保真的 DNA 聚合酶进行 DNA 改组,使伴随的点突变频率控制在 0.05%左右。

(2)DNA 改组技术的改进方法　实现酶分子有性进化的基因重组方法除 DNA 改组技术以外,还有随机引物体外重组法、交错延伸法、临时模板随机嵌合技术及基因家族之间的同源重组等。它们均是在 DNA 改组技术的基本思路基础上加以改进的,从而弥补传统 DNA 改组技术的不足。

①随机引物体外重组法:随机引物体外重组法(random-priming recombination,RPR)是 Shao 等于 1998 年提出的一种 DNA 重组新方法。其基本原理是利用一套随机序列引物,产生互补于模板不同位置的短 DNA 片段库。由于碱基的错误掺入和错误引导,这些短 DNA 片段也含有少量点突变,DNA 小片段之间可以相互同源引导和重组。在 DNA 聚合酶作用下,DNA 小片段可相互同源引导和扩增成全长基因,然后克隆到适当的载体上表达并通过适当的筛选系统加以选择。如需要,可反复进行上述过程,以求获得满意的基因。与 DNA 改组技术相比,RPR 的特点如下:a. RPR 可利用单链 DNA 或 mRNA 为模板,而 DNA 改组技术多用双链 DNA 为模板,前者所需亲 DNA 的量为后者的 1/20～1/10;b. RPR 技术无须进行在 DNA 改组中必需的 DNase Ⅰ处理步骤;c. DNase Ⅰ对模板 DNA 的切割具有一定的序列偏向性(偏向嘧啶核苷酸),而 RPR 技术采用的随机引物不存在序列偏向性。

②交错延伸法:该方法是在一个反应体系中以两个以上相关的 DNA 片段为模板,进行 PCR 反应,引物先在一个模板上延伸,随之进行多轮变性和短暂的复性/延伸反应。在每个循环中,延伸的片段在复性时与不同的模板配对。由于模板的改变,所合成的 DNA 片段中包含了不同模板 DNA 的信息。这种交错延伸过程继续进行,直到获得全长基因。由于其所获得的突变库同样也是由两个或两个以上的亲本基因信息所衍生的,因此交错延伸法同样也属于

有性进化，但该方法与DNA改组技术相比，可以省去对模板基因序列的片段化，从而简化了操作过程。

③临时模板随机嵌合技术：该方法是将随机切割的基因片段杂交到一个临时DNA模板上进行排序、修剪、空隙填补和连接，使DNA短片段得以重组，可明显提高重组频率。如果在片段重组前后采用易错PCR，还可以引入额外的点突变。

④基因家族之间的同源重组：该方法是从自然界存在的基因家族出发，利用它们之间的同源序列进行DNA改组实现同源重组（图8-5）。由于每一个天然酶的基因都经过千百万年的进化，而且基因之间存在比较显著的差异，所以获得的突变重组基因库中既体现了基因的多样化，又最大限度地排除了不需要的突变；而传统的DNA改组技术是以单一的酶分子技术进行进化的，其基因的多样性是源于PCR等反应中的随机突变，而这种突变大多是有害的或中性的，从而使其集中有利突变的速度比较慢。因此，基因家族之间的同源重组技术表现出改组基因的效率高、基因突变的概率高及有害突变的掺入率低等优势。

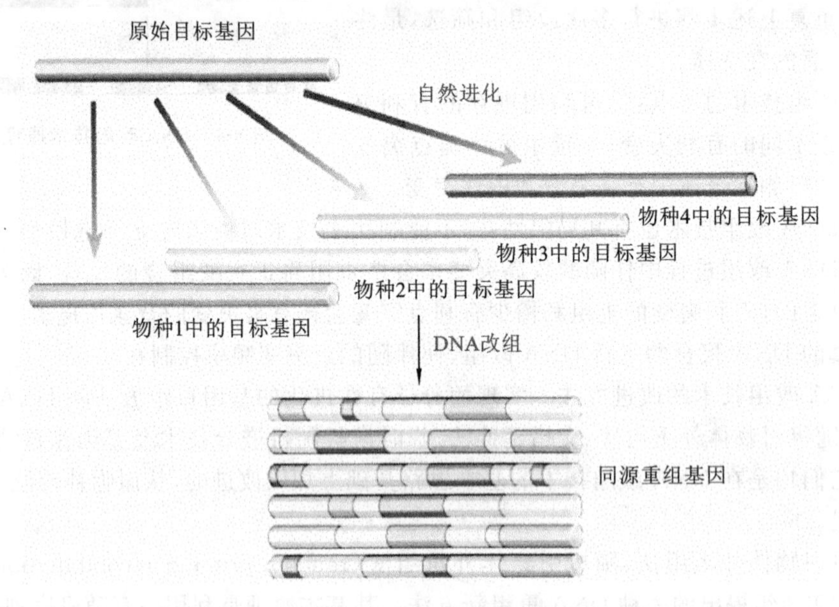

图8-5　基因家族之间的同源重组原理示意图

8.2.3　酶分子定向进化的应用及展望

酶作为工业生物催化剂已被广泛应用，但有些酶在生物体外无法保持其较高的催化活性、底物专一性及稳定性较差。因此，有必要对天然酶进行人为改造，使其更符合实际应用的要求。目前定向进化技术已被广泛应用于各种酶分子的改造，以获得人们所期望的酶学性质。对酶学性质的改造主要有提高酶的催化活性、提高酶的稳定性、提高酶对底物的专一性及改善酶的其他性能等（表8-3）。

由此可见，定向进化技术已成为开发新型酶的一种通用工具，被广泛应用于提高酶催化活性和效率、调节底物特异性、提高其在更广泛条件下的稳定性。在相对较短的时间里，酶分子定向进化已迅速完成转换，由研究序列与功能之间的关系转换成一种改变酶最适催化活性的有效方法。酶分子定向进化也正逐渐从单酶进化向更加复杂的代谢通路系统进化方向发展。此外，定向进化技术还具有简便、快速、低耗及实效等特点，在工业、农业及医药等领域展示出广阔的应用前景。

总之，酶分子定向进化为生物催化剂从实验室研究走向工业应用提供了强大的技术手段，它不仅能使酶进化出非天然功能或性能改进的优良酶，还能使两个或多个酶的优良性能组合为一体，进化出具有多项优良特性或功能的进化酶，进而发展和丰富酶类资源。但目前突变文库的构建和筛选方法仍远不能满足实验室对酶的改造要求，不论是进化的效率还是性能都仍有待提高。因此，人们还必须不断地改进现有的技术手段，探索发明新的更高效的文库构建和筛选方法，为酶分子定向进化技术创造更加诱人的前景。

表 8-3　酶分子定向进化的应用实例

酶　名　称	定向进化策略	酶学性质的改变
L-天冬氨酸酶	易错 PCR	进化酶的酶活力提高 28 倍；进化酶 pH 稳定性和热稳定性均优于天然酶
D-泛解酸内酯水解酶	易错 PCR 结合 DNA 改组方法	进化酶的酶活力提高 5.5 倍；进化酶在低 pH 条件下稳定性得到提高
S-2-氯丙酸脱卤酶	易错 PCR	进化酶的比活力提高 3.9 倍，最适温度和热稳定性均有所提高
内切葡萄糖酶	易错 PCR 结合 DNA 改组方法	进化酶的酶活力提高 2.7 倍
植酸酶	易错 PCR	进化酶的酶活力提高 42%
碱性磷酸酶	易错 PCR	进化酶的酶活力提高 3 倍
几丁质酶 C	易错 PCR	进化酶的酶活力提高 3.3 倍，最适温度提高 20℃
醇脱氢酶	易错 PCR 结合 DNA 改组方法	进化酶的催化效率提高 30 倍
脂肪酶	易错 PCR	进化酶的酶活力提高 6 倍
葡萄糖脱氢酶	家族 DNA 改组技术	进化酶的热稳定性提高 400 倍
β-半乳糖苷酶	DNA 改组技术	进化酶水解邻硝基苯半乳糖吡喃糖苷的相对活力提高了 1 000 倍
谷胱甘肽-S-转移酶	DNA 改组技术	进化酶针对不同底物酶活力提高了 65～175 倍
吲哚-3-甘油磷酸合成酶(IDPS)	合理设计与 DNA 改组技术相结合	突变酶具有了磷酸核糖邻氨基苯甲酸异构酶的活性，失去了 IDPS 活性
N-氨基甲酰-D-氨基酸酰胺水解酶	DNA 改组技术	进化酶的氧化稳定性和热稳定性均有提高
D-2-酮-3-脱氧-6-磷酸葡萄糖酸醛缩酶	易错 PCR 结合 DNA 改组方法	进化酶可以催化非磷酸化的 D-甘油醛和 L-甘油醛，拓宽了酶的底物特异性底物范围
1,6-二磷酸己酮糖醛缩酶	DNA 改组重排	进化酶以非天然的 1,6-二磷酸果糖为底物时，立体定向性提高了 100 倍
乙内酰脲酶	易错 PCR 结合饱和诱变方法	由野生酶倾向于 D 型底物转变为进化酶倾向于 L 型底物

8.3 抗体酶

8.3.1 抗体酶简介

抗体酶(abzyme)又称催化抗体(catalytic antibody),是指通过一系列化学与生物技术方法制备出的具有催化活性的抗体分子,其本质为免疫球蛋白,但在可变区被赋予了酶的属性。因此,它既具有相应的免疫活性,又具有酶的催化功能。1969 年,Jencks 等根据抗体结合抗原的高度特异性与天然酶结合底物的高度专一性相似的特性,首次提出一个大胆的设想——如果通过免疫诱导产生能与化学反应中底物过渡态结合的抗体,则该抗体可能会具有酶的催化功能。1986 年,Schultz 和 Lerner 首次证实了这一设想。研究发现,以酯水解反应过渡态类似物为半抗原,通过杂交瘤技术产生的单克隆抗体具有催化功能,从而制备出催化酯水解反应的抗体酶,从此揭开了抗体酶研究的新篇章。短短二十几年,抗体酶已显示出在许多领域的潜在应用价值,包括许多困难和能量不利的有机合成反应、前药设计、临床治疗及材料科学等多个方面。抗体酶的研究深化了对酶本质的认识,丰富了酶的种类,是酶学研究的一大进步。

抗体酶和天然酶在功能上有许多相似之处,如催化效率高,具有专一性、区域和立体选择性,可进行化学修饰和具有辅助因子等,并且在饱和动力学与竞争性抑制方面也极其相似。同时,抗体酶与天然酶相比,又具有其自身的特点:①抗体酶能催化一些天然酶不能催化的反应。抗体的多样性决定了抗体酶的催化反应类型的多样性。催化抗体的构建过程就是利用抗原-抗体识别功能,把催化活性引入免疫球蛋白结合位点上,从而构建出一些特殊的生物催化剂,用于催化天然酶不能催化的特殊化学反应。如抗体酶甚至可以使热力学上无法进行的反应得以进行。②抗体酶具有比天然酶更高的专一性和稳定性。由于作为酶分子的抗体酶为 IgG,其蛋白质性质比天然酶更稳定、作用更持久;同时天然酶分子识别部位所含有的氨基酸个数一般在 7 个以下,而抗体酶底物识别部位的氨基酸为 15～20 个,从而增加了催化反应的底物特异性。因此,抗体酶与天然酶相比较具有更高的底物专一性和稳定性。

由于抗体酶是人工设计的酶,理论上其催化范围可以十分广泛。随着半抗原设计和抗体酶筛选技术的不断进步,其品种也在不断增加,催化反应类型也在扩大。目前抗体酶催化的反应类型主要包括:酯水解、酰胺水解、酰基转化、环合反应、光诱导反应、氧化还原反应、克莱森重排反应、金属螯合反应、脱羧反应、过氧化反应、烯烃异构化反应等。

8.3.2 抗体酶的设计策略

抗体酶的设计策略主要有两大类:一是以过渡态类似物(transition state analogue,TSA)免疫为基础的抗体酶设计;二是以蛋白质工程为基础的工程抗体酶设计。

1. 以过渡态类似物免疫为基础的抗体酶的设计策略

过渡态理论认为,酶之所以能够催化加速化学反应,在于它能够和底物结合形成过渡态中间体,释放出一部分结合能,从而降低了反应的活化能,使反应加速进行。酶和底物过渡态的亲和力比和底物本身的亲和力大,酶的活性部位可由过渡态中间体推知。免疫系统的一个重要特征是能产生对一个特异的抗原有最大亲和力的抗体。与酶一样,抗体也是一种蛋白质,二者都能特异性地与靶分子结合。如果抗体和酶一样，也能和一个反应的过渡态特异性结合，那么它就有可能催化这种反应的发生。基于对酶催化机理的研究和免疫系统的认识，以过渡态类似物作为半抗原，利用免疫系统的分子多样性，则有可能诱导产生对过渡态类似物特异性结合的抗体。这种抗体含有同底物反应过渡态互补的结合空腔，因而和酶一样，也能发生催化反应。图 8-6 为以过渡态类似物免疫为基础的抗体酶的设计策略示意图。首先选择所要催化的目标反应，根据反应过程中的过渡态化合物对过渡态类似物进行设计并通过有机化学的方法进行合成，以便作为产生抗体酶的半抗原；然后将所合成的半抗原与适当的蛋白质（一般为牛血清白蛋白）进行结合后，免疫动物（老鼠或兔子）产生多克隆抗体，再采用杂交瘤技术获得单克隆抗体；最后通过适当的筛选方法（详见 8.3.4 的内容）得到具有催化功能的抗体酶。一般只通过一轮操作不可能得到理想的抗体酶，需要对抗体酶的催化机理进行分析，并测定抗体的结构，改进设计，重新获得过渡态类似物后，并结合分子生物学技术进行多轮操作，最终获得理想的抗体酶。

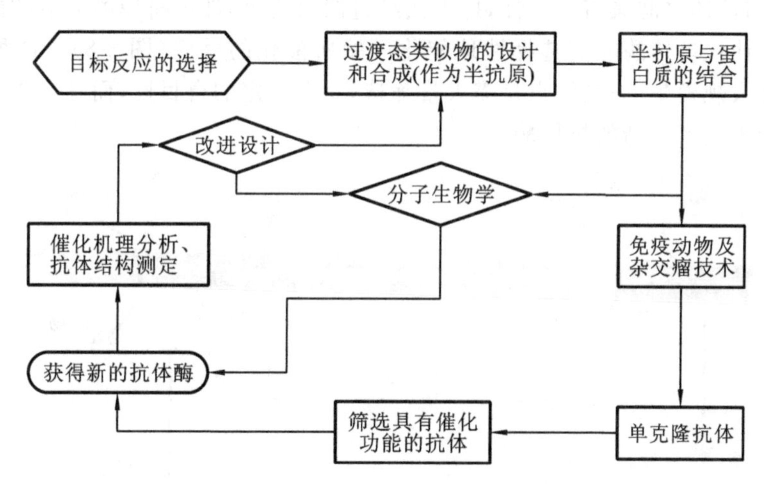

图 8-6　以过渡态类似物免疫为基础的抗体酶设计策略示意图

2. 以蛋白质工程为基础的工程抗体酶的设计策略

以蛋白质工程为基础的工程抗体酶的设计策略主要包括以下方式。

（1）通过定点突变引入催化活性　对非催化抗体（但具有底物结合位点）进行定点突变，改变结合区的某个氨基酸使其具有催化活性。

（2）通过定点突变改善抗体酶的活性　通过对抗体酶的作用机理和结构的研究以及与酶的催化作用进行比较，可以有针对性地改变抗体结合区的某个或多个氨基酸残基以提高活性较差的抗体酶的催化能力。

（3）随机突变与体外筛选方法结合产生抗体酶　以与底物或过渡态类似物结合的抗体为起点，通过对抗体结合区中氨基酸残基的随机突变，产生一个抗体突变库，再用合适的筛选方法获得较高活性的抗体酶。

（4）细胞内抗体酶　将具有催化活性的抗体基因片段进行重组表达，获得细胞内抗体酶。

8.3.3　抗体酶的制备方法

目前已开发了多种制备抗体酶的方法，如拷贝法、引入法、诱导法、抗体库法、抗体与半抗原互补法、熵阱法及多底物类似法等。每种方法都具有其各自的特点，因此，在具体抗体酶的制备过程中应根据具体情况进行适当选择。

1. 拷贝法

拷贝法的基本步骤：首先用已知酶作为抗原第一次免疫动物，获得一抗（即抗酶的抗体）；然后用此一抗第二次免疫动物，并采用杂交瘤技术进行单克隆化，获得单克隆抗体（二抗）；最后经过筛选和纯化，即可获得具有原酶活性的抗体酶。拷贝法示意图见图8-7。

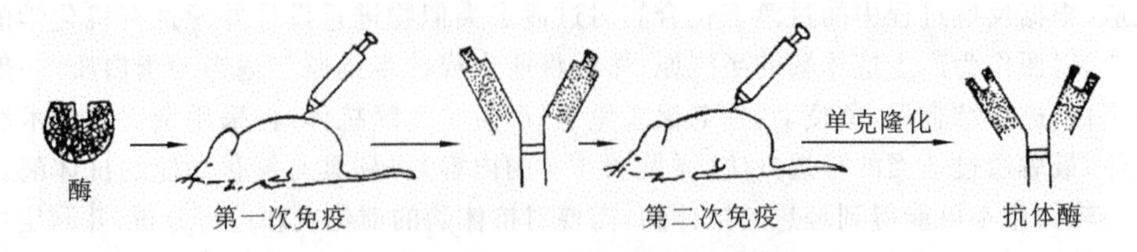

图 8-7 拷贝法制备抗体酶的示意图

因为抗原与抗体之间具有互补性，拷贝法经过两次拷贝，即可将原酶的活性部位的信息翻译到抗体酶上，使该抗体酶能高选择性地催化原酶所催化的反应（图8-8）。这种方法的优点是操作简单，可大规模生产；其缺点是需大量筛选，具有一定的盲目性，而且抗体酶与原酶的催化特性相同，而不能产生新的抗体酶。

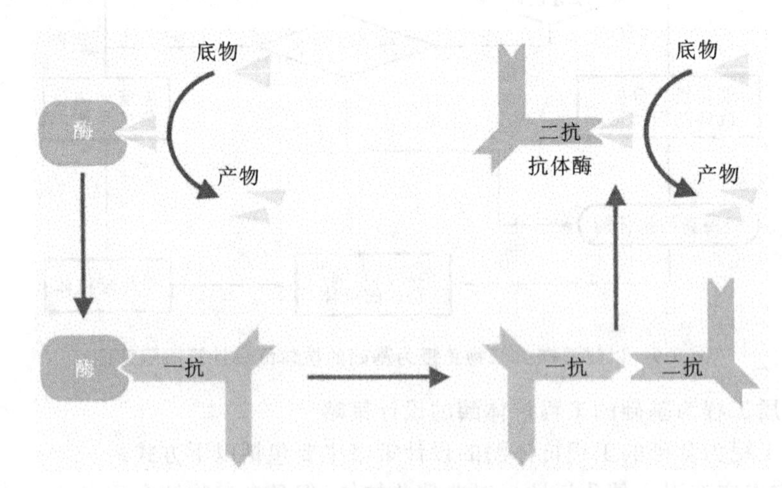

图 8-8 拷贝法制备抗体酶的基本原理示意图

2. 引入法

引入法的原理是在已有底物结合能力的抗体的抗原结合部位引入催化基团或者辅助因子，使其转变为同时具有底物结合能力和催化能力的抗体酶。具体引入方法：①采用选择性化学修饰法将人工合成或天然存在的催化基团引入。常用的化学修饰剂有苯甲基磺酰氟（PMSF）、苯甲基石英、酰氯、硒化铅等。②采用基因工程、蛋白质工程技术改变抗体的亲和性和专一性，引入酸、碱催化基团或亲核基团等。该方法的特点是如果引入的催化基团与底物结合部位取向正确、空间排布恰到好处，就会产生高活性的抗体酶，但其关键在于要事先对抗体的结构有所了解，已确定工程化抗体的目标部位。

3. 诱导法

诱导法是以过渡态类似物免疫为基础的抗体酶的设计方法。由于催化反应的过渡态半衰期很短（一般在 10^{-12}～10^{-10} s之间），实验室很难获得过渡态。因此，可采用过渡态类似物（即用一个或几个其他基团取代过渡态的特定基团，以获得在空间结构和化学性质等方面与过渡态相似的稳定化合物)作为半抗原,通过间隔链与载体蛋白(如牛血清白蛋白)偶联制成抗原;然后免疫动物,取免疫动物的脾细胞与骨髓瘤细胞进行杂交制备单克隆抗体;最后进行分离、筛选抗体酶。诱导法示意图见图 8-9。因为免疫系统对一个半抗原可以产生一些结构大致相同,但却存在细微差别的抗体,所以用含有与半抗原类似结构的化合物筛选单克隆抗体,也会找到所需要的有特殊识别功能及催化作用的抗体酶。

图 8-9　诱导法制备抗体酶示意图

4. 抗体库法

随着 DNA 重组技术的进展和人们对抗体分子认识的深化,抗体技术由细胞工程抗体(杂交瘤单克隆抗体)发展到基因工程抗体。即将全套抗体重链和轻链可变区的基因进行克隆后,重组到原核表达载体,通过大肠杆菌直接表达有功能的抗体分子片段,从中筛选特异性的可变区基因。随后在噬菌体抗体库技术的基础上,人们又发展了噬菌体展示技术。这种技术将组建亿万种不同特异性抗体可变区基因库和抗体在大肠杆菌功能性表达与高效快速的筛选手段结合起来,彻底改变了抗体的传统途径,使抗体酶的制备和性能的改良进入了新的阶段。抗体库法使用 PCR 技术和噬菌体展示技术,不需要进行细胞融合以获得杂交瘤细胞,并且可筛选具有特定功能的未知结构。该方法具有以下优点:①省去细胞融合,省时省力;②筛选容量较大;③可直接克隆到抗体的基因;④可在原核系统表达,制备成本较低;⑤可产生体内不存在的轻重链配对的抗体,易获得稀有抗体酶。

5. 抗体与半抗原互补法

抗体与其配体的相互作用是相当精确的,抗体常含有与配体功能互补的特殊功能基团。已经发现带正电荷的配体(即半抗原)常能诱导出结合部位带负电残基的抗体,反之亦然。因此,抗体与半抗原之间的电荷互补对抗体所具有的高亲和力以及选择性识别能力起着关键作用。在采用诱导法制备抗体酶时,可以采用带电荷的半抗原,使产生的抗体结合部位的催化基团与半抗原之间具有电荷互补性,从而提高抗体酶的亲和力及选择性识别能力。

6. 熵阱法

熵阱法是利用抗体结合能克服反应熵垒。抗体结合能被用来冻结转动和翻转自由能,这种自由能的限制是形成活化复合物所必需的。利用熵阱法已成功制备了催化 Diels-Alder 反应的抗体酶。Diels-Alder 环加成反应是需要经过高度有序及熵不利的过渡态反应。此反应是由二烯和烯烃产生环己烯,这在有机合成中很重要,但在自然界中却没有相应的酶来催化该反应。此反应的过渡态是具有高能构象的环状物,含有一个高度有序的轨道环。由于反应中化学键的断裂和生成同时进行,因此常可观察到不利的活化熵。因为过渡态和产物很相似,易引起产物抑制而降低转化效率。因此,在设计半抗原时,不仅要利用邻近效应,还要消除产物抑制,才能诱导出催化这一双分子反应的抗体酶。为此,人们设计了稳定的三环状半抗原诱导产生抗体酶,使其可催化起始加合物的生成,然后立即排出 SO_2,产生次级二氢苯邻二甲酰亚胺。由于抗体对该产物的束缚很弱,因而显著加速反应。由此可见,抗体酶不仅可以催化天然酶不能催化的反应，而且通过半抗原设计还能解决产物抑制问题。用该双环半抗原诱导的抗体可使重排反应加速 10^4 倍。由于反应中不形成离子或游离基中间体，反应不需要酸、碱等催化基团，所以对于采用非化学基团催化的抗体酶的发展有重要意义，它加深了人们对酶作用机理中熵阱模型的理解。

7. 多底物类似法

很多酶的催化作用需要辅因子参与，包括金属离子、血红素、硫胺素、黄素和吡哆醛等。因此，将辅因子引入到抗体部位的方法无疑会扩大抗体催化作用的范围。用多底物类似物对动物进行一次免疫，可产生既有辅因子结合部位，又有底物结合部位的抗体。但要小心设计半抗原，以确保辅因子和底物的功能部位的正确配置。此法已成功用于获得以 Zn^{2+} 为辅因子的序列专一性裂解肽键的抗体酶。

8.3.4 抗体酶的筛选方法

在制备抗体后，抗体酶的筛选很重要。常见的筛选方法有 ELIST 法、酶学活性检测法、短过渡态类似法及基因筛选法等。

1. ELIST 法

用 ELISA 法筛选对半抗原有亲和力的单克隆抗体，然后大量培养制备该单克隆抗体，并分析单克隆抗体的酶活性。

2. 酶学活性检测法

该方法是直接用反应底物检测细胞培养液中抗体酶的活性。此法比上述方法更简单，但需要抗体酶具有可观测的酶活力。为了提高检测的灵敏度，可利用竞争性免疫分析法进行筛选（图 8-10）。操作步骤：①抗体酶催化底物生成产物；②加入酶标产物，其与自由产物（即由抗体酶转化的产物）竞争结合微板上的产物一抗的结合位点；③洗板，加入酶底物进行显色。颜色越浅，说明抗体酶转化的产物含量越高，抗体酶活性越高，反之亦然。

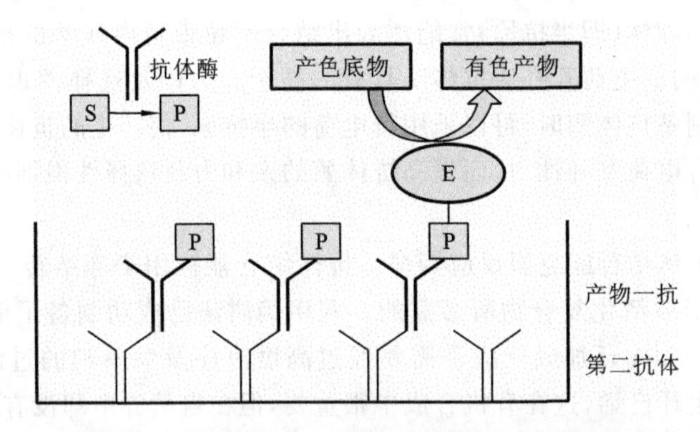

图 8-10 利用竞争性免疫分析法筛选抗体酶的示意图

3. 短过渡态类似法

以过渡态类似物中含有的必需基团的基本结构单元作为筛选单克隆抗体的标准。这是一种快速鉴定与过渡态结合的抗体的方法，这样对该化合物亲和力越强的化合物，其催化效率越高。

4. 基因筛选法

应用基因探针，对基因抗体库进行分析和筛选。

8.3.5　抗体酶的应用及展望

随着抗体酶制备方法的不断改进及其催化反应范围的不断扩大，新型的抗体酶将会层出不穷，其具有非常广泛的应用前景。以下主要介绍抗体酶在有机合成和医药领域中的应用。

1. 抗体酶在有机合成中的应用

迄今为止，科学家们已成功开发出能催化所有 6 种类型的酶促反应和几十种类型的化学反应的抗体酶。抗体酶催化的反应范围也由于重新设计半抗原而扩大，催化效率也得到改善。抗体酶在有机合成中应用的特点主要体现在以下几个方面。

(1)抗体酶可应用于天然酶不能催化的反应　反应底物和抗体酶的结合能可以减少反应的平动及旋转等运动，因而抗体酶可作为一种“熵陷阱”，催化某些反应的发生。这种情况在周环反应如 Claisen 重排和 Diels-Alder 等反应中已得到证实。

(2)抗体酶可应用于能量不利的反应　抗体酶的一个重要方面是能选择性地稳定相对于普通化学反应来说能量上不利的高能过渡态，因而能够催化不利的化学反应。其中的一个典型例子是内式(endo)吡喃类衍生物 7 的形成(图 8-11)。按照 Baldwin 环合规则，环氧醇类化合物 5 的分子内亲核取代的 180°过渡态几何构型的优势产物应是呋喃类衍生物 6。但有人以化合物 8 为半抗原产生的抗体酶，催化化合物 5 产生了反 Baldwin 规则(能量不利)的六元环 7，而非有利的五元环 6。

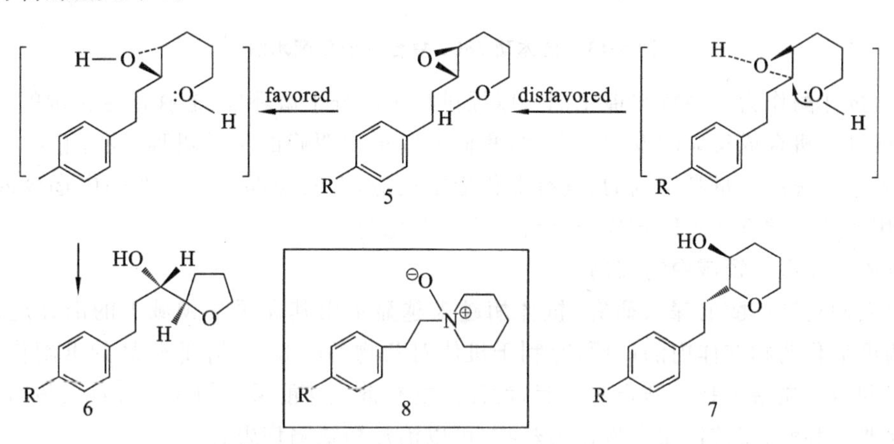

图 8-11　抗体酶催化反 Baldwin 规则反应

(3)抗体酶应用于肽类的修饰　选择性修饰肽类和蛋白质的氨基酸侧链在有机合成、酶的不可逆抑制以及改善肽类药物的药代动力学性质中很重要。但是，应用普通的化学和酶催化方法很难高水平控制这些化学和区域性转变。但是采用抗体酶可实现肽类或蛋白质类药物的氨基酸侧链的修饰。如由半抗原 9 诱导而得的抗体酶能选择性水解(S)-酪氨酸 10 及其简单二肽 11，12 的苯甲酸酚酯(图 8-12)。

(4)抗体酶中引入辅助因子　很多天然酶或人工酶模型都含有金属辅助因子，而化学家们也开发了许多化学辅助剂，如金属氢化物、过渡态金属等。如果能将金属辅助因子融合于抗体酶中，将有助于扩大抗体酶的应用范围。由于许多金属酶的活性部位都有组氨酸衍生的咪唑配基，有人将酸酐和二咪唑基的衍生物 13、$CuCl_2$ 和抗体酶 38C2 连接起来，组成新的抗体酶

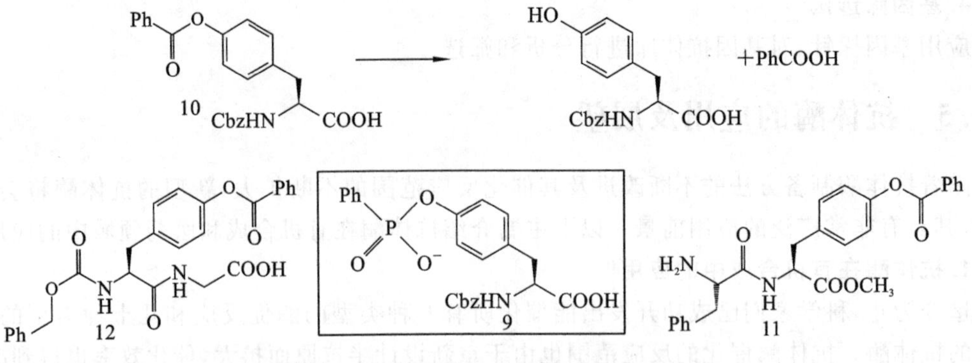

Ph, O, O, 10, CbzHN, COOH → HO, +PhCOOH, CbzHN, COOH

O, Ph, O, O, N, H, N, H, COOH, O, Ph, 12 | Ph, O, P, O, O⁻, CbzHN, COOH, 9 | O, Ph, H_2N, O, N, H, O, $COOCH_3$, Ph, 11

图 8-12　抗体酶选择性水解(S)-酪氨酸衍生物

复合物——38C2-5-$CuCl_2$，该抗体酶复合物能有效地催化酯的水解(图 8-13)。

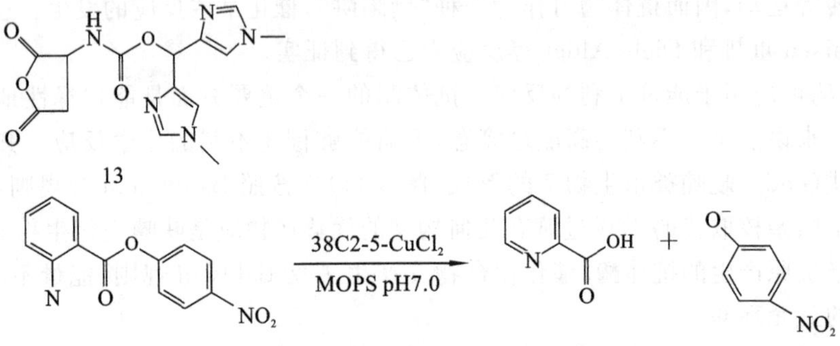

13

38C2-5-$CuCl_2$, MOPS pH7.0, N, O, O, NO_2, N, OH, O, O^-, NO_2

图 8-13　抗体酶 38C2 复合物催化酯水解

总之，抗体酶作为一种特殊催化剂可以提供特定的分子微环境，能够稳定关键的反应中间体，从而促进有机合成反应的发生。因此，我们可以根据明确的化学机理，通过精心设计半抗原，诱导免疫系统产生量身定制的、具有催化指定反应，尤其是那些在天然酶中迄今尚未发现的，或者用普通化学方法难以合成的有机反应的催化剂。

2. 抗体酶在医学领域中的应用

随着人们对抗体酶的深入研究，抗体酶越来越显示出其在医学领域中的潜在应用价值。如抗体酶可催化药物在体内的还原，有利于机体对药物的吸收，并降低药品的毒副作用；将抗体酶技术和蛋白质融合技术结合在一起，设计出既有催化功能又有组织特异性的嵌合抗体，可用于切除恶性肿瘤；将抗体酶直接作为药物，可以治疗酶缺陷症患者等。

目前，人们已将抗体酶广泛应用于治疗可卡因成瘾性、有机磷毒剂的解毒等方面。同时，还开发了一种定向抗体酶前药治疗法，用于肿瘤的治疗。前药是指为降低药物毒性而设计的一类自身无活性或活性较低，需要在体内经代谢转化为活性药物以发挥作用的化合物。定向抗体酶前药治疗法治疗肿瘤的基本原理是将前体药物的专一性活化酶与肿瘤细胞专一性抗体相偶联，导向输入到靶细胞(肿瘤细胞)部位，再注入前体药物，使其在酶的作用下转化为活性药物，进而杀死肿瘤细胞(图 8-14)。这样大大提高了肿瘤细胞附近局部药物的浓度，增强了其对肿瘤细胞的杀伤力，减少了其对正常细胞的杀伤作用。因此，抗体酶在定向抗体酶前药治疗体系中可有效地对前药进行活化，提高了肿瘤治疗的选择性，显示出很好的应用前景。

总之，抗体酶是化学和生物学的研究成果在分子水平交叉渗透的产物，是抗体的多样性和酶分子的巨大催化能力结合在一起的一种新策略。虽然抗体酶的研究存在很多不足之处，如

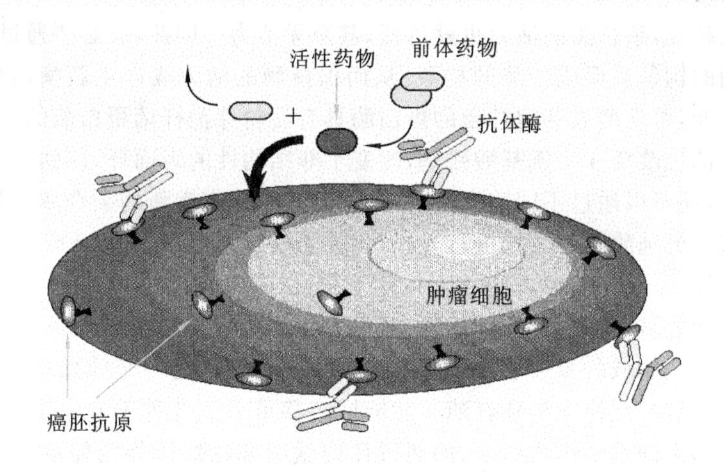

图 8-14　定向抗体酶前药治疗法治疗肿瘤的基本原理示意图

目前抗体酶研制和应用的许多历程还不清楚，从而无法设计过渡态稳定类似物。但我们相信随着蛋白质工程、基因工程和免疫学等生物技术的不断发展，通过多学科的交叉协作，以及单克隆抗体技术的不断发展和酶作用机制的阐明，抗体酶的研究将会有更大的突破，抗体酶将会呈现出更广泛的应用前景。

8.4　杂合酶

杂合酶是由两种或两种以上酶的成分构成的，即将来自不同酶分子中的结构单元(如单个功能区、二级结构、三级结构及功能结构域等)或整个酶分子进行组合或交换，可产生具有所需性质的优化酶杂合体。产生杂合酶的方法主要有两大类：一是非理性设计法，主要是通过各种定向进化策略构建各种突变库，再从库中筛选出所需性质的杂合酶，这实际上就是在 8.2 节所讲到的进化酶；二是合理设计法，首先要对操作对象(所需改造的天然酶)的结构和功能有详尽了解，才能实现结构单元从一个蛋白质转移到另一个蛋白质上，从而产生新性能的杂合体。人们对天然酶的结构与功能的深入了解，以及体外合成 DNA 和重组 DNA 技术的不断发展，使杂合酶的合理设计、合成及重组表达成为可能。本节主要介绍杂合酶的合理设计法。

杂合酶技术在改变酶的特性、研究酶的结构与功能的关系上起着重要作用，同时杂合酶的产生也扩大了天然酶的应用范围，如杂合酶可用酶或酶片段构建新催化剂，催化天然酶无法催化的反应；而且杂合酶还能创造自然界不存在的具有新催化活性的新酶品种。随着蛋白质工程的发展，杂合酶已成为优化酶的结构和获得具有期望性质的新酶的一种重要手段。

8.4.1　杂合酶的构建策略

杂合酶构建的主要策略就是将不同天然酶的结构域或片段进行重组，即将天然酶的功能部位转移至具有适当天然结构的骨架上，同时保持结构的完整性，并获得新功能。目前通过合理性设计构建杂合酶的方法主要包括点突变与二级结构互换、功能域替换及融合蛋白等。

1. 点突变与二级结构互换

通常杂合酶中相关酶的同源序列互换可能会导致酶活力降低，因为相似性越低，形成正确构象的可能性就越低，杂合酶的活力也就越低，甚至无活力。因此，有必要通过适当的点突变，使酶恢复其正确的构象或形成新酶的构象，从而保持酶的活力或产生新酶活性。如通过对3个残基的定点突变，可使地衣芽孢杆菌的蛋白酶具有淀粉芽孢杆菌蛋白酶的底物催化专一性；又如通过在活性部位改变4个氨基酸残基，改变了非结构性的表面环，使胰蛋白酶转变为胰凝乳蛋白酶。另外，还可以通过不同酶之间的二级结构互换，产生新的杂合酶。如将谷胱甘肽还原酶和硫辛脱氢酶的辅酶结合区域进行交换，可成功改变辅因子NADP或NAD的优先性。

2. 功能域替换

理论上可将功能域看作构建酶的组件，通过互换来构建能催化特定反应的酶。如某酶的活性位点位于两个结构域的界面上，其中一个包含催化残基，另一个能保持酶的特异性，可通过不同来源的功能域的互换来构建新酶。功能域转移可采取3种不同的类型：一是将一种蛋白质的功能域转移至同系结构蛋白上，即通过体内重组和(或)体外延伸重叠PCR方法，利用密切相关的同系酶构建杂合体，然后分析系列重组体，以表征某些参数(如热稳定性或底物专一性)的确定因素，最终获得具有新性能的杂合酶；二是将功能肽序列转移至宿主骨架蛋白上，而不考虑同系结构问题，目的只是限制该序列的柔性，使其保持结构的完整性；三是将排列有序的活性部位转移至结构不同的适当天然骨架蛋白上，即将结构清楚的活性部位转移到结构不相关的蛋白质上，仍保留转移部位的结构和功能。

3. 融合蛋白

有目的地将两个或多个编码功能蛋白的基因连接在一起，进而表达所需蛋白质，这种通过在人工条件下融合不同基因编码区获得的蛋白质称为融合蛋白(fusion protein)。

利用融合蛋白技术可构建和表达具有多种功能的新型杂合酶，具体的构建策略主要有以下几种。

(1)设计具有专一性标签的双功能或多功能蛋白质　蛋白质与特殊标签结构域的融合是蛋白质工程的常用策略。目前，商品化的表达载体上的标签结构域主要包括信号肽、蛋白纯化标签(如谷胱甘肽-S-转移酶、多个连续组氨酸标签等)及增加蛋白可溶性的标签(如硫氧还蛋白、谷胱甘肽-S-转移酶、Nus蛋白及分子伴侣等)。其中，信号肽用来引导重组蛋白(重组酶)分泌到表达宿主细胞外，有利于简化其纯化工艺；含有蛋白纯化标签的融合蛋白(杂合酶)很容易采用亲和层析技术对其纯化；与增加蛋白可溶性的标签进行融合表达的重组蛋白(杂合酶)，容易得到正确折叠的空间结构，使其具有生物学活性(酶活)。另外，在医学领域，人们还可以利用融合标签将目标蛋白(目标酶)靶向特定的动物细胞，如人们正在积极构建能进攻引起特异性疾病细胞的毒性融合蛋白。例如，破伤风毒素的非毒性羧基末端被融合到β-半乳糖苷酶，可以标记运动神经元病通过逆向运输连接到神经元。将它融合到SOD上则能通过培养的神经细胞转运该酶，并使之内化。这一工作开创了治疗神经疾病(指与自由基损伤神经元有关的疾病，如肌萎缩侧索硬化症)的可能性。

(2)根据天然酶系统构建人工酶系统　自然界中提供了很多双功能或多功能酶系统的例子，这些系统在不同的代谢途径中执行连续反应。其中，这些多功能酶系统中催化亚基的适当空间排列起着关键作用，因为它能确保反应以适当的顺序发生。由于存在反应中间物从一个反应中心到下一个反应中心的有效通道而加速反应过程，其中最发达的系统是酶的多模块复合物。鉴于这些多功能酶的多模块结构，人们可以通过对其催化单元和模块进行混合和重新组装来合成具有重要应用价值的新化合物。为了构建双功能酶催化偶联反应，人们尝试构建了几种融合蛋白，包括β-半乳糖苷酶和半乳糖脱氢酶的杂合体、半乳糖脱氢酶和细菌荧光素酶的杂合体、苹果酸脱氢酶和柠檬酸合成酶的杂合体等，结果表明，偶联酶系统的稳态活力比单个酶提高了2～3倍。另外，为了构建同时降解2,4-二硝基甲苯(24DNT)和萘的杂合酶，人们将来自洋葱伯克霍尔德菌的R34蛋白的24DNT加氧酶(R34DDO)的α亚基和β亚基与青枯病菌U2的萘加氧酶(NDO)相连，构建了杂合酶NDO-R34DDO。结果表明，所构建的杂合体加双氧酶可以同时氧化底物24DNT和萘。

(3)在人工组合的结构域间创造别构作用　根据以上两种融合蛋白的构建策略所得到的双功能杂合酶大多是由侧面相连的结构域构成的，这些结构域能保留独立折叠能力，彼此间具有明显的构象自由度。这样虽然能够确保这些结构域在杂合体内的功能，但也意味着它们彼此间活性部位的取向是松散的，不能达到最适化，而且可能会导致稳定性较差，也无法创造别构作用。因此，有必要在两个结构域之间达到蛋白质的密切相互作用，其中常用的方法是将其中之一在容许的部位上接枝到另一个序列之内。例如，要想将β-内酰胺酶融合到麦芽糖糊精结合蛋白MalE上，可在MalE内的不同部位上插入β-内酰胺酶序列，比如可在第133号残基或303号残基之后插入β-内酰胺酶的功能结构域(因为这两个残基之后可容许小肽的插入或缺失)构建杂合酶，从而使该杂合酶具有以下特性：一是可使融合蛋白分泌到周质，使其对内源蛋白酶不敏感；二是麦芽糖的加入稳定了β-内酰胺酶结构域的活力，能抵抗脲变性，从而显示了两个结构域之间真正的别构作用。

8.4.2　杂合酶的制备方法

杂合酶的构建方法是DNA水平的基因操作与酶学检测方法的结合，其实质是组装和筛选。即将来自不同酶分子的(亚)结构域组装成为一个新的单一结构域或将来自不同酶的模块重组，同时采用适当的方法进行筛选，最终获得比亲本酶具有更高效率或衍生出新功能的子代重组体。其制备方法主要有同源扫描突变、反-内蛋白子的应用、DNA增长截短法及同源基因的改组等。

1. 同源扫描突变

同源扫描突变(homologue-scanning mutagenesis)是指几个同源酶进行PCR扩增，然后用内切核酸酶进行片段化，随后将不同的酶切产物进行组合，再用Taq聚合酶扩增，最终将含有几个同源蛋白质的基因片段组成新基因——杂合基因，进而进行克隆和表达，从而产生杂合酶。

2. 反-内蛋白子的应用

内蛋白子又称为蛋白质内含肽，它是蛋白质前体中的一段多肽序列，而与之对应的蛋白质外显肽(又称外蛋白子)是指在蛋白质前体中位于内含肽两侧的N-端序列(称为N-外显肽或N-外蛋白子)和C-端序列(称为C-外显肽或C-外蛋白子)。内蛋白子可以催化自身从蛋白质前体中断裂，使两侧的外蛋白子连接为成熟的蛋白质(图8-15)。内蛋白子又分为顺-内蛋白子和反-内蛋白子。顺-内蛋白子是指最早发现的正常的内蛋白子，即内蛋白子基因序列直接由mRNA翻译成蛋白质前体中的一段多肽序列，然后按照图8-15所示的方式对蛋白质前体进行剪接；而反-内蛋白子是指内蛋白子的基因序列在其编码区的某个位点被分割成两部分，在翻译过程中得到内蛋白子被分割的两条肽链，二者混合后，内蛋白子的重新组装激活剪接活性，使两端的外蛋白子连接成成熟的蛋白质，释放出的完整的内蛋白子(图8-16)。根据反-内蛋白子的蛋白剪接原理，人们可以将任何两个多肽分别与内蛋白子的其中一部分进行基因融合后重组表达，两种表达产物纯化后进行混合，由于两种产物中分别含有内蛋白子的一部分，

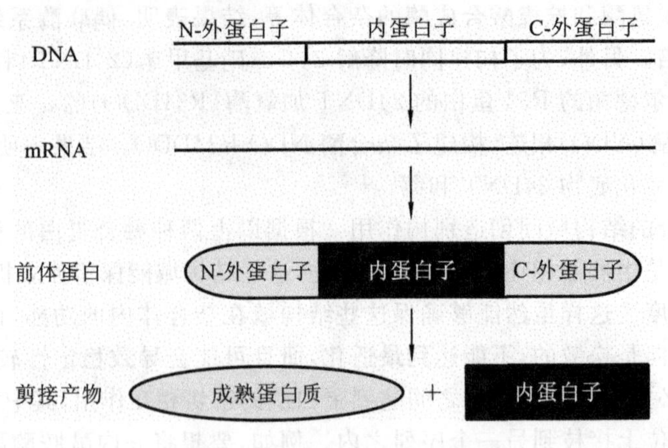

图 8-15　蛋白质前体的剪接过程

通过内蛋白子的重新组装激活剪接活性，两端的多肽连接起来，形成杂合酶。

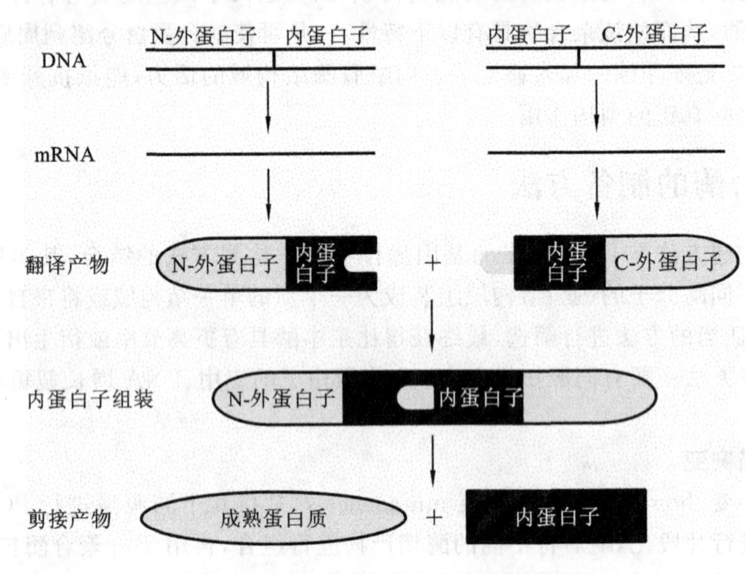

图 8-16　反-内蛋白子的蛋白剪接原理

3. DNA 增长截短法

DNA 增长截短法允许在单一实验中构建包含所有可能缩短基因、基因片段或 DNA 库。增长缩短是缓慢地、定向地控制 DNA 的消化。在消化过程中，小的组分会被去除，从而产生所有可能单一碱基对缺失库的 DNA 片段库。其中，外切核酸酶Ⅲ（ExoⅢ）是有效的工具酶，但其消化速率过快，很难满足要求。因此，需要通过控制反应条件（如降低反应温度、改变消化缓冲液浓度和加入酶抑制剂或降低酶与 DNA 的比例等）来限制外切酶的消化速率。采用 DNA 增长截短法，不需要预先了解 DNA 的同源性和酶的结构特征，理论上两个基因的所有组合都可能产生，通过选择或筛选，可以找到目标杂合酶。

4. 同源基因的改组

经典的 DNA 家族改组技术由于受同源性的限制，重组子集中发生在 N-端，且嵌合体大小接近亲本基因。而结合杂交酶递增切断技术（incremental truncation for the creation of hybrid enzymes，ITCHY）则可以产生由 N-端和 C-端杂交形成的嵌合体基因库。该法首先用核酸外切酶Ⅲ代替 DNase Ⅰ分别消化两种基因建立 ITCHY 库(ITLs),对靶序列末端基因完全删除,并通过降低切断温度、改变消化缓冲液浓度和加入酶抑制剂等方法改变外切酶在37℃消化过快的问题。所产生的两个 ITCHY 库一个是 B 蛋白的 N-端带有 A 蛋白基因(A-B),另一个是 A 蛋白的 N-端带有 B 蛋白基因(B-A)。将两种 ITLs 混合后进行 DNA 改组建立 SCRATCHY 库(shuffled ITCHY libraries),然后通过选择或筛选,获得性能优越的杂合酶。这项技术降低了家族改组对同源性的要求,使家族 DNA 改组的概念和应用得到了进一步深化和延伸。例如人类和大白鼠的 θ 类 GST 酶同源序列相似性只要 54.3%,且两者对底物的专一性不同。为了提高酶活力,有人结合 ITCHY 技术对两者的同源基因进行家族改组,获得的嵌合体表达蛋白 SCR23 酶活力是人类 θ 类 GST 酶的 300 倍,同时新酶还获得了催化谷胱甘肽和利尿酸结合的合成酶活性。

8.4.3　杂合酶的应用及展望

杂合酶的应用主要体现在对酶的基础理论研究和酶的实际应用方面。其中,酶的基础理论方面可以通过构建杂合酶来研究酶的结构与功能之间的关系以及不同酶或酶与底物之间的相互作用;而在酶的实际应用方面主要包括改变酶的非催化特性、创造具有新催化功能的酶以及构建具有双催化活性的功能酶。

1. 确定酶的结构与功能之间的关系

通过构建杂合酶来确定相关酶之间的差异,用来表征给予酶特殊性质的那些残基或结构,从而确定酶的结构与功能之间的关系。例如,为了研究腺苷酸激酶(AK)的结构、功能和动力学之间的关系,有人采用来自嗜温枯草杆菌的 AKs(AKmeso)和嗜热脂肪芽孢杆菌的 AKs(AKthermo)构建了一系列的杂合酶。首先分别合成 AKmeso 和 AKthermo 基因,同时在其中引入 8 个限制性内切酶,可以将 AKs 基因分成 7 个片段;然后通过基因重组技术将两种野生型 AKs 基因片段互换,形成不同的杂合体。通过对野生型 AKs 和杂合型 AKs 热稳定性和活力研究,发现 AKs 的高活力和稳定性不存在相关性,因此,可以通过调整非活性区域来获得高的稳定性。

2. 改变酶的非催化特性

具有高度同源性的酶之间杂交可将某一酶的特性(如耐热性、耐酸碱性等)赋予另一个酶,这种杂交是通过相关酶同源区域间残基或结构的交换而实现的,获得的杂交酶的特性优于双亲酶之一。例如,有人构建并表达了纤维素酶与葡萄糖 β-苷酶的杂合酶,新酶不仅保留了葡萄糖 β-苷酶的催化性质,而且提高了其热稳定性,酶失活温度由 54.5℃提高至 65.4℃。又如,褐色高温单胞菌的木聚糖酶(TfxA)与枯草杆菌的木聚糖酶(BsxA)的催化结构域一致,但二者的热稳定性和酸碱稳定性不同。因此,有人采用重叠延伸拼接技术将 TfxA 的 31 个 N 末端氨基酸残基替换 BsxA 的 22 个相关的氨基酸残基,获得了杂合酶 Btx。通过测定杂合酶和两个亲本酶的酶学性质,结果表明,在 pH 5.0～9.0 范围内,Btx 的活力高于 BsxA;而 Btx 比 TfxA 具有更好的耐酸特性。

3. 创造具有新催化功能的酶

杂合酶技术最大的优势在于能创造具有新催化活性的新酶品种。根据构建策略(如点突变、二级结构或结构域交换等)或研究目标不同,可将该类杂合酶的构建方法分为 3 个水平。

(1)调整现有酶的特异性和催化特性　该方法是创造新酶最简单和便利的途径,其具体构建策略包括改变特定氨基酸、功能域的交换等。如分别突变昆虫羧酸酯酶的第 151 和 271 位氨基酸，不仅改变了酶的底物特异性，而且其催化活力也有很大变化。又如发酵性氨基酸球菌属的戊二烯酸辅酶A转移酶点突变后可转化成酰基辅酶A水解酶。作为杂合酶的构成组件，可通过交换功能域获得具有催化特性的酶。例如，S1家族的丝氨酸蛋白酶由两个同源β-桶亚结构域组成，其界面形成的活性部位裂隙、疏水结构和催化三联体(Ser，Asp，His)是保守的，但围绕活性部位的表面环是可变的，其负责酶的各种底物专一性和调节性质，因此，可通过对S1家族丝氨酸蛋白水解酶进行亚结构域交换而产生新酶。又如，可将人体内的两种超氧化物歧化酶，细胞内的Cu，ZnSOD(SOD1)和胞外Cu，ZnEC-SOD(SOD3)的两段序列进行了交换，可得到表达含有SOD1和SOD3 C-末端肽编码序列的杂合酶，该酶具有两种超氧化物歧化酶的性质。

(2)向结合蛋白引入催化残基　该方法类似于抗体酶制备中的引入法。例如，可以在具有谷胱甘肽结合部位的单克隆抗体中引入酶的催化基团，制备新功能的抗体酶。首先用谷胱甘肽的衍生物作为半抗原，将其与适当的蛋白质结合后免疫动物，并采用杂交瘤技术获得具有谷胱甘肽结合部位的单克隆抗体；然后用化学突变法将单克隆抗体的结合部位上的丝氨酸转变成谷胱甘肽过氧化物酶(GPX)的催化基团硒代半胱氨酸。这样，在单克隆抗体的结合部位上既具有GPX底物结合位点，又含有GPX的催化基团，因而具有GPX活力。研究发现，采用不同结构的谷胱甘肽衍生物作为半抗原，用同样方法获得的抗体酶活力也不同，由此说明，半抗原的结构可以调节抗体酶的GPX活力。因此，可以通过筛选不同结构的谷胱甘肽衍生物作为半抗原，获得高GPX活力的抗体酶。

(3)向蛋白质骨架引入底物结合位点和催化位点　合适的蛋白质骨架对于同时引入底物结合位点和催化位点是非常重要的。这个骨架蛋白既可以是去除活性部位的蛋白质，也可以是小蛋白载体。设计活性位点的基本依据：催化相似反应的酶的活性位点具有相似的结构，尤其是一个酶家族的关键催化残基拥有特定的几何排布。因此，可以通过分析某一类酶的结构信息，弄清其活性位点的几何排布，就有可能在给定的结构中设计出该类酶的活性位点。例如，所有丝氨酸蛋白酶的活性位点都存在一个催化三联体"Ser-His-Asp"的结构特点，因此有人在亲环蛋白的口袋上引入了一个丝氨酸蛋白酶催化三联体形成了识别肽链特定序列的新型杂合酶，该酶能使肽链中的Ala-Pro的肽键迅速水解，目前自然界还没有发现能水解此类肽键的酶。又如，由于非卟啉铁活性位点与铁离子依赖性超氧化物歧化酶的活性位点的结构类似，因此将其引入硫氧化还原蛋白中所构建的杂合酶含有一个高亲和性金属离子结合位点，具有催化过氧化物歧化反应的能力。

4. 构建具有双催化活性的功能酶

将编码两个功能蛋白质的基因末端融合可产生融合蛋白。采用融合蛋白策略构建的杂合酶具有双催化活性或多催化活性的功能。构建融合蛋白的基本原则是将第1个蛋白基因的终止密码子删除，再接上带有终止密码子的第2个蛋白基因，以实现两个基因的共同表达。例如，有人将糖化酶(GA)基因的5′端融合到葡萄糖氧化酶(GOD)基因的3′端构建了一个融合基因。将该融合基因重组表达后获得一个相对分子质量为430 000的杂合酶(GLG)。研究表明，该杂合酶同时具有GA和GOD的基本催化性能。将GLG固定后，比来自酵母的GA和GOD简单混合物显示出更强的顺序催化性。因此，该杂合酶GLG更适合用于生物传感器。

总之，杂合酶不仅可用来确定相关酶之间的差异，表征给予酶特殊性质的那些残基或结构及与底物结合部位有关的特殊结构域，而且在医药、农业、工业等方面同样具有不可替代的作用。杂合酶技术是将DNA水平上突变筛选与蛋白质水平上的酶学研究相结合的一门综合技术，其将传统酶学活性筛选方法与简便的 DNA 重组技术结合在一起。随着基因数据库、蛋白质数据库及生物信息学工具的不断开发和完善，必将推动杂合酶技术的发展。杂合酶技术为加快构建新酶和改进生物工艺过程开辟了一条新的途径，使蛋白质工程学显示出更广阔的应用前景。

（本章内容由杜翠红编写、林爱华初审、刘越审核）

思考题

1. 简述酶分子基因克隆的一般过程。
2. 目的基因获取的方法有哪几种？分别简述其基本原理。
3. 克隆载体中必须含有哪几个元件？分别简述其功能。
4. 如何筛选和鉴定阳性转化子？
5. 简述定点突变的基本概念和设计原则。
6. 简述酶分子定点突变的一般过程。
7. 常用的定点突变方法有哪几种？分别简述其操作过程。
8. 分别简述大肠杆菌和酵母表达系统的特点。
9. 大肠杆菌表达载体必须具备哪几个基本元件？分别简述其功能。
10. 简述外源基因在大肠杆菌中高效表达的影响因素。
11. 酵母表达载体必须具备哪几个基本元件？分别简述其功能。
12. 简述酵母重组表达载体构建的一般步骤。
13. 简述酶分子定向进化的基本原理与一般过程，以及定向进化的意义。
14. 比较定向进化与定点突变的异同点。
15. 定向进化的策略有哪几种？分别叙述其基本原理。
16. 举例说明酶分子定向进化的应用。
17. 简述抗体酶的基本概念和特点。
18. 简述以过渡态类似物免疫为基础的抗体酶设计思路。
19. 工程抗体酶的设计方法有哪些？
20. 抗体酶的制备方法有哪几种？分别简述其基本原理和特点。
21. 简述利用竞争性免疫分析进行筛选抗体酶的基本过程。
22. 简述“抗体酶药物前体治疗”的基本原理。
23. 简述杂合酶的基本概念和特点。
24. 杂合酶的构建策略有哪些？
25. 杂合酶的制备方法有哪几种？分别简述其基本原理。
26. 举例说明杂合酶的应用。

参考文献

[1] 陈年根，刘新泳. 抗体酶的研究与应用进展[J]. 药物生物技术，2003，10(5)：329-335.
[2] 陈守文. 酶工程[M]. 北京：科学出版社，2008.

[3] 丁兰,罗贵民,刘仔,等.活力高于天然谷胱甘肽过氧化物酶的含硒抗体酶[J].中国科学:B辑,1997,27(4):295-300.

[4] 杜翠红,曹敏杰,游品升,等.人内皮抑素基因的定点突变及其在大肠杆菌中的表达[J].中国生物制品学杂志,2009,22(5):438-442.

[5] 冯慧玲,李春梅,吴振芳,等.易错 PCR 技术提高黑曲霉 N25 植酸酶活力的研究[J].生物技术通报,2010,10:226-230.

[6] 冯雁,杨同书.抗体酶研究的新进展[J].生物学杂志,1997,14(4):1-3.

[7] 克里斯托弗·豪.基因克隆与操作[M].李慎涛,程杉,译.原书 2 版.北京:科学出版社,2010.

[8] 高楠.褶皱假丝酵母脂肪酶热稳定性改造的设计与抗氧化酶的人工模拟[D].长春:吉林大学,2011.

[9] 韩镇,解桂秋,高仁钧.杂合酶的研究现状与发展前景[J].中国生物制品学杂志,2013,26(4):578-581.

[10] 林凌.产纤维素酶菌株的筛选和枯草芽胞杆菌内切葡聚糖酶催化活性的改造[D].武汉:华中农业大学,2009.

[11] 刘鹏,林春娇,杨立荣,等.S-2-氯丙酸脱卤酶的定向进化及其应用[J].中国生物工程杂志,2012,32(5):66-72.

[12] 刘如娟.人源腺苷酸激酶 4 结构和功能的研究[D].合肥:中国科学技术大学,2008.

[13] 刘萱,赵志虎,刘传暄.内含肽介导的生物学效应及其应用[J].中国生物工程杂志,2003,23(2):17-24.

[14] 刘想.醇脱氢酶的结构、定向进化及酶法制备萘普生的研究[D].上海:华东理工大学,2012.

[15] 柳志强,孙志浩,郑璞,等.D-泛解酸内酯水解酶的定向进化[J].生物工程学报,2005,21(5):773-781.

[16] 罗贵民,曹淑桂,冯雁.酶工程[M].北京:化学工业出版社,2008.

[17] 卢晟晔,王丽颖.大肠杆菌中外源蛋白高效表达的影响因素及策略研究的新进展[J].中国实验诊断学,2006,10(9):1100-1103.

[18] 沈阳,萧允艺,徐元博.基因克隆研究方法综述[J].安徽农学通报,2012,18(1):51-53.

[19] 石颖,许根俊,鲁子贤.抗体酶[J].生物化学与生物物理进展,1990,17(3):166-170.

[20] 田健.计算机辅助分子设计提高蛋白质热稳定性的研究[D].北京:中国农业科学院,2011.

[21] 汪世华.蛋白质工程[M].北京:科学出版社,2012.

[22] 王秋岩.蛋白质半合理设计改变古菌 *Aeropyrum pernix* K1 酰基氨酰肽酶/酯酶的底物特异性[D].长春:吉林大学,2006.

[23] 徐威,朱春宝,朱宝泉.酶定向进化的研究策略[J].中国医药工业杂志,2004,35(7):436-441.

[24] 严婉荣,戴良英.3 种基因突变方法在微生物中的应用研究进展[J].中国农学通报,2012,28(18):179-184.

[25] 姚婷,李华钟,房耀维,等.定点突变提高 *Thermococcus siculi* HJ21 高温酸性 α-淀粉

酶的催化活性[J]. 食品科学,2011,32(15):148-152.

[26] 袁勤生,赵健. 酶与酶工程[M]. 上海:华东理工大学出版社,2005.

[27] 俞路,王雅倩,张莹,等. DNA改组的发展及应用[J]. 生物学杂志,2008,25(6):58-60.

[28] 张宝中,冉多良,张昕,等. 用DREAM技术进行全长质粒快速定点突变[J]. 生物工程学报,2009,25(2):306-312.

[29] 张林,朱小翌,江明锋. 酶定向进化方法的研究进展[J]. 中国畜牧兽医,2013,40(8):68-71.

[30] 赵临襄,王永峰,计志忠. 抗体导向的酶催化前体药物疗法的研究进展[J]. 国外医学药学分册,2000,27(2):69-74.

[31] 赵松子,沈向群. 用滚环扩增与大引物PCR法高效构建定点突变序列[J]. 江西农业学报,2009,21(8):7-8.

[32] Du CH, Han L, Cai QF, et al. Secretory expression and characterization of the recombinant myofibril-bound serine proteinase of crucian carp(*Carassius auratus*) in *Pichia pastoris*[J]. Comparative Biochemistry and Physiology, Part B, 2013, 164: 210-215.

[33] Frances HA. Combinatorial and computational challenges for biocatalyst design [J]. Nature, 2001, 409: 253-257.

[34] Gama Salgado JA, Kangwa M, Fernandez-Lahore M. Cloning and expression of an active aspartic proteinase from Mucor circinelloides in *Pichia pastoris*[J]. BMC Microbiol., 2013, 13: 250-260.

[35] Jiang JH, Xiao JZ, Yang S, et al. Comparative analysis of three site-directed mutagenesis methods[J]. Progress in Modern Biomedicine, 2008, 8(10): 1939-1941.

[36] Liu Y, Wu T, Song J, et al. A mutant screening method by critical annealing temperature-PCR for site-directed mutagenesis[J]. BMC Biotechnology, 2013, 13: 21-28.

[37] Munteanu B, Braun M, Boonrod K. Improvement of PCR reaction conditions for site-directed mutagenesis of big plasmids[J]. J. Zhejiang Univ-Sci. B, 2012, 13(4): 244-247.

[38] Taniguchi N, Nakayama S, Kawakami T, et al. Patch cloning method for multiple site-directed and saturation mutagenesis[J]. BMC Biotechnology, 2013, 13: 91-98.

[39] Xie ZL, Gao HY, Zhang Q, et al. Cloning of a novel xylanase gene from a newly isolated *Fusarium* sp. Q7-31 and its expression in *Escherichia coli*[J]. Braz. J. Microbiol., 2012, 43(1): 405-417.

第9章 核酸类酶

【本章要点】

核酸类酶主要包括核酶和脱氧核酶。本章主要讲述核酶和脱氧核酶的分类、结构特点、催化机理及其应用。重点讲解了目前核酶常见的七大类型和脱氧核酶的主要特点及催化类型，介绍了核酶和脱氧核酶基因治疗的基本原理及其在医药领域中的具体应用。

具有催化功能的 RNA 称为核酶(ribozyme，Rz)，具有催化功能的 DNA 称为脱氧核酶(deoxyribozyme，DRz)，二者统称核酸类酶(nucleozyme)。值得注意的是，核酸类酶(nucleozyme)与核酸酶(nucleases)是完全不同的两个概念：前者是指具有催化功能的核酸类物质，其化学本质是 RNA 或 DNA；后者是指作用于核酸类物质的水解酶，其中，作用于 RNA 的酶称核糖核酸酶(ribonuclease，RNase)，作用于 DNA 的酶称脱氧核糖核酸酶(deoxyribonuclease，DNase)，其化学本质可以是蛋白质，也可是 RNA 或 DNA。核酸类酶的发现突破了人类认为酶化学本质是蛋白质的经典观念，启发了生物学家从进化角度思考和研究生命起源问题，补充和发展了“中心法则”。随着人类对核酸类酶的深入研究，RNA 和 DNA 突显出其功能多样性。目前，人们已对核酸类酶的分类、结构和功能有了系统研究。由于核酸类酶本身具有的诸多优点，其结构与功能以及反应动力学的研究逐渐成为分子工程学和新药研发的热点问题。目前，由于高催化活性的核酶和脱氧核酶可以通过酶工程设计和基于 PCR 技术的体外筛选获得，人们已经设计和合成出多种核酸类酶来应对各种疾病。同时，核酸类酶在基因功能研究、核酸突变分析、生物传感器等方面已成为新型的工具酶，在生物技术领域具有很大的应用潜力。

9.1 核酶的发现及分类

9.1.1 核酶的发现

核酶的发现最早始于 1981 年，美国科罗拉多大学博尔德分校的 Thomas Cech 等发现四膜虫(*Tetrahymena thermophila*)的 26S rRNA 的前体(35S rRNA)在鸟苷(G)或其衍生物存在下能够进行自剪接(self-splicing)，即 rRNA 基因转录产物在完全没有蛋白质的情况下可以进行内含子的剪切和外显子的连接，由此发现了该 RNA 具有酶的催化活性；随后在 1983 年，美国耶鲁大学的 Sidnery Altman 等确认大肠杆菌 RNase P(一种核糖核蛋白复合体酶)中的 RNA 亚基(含有约 400 个核苷酸)在较高 Mg^{2+} 浓度下，能够完成切割 tRNA 前体的功能，但蛋白质亚基单独存在时却无此功能，由此也证明了该RNA具有类似全酶的催化活性；1986年，Thomas Cech又发现L-19 IVS RNA（即四膜虫rRNA前体自我剪接释放的间隔序列）在一定条件下能以高度专一性的方式催化寡聚核苷酸底物的切割与连接，由此进一步证实了RNA能催化分子间反应。1986年，Cech将这类具有生物催化功能的RNA，正式定义为核酶（ribozyme），与词典中的核糖核酸酶（ribonuclease，RNase）是两个完全不同的概念。核酶的发现，从根本上推翻了以往只有蛋白质才具有催化功能的观念，使"酶"的化学本质得到了扩展。从此，根据化学本质分类，酶可分为蛋白类酶（enzyme，具有催化功能的蛋白质）和核酶（ribozyme，具有催化功能的RNA）。基于Cech和Altman的创造性工作，两位科学家同时获得了1989年度的诺贝尔化学奖。

自20世纪80年代以来，自然界中具有催化功能的RNA不断被发现，包括不同来源的不同内含子的自剪接（self-splicing）核酶，以及在类病毒和拟病毒中发现的RNA自剪切（self-cleavage）核酶。同时，在1986年至1988年期间，人们使用体外转录方法得到一批具有催化活性（主要是切割活性）的RNA，并测得它们的动力学常数，由此进一步证实了RNA的催化功能。

9.1.2 核酶的种类

根据分子大小划分，核酶可分为大分子核酶（由几百个核苷酸组成）和小分子核酶（大部分小于100个核苷酸）；根据酶作用机制划分，核酶可分为分子内反应（in *cis*）和分子间反应（in *trans*），其中，分子内反应的核酶又分为自剪切（self-cleavage）核酶和自剪接（self-splicing）核酶（包含剪切与连接两个步骤）。

1. 大分子核酶

大分子核酶主要包括Ⅰ型内含子（group Ⅰ intron）、Ⅱ型内含子（group Ⅱ intron）和核糖核酸酶P（RNase P）的RNA亚基三种类型。

（1）Ⅰ型内含子　Ⅰ型内含子广泛存在于各类生物的细胞器基因和核基因中，在噬菌体中也有发现。目前已发现1 000多种。经典模型为四膜虫的rRNA前体。此外，其代表分子还有酵母线粒体中核糖体大亚基的rRNA前体、藻类线粒体mRNA和tRNA前体及T_4噬菌体胸腺嘧啶合成酶mRNA前体等。Ⅰ型内含子的催化类型属于自我剪接型。在体外，Ⅰ型内含子催化的反应需Mg^{2+}（或Mn^{2+}）和鸟苷（或5′-鸟苷酸）参与。

（2）Ⅱ型内含子　Ⅱ型内含子是存在于线粒体中的一类内含子。目前，在真菌、原核生物、植物的线粒体rRNA、tRNA、mRNA中已发现了100多种。经典模型为酵母线粒体细胞色素氧化酶mRNA前体。Ⅱ型内含子的催化类型也属于自我剪接型。

（3）RNase P　RNase P（核糖核酸酶P）广泛存在于细菌、酵母及哺乳动物组织中。RNase P是由RNA亚基和蛋白质亚基组成的一种核糖核蛋白复合体酶，是一种核糖核酸内切酶，参与了所有原核tRNA初始转录产物的成熟过程，它能特异剪切tRNA前体的5′末端引导序列，得到成熟的tRNA，因此，RNase P又称为tRNA成熟酶。研究表明，RNase P中的RNA亚基为催化作用的活性中心，而蛋白质亚基起着稳定构象的作用。RNase P的催化类型为分子间催化反应，即它结合和切割的底物不是自身分子的一部分，而是另一个RNA分子。

2. 小分子核酶

小分子核酶主要包括锤头状（hammerhead）核酶、发夹状（hairpin）核酶、肝炎δ病毒（HDV）核酶及VS核酶四种类型。

(1)锤头状核酶　锤头状(hammerhead)核酶是在几种植物病毒的卫星 RNAs 中发现的,它能催化一些类病毒和拟病毒的 RNA 复制产物进行不可逆自我剪切,也能催化产物的连接,但其催化自我剪切的活性远高于其催化连接反应的活性。锤头状核酶是第一个通过 X 射线确定其晶体结构的核酶,该类核酶由于其催化中心的二级结构呈锤头状而得名,其自我剪切机制为具有锤头状结构的 RNA 分子可以在特定的位点自动断裂。

(2)发夹状核酶　发夹状(hairpin)核酶是分别从三种植物的 RNA 病毒(即烟草环点病毒、菊苣黄色斑点病毒和筷子芥花叶病毒)中发现的,该类核酶都是这些 RNA 病毒中卫星 RNA 的负链,均为单链 RNA。发夹状核酶具有可逆的自我剪切能力,使滚环复制的产物最终形成成熟的病毒核酸;同时还能催化产物的连接,且其催化连接反应的活性比催化自我剪切的活性高出近 10 倍;但其剪切活性要比锤头状核酶高。最小的具有催化功能的发夹状核酶由约 50 个核苷酸组成,该类酶由于酶与底物结合部位所形成的催化中心呈类似发夹状结构而得名。

(3)肝炎 δ 病毒核酶　肝炎 δ 病毒(HDV)是在人体细胞内发现的唯一的一种具有天然核酶活性的动物病毒。HDV 核酶来源于反义基因组 RNA 和 HDV 基因组 RNA。HDV 核酶可能是目前自然界存在的效率最高的核酶,其自我剪切效率比锤头状核酶高约 100 倍。HDV 核酶的活性主要发生在肝炎 δ 病毒基因组复制的中间环节。一般认为,肝炎 δ 病毒在细胞核内是以反义基因组 RNA 为模板,在宿主细胞的 RNA 聚合酶 Ⅰ 的作用下,通过滚环复制模型进行 RNA 复制。首先复制产生较长的多聚体中间产物;然后在自身核酶活性区(即 HDV 核酶)的作用下进行自我剪切,产生若干个单体(即 HDV 基因组 RNA 片段);最后再在核酶活性区(即 HDV 核酶)作用下进行分子内连接,使各单体两个末端(5′端和 3′端)相互连接,构成新的单链环状 RNA 病毒。

(4)VS 核酶　VS 核酶(Varkus satellite ribozyme)来源于某种脉胞菌(*Neurospora*)菌株的线粒体。该酶具有自我剪切功能,由大约 150 个核苷酸组成,是小分子核酶中相对分子质量最大的一种核酶。

9.2　核酶的结构及催化机理

由于不同类型的核酶具有不同的结构特点,因此其催化作用机制也不同。目前的研究成果显示,大多数核酶的主要作用底物是核酸类物质。根据核酶的催化反应类型,大体可分为两大类:一是剪接作用(即磷酸二酯键的剪切和连接反应同时进行,大多为自我剪接),该类核酶主要包括大分子核酶中的 Ⅰ 型内含子和 Ⅱ 型内含子;二是剪切作用,其中包括自我剪切型(主要是几种小分子核酶类)和异体剪切型(核糖核酸酶 P 的 RNA 亚基核酶),同时该类酶也具有不同程度催化连接反应的活性,只是不与剪切作用同时进行。

9.2.1　大分子核酶的结构及催化机理

1. Ⅰ 型内含子

Ⅰ 型内含子核酶是最早被发现的 RNA 催化剂,目前人们已对其生物学功能、结构与折叠特征及催化机理等进行了系统研究,从而为该类酶的人工改造及其应用奠定了理论基础。

(1)Ⅰ 型内含子的结构　Ⅰ 型内含子一般含有 140～4 200 个核苷酸,其序列保守性很低,许多长度在 1 000 个核苷酸以上的Ⅰ型内含子内含有编码蛋白质的开放阅读框(ORF)，其所编码的蛋白质对内含子在体内的有效剪接非常重要。然而，Ⅰ型内含子的二级结构则呈现出很高的保守性。所有的Ⅰ型内含子都含有 9 个特征性的螺旋配对区，这些配对区由 5′端至 3′端方向被命名为 P1～P9(图 9-1)。在两个配对区 Pm 和 Pn 之间的部分被命名为 Jm/n；在一些配对区的顶端是未配对的 RNA 单链环状区，以与之相邻的配对区来命名，称为 Lm(图 9-1)。这些配对区可以形成茎环或发夹结构，并通过折叠形成特定的三级结构，为催化反应提供了基本的空间构象(图 9-2)。

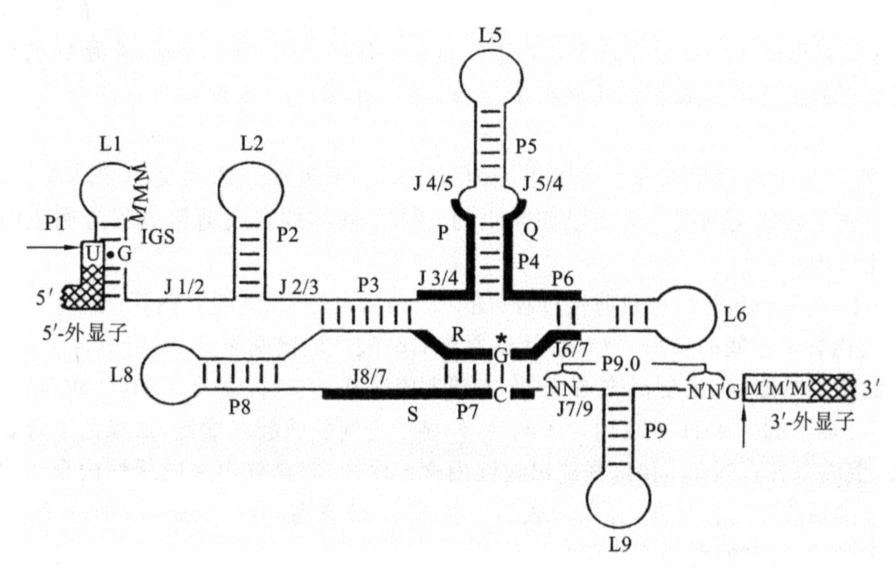

图 9-1　Ⅰ型内含子的二级结构

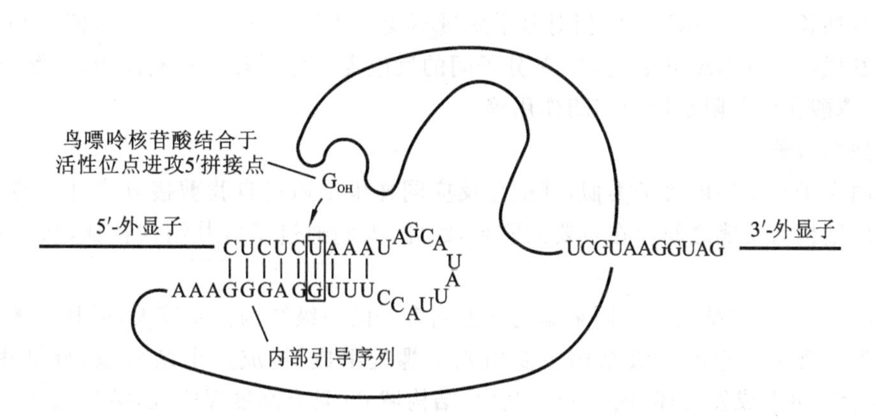

图 9-2　Ⅰ型内含子的三级结构示意图

Ⅰ型内含子具有三个与酶催化反应密切相关的结构特征：①含有特定的拼接点碱基“5′U……G3′”，即 5′-外显子与内含子的拼接点(5′-外显子的 3′-端)为尿嘌呤核苷酸(U)，3′-外显子与内含子的拼接点(3′-外显子的 5′-端)为鸟嘌呤核苷酸(G)。②含有一段内部引导序列(internal guide sequence，IGS)，即Ⅰ型内含子中与拼接点边界序列配对的一段序列，它可以在 5′-剪接位点处形成一个特征碱基对“U・G”(图 9-2)，这个位置的 U・G 碱基对在所有的Ⅰ型内含子中均是保守的，说明其在剪接中的重要性。Ⅰ型内含子核酶对于底物的识别和切割位点的选择，是通过与底物进行碱基配对实现的。如在四膜虫的 35S rRNA 的内含子中，内部引导序列(IGS)与底物序列(5′-外显子的拼接点边界序列)配对形成的 P1 伸入核酶的催化中心(图 9-2)，使位于底物链 5′剪接位点的尿嘌呤核苷酸 3′-端磷酸二酯键处于易受攻击的状态，导致位点特异的 RNA 进行分子内切割，因此，IGS 是核酶的核心序列之一。③含有中部催化核心结构，即在Ⅰ型内含子中存在四段相对保守的序列“5′—P—Q—R—S—3′”(图 9-1 中粗线表示的部分)，其中，P 序列与 Q 序列互补形成 P4，R 序列与 S 序列互补形成 P7，Q 序列与 R 序列的部分碱基互补形成 P6 的一部分，这些保守区域构成了核酶的催化核心结构。而包含在 P7 配对区内的一个非常保守的 G・C 对(图 9-1)，被证实是结合外源 G 的位点，外源 G 与这个 G・C 对形成氢键结合在这个位点上。核磁共振(NMR)研究显示，外源 G 的核糖和碱基与空间临近的核苷酸形成了许多额外的氢键，这些作用进一步增强了核酶与外源 G 的结合力。

(2)Ⅰ型内含子的催化机理　由于Ⅰ型内含子的经典模型为四膜虫的 rRNA 前体，因此人们深入研究了其催化机理。下面以四膜虫的 rRNA 前体的自我剪接过程为例说明Ⅰ型内含子的催化机理。

四膜虫的 35S rRNA 的自我剪接过程(图 9-3)包括：①外源鸟嘌呤核苷(G)的 3′-OH 进攻 5′-外显子与内含子之间的磷酸二酯键，使得原有的磷酸二酯键断裂，同时与内含子序列的 5′-端形成新的磷酸二酯键，并在 5′-外显子 3′-末端生成羟基，该过程需要在 Mg^{2+} 或 Mn^{2+} 存在下进行；②5′-外显子的 3′-OH 进攻内含子与 3′-外显子之间的磷酸二酯键，结果两个外显子序列连接起来，生成 26S rRNA，同时，释放出线性内含子序列；③释放出来的线性内含子序列再经过两次连续的磷酸酯转移反应，分别释放出含有 15 个核苷酸和 4 个核苷酸的两个小片段，最终形成稳定的线性产物，称为 L-19RNA。

为了证明 L-19RNA 具有催化活性，Cech 将 L-19RNA 与 PolyC 进行混合、保温，结果发现 PolyC 链加长，而 L-19RNA 的相对分子质量不变。从而说明 L-19RNA 可催化 PolyC 的形成。研究发现，L-19RNA 可催化 RNA 分子间的反应类型包括转核苷酸作用、水解作用、转磷酸作用、去磷酸作用及限制性内切酶作用等。

2. Ⅱ型内含子

Ⅱ型内含子与Ⅰ型内含子类似，其催化反应同样也是通过自我剪接方式进行的。由于Ⅱ型内含子的结构与功能之间存在重要的联系，因此，人们通过了解其结构特征，从而阐明其催化机理。

(1)Ⅱ型内含子的结构　不同来源的Ⅱ型内含子的一级结构相差较大，但其二级结构基本相似。Ⅱ型内含子保守的二级结构主要由六个螺旋组成，构成六个结构域(分别用 d1，d2，……d6 表示)，可形成发夹环(图 9-4)。其中，结构域 d5 具有高度保守性，结构域 d6 中的碱基 A 处于未配对状态。

Ⅱ型内含子具有三个与酶催化反应密切相关的结构特征：①含有外显子和内含子之间保守的边界序列“5′-外显子↓GUGCG……Y*n*AG↓3′-外显子(Y 表示嘧啶，*n* 表示任意核苷酸)”其中两个交界处的碱基 G 作为被进攻位点；②二级结构中保守的六个结构域形成茎环结构，其中结构域 d5 和 d6 构成催化活性中心(图 9-4 中的灰色区域)；③在内含子结构域 d6 上存在一个游离的碱基 A 作为分支点，其 2′-OH 作为亲核进攻基团，启动催化过程的转酯反应。

(2)Ⅱ型内含子的催化机理　Ⅱ型内含子与Ⅰ型内含子的剪接机制类似，也是通过转酯反应进行的，但其无需鸟苷的辅助，而是在 Mg^{2+} 或 Mn^{2+} 存在下，由结构域 d6 中游离的碱基 A

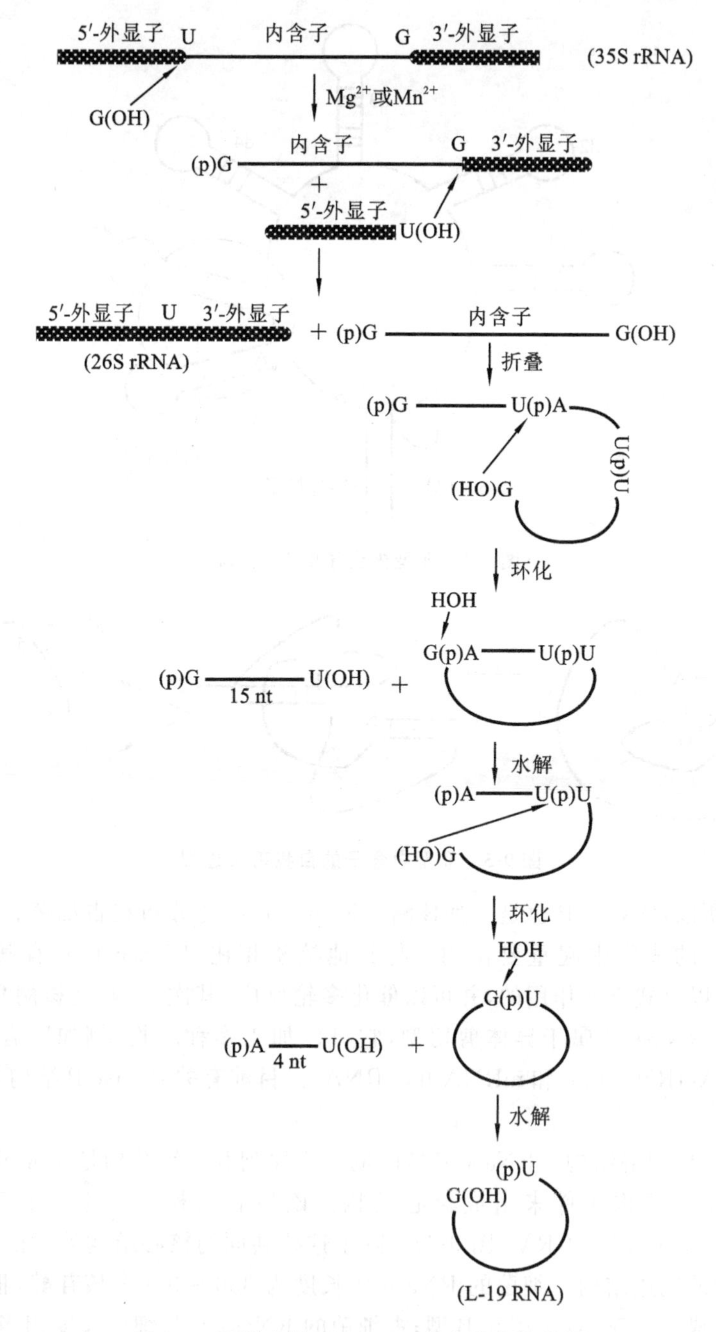

图 9-3　四膜虫的 35S rRNA 的自我剪接过程

上的 2′-OH 作为亲核进攻基团。其自我剪接过程如图 9-5 所示：首先，内含子中的分支点（结构域 d6 中游离的碱基 A）的 2′-OH 对 5′-外显子与内含子交界处的磷酸二酯键进行亲核进攻，产生套索（lariat）结构，并切下 5′-外显子；然后，5′-外显子的 3′-OH 继续对内含子与 3′-外显子交界处的磷酸二酯键进行亲核进攻，结果两个外显子序列连接起来，同时释放出套索状的内含子。其中，二价金属离子（如 Mg^{2+} 或 Mn^{2+}）对于Ⅱ型内含子的折叠和催化作用是必需的。

3. RNase P 核酶

RNase P 是一个由单个 RNA 与一个或多个蛋白质构成的复合体，复合体中的 RNA 组分

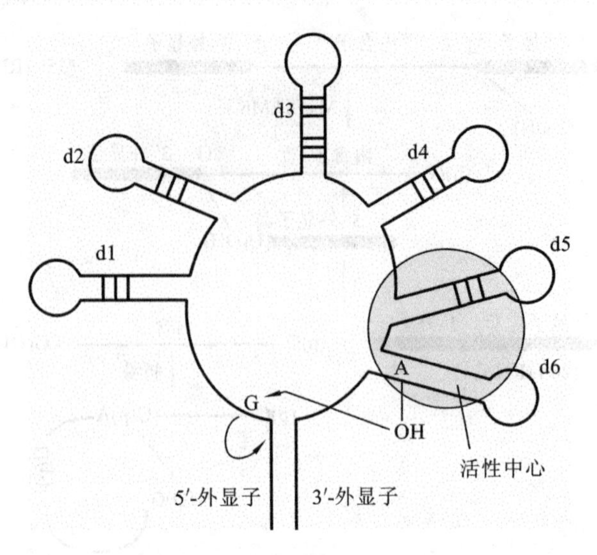

图 9-4　Ⅱ型内含子的二级结构

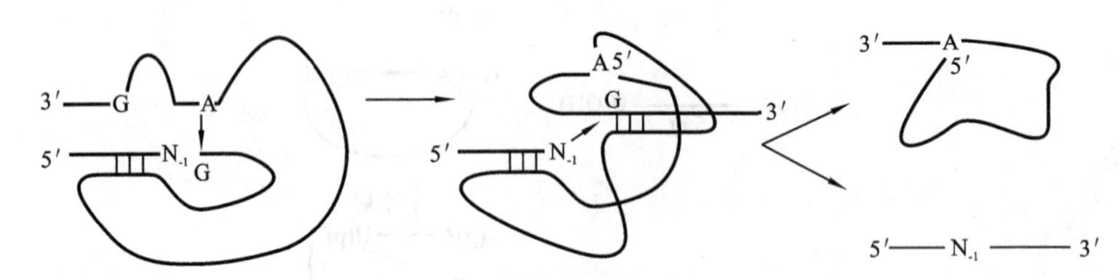

图 9-5　Ⅱ型内含子的自我剪接过程

是其催化亚基，所以，RNase P 也是一种核酶。RNase P 广泛分布在古细菌、细菌和真核生物中，在多种 RNA 的成熟中起重要作用。与其他核酶相比，RNase P 具有其独特性：首先，RNase P 核酶是以反式方式作用的，并可以催化多轮反应；其次，与其他核酶只能切割自身所在的 RNA 不同，RNase P 属于异体剪切型，它可以加工多种底物，例如所有的 tRNA、4.5S rRNA 和 tmRNA(tRNA-like 和 mRNA-like RNA)。目前有关 RNase P 结构与功能的研究已有很多报道。

(1)RNase P 核酶的结构　RNase P 核酶的一级序列和二级结构是非常多样的，但其具有一系列高度保守的结构元件来组成核心结构。该核心结构包括 5 个保守区(conserved region，CR)，分别为 CRⅠ～CRⅤ(图 9-6)。除了这些共同的核心结构外，每一个 RNase P 核酶都具有其独特的周边结构。细菌的 RNase P 长度为 330～400 个核苷酸，根据其具有的周边结构可以被分成两个亚类：A 型和 B 型；古细菌的 RNase P 与细菌长度相当，但具有不同的周边结构；真核生物的 RNase P 长度约为细菌的 2/3，并缺少很多周边结构元件。

从功能上划分，RNase P 核酶可以被分成两个独立折叠的结构域(图 9-6)：特异性结构域(S-domain，S-域)和催化结构域(C-domain，C-域)。其中，S-域主要与前体 tRNA 的 TψC 环相互作用，在底物识别中起作用，其 P9/11 区域的两个高度保守的腺苷酸参与对 TψC 环的识别；C-域则负责与前体 tRNA 接受臂(5′-前导序列)和 3′-CCA 的识别，其中，J5/15 连接区中一个绝对保守的腺苷酸可以与前体 tRNA 5′-前导序列的－1 位核苷酸相互作用，而 L15 与前体 tRNA 3′-CCA 相互作用并催化水解反应。RNase P 核酶的三级结构是一个由共轴堆积的茎区组成的紧密折叠，这些茎区通过远程对接的方式组装到一起(图 9-7)。这些在空间上相关

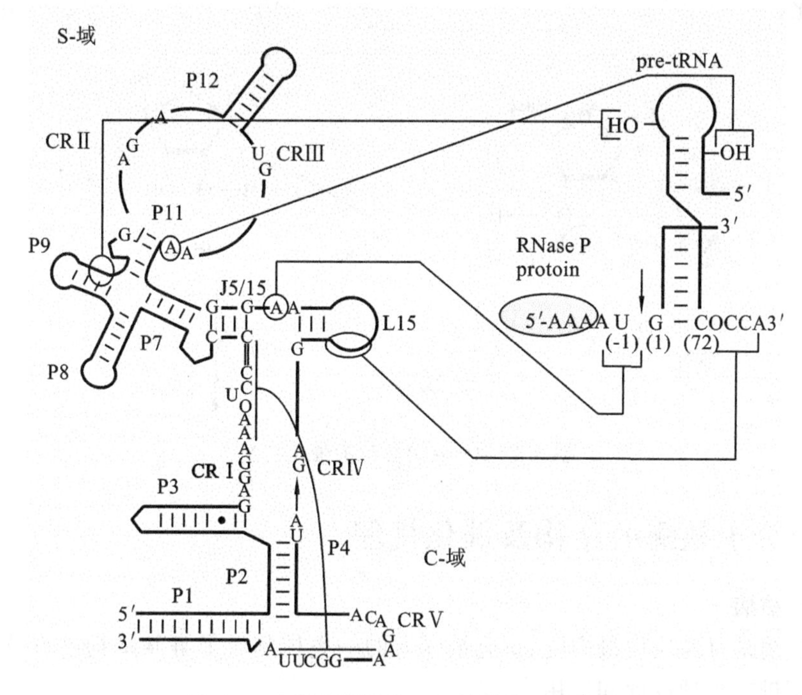

图 9-6　大肠杆菌 RNase P 核酶的二级结构

分布的茎区形成一个特征性的平面来结合前体 tRNA。RNase P 核酶的 5 个保守区、J5/15、L15 以及 3 个共轴堆积的结构域（P1-P4，P2-P3 和 P8-P9）共同形成酶的催化活性中心，其中，P4 是一个在 CRⅠ和 CRⅤ之间形成的远距离配对，它对核酶的催化至关重要。RNase P 核酶的周边结构分布于核酶的表面并远离活性中心，它们可以通过远程对接的方式稳定核酶的整体结构。RNase P 中蛋白质组分的存在可以稳定核酶的结构，或帮助核酶核心结构的形成。RNase P 核酶的蛋白质组分在不同生物中差异非常大，提示蛋白质的含量与核酶结构的复杂度有一定的联系：细菌 RNase P 核酶具有更为复杂的结构，而 RNA 本身就可以满足催化需要的结构，所以细菌 RNase P 仅含有约 10%的蛋白质；真核生物 RNase P 的结构相对简单，但其蛋白质含量达到了 70%，所以真核生物 RNase P 中的蛋白质组分可能发挥结构作用，替代缺失掉的 RNA 结构元件的功能。

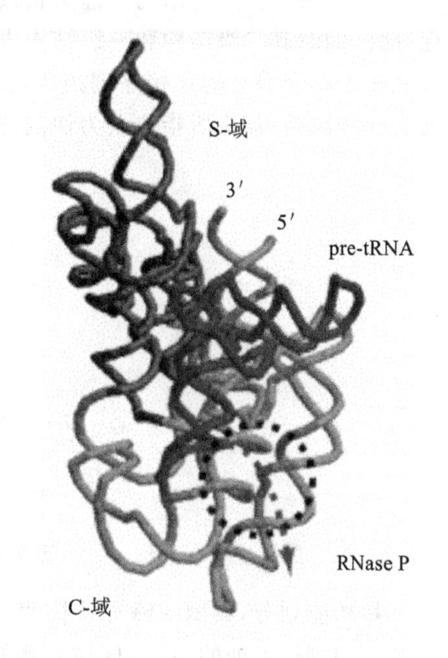

图 9-7　大肠杆菌 RNase P 核酶的三级结构

（2）RNase P 核酶的催化机理　RNase P 通过水解反应来完成前体 tRNA 的成熟。该反应的化学本质是一个广义酸碱反应，其中，亲核攻击基团是一个被广义碱激活的水分子。该反应需要 3 个二价金属离子参与（图 9-8）。离子 A 作为广义碱对水分子进行去质子化，形成一个水化的金属离子作为亲核攻击基团起始反应；离子 B 在稳定三棱锥中间态中起作用；前体 tRNA 切割位点（$Base^{-1}$）处的 2′-OH 通过一个水分子结合第 3 个金属离子 C 完成对 3′-离去基团的质子化。

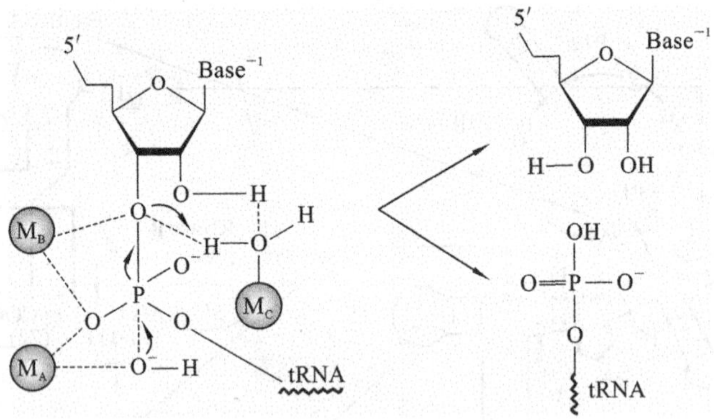

图 9-8　RNase P 核酶的催化机制

9.2.2　小分子核酶的结构及催化机理

1. 锤头状核酶

锤头状核酶是目前应用最广泛、研究最深入的一类核酶。了解其结构特点及催化机理有利于对该类酶进行合理设计和应用。

(1)锤头状核酶的结构　锤头状核酶由约 35 个核苷酸组成，该类酶的一级结构具有高度保守性，同时其二级结构和三级结构也很相似。最小的具有功能的锤头状核酶由 3 个短的螺旋和 1 个高度保守的连接序列组成，图 9-9 中Ⅰ、Ⅱ、Ⅲ代表三个双螺旋区，方框内 13 个核苷酸为保守碱基，箭头所指位点为切割位点。

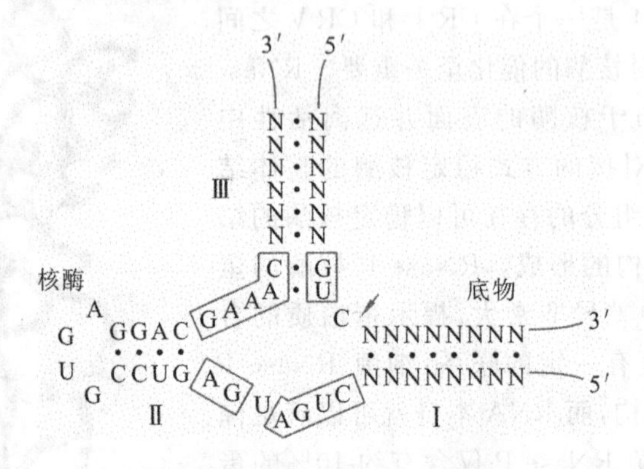

图 9-9　锤头状核酶的二级结构

按功能划分，典型的锤头状核酶的二级结构主要由底物结合结构域和催化结构域组成：①紧邻切割位点处的 GUC 区域两侧的 RNA 双螺旋识别区组成了底物结合结构域，其中双螺旋区Ⅰ和Ⅲ为反义片段，其通过碱基互补配对原则与底物 RNA 相结合，形成 RNA-RNA 杂交链，从而决定了催化反应的底物特异性；②高度保守的连接序列（方框内 11 个保守碱基）和切割位点处的 GUC 区域组成了催化结构域，催化活性中心带有亲核攻击的活性基团和活性稳定结构，负责对靶序列的切割。

根据锤头状核酶的结构特点，人们提出人工合成该类核酶的三个设计原则：①选择 RNA 靶分子上切割所要求的特殊切割位点，即紧靠切割点 5′-侧翼必须是“NUX”或“UX”(N 为 A、

G、C、U；X 为 A、U、C)，其活性顺序为：GUC＞CUC＞UUC、GUU、AUA、AUC；②天然核酶中高度保守序列也是人工设计的核酶所必需的；③在核酶催化区与 RNA 底物的切割位点精确定位前提下，确定核酶两侧与靶 RNA 碱基配对的区域。

(2)锤头状核酶的催化机理　在二价离子(如 Mg^{2+} 或 Mn^{2+} 等)存在的缓冲体系中，锤头状核酶在特异的残基处切割底物，生成 2′,3′-环化的磷酸端产物和 5′-OH 端的产物。其对切割位点的识别遵守“NUH”规则(N 代表任意核苷酸，H 代表 A、U 或 C)。目前关于锤头状核酶的催化过程人们提出了两种催化机理：单金属离子催化和双金属离子催化。单金属离子催化机理如图 9-10(a)所示，在这个模型中，金属氢氧化物作为广义碱从 2′-OH 接受质子，产生活化的 2′-氧，然后 2′-氧充当亲核基团攻击切割位点的磷酸基团，进而取代即将断裂的核苷酸上的 5′-氧，最终生成 2′,3′-环化的磷酸端产物和 5′-OH 端的产物。双金属离子催化机理如图 9-10(b)所示，A 位点的金属离子作为路易斯酸接受 2′-氧的电子，使 2′-OH 去质子更容易；B 位点的金属离子也作为路易斯酸接受 5′-氧的电子，使 O—P 键极化且键合力减弱，从而使氧更容易与磷断裂，由 2′-氧取代 5′-氧与磷结合，从而产生 5′-OH 端和 2′,3′-环化的磷酸端产物。到目前为止，大多数实验结果都倾向于支持双金属离子催化观点。

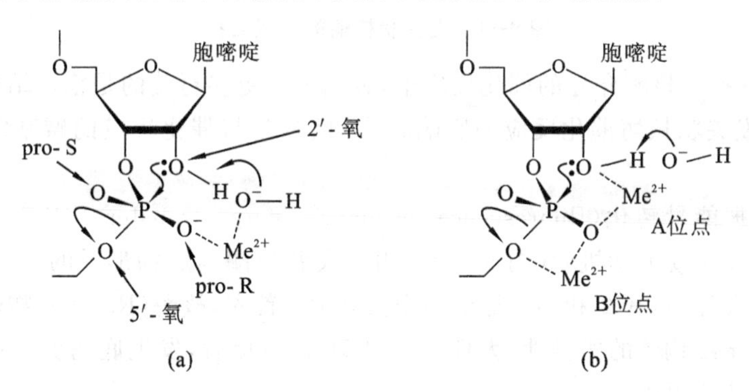

图 9-10　锤头状核酶催化机制两个可能的化学模型

(a)单金属离子模型，pro-S 表示靠近底物，pro-R 表示靠近核酶；(b)双金属离子模型

2. 发夹状核酶

(1)发夹状核酶的结构　典型的发夹状核酶大约由 50 个核苷酸组成，与底物紧密结合后的二级结构，包括 4 个螺旋和 5 个突环(图 9-11)。按功能划分，发夹状核酶的二级结构分成两个结构域。结构域Ⅰ由螺旋 1、2 和环 1、5 组成，主要包括底物结合区和切割位点。其中螺旋 1 和螺旋 2 由核酶与底物共同形成，剪切反应发生在底物中环 5 的 A 和 G 之间。结构域Ⅱ由螺旋 3、4 和环 2、3、4 组成。两个结构域中间由一个起铰链作用的腺苷酸残基 A15 连接，使结构域Ⅰ和Ⅱ可以相互靠近，形成催化反应所必需的三级结构，而且使该结构具有一定的柔韧性。螺旋结构遵循碱基互补原则，其中螺旋 1 和螺旋 2 将核酶与底物紧密结合。研究发现在保证碱基互补的前提下，改变螺旋结构中核苷酸的序列并不影响核酶的催化功能。这一特性使发夹状核酶有可能成为特异性抑制目的基因表达的又一有效工具。与螺旋结构相反，环上的核苷酸大多不能随意变动，它们的突变或被修饰都可能影响切割效果，也许是因为这些核苷酸直接参与了催化反应或高级结构的组成。

(2)发夹状核酶的催化机理　发夹状核酶的催化反应发生在底物环 5 的 A 和 G 之间，与其他核酶的催化机理类似，也是通过转酯反应将磷酸二酯键骨架切割成 5′-OH 和 2′,3′-环磷酸基团。但发夹状核酶却显现出与众不同的特性：首先，催化反应过程中不需要金属离子的直

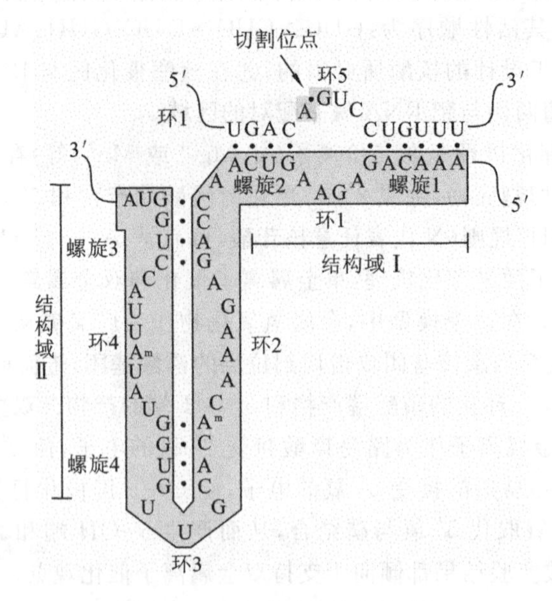

图 9-11 发夹状核酶的二级结构

接参与，推测在发夹状核酶介导的催化反应中，金属离子更多行使的是稳定结构的作用；其次，pH 值的变动对发夹状核酶催化反应的影响较小，推测参与催化反应的碱基既为质子供体又为质子受体。

通过荧光共振能量转化(fluorescence resonance energy transfer，FRET)实验，人们提出了发夹状核酶的催化动力学机制(图 9-12)。由发夹状核酶与底物形成的二级结构可知，环 1 和环 5 形成一个大环 A，环 2 和环 4 形成一个大环 B。首先，核酶(Rz)与底物(S)结合后，形成大环 A；然后，由于结构体的柔韧性，大环 A 与大环 B 对接后，发生底物剪切；最后，结构体去折叠，释放底物，核酶再生。

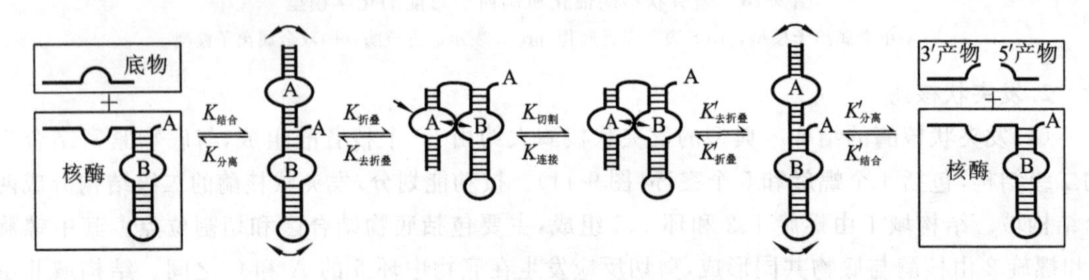

图 9-12 发夹状核酶的催化动力学机制

3. 肝炎 δ 病毒核酶

肝炎 δ 病毒(HDV)核酶来源于肝炎 δ 病毒的反义基因组 RNA(antigenomic RNA)和基因组 RNA(genomic RNA)，一般由约 90 个核苷酸组成，也属于一种小分子核酶，其结构与功能目前也有报道。

(1) HDV 核酶的结构　HDV 核酶的二级结构为包含 4 个螺旋臂(P1～P4)、2 个环区(L3 和 L4)和 3 个连接区(J1/2、J1/4 和 J4/2)的双假结(pseudoknot-like)结构(图 9-13)。

每个结构区分别具有不同的功能。P1 是 HDV 核酶与底物结合并进行切割的区域，其中位于切割位点＋1 位的非正常配对碱基对“G・U”高度保守；L3 区、J1/4 区和 J4/2 区上的大部分碱基都是保守的，其与 HDV 核酶的活性密切相关；P2 区的结构与 HDV 核酶的高级结构稳定性有一定的相关性；而 P3 区只要保持碱基配对就可以保持核酶的活性；P4 区对 HDV 核酶的活性影响不大。

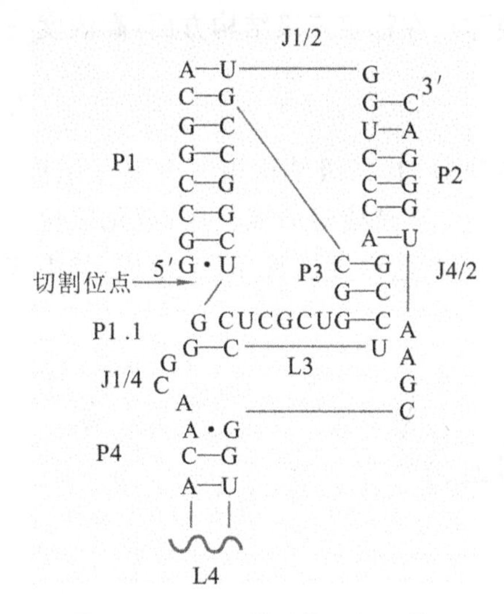

图 9-13　HDV 核酶的二级结构

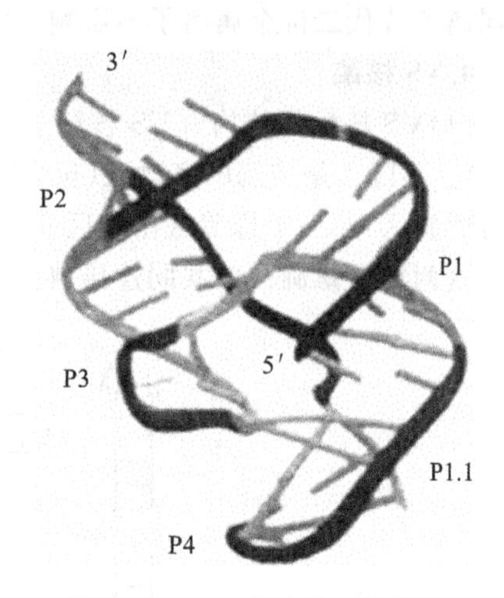

图 9-14　HDV 核酶的三级结构

HDV 核酶的三级结构是一个呈双假结样、巢状折叠的立体构型(图 9-14)。其中，P1 双螺旋与 P1.1、P4 同轴，而 P2 堆叠在 P3 上，这两个堆叠基团互相靠近，通过 5 股如天桥一样的链相连接并且进一步被 P1.1 束缚。HDV 的活性中心(C75)和切割位点(5′-羟基游离端)是深埋在折叠中，被有重要功能的 P3 的残余序列和 L3、J1/2 和 J4/2 片段包围着。这种结构与蛋白酶类似，而与锤头状核酶完全不同(其活性中心在溶液中是暴露的)。

(2)HDV 核酶的催化机制　近年来，许多学者关于 HDV 核酶提出了多种催化机制，如一般酸碱催化作用、金属离子的催化模型等。目前被普遍接受的催化机制为金属离子的催化模型(图 9-15)。在该催化模型中，HDV 核酶的一个碱基(C75)在反应机理中起关键作用。C75 碱基在晶体结构中与 5′-羟基游离基团非常接近，在溶液中被排斥到一个低电势的区域，被几个负电荷化的磷酸基团包围，从而大大提高了 C75 的 pK_a 值，因此，C75 作为广义酸与作为广义碱的金属离子协同配合进行催化反应。在基态时金属离子结合于切割位点处未成桥的氧原

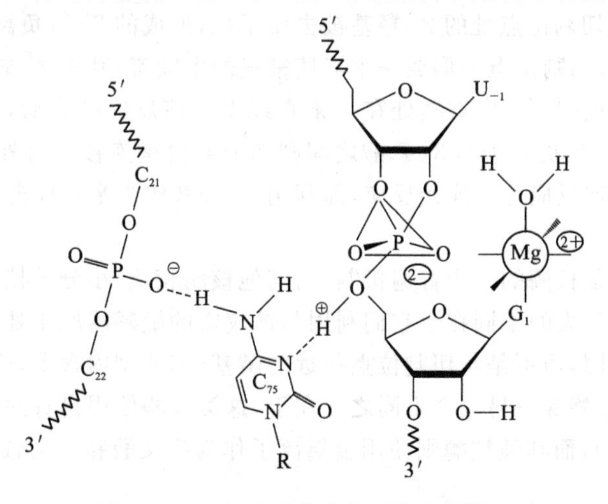

图 9-15　HDV 核酶催化机制的化学模型

子上，但是在自切割过程中金属离子脱离了与氧原子的直接联系，转而通过一种远距离的作用力与之作用。另外，底物的5′端序列对切割反应有一定影响。现已证实低浓度的二价阳离子对于HDV核酶的功能是必需的，但是这种必需性主要体现在稳定三级结构方面，高浓度一价金属离子替代二价金属离子不影响反应活性。

4. VS核酶

(1)VS核酶的结构　VS核酶长度约为150个核苷酸，其二级结构由6个茎区组成(图9-16)。茎区Ⅰ是核酶的底物区(包含切割位点)；茎区Ⅱ至Ⅵ是核酶的催化区，催化区包括两部分螺旋区：第一个螺旋区由茎区Ⅱ-Ⅲ-Ⅵ组成，第二个螺旋区由茎区Ⅲ-Ⅳ-Ⅴ组成，其中茎区Ⅲ是这两部分螺旋区的共同连接域。

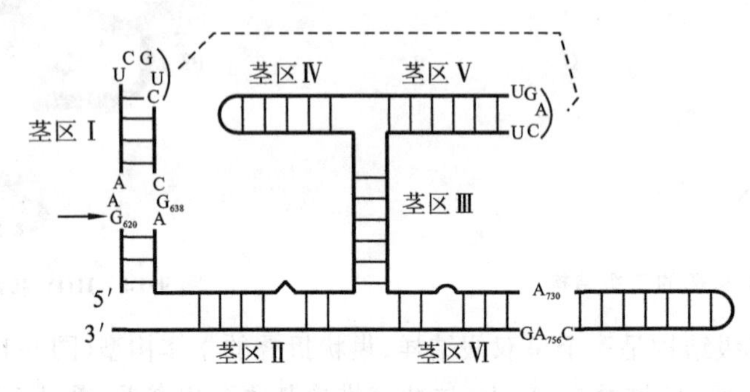

图 9-16　VS核酶的二级结构

VS核酶的催化中心位于茎区Ⅵ的A_{730}处，而核酶的切割位点位于茎区Ⅰ内环中G_{620}之后。茎区Ⅰ末端环中的3个碱基GUC可以与茎区Ⅴ末端环的GAC形成远距配对，这个相互作用将核酶的切割位点带到了催化中心处。由于VS核酶到现在还没有高分辨率的晶体结构，所以对比其与发夹状核酶的相似性，加上生化数据显示，A_{756}和G_{638}可能参与了核酶的广义酸碱催化。实验证明A_{756}的突变会导致酶活力大大降低，且在转酯反应中起到至关重要的作用，因此，A_{756}可能为酶的活性中心；而G_{638}同时与A_{621}和A_{622}形成的共享的"非正常碱基对"帮助将要去质子化的2′-羟基定位到广义碱附近。

(2)VS核酶的催化机理　VS核酶的催化机制与其他剪切型核酶类似，均为广义的酸碱反应(图9-17)。首先切割位点处的2′-羟基被去质子化，形成的2′-氧负离子与临近的3′-磷原子形成一个较弱的键，切割位点处形成一个三棱锥式的中间态，其中2′-氧负离子和5′-离去基团位于三棱锥的两个顶端，与3′-磷酸处在一条直线上。该反应结束后，切割位点处的3′,5′-磷酸二酯键被打断，2′-氧负离子与3′-磷酸之间则形成共价键连接。另外，这些剪切型核酶也可以催化切割反应的逆反应——连接反应，即利用5′-羟基作为亲核攻击基团对环化的磷酸进行攻击。

广义的酸碱反应是核酶的一个普遍机制，与其他核酶相比，小分子核酶的广义酸碱反应有两个独特之处。其中最大的不同在于它们利用与被攻击的敏感磷原子处在同一个核苷酸中的基团作为亲核攻击基团，而不是与切割位点很远的碱基(如Ⅱ型内含子)或者外源的分子(如Ⅰ型内含子、RNase P核酶等)；另一个不同之处在于，这类核酶使用自身的基团作为广义酸和广义碱(HDV核酶除外)，而其他核酶则使用金属离子作为广义酸和广义碱。

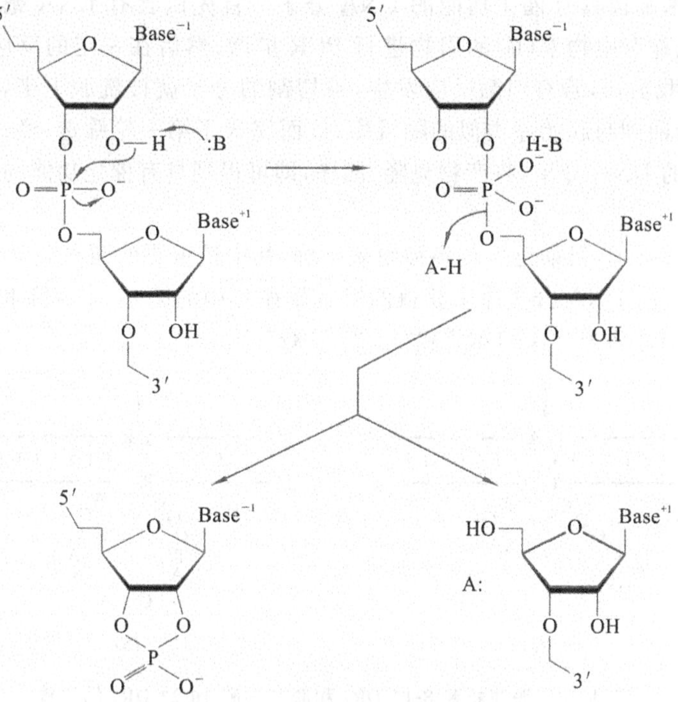

图 9-17　剪切型核酶催化机理的化学模型

A—广义酸；B—广义碱

9.3　脱氧核酶

9.3.1　脱氧核酶的发现

在自然界中发现许多 RNA 具有独特的酶活性，并在实验室中进行了广泛的研究。但 RNA 分子很不稳定，极易降解。虽然对 RNA 修饰可大大提高 RNA 核酶的稳定性，但有些基团(如 2′-羟基)被修饰的同时却又限制了核酶的一些其他功能。由于 DNA 与 RNA 具有相似的结构特点，而 DNA 的稳定性远远高于 RNA，为此人们设想，如果能够找到具有酶催化功能的 DNA，将会具有更好的应用前景。1994 年，Breaker 等利用体外选择技术首次发现了切割 RNA 的单链 DNA 分子，并将其命名为脱氧核酶(deoxyribozyme，DRz)。脱氧核酶的发现进一步延伸了酶的概念。从此，根据化学本质分类，酶可分为蛋白类酶(enzyme，具有催化功能的蛋白质)和核酸类酶(nucleozyme，具有催化功能的 RNA 或 DNA)。

Breaker 等根据体外分子进化技术(systematic evolution of ligands by exponential enrichment，SELEX)的原理建立了以 PCR 为基础的体外/催化洗脱-筛选系统。首先合成一个随机的多核苷酸单链 DNA 库，随机库的两端为固定序列，中间为 50～100 个随机核苷酸。以此随机单链库为模板，用一个 RNA-DNA 杂合分子作为引物，在逆转录酶的催化下，将单链库转变为双链库，此双链库就引入了 RNA 靶序列。RNA 的引入是一个关键步骤，这样就把潜在的催化型 DNA 与 RNA 分子连在一起，从而进行以分子内切割为基础的选择反应。随后利用体外选择技术筛选具有催化功能的DNA分子。首先以含有RNA靶序列信息的DNA双链库为模板，以连有生物素(B)的引物进行PCR扩增；然后在一定的反应条件下使扩增的PCR产物进行自我剪切，若有切割反应发生，被切割的分子就被洗脱下来，再经PCR放大和亲和分离，可重新回到与起始库类似的随机库，从而完成了第一轮筛选；经过多次筛选即可产生具有催化功能的DNA分子，将产物克隆、测序，即可得到具有催化功能的DNA分子的序列及结构信息。

利用体外选择技术，目前已发现多种脱氧核酶，其中最重要的两种脱氧核酶是Santoro等从包含约10^{14}个不同DNA分子库中获得的第8轮循环中的第17个克隆和第10轮循环中的第23个克隆，分别命名为“8-17 DRz”和“10-23 DRz”(图9-18)。

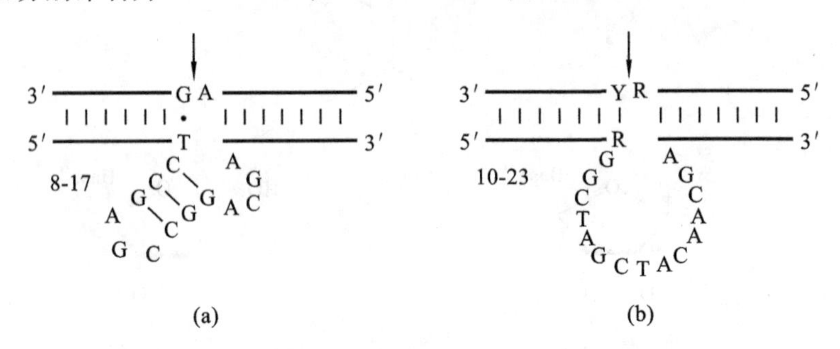

图9-18　脱氧核酶8-17 DRz和脱氧核酶10-23 DRz的结构

(a)脱氧核酶8-17 DRz；(b)脱氧核酶10-23 DRz

迄今为止，人们还没有发现天然的脱氧核酶，但随着生物技术的发展，人们对脱氧核酶的催化机制进行了更深入的研究，人工合成出更多具有生物催化功能的特殊DNA分子，并将其应用于病毒学、酶学、分子生物学和医药生物技术等研究领域，尤其是脱氧核酶可用于治疗病毒性疾病和恶性肿瘤等方面，具有广阔的应用前景。

9.3.2　脱氧核酶的特点

1. 脱氧核酶的特点

脱氧核酶具有以下特点：①脱氧核酶比核酶更加稳定，在生理条件下DNA比RNA稳定10^6倍；②生产成本低廉，易于合成与修饰；③迄今为止，人们还没有发现天然的脱氧核酶，只能通过体外选择获得；④由于脱氧核酶可通过人为控制和合成，因此脱氧核酶比核酶具有更高的催化效率和对底物的专一性；⑤脱氧核酶催化时需二价金属离子(如Mg^{2+}、Zn^{2+}、Cu^{2+}、Ca^{2+}等)作为辅助因子。

2. 脱氧核酶的结构特征

脱氧核酶在结构上具有生物酶的一般特征，包含底物结合部位和催化部位。一般来说，脱氧核酶由突环和臂两部分构成，突环为其催化部位，臂为底物结合部位。下面以“8-17 DRz”和“10-23 DRz”为例，分析脱氧核酶的结构特征。

“8-17 DRz”的核心结构包括短的茎-环结构和下游未配对的4～5 nt区域(图9-18(a))。茎一般由3个碱基对构成，至少2个为G—C；环是不变的，序列为5′-AGC-3′，无论加长茎的长度或改变环的序列，都可使其丧失催化活性；未配对区连接茎-环结构3′-端的序列为5′-WCGR-3′或5′-WCGAA-3′(W为A或T，R为A或G)。

“10-23 DRz”包含由15个脱氧核糖核苷酸构成的环状催化中心，催化中心两侧臂各有7

个脱氧核糖核苷酸构成酶分子的底物识别部位，其碱基序列与底物通过碱基配对的形式紧密结合（图 9-18(b)）。底物识别部位的特殊序列提供了特异性底物结合信息，能将脱氧核酶的催化性碱基环固定到 RNA 底物分子上。“10-23 DRz”的切割位点位于 RNA 分子上未配对的嘌呤（R＝A 或 G）和配对的嘧啶（Y＝U 或 C）之间（图 9-18(b)），而“8-17 DRz”要求的切割位点只能为 AG 连接（图 9-18(a)），因此在 RNA 灭活研究中，“10-23 DRz”更灵活，应用更广泛。

9.3.3　脱氧核酶的种类

近年来，人们对脱氧核酶不同催化表位进行了大量的研究，发现了脱氧核酶的许多新的底物与新的化学反应类型。下面根据催化反应类型对脱氧核酶进行分类。

1. 具有水解酶活性的脱氧核酶

根据作用底物不同，具有水解活性的脱氧核酶又可分为水解 RNA 的脱氧核酶和水解 DNA 的脱氧核酶。

(1)水解 RNA 的脱氧核酶　图 9-19 是两种能水解 RNA 的脱氧核酶的序列及二级结构模型。其中，图 9-19(a)为 Mg^{2+} 依赖的脱氧核酶；图 9-19(b)为组氨酸依赖的脱氧核酶。它们都倾向于水解包埋在 DNA 结构中的单个 RNA 键，而对位于完整 RNA 结构中的靶位点的水解能力很差。而“10-23 DRz”(图 9-18(b))和“8-17 DRz”(图 9-18(a))同样也是 Mg^{2+} 离子依赖的，但它们能高效水解所有靶 RNA，其水解 RNA 的化学机制为邻近切割位点的 2′-羟基在金属离子作用下脱质子，产生的 2′-氧负离子亲核攻击邻近的磷原子，RNA 键被水解。其中，金属离子的作用可能有两种：一种是形成金属羟基，作为普通的碱促进 2′-羟基脱质子；另一种是作为路易斯酸与 2′-羟基直接配位，从而增加其酸性促进脱质子。这种脱氢机制与一些小的 RNA 核酶(如锤头状核酶和发夹状核酶)相似。

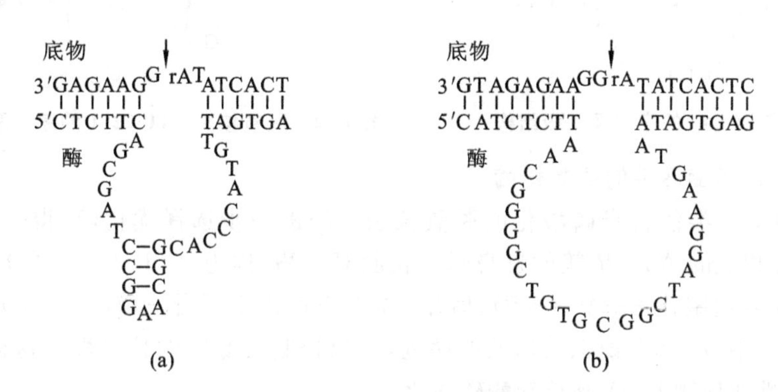

图 9-19　两种具有水解 RNA 活性的脱氧核酶的序列及二级结构模型

r—核糖核酸；A—碱基腺嘌呤

Sugimoto 等在“10-23 DRz”的基础上又发展了一种更短的 Ca^{2+} 依赖的脱氧核酶。它的催化结构域只有 11 个碱基(dGGCTACAACGA)，可特异水解 rA 和 rU 之间的 RNA 键，水解活性与“10-23 DRz”在 Ca^{2+} 条件下相似。Li 等从另一种筛选系统中获得一组高效的 Zn^{2+} 依赖的水解 RNA 的脱氧核酶。这组酶具有一个与“8-17 DRz”相同的结构域，这个共同的结构能够水解含 rNG(r 表示核糖核酸，N 为任一种碱基，G 为鸟嘌呤)的 RNA 或 RNA/DNA 嵌合体，其催化机制也与锤头状核酶相似。

(2)水解 DNA 的脱氧核酶　Carmi 等通过体外选择技术筛选到一种依赖 Cu^{2+} 的具有自

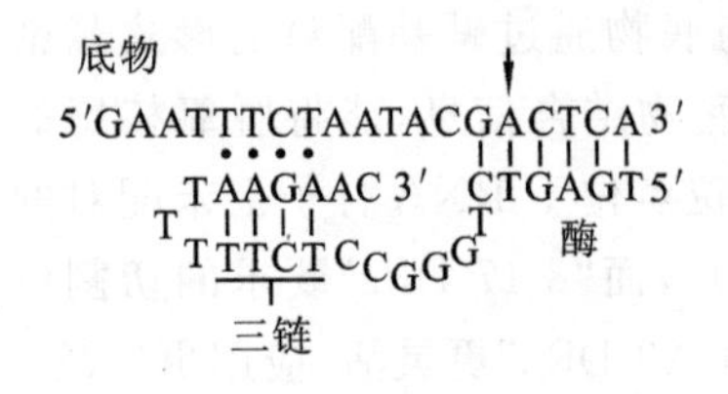

图 9-20 手枪型脱氧核酶分子的序列及二级结构

我切割功能的手枪型二级结构脱氧核酶分子(图 9-20)。该脱氧核酶的二级结构由两部分组成,即酶结构部分与另一个分离的结构部分。该脱氧核酶与底物识别是同时通过双链与三链结构,而不像其他的核酶仅以双链结合底物。可通过改变两个底物识别结构域的序列,以靶向特异的单链 DNA。

2. 具有 DNA 连接酶活性的脱氧核酶

Cuenoud 等设计了一种长 47 个核苷酸的小分子单链 DNA(命名为脱氧核酶 E47),它能够催化与之互补的两个 DNA 片段之间形成磷酸二酯键,形成一个 DNA,具有序列特异的连接酶活性(图 9-21)。当其中一个 DNA 片段的磷酸末端被咪唑基团活化后,E47 能够连接一个 DNA 片段的 3′-磷酸咪唑末端与另一个 DNA 片段的 5′-羟基末端。除了连接酶活性,E47 还具有 Zn^{2+} 或 Cu^{2+} 依赖的金属酶活性,其中金属辅因子参与酶的结构与活性。

另外,Li 等利用体外选择技术筛选出 12 个具有连接酶活性的脱氧核酶。它们能够将 ATP 中的 AMP 部分转移到其自身 5′-端的磷酸基团上,从而产生一个 5′,5′-焦磷酸键,这个焦磷酸帽的结构与 T_4 DNA 连接酶催化的连接反应中间体相同。

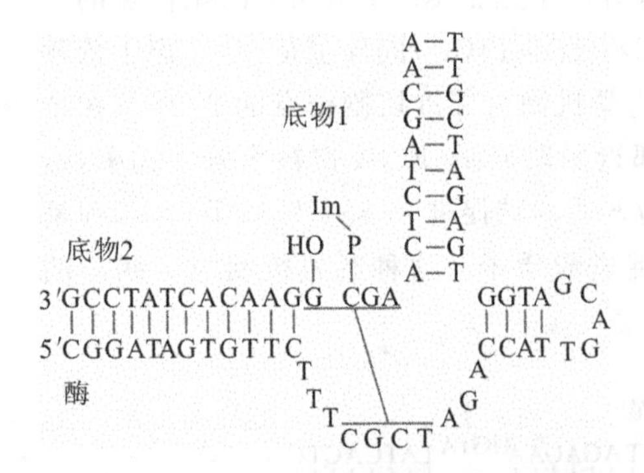

图 9-21 脱氧核酶 E47 的序列及二级结构

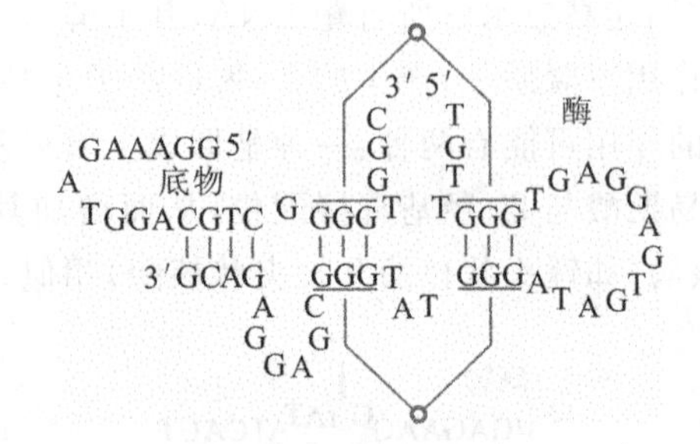

图 9-22 脱氧核酶 ATP 22.1 的序列及二级结构

3. 具有 DNA 激酶活性的脱氧核酶

Li 等分离出一类能自身磷酸化的脱氧核酶。经进一步选择优化,获得一条与蛋白酶、RNA 核酶活性相似的 ATP 依赖的自身磷酸化脱氧核酶,称为 ATP 22.1(图 9-22)。该酶利用 ATP 的效率要比胞苷三磷酸(CTP)、鸟苷三磷酸(GTP)和尿苷三磷酸(UTP)高 10^4 倍。通过改变核酶上一小段 DNA 识别结构域的序列,可以控制其底物的特异性。这样就能从分子混合物中选择性地使靶 DNA 寡核苷酸磷酸化。

另外,Breaker 等从 DNA 随机库中筛选得到 50 种具有多核苷酸激酶活性,可以自身磷酸化的 DNA 分子(脱氧核酶)。这些脱氧核酶可利用 8 种核苷三磷酸/脱氧核苷三磷酸(NTP/dNTP)中的一种或几种作为活化磷酸基团的供体。其中,ATP 利用率最高。

4. 具有 *N*-糖基化酶活性的脱氧核酶

Sheppard 等获得了一种具有糖基化酶活性的脱氧核酶,它能催化位点特异的 DNA 脱嘌呤反应。该酶可专一水解嘌呤碱基的 *N*-糖苷键,产生一个脱嘌呤位点,导致 DNA 链在嘌呤位点处被切断,使该位点 DNA 的遗传信息丢失。这种脱氧核酶含有 93 个核苷酸,其反应机制与糖基化蛋白酶的催化机制相似。

9.4 核酸类酶的应用

核酸类酶(核酶及脱氧核酶)具有水解RNA分子或DNA分子的功能,是阻断基因遗传和表达及抗病毒的重要工具。随着生物技术的进步及研究的不断深入,核酸类酶的潜在应用价值已被越来越多的研究者关注。近年来,核酶及脱氧核酶在临床治疗研究中已经获得了长足进展,有许多成功的实例。目前,核酸类酶除应用于抗肿瘤、抗病毒的基因治疗之外,还被应用于心血管疾病、遗传病的基因治疗和生物学研究。

9.4.1 药用核酸类酶的特点

药用核酸类酶具有以下优点:①通过识别特定位点而抑制目标基因的表达,抑制效率高,专一性强。②免疫原性低,很少引起免疫反应。③针对锤头状核酶、发夹状核酶等小分子核酶而言,催化结构域小,既可作为转基因表达产物,也可以直接以人工合成的寡核苷酸形式在体内转运。④脱氧核酶的化学本质为DNA,在生理pH条件下性质更稳定,相对分子质量较小,结构相对简单,受空间结构的影响较小。⑤核酸类酶可以根据靶基因序列的不同进行人工设计,有利于提高其底物特异性。

然而,要想将核酸类酶有效地应用于临床治疗,还面临许多技术问题:①核酶催化切割反应的可逆性问题。大多数核酶同时具有切割RNA分子和连接酶功能,因此,在具体应用中还需要对核酶进行改造和修饰以抑制其连接酶的活性。②需提高其催化效率。天然核酶的催化效率比蛋白酶低得多,因此,有必要通过体外筛选技术和人工设计方法,获得高效的核酶和脱氧核酶。③寻找合适载体将核酸类酶高效、特异地导入靶细胞。核酸类酶能否成功地导入靶细胞内,是其抑制目的基因表达的前提。目前反转录病毒由于具有很高的导入效率和基因整合能力,常用作核酸类酶的表达载体,但不同的宿主细胞需要选择适当的反转录病毒载体,因此,需要选择和构建重组核酸类酶的表达载体。④使核酸类酶在细胞内有调控地高效表达。核酸类酶在靶细胞中的高效表达,是其能否成功抑制目的基因表达的关键。因此,在构建重组核酸类酶的表达载体时,还需要选择合适的高效启动子。⑤增强核酸类酶在细胞内的稳定性。要想使核酸类酶在靶细胞内重复使用,必须保证核酸类酶在细胞内能够稳定复制,因此,需要选择整合型表达载体。⑥核酸类酶及其载体的导入是否对宿主有一定损伤还有待进一步考察。

9.4.2 核酸类酶用于基因治疗的设计策略

基因治疗(gene therapy)的概念出现在20世纪80年代初,目前已在临床上得到了实际应用。所谓基因治疗是指将外源正常基因导入靶细胞,以纠正或补偿因基因缺陷和异常引起的疾病,或者将致病基因及其转录产物(mRNA)进行有效切割,以达到疾病治疗的目的。由于核酸类酶同时具有切割和连接RNA分子或DNA分子的功能,因此,常作为基因治疗的有效工具。目前,核酸类酶用于基因治疗的主要策略有两种:一是向体内导入外源正常基因取代体内有缺陷(突变)基因,从而治愈疾病,又称作"修复治疗";二是通过干涉致病基因的转录或翻译而清除其表达产物,又称作"摧毁治疗"。

(1)核酸类酶用于基因治疗的"修复治疗"策略　图 9-23 为利用Ⅰ型内含子核酶在 mRNA 水平修复有害突变基因的基本原理。首先将Ⅰ型内含子反剪接核酶与野生型 mRNA (正常基因)片段的 3′ 端相连接；然后将连有野生型 mRNA 片段的核酶与有害突变基因的转录子相结合，利用Ⅰ型内含子核酶对 RNA 的剪切功能，可将含有突变位点的转录子片段切除；随后再利用Ⅰ型内含子核酶的连接酶的功能将野生型 mRNA 片段与不含突变位点的转录子片段相连接，从而使 mRNA 的有害突变区得到修复，最终达到治疗疾病的目的。

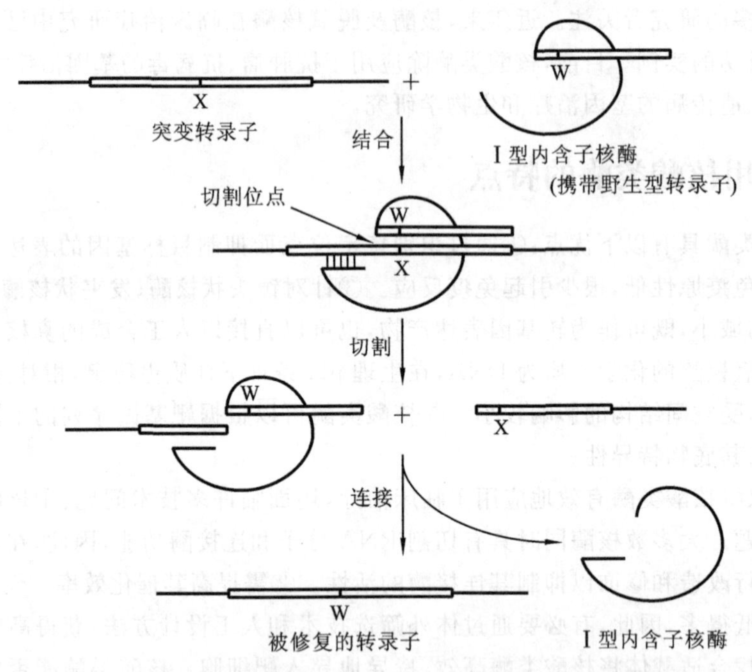

图 9-23　利用Ⅰ型内含子核酶在 mRNA 水平修复有害突变基因的基本原理

X—有害的突变区；W—与突变位置相对应的正常基因序列

(2)核酸类酶用于基因治疗的"摧毁治疗"策略　图 9-24 为利用核酶/脱氧核酶抑制有害基因表达的基本原理。首先寻找有害基因 mRNA 上的可接近位点(accessible site)，即 mRNA 高级结构上能被反义核酸(核酸类酶)识别并结合的位点；然后根据可接近位点序列设

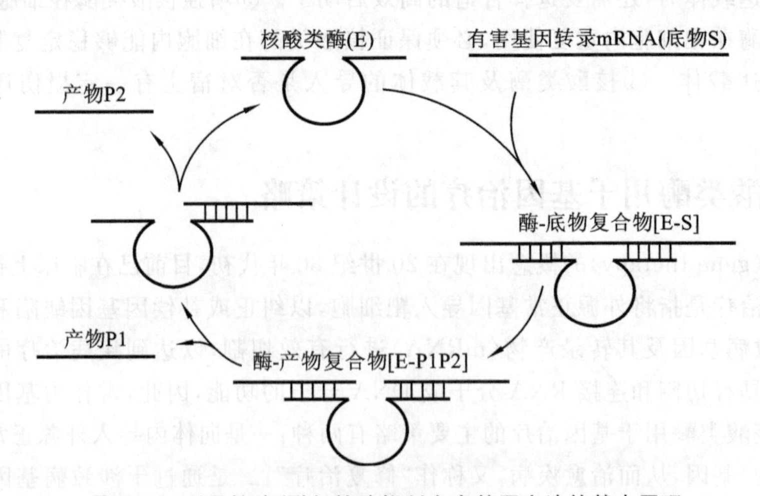

图 9-24　利用核酶/脱氧核酶抑制有害基因表达的基本原理

计核酸类酶的反义结合臂序列，对天然核酶（如锤头状核酶、发夹状核酶等）或脱氧核酶（如“10-23 DRz”、“8-17 DRz”等）进行人工设计和改造；随后将改造后的核酸类酶导入含有有害基因的靶细胞中，通过核酸类酶的反义结合臂与有害基因 mRNA 形成异源双链，利用核酸类酶对 RNA 的切割作用，使有害基因 mRNA 无法正常翻译成蛋白质产物，以达到治疗疾病的目的。

9.4.3　核酸类酶在医药领域中的具体应用

1. 核酸类酶在肿瘤治疗中的应用

目前认为肿瘤可能是一种基因疾病，是由正常细胞中某些基因突变产生的，或是原癌基因突变使细胞增殖所需的蛋白质过量表达，或是抑癌基因突变使细胞增殖失去抑制等而造成的。而核酸类酶由于具有特异切割失控基因或有害基因的功能，而成为近年来肿瘤基因治疗的主要手段之一。利用核酸类酶技术，可以有效地阻断引发肿瘤的相关基因的表达，从而真正实现抑制肿瘤细胞恶性增殖，并诱导其分化和凋亡的目的。目前，利用核酸类酶技术进行肿瘤治疗的靶基因主要有癌基因、生长因子和转移因子等。

（1）针对癌基因的核酸类酶技术用于肿瘤的基因治疗　癌基因的激活和抑癌基因的突变在肿瘤的发生发展过程中起着非常重要的作用。癌基因 *ras* 家族有 *K-ras*、*H-ras* 和 *N-ras*，它们编码的蛋白质是 GTP/GDP 超家族成员，参与信号转导途径。点突变是 *ras* 激活的主要形式。在肺癌细胞中，*K-ras* 基因密码子 12 的点突变（GGT→GTT）是最常见的。Zhang 等根据 *K-ras* 基因密码子 12 的点突变序列设计锤头状核酶的反义结合臂序列，并构建腺病毒介导的靶向性锤头状核酶 KRbz-ADV，将其导入非小细胞肺癌细胞系 H-441 和 H-1725，肿瘤细胞的生长受到显著抑制。

（2）针对生长因子的核酸类酶技术用于肿瘤的基因治疗　人胰岛素样生长因子Ⅱ（insulin-like growth factor-Ⅱ，IGF-Ⅱ）是肝癌基因治疗的研究热点之一。IGF-Ⅱ是 IGFs 基因家族的主要成员，是调节人和胚胎发育的必需生长因子，由肝脏合成和分泌。肝癌细胞株可以通过自分泌或旁分泌 IGF-Ⅱ调节其自身和转移灶的生长，在原发性肝癌中存在 IGF-Ⅱ异常高表达的现象。张敏等人工合成靶向特异的 10-23 型脱氧核酶，封闭催化切割人肝癌相关基因 IGF-Ⅱ的启动子 P3 的 mRNA，降低靶基因的表达水平，实现了核酸类酶技术在肝癌基因治疗中的应用。

（3）针对转移因子的核酸类酶技术用于肿瘤的基因治疗　研究发现实体肿瘤的恶性程度和生长转移都与肿瘤微血管的密度成正比，其中血管内皮生长因子（vascular epithelial growth factor，VEGF）是目前发现刺激肿瘤血管生长和转移的直接因子。因此，针对抑制肿瘤转移因子 VEGF 或其受体的表达，也成为近年来肿瘤基因治疗的研究热点之一。Oshika 等设计合成可特异性切割 VEGF189 mRNA 外显子 6 的锤头状核酶 V189Rz，将其导入人非小细胞肺癌细胞系 OZ-6/VR 中，结果 OZ-6/VR 细胞中的 VEGF189 mRNA 水平明显下降。将 OZ-6/VR 细胞按 1×10^5 个/只接种于裸鼠体内，无一例形成肿瘤，而对照组在 8 周内都长出了肿瘤。Pavco 等在易发生转移的 Lewis 肺癌鼠模型中使用针对 VEGF 受体 1（VEGFR1）的核酶，VEGFR1 mRNA 明显减少，肿瘤的生长和转移都受到明显的抑制。

2. 核酸类酶在抗病毒感染性疾病中的应用

病毒是一类主要由核酸和蛋白质等少数几种成分组成的超显微“非细胞生物”，其本质是一类含有 DNA 或 RNA 的特殊遗传物质。至今人类和许多有益动物的疑难疾病和传染病几乎都是病毒感染性疾病。由于核酸类酶可以专一性地切割 DNA 或 RNA 序列，因此，通过设计靶向 mRNA 或 DNA 的核酸类酶，可以有效切割病毒中的遗传物质 DNA 或 RNA，从而达到抵抗病毒感染性疾病的目的。目前，利用核酸类酶技术已相继对获得性免疫缺陷综合征(acquired immunodeficiency syndrome，AIDS)、病毒性肝炎等病毒感染性疾病进行了广泛深入的研究。

(1)核酸类酶技术用于获得性免疫缺陷综合征的基因治疗　人类免疫缺陷病毒(human immunodeficiency virus，HIV)是引起获得性免疫缺陷综合征(AIDS)的致病因子，由单链 RNA 组成，包括 HIV-1 和 HIV-2 两种类型，其中 HIV-1 是引起艾滋病的主要病原。而艾滋病以其传播快、病死率高等特点成为对人类危害极大的传染性疾病之一。迄今为止，仍没有有效根治艾滋病的方法。核酸类酶技术应用于抗 HIV-1 的基因治疗方法有望成为传统治疗方法的一种有效辅助手段。

HIV 基因组含有 3 个结构基因(*gag*、*pol* 和 *env*)和 6 个调控基因(*tat*、*rev*、*nef*、*vif*、*vpu* 和 *vpr*)。目前人们已经设计了多种针对 HIV-1 不同基因位点的核酶。Scarborough 等使用一种 HDV 核酶靶向 HIV-1 的 *tat* 和 *rev* 序列，体外观测到靶 mRNA 被裂解，能使 Tat 介导的反式激活水平降低 62%～86%。Mitsuyasu 等设计了针对 HIV-1 的调控基因 *vpr* 和 *tat* 基因重叠区的核酶 OZI，该核酶可以有效抑制 HIV-1 的复制，同时在长期的细胞培养中核酶靶基因区的耐药位点并没有发生突变。Santoro 等证实，对于 HIV-1 的 *gag*/*pol*、*env*、*vpr*、*tat* 和 *nef* 的 mRNA 翻译起始区的 15～17 个单核苷酸片段，"10-23DRz"都能准确、高效地切割底物 mRNA 分子，从而抑制这些基因的表达。Bano 等设计的"10-23DRz"能有效地抑制 HIV-1 对应的 mRNA 的表达，并抑制细胞的融合活性。

(2)核酸类酶技术用于病毒性肝炎的基因治疗　肝炎病毒主要有甲型肝炎病毒(HAV)、乙型肝炎病毒(HBV)和丙型肝炎病毒(HCV)，目前核酸类酶技术多应用于抗肝炎病毒 HBV 和 HCV 的基因治疗。

根据乙型肝炎病毒(HBV)复制必须经过 RNA 生物合成的特点，设计可以特异性切割该 RNA 的核酸类酶以阻断病毒复制，从而达到防治乙型肝炎的目的。HBV 基因组包括四个可读框，分别编码大中小 3 种包膜蛋白、表面抗原 HBeAg 和 HBcAg、聚合酶及 X 蛋白，它们相互配合共同完成了 HBV 的复制。因此，针对各基因组研究设计能切割其 mRNA 的核酶具有抗 HBV 的作用。Welch 等分别针对编码 HBV 表面抗原 HBeAg 和 HBcAg、聚合酶、X 蛋白的前基因组 RNA 和特异 mRNA，设计了三种破坏 HBV 复制的发夹状结构的靶向核酶，结果发现靶向核酶对 Huh7 细胞抑制率为 66%，同时经修饰的核酶抑制率高达 87%。Ren 等设计合成了针对 HBV 的 HBeAg 和 HBcAg 编码区 2031 位点的具有 10-23 DRz 特点的靶向脱氧核酶，并对其进行硫代磷酸化修饰，发现该靶向脱氧核酶在细胞内具有明显的阻断 HBV 基因表达的作用。

丙型肝炎病毒(HCV)是一种单链正 RNA 病毒，其基因组含有一个开放阅读框(ORF)和一种由核心基因编码区移码生成的蛋白。其中，HCV 核心基因相对保守，其编码的蛋白质除装配形成病毒衣壳外，还可直接与多种细胞蛋白及通路相互作用，在病毒生命周期中起重要作用，因此可作为抗 HCV 研究的理想靶标。张文军等基于大肠杆菌的核糖核酸酶 P(RNase P)，针对 HCV 核心基因的序列，设计了一小段与之互补的外部引导序列(guide sequence，GS)，通过 PCR 将其共价连接至 RNase P 催化性亚基(M1 RNA)的 3′末端，构建了一种靶向性的核酶 M1GS-HCV/C52。该人工核酶在体外可对靶 RNA 片段产生特异性切割；在 HCV

感染的 Huh7.5.1 细胞中也能够显著抑制 HCV 核心基因的表达，并使培养上清中 HCV RNA 的拷贝数减少至约 1/1 500 倍。由此说明该人工核酶具有显著的体外抗病毒活性，可为 HCV 的基因治疗提供一条潜在途径。

3. 核酸类酶技术用于其他疾病的基因治疗

核酸类酶除用于抗肿瘤、抗病毒的基因治疗外，还被用于心血管疾病、遗传性疾病等的基因治疗。

心血管疾病主要包括动脉硬化、术后再狭窄和高血压等。TGF-β1 具有刺激细胞外基质生长的作用。一个针对大鼠颈动脉的嵌合型核酶能抑制受伤血管内的 TGF-β1 的 mRNA 和蛋白质的表达，从而减轻血管损伤后内膜的增生。

遗传性疾病包括慢性舞蹈病、镰刀形细胞贫血症、常染色体显性色素性视网膜炎等。Yen 等发现针对遗传性慢性舞蹈病(huntington's disease，HD)mRNA 的脱氧核酶，能特异性地降解突变的 HD mRNA，从而有效地降解 HD 突变蛋白的表达，达到缓解 HD 发展的目的。针对Ⅰ型内含子核酶中 IGS 序列具有底物结合和识别功能的特点，人们设计出带有特定 IGS 的核酶来纠正镰刀形细胞贫血症的错误 mRNA，从而达到治疗该遗传病的目的。常染色体显性的色素性视网膜炎的发生是由于在视紫红质基因的编码子上发生了一个氨基酸突变(P23H)，异常基因产物的合成导致光受体细胞的死亡。所设计的锤头状和发夹状核酶在体内外都能选择性裂解突变的视紫质基因以减缓大鼠的视网膜降解速率，延缓大鼠光感受器细胞变性的发生。这一核酶治疗方法也可作为一种通用方法用于其他显性遗传疾病的治疗。

(本章内容由杜翠红编写、林爱华初审、刘越审核)

思考题

1. 简述核酶的类型、结构与功能。
2. 比较Ⅰ型内含子和Ⅱ型内含子的剪接过程的异同点。
3. 如何利用锤头状和发夹状核酶进行特异 RNA 的切割?
4. 简述发夹状核酶的催化动力学机制。
5. 简述脱氧核酶的特点和功能。
6. 简述利用体外选择技术筛选脱氧核酶的主要过程。
7. 比较核酶/脱氧核酶与普通蛋白质酶的异同点。
8. 简述核酸类酶基因治疗的主要策略及其原理。
9. 核酶/脱氧核酶有哪些应用? 前景如何?

参考文献

[1] 陈丰，杨怡姝，曾毅. 基于 RNA 的抗 HIV-1 基因治疗方法研究进展[J]. 中国生物工程杂志，2012，32(6)：93-97.

[2] 陈守文. 酶工程[M]. 北京：科学出版社，2008.

[3] 邓文生，杨希才，彭毅，等. 锤头型核酶作用机理的研究进展[J]. 生物化学与生物物理进展，1999，26(5)：422-426.

[4] 谷仲平,王云杰.核酶在肺癌基因治疗中的应用[J].国外医学呼吸系统分册,2003,23(3):141-143.

[5] 侯伟,沃健儿,刘克洲.核酶在抗病毒基因治疗中的设计策略[J].医学综述,2005,11(5):438-440.

[6] 李志杰,张翼.Ⅰ型内含子核酶研究进展[J].生物化学与生物物理进展,2003,30(3):363-369.

[7] 刘金.肿瘤基因治疗的策略[J].国际免疫学杂志,2006,29(3):179-184.

[8] 刘其友,张云波,赵朝成,等.脱氧核酶的应用研究进展[J].化学与化学工程,2009,26(8):12-15.

[9] 罗贵民,曹淑桂,冯雁.酶工程[M].北京:化学工业出版社,2008.

[10] 罗红兵,郑群.慢性乙型肝炎基因治疗研究进展[J].国际病毒学杂志,2006,13(2):62-66.

[11] 祁国荣.核酶的 22 年[J].生命的化学,2004,24(3):262-265.

[12] 王爱民,周国燕.10-23 脱氧核酶的研究进展[J].中国生物制品学杂志,2011,24(3):357-361.

[13] 王俊峰,廖祥儒,付伟.小型核酶的结构和催化机理[J].生物化学与生物物理进展,2002,29(5):674-677.

[14] 王晓博,王升启.脱氧核酶的研究进展[J].国外医学药学分册,2002,29(2):82-87.

[15] 吴凯峰,骆云鹏.核酶抗肿瘤/抗病毒研究进展[J].检验医学与临床,2005,2(2):77-79.

[16] 吴启家,黄林,张翼.催化 RNA 的结构与功能[J].中国科学 C 辑:生命科学,2009,39(1):78-90.

[17] 姚杰,杨克恭,陈松森.发夹核酶的研究与应用[J].生命的化学,2001,21(1):7-10.

[18] 袁勤生,赵健.酶与酶工程[M].上海:华东理工大学出版社,2005.

[19] 詹林盛,王全立,孙红琰.脱氧核酶研究进展[J].生物化学与生物物理进展,2002,29(1):42-45.

[20] 张敏.靶向特异脱氧核酶对肝癌相关基因 IGF-Ⅱ P3 表达影响的研究[D].长春:吉林大学,2011.

[21] 张文军,李喜芳,罗桂飞,等.丙肝病毒核心基因靶向性 M1GS 核酶的体外抗病毒活性[J].微生物学报,2013,53(8):875-881.

[22] 周颖,毛建平.Ribozyme 和 DNAzyme 的基因治疗实验应用进展[J].中国生物工程杂志,2010,30(6):122-129.

[23] Bano A S,Gupta N,Sharma Y,et al. HIV-1 VprB and C RNA cleavage by potent 10-23 DNAzymes that also cause reversal of G2 cell cycle arrest mediated by *vpr* gene[J]. Oligonucleotides,2007,17(4):465-472.

[24] Cech T R. Self-splicing of group Ⅰ introns[J]. Annu. Rev. Biochem.,1990,59:543-568.

[25] Julie L L,Nicolas G,Lemieux S,et al. Helix-length compensation studies reveal the adaptability of the VS ribozyme architecture[J]. Nucleic Acids Research,2012,40(5):2284-2293.

[26] Mitsuyasu R T, Merigan T C, Carr A, et al. Phase 2 gene therapy trial of an anti-HIV ribozyme in autologous $CD34^+$ cells[J]. Nat. Med., 2009, 15: 285-292.

[27] Oshika Y, Nakamura M, Tokunaga T, et al. Ribozyme approach to downregulat evascular endothelial growth factor 189 expression in non-small cell lung cancer[J]. Eur. J. Cancer, 2000, 36: 2390-2396.

[28] Scarborough J, Lévesque D, Didierlaurent L, et al. In *vitro* and in *vivo* cleavage of HIV-1 RNA by new SOFA-HDV ribozymes and their potential to inhibit viral replication [J]. RNA Biology, 2011, 8(2): 343-353.

[29] Suydam T, Levandoski S D, Strobel S A. Catalytic importance of a protonated adenosine in the hairpin ribozyme active site[J]. Biochemistry, 2010, 49(17): 3723-3732.

[30] Zhang Y A, Nemunaitis J, Scanlon K J, et al. Anti-tumorigenic effect of a-ras ribozyme against human lung cancer cell line heterotransplants in nude mice[J]. Gene Ther., 2000, 7: 2041-2050.

第10章 酶的应用

【本章要点】

本章主要介绍了工业酶制剂的应用现状及其在医药行业、食品工业、轻工业、化工、能源及环保等方面的应用情况。在医药行业中的用途主要包括疾病诊断治疗和制药方面的应用；在食品工业中的用途主要包括作为食品添加剂在保鲜等食品加工方面的应用；在轻工、化工业中的用途主要包括纺织业材料处理、洗涤剂制造、毛皮工业、牙膏和化妆品的生产、造纸、饲料添加剂和有机酸生产等；在能源和环保方面的用途主要包括生物燃料、石油开采及环境污染物的检测和治理等方面的应用。

10.1 工业酶制剂的应用现状

酶制剂工业是知识密集型的高新技术产业，是生物工程的重要组成部分。酶制剂工业的发展前景相当广阔。2011年生物酶的市场价值达12亿美元，2011年其他酶制剂的市场价值为15亿美元，目前酶制剂每年以11%的速率增长；预计还将以8.2%的复合年增长率继续增长，至2016年将达22亿美元。其中食用酶占40%，洗涤用酶占33%，其他（主要是纺织、造纸和饲料等用酶）占27%。全世界已发现的酶有3 000多种，目前工业上生产的酶有60多种，食品加工使用的酶制剂有40多种，多种规模化生产的近30种，剂型和品种有600多个。目前工业上常用酶中，54%由真菌和酵母生产，34%由细菌生产，8%用动物原料生产，4%用植物原料生产。

中国酶制剂的主要应用领域包括：淀粉糖工业、啤酒工业、燃料酒精工业、酒与饮料工业、饲料工业、纺织工业、制药工业、造纸工业、精细化工工业、洗涤剂工业、皮革工业、焙烤工业、乳制品工业、石油工业等。

酶改造及新酶的研发。利用基因组学的研究成果开发基因工程酶类制剂，利用化学修饰对酶进行分子改造，以提高酶的稳定性的探索是酶制剂的研究方向。国外酶制剂生产过程中，广泛采用基因工程、蛋白质工程、人工合成、模拟和定向进化改造等技术。其中，以基因工程和蛋白质工程为主的高科技成果在酶制剂生产领域中已实现产业化，为酶制剂产业带来革命性的发展。国内在该领域的研究还相对薄弱，自主创新的酶制剂应用技术落后，成为中国国产酶制剂市场进一步扩大的主要限制性因素。

中国酶制剂产业发展中存在的主要问题如下。酶制剂产品结构不合理、应用深度不够，中国酶制剂仍以传统酶制剂种类（糖化酶、淀粉酶、蛋白酶等）为主，缺少高端酶制剂产品，结构不合理。同时,由于品种单一和存在恶性竞争现象,导致中国酶制剂行业经济效益较差,发展后劲不足。目前,由固体向液体酶制剂方向发展,国外酶制剂企业正在大力发展液剂型、颗粒型产品,重视固定化酶的发展。国内酶制剂提取技术、工艺和装备水平相对落后,目前国外先进的工业酶制剂均为除菌除渣经提取制成成品,产品剂型以液体酶和颗粒酶为主,而我国大部分工厂产品为不除菌不除渣的粗制品,其剂型以粉状为主,质量参差不齐,应用受到限制。国际酶制剂的主流是附加值高的复合酶。复合酶的开发需以酶制剂生产和应用的综合技术为背景。要改变国内酶制剂产品结构不合理的状况,应根据市场需求,开发专用酶、复合酶、高活力和高纯度特殊酶制剂,逐步形成多品种、多用途、比例合理、协调发展的产品格局。

10.2　酶在医药方面的应用

10.2.1　酶在疾病诊断方面的应用

1. 根据体内酶活力的变化诊断疾病

具体应用实例见表 10-1。

表 10-1　通过酶活力变化进行疾病诊断

酶的种类	疾病与酶活力变化
淀粉酶	胰脏疾病、肾脏疾病时升高;肝病时下降
胆碱酯酶	肝病、肝硬化、有机磷中毒、风湿等,活力下降
酸性磷酸酶	前列腺癌、肝炎、红细胞病变时,活力升高
碱性磷酸酶	佝偻病、软骨化病、骨瘤、甲状旁腺机能亢进时,活力升高;软骨发育不全等,活力下降
谷丙转氨酶	肝病、心肌梗死等,活力升高
谷草转氨酶	肝病、心肌梗死等,活力升高
γ-谷氨酰转肽酶(γ-GT)	原发性和继发性肝癌,活力增高至 200 单位以上,阻塞性黄疸、肝硬化、胆道癌等,血清中酶活力升高
醛缩酶	急性传染性肝炎、心肌梗死,血清中酶活力显著升高
精氨酰琥珀酸裂解酶	急、慢性肝炎,血清中酶活力增高
胃蛋白酶	胃癌,活力升高;十二指肠溃疡,活力下降
磷酸葡糖变位酶	肝炎、癌症,活力升高
β-葡萄糖醛缩酶	肾癌及膀胱癌,活力升高
碳酸酐酶	坏血病、贫血等,活力升高
乳酸脱氢酶	肝癌、急性肝炎、心肌梗塞,活力显著升高;肝硬化,活力正常
端粒酶	癌细胞中含有端粒酶,正常体细胞内没有端粒酶活性
山梨醇脱氢酶(SDH)	急性肝炎,活力显著提高
5′-核苷酸酶	阻塞性黄疸、肝癌,活力显著增高
脂肪酶	急性胰腺炎,活力明显增高,胰腺癌、胆管炎患者,活力升高

续表

酶的种类	疾病与酶活力变化
肌酸磷酸激酶(CK)	心肌梗死，活力显著升高；肌炎、肌肉创伤，活力升高
α-羟基丁酸脱氢酶	心肌梗死、心肌炎，活力增高
单胺氧化酶(MAO)	肝脏纤维化、糖尿病、甲状腺功能亢进，活力升高
磷酸己糖异构酶	急性肝炎，活力极度升高；心肌梗死、急性肾炎，脑溢血，活力明显升高
鸟氨酸氨基甲酰转移酶	急性肝炎，活力急速增高；肝癌，活力明显升高
乳酸脱氢酶同工酶	心肌梗死、恶性贫血，LDH_1 增高；白血病、肌肉萎缩，LDH_2 增高；白血病、淋巴肉瘤、肺癌，LDH_3增高；转移性肝癌、结肠癌，LDH_4增高；肝炎、原发性肝癌、脂肪肝、心肌梗死、外伤、骨折，LDH_5增高
葡萄糖氧化酶	测定血糖含量，诊断糖尿病
亮氨酸氨肽酶(LAP)	肝癌、阴道癌、阻塞性黄疸，活力明显升高

2. 用酶测定体液中某些物质的变化诊断疾病

人体在出现某些疾病时，由于代谢异常或者某些组织器官受到损伤，就会引起体内某些物质的量或者存在部位发生变化。通过测定体液中某些物质的变化，可以快速、准确地对疾病进行诊断。酶具有专一性强、催化效率高等特点，可以利用酶来测定体液中某些物质的含量变化，从而诊断某些疾病(表 10-2)。

表 10-2　用酶测定物质的量的变化进行疾病诊断

酶的种类	测定的物质	用　途
葡萄糖氧化酶	葡萄糖	测定血糖、尿糖，诊断糖尿病
葡萄糖氧化酶＋过氧化氢酶	葡萄糖	测定血糖、尿糖，诊断糖尿病
尿素酶	尿素	测定血液、尿液中尿素的量，诊断肝脏、肾脏病变
谷氨酰胺酶	谷氨酰胺	测定脑脊液中谷氨酰胺的量，诊断肝昏迷、肝硬化
胆固醇氧化酶	胆固醇	测定胆固醇含量，诊断高血脂等
DNA 聚合酶	基因	通过基因扩增，基因测序，诊断基因变异、检测癌基因

10.2.2　酶在疾病治疗方面的应用

目前，许多酶制剂已广泛应用于疾病治疗方面，详见表 10-3。

表 10-3　酶在疾病治疗方面的应用

酶的种类	主要来源	用　途
淀粉酶	胰脏、麦芽、微生物	治疗消化不良，食欲不振
蛋白酶	胰脏、胃、植物、微生物	治疗消化不良，食欲不振，消炎，消肿，除去坏死组织，促进创伤愈合，降低血压
脂肪酶	胰脏、微生物	治疗消化不良，食欲不振
纤维素酶	霉菌	治疗消化不良，食欲不振
溶菌酶	蛋清、细菌	治疗各种细菌性和病毒性疾病

续表

酶的种类	主要来源	用途
尿激酶	人尿	治疗心肌梗死，结膜下出血，黄斑部出血
链激酶	链球菌	治疗血栓性静脉炎，咳痰，血肿，下出血，骨折
青霉素酶	蜡状芽孢杆菌	治疗青霉素引起的变态反应
L-天冬酰胺酶	大肠杆菌	治疗白血病，治疗血栓性静脉炎、咯血、血肿、皮下出血、骨折、外伤治疗青霉素引起的过敏反应
超氧化物歧化酶	微生物，植物，动物	预防辐射损伤，治疗红斑狼疮，皮肌炎，结肠炎
凝血酶	动物，细菌，酵母等	治疗各种出血病
胶原酶	细菌	分解胶原，消炎，化脓，脱痂，治疗溃疡
右旋糖酐酶	微生物	预防龋齿，制造右旋糖酐用作代血浆
胆碱酯酶	细菌	治疗皮肤病，支气管炎，气喘
溶纤酶	蚯蚓	溶血栓
弹性蛋白酶	胰脏	治疗动脉硬化，降血脂
核糖核酸酶	胰脏	抗感染，祛痰，治肝癌
尿酸酶	牛肾	治疗痛风
α-半乳糖苷酶	牛肝、人胎盘	治疗遗传缺陷病弗勃莱症
L-精氨酸酶、L-组氨酸酶 L-蛋氨酸酶、谷氨酰胺酶	微生物	抗癌

美、日及欧洲收录的酶类药物有 20 多个品种。各国药典共同收载的品种有胰蛋白酶、胃蛋白酶、胰酶、糜蛋白酶、抑肽酶、尿激酶、透明质酸酶、抗凝血酶、tpA。其中，2010 版《中华人民共和国药典》(简称《中国药典》)收载的酶类或酶抑制剂药物种类及其应用或剂型见表 10-4。

表 10-4　2010 版《中国药典》收载的酶类药物种类及剂型

酶的种类	应用及剂型
胰酶	原料、肠溶片、肠溶胶囊
胰蛋白酶	原料、注射用
糜蛋白酶	原料、注射用
胃蛋白酶	原料、片剂、颗粒、含糖胃蛋白酶
玻璃酸酶	原料、注射用
抑肽酶	原料、注射用
凝血酶	冻干粉
尿激酶	原料、注射用
天冬酰胺酶	原料、注射用
细胞色素 C	溶液、注射液
乌司他丁	原料、溶液、注射用
辅酶 Q10	原料、片剂、注射液、胶囊、软胶囊
胰激肽原酶	原料

按用途对医疗用酶进行分类，各类的代表酶见表 10-5。

表 10-5　医疗用酶分类

酶分类	代表酶
助消化酶类	胃蛋白酶、胰酶、胰蛋白酶、胰淀粉酶、胰脂肪酶、纤维素脂、脂肪酶(微生物发酵)、麦芽淀粉酶
蛋白水解酶类	糜蛋白酶、溶菌酶、胰DNA酶、菠萝蛋白酶、无花果蛋白酶、木瓜蛋白酶、枯草杆菌蛋白酶、黑曲霉蛋白酶、胶原蛋白酶、弹性蛋白酶、胰腺、颌下腺及尿激肽释放酶
凝血抗栓酶	凝血酶(猪、牛血)、凝血酶致活酶、立止血、纤溶酶、尿激酶、链激酶、蛇毒凝血酶(国内称溶栓酶、抗栓酶)、激酶、曲纤溶酶
抗肿瘤酶类	L-天冬酰胺酶、甲硫氨酸酶、组氨酸酶、精氨酸酶、酶氨酸氧化酶、谷氨酸胺酶
其他酶类	细胞色素C、超氧化物歧化酶(SOD)、RNA酶、DNA酶、青霉素酶、玻璃酸酶、抑肽酶(膜蛋白酶抑制剂)
辅酶	CoA、CoQ10、CoL、CoE、黄素单核苷酸(FMN)、黄素腺嘌呤二核苷酸(FAD)

10.2.3　酶在药物制造方面的应用

酶不仅可用于裂解工艺,而且在诸如缩合、羧基化等反应上亦有重要的作用。德国巴斯夫公司是世界领先的酶制剂研究与生产者,由该公司发明的新型工业酶可用于生产合成各种手性药物的重要原料——手性氨基酸。

随着酶法裂解工艺的推行,抗生素生产从此进入一个全新的"酶法生产时代"。青霉素酰化酶(penicillin acylase)可催化青霉素或头孢霉素水解生成6-氨基青霉烷酸(6-APA)或7-氨基头孢霉烷酸(7-ACA);又可催化酰基化反应,由6-APA合成新型青霉素或由7-ACA合成新型头孢霉素。通过青霉素酰化酶的作用,可以半合成得到氨苄青霉素、羟氨苄青霉素、羧苄青霉素、磺苄青霉素、氨基环烷青霉素、邻氯青霉素、双氯青霉素、氟氯青霉素等。

酶工程用纤维素酶、果胶酶等可以对植物来源的中药细胞壁进行破坏,定向提取中药有效成分,提高提取系统的澄清度,或改变动物药材的质地等,酶转化获高活性成分已在多种中药研究中展开。银杏叶黄酮类化合物属于色素类物质,多存在于植物细胞的液泡当中,随着植物的干燥,黄酮类化合物会附着在植物细胞壁上。根据银杏叶黄酮类化合物在植物中的存在状态和化学性质,提出用细胞壁分解酶法来强化其提取过程,结果表明银杏叶总黄酮提取率提高到2.01%。从菊科植物水飞蓟中提取黄酮类成分水飞蓟宾,用纤维素酶破坏植物细胞壁;从红豆杉和三尖杉针叶提取紫杉醇成分,采用破坏植物细胞壁的纤维素酶提取方法,提取率比传统方法提高2倍,从木豆中提取木樨草素等成分时,发现采用果胶酶破坏植物细胞壁提取效果最好,其得率比传统工艺提高1.5倍。用转苷酶对银杏黄酮苷元进行糖基转移获得槲皮素苷,所得的槲皮素苷抗肿瘤、抗血栓活性远强于槲皮素。

酶在药物制造方面的应用实例见表10-6。

表 10-6　酶在药物制造方面的应用

酶的种类	主要来源	用途
青霉素酰化酶	微生物	制造半合成青霉素和头孢菌素
11-β-羟化酶	霉菌	制造氢化可的松

续表

酶的种类	主要来源	用途
L-酪氨酸转氨酶	细菌	制造多巴(L-二羟苯丙氨酸)
β-酪氨酸酶	植物	制造多巴
α-甘露糖苷酶	链霉菌	制造高效链霉素
核苷磷酸化酶	微生物	生产阿拉伯糖腺嘌呤核苷(阿糖腺苷)
酰基氨基酸水解酶	微生物	生产 L-氨基酸
5′-磷酸二酯酶	橘青霉等微生物	生产各种核苷酸
多核苷酸磷酸化酶	微生物	生产聚肌胞,聚肌苷酸
无色杆菌蛋白酶	细菌	由猪胰岛素(Ala-30)转变为人胰岛素(Thr-30)
核糖核酸酶	微生物	生产核苷酸
蛋白酶	动物、植物、微生物	生产 L-氨基酸
β-葡萄糖苷酶	黑曲霉等微生物	生产人参皂苷-Rh2

10.3 酶在食品工业上的应用

食品工业用酶品种应该符合食品添加剂使用标准规定,GB2760—2011 列出的名单见表10-7,在食品添加剂中应用的酶制剂及其新标准中增加的食品用酶制剂名单,共 9 种,分别是单宁酶、谷氨酰胺酶、核酸酶、环糊精葡萄糖苷转移酶、磷脂酶、磷脂酶 A_2、磷脂酶 C、天冬酰胺酶、脱氨酶。

表 10-7　GB2760—2011 列出的食品工业用酶

酶的种类	来源	主要用途
α-半乳糖苷酶	黑曲霉	发酵焙烤乳品工业(增甜、防乳糖晶体析出)
α-淀粉酶	地衣芽孢杆菌、解淀粉芽孢杆菌、枯草芽孢杆菌、嗜热脂肪芽孢杆菌;米根霉、米曲霉、黑曲霉;猪或牛的胰腺	促进发酵、消除淀粉、降低黏度;生产淀粉糖、低聚糖、葡萄糖
α-乙酰乳酸、酯脱羧酶	枯草芽孢杆菌	啤酒酿造和含乙醇制品发酵阶段,以改进品质,减少葡萄酒当中的双乙酰
β-淀粉酶	大麦、山芋、大豆、小麦和麦芽;枯草芽孢杆菌	生产极限糊精、麦芽糖
β-葡聚糖酶	地衣芽孢杆菌、枯草芽孢杆菌、埃默森篮状菌;孤独腐质霉、哈次木霉、黑曲霉、绿色木霉	葡萄酒、啤酒、淀粉行业
阿拉伯呋喃糖苷酶	黑曲霉	生产木糖、木二糖,提取咖啡、植物油、淀粉,果汁与酒增香

续表

酶的种类	来源	主要用途
氨基肽酶	米曲霉	调味品和奶酪生产、蛋白水解液脱苦、蛋白质深度水解和多肽的制备
半纤维素酶	黑曲霉	蛋糕等焙烤食品和冷冻面团保鲜，水果汁、酒精饮料、红酒生产
菠萝蛋白酶	菠萝	生产出可溶性蛋白制品、人造黄油
蛋白酶（包括乳凝块酶）	寄生内座壳（栗疫菌）、地衣芽孢杆菌、嗜热脂解芽孢杆菌、解淀粉芽孢杆菌、枯草芽孢杆菌；米黑根毛霉、米曲霉、乳克鲁维酵母、微小毛霉、黑曲霉、蜂蜜曲霉	水解蛋白生产、焙烤制品、肉类软化、制作干酪
单宁酶	米曲霉	生产儿茶素单体、没食子酸及其丙酯，茶、葡萄酒、啤酒及果汁饮料脱单宁
多聚半乳糖醛酸酶	黑曲霉、米根霉	果汁澄清提高果汁滤速
谷氨酰胺酶	解淀粉芽孢杆菌	肉制品、鱼肉制品、乳制品、植物蛋白制品、焙烤制品的改性，固定化酶、可食性包装
谷氨酰胺转氨酶	茂原链轮丝菌	改善食品结构、溶解性、起泡性、乳化性、流变性
果胶裂解酶	黑曲霉	果汁澄清，提高果汁滤速
果胶酶	黑曲霉、米根霉	果汁澄清，提高果汁滤速
果胶酯酶（果胶甲基酯酶）	黑曲霉、米曲霉	制备低甲氧基果胶，脱苦、去异味、果汁降黏助滤
过氧化氢酶	牛、猪或马的肝脏；溶壁微球菌；黑曲霉	牛奶保鲜
核酸酶	橘青霉	食品微生物分析
环糊精葡萄糖苷转移酶	地衣芽孢杆菌	合成环状糊精
己糖氧化酶	（多形）汉逊酵母	生面团、奶制品、动物饲料、药物、化妆品、牙齿保健品用，生产内酯
菊糖酶	黑曲霉	生产低聚果糖
磷脂酶	胰腺	改性蛋黄粉
磷脂酶 A2	猪胰腺组织；黑曲霉	生产花生四烯酸、磷脂改性
磷脂酶 C	巴斯德毕赤酵母	油脂脱胶、磷脂改性
麦芽碳水化合物水解酶（α-淀粉酶、β-淀粉酶）	麦芽和大麦	生产饴糖、酒精、啤酒、威士忌、酵母

续表

酶 的 种 类	来　源	主 要 用 途
麦芽糖淀粉酶	枯草芽孢杆菌	高麦芽糖浆、结晶麦芽糖及麦芽糖醇
木瓜蛋白酶	木瓜	啤酒抗寒、肉类软化、生产水解蛋白
木聚糖酶	镰孢霉、毕赤酵母、孤独腐质霉、黑曲霉、李氏木霉、绿色木霉、米曲霉;枯草芽孢杆菌	面团改良,低聚木糖、植物油、淀粉啤酒生产,提取色素及风味物质
凝乳酶 A	大肠杆菌 K-12	制作干酪、稳定剂、增稠剂、助剂
凝乳酶 B	乳克鲁维酵母、黑曲霉泡盛变种	制作干酪、淀粉糖浆、果汁
凝乳酶或粗制凝乳酶	小牛、山羊或羔羊的皱胃	奶酪制作
葡糖淀粉酶（淀粉葡糖苷酶）	戴尔根霉、米根霉、米曲霉、雪白根霉	生产葡萄糖、葡萄酒除浊改善过滤
葡糖氧化酶	黑曲霉、米曲霉	去糖、脱氧、杀菌防变质
葡糖异构酶（木糖异构酶）	凝结芽孢杆菌;橄榄产色链霉菌、锈棕色链霉菌、紫黑吸水链霉菌、鼠灰链霉菌、密苏里游动放线菌	果葡糖浆生产
普鲁兰酶	产气克雷伯氏菌、枯草芽孢杆菌、嗜酸普鲁兰芽孢杆菌、地衣芽孢杆菌	生产高葡萄糖浆和高麦芽糖浆
漆酶	米曲霉	培养食药用菌,除氧、除多酚
溶血磷脂酶（磷脂酶 B）	黑曲霉	磷脂改性、油脂精炼脱胶、面包冷冻
乳糖酶（β-半乳糖苷酶）	脆壁克鲁维酵母、黑曲霉、米曲霉、乳克鲁维酵母、毕赤酵母	冰激凌生产、乳糖不耐症
天冬酰胺酶	黑曲霉	各种淀粉类食品中的丙烯酰胺含量减少 90%
脱氨酶	蜂蜜曲霉、米曲霉	生产肌苷酸
胃蛋白酶	猪、小牛、小羊、禽类的胃组织	鱼粉干酪制造、蛋白质水解、啤酒防寒
无花果蛋白酶	无花果	水产品干酪制造、蛋白质水解、啤酒防寒、肉类软化
纤维二糖酶	黑曲霉	纤维素产乳酸、生物酒精
纤维素酶	黑曲霉、李氏木霉、绿色木霉	速溶、去浊、植物食品脱皮
胰蛋白酶	猪或牛的胰腺	焙烤、肉类嫩化、蛋白质水解
胰凝乳蛋白酶（糜蛋白酶）	猪或牛的胰腺	医疗用

续表

酶的种类	来　源	主要用途
脂肪酶	柱晶假丝酵母、黑曲霉、米根霉、米黑根毛霉、米曲霉、雪白根霉；小牛或小羊的唾液腺或前胃组织、猪或牛的胰腺、羊咽喉	脱脂增香(干酪)、水解改性脂类保鲜
酯酶	黑曲霉、李氏木霉、米黑根毛霉	拆分得到 L-泛酸内酯
植酸酶	黑曲霉	面包豆制品等减少植酸
转化酶(蔗糖酶)	酿酒酵母	生成转化糖，用于巧克力、蜜饯、各种糖果、果酱等中；生产人造蜂蜜；食品中除去蔗糖
转葡糖苷酶	黑曲霉	寡聚半乳糖生产
普鲁兰酶	长野解普鲁兰杆菌	生产高葡萄糖浆和高麦芽糖浆

10.3.1　酶在食品保鲜方面的应用

酶法保鲜技术是通过酶的处理，利用酶的催化作用，防止或消除各种因素对食品产生的不良影响，从而达到保鲜的目的。目前常用于食品保鲜的酶是葡萄糖氧化酶、溶菌酶、谷氨酰胺转氨酶、脂肪酶。

葡萄糖氧化酶是一种有效的除氧保鲜剂。除氧是食品保藏的必要手段，但很多抗氧剂除氧效果都不佳。从选择抗氧剂的特性来说，葡萄糖氧化酶是一种对氧非常专一的理想抗氧剂。对于已经发生的氧化变质作用，它可阻止进一步发展，或者在未变质时，它能防止其发生。国外已采用各种不同的方式将其应用于茶叶、冰淇淋、奶粉等产品的降氧包装或罐头中，并设计有各种各样的片剂、涂层、吸氧袋等用于不同的产品中。葡萄糖氧化酶除氧保鲜的典型方法是吸氧袋的应用。此外，可将葡萄糖氧化酶直接加入罐装葡萄酒中来防止食品氧化变质，也可将葡萄糖氧化酶用于金属包装的防腐。

溶菌酶(lysozyme，EC 3.2.1.17)催化细菌细胞壁中的肽多糖水解，专一催化肽多糖分子中 *N*-乙酰胞壁酸与 *N*-乙酰氨基葡萄糖之间的 β-1,4 键水解。溶菌酶可以从蛋清中分离得到，也可以通过微生物发酵制得。在食品中应用较多的是蛋清溶菌酶，它对金色葡萄球菌以外的许多革兰氏阳性菌具有强烈的溶菌作用，其中最敏感的是溶壁小球菌、枯草杆菌、巨大芽孢杆菌和藤黄八叠球菌等。蛋清溶菌酶作用的有效 pH 值为 5～9，最适温度为 37℃。溶菌酶添加到食品中可以用于食品的保鲜，如干酪、水产品、乳制品、香肠、奶油、生面条、低度酒、培烤食品。溶菌酶添加到婴儿奶粉中可防止婴儿肠道感染，在欧洲广泛用于婴幼儿食品，如使牛乳人乳化。与 Nisin 等组成复合保鲜剂涂抹于水果、水产品表面或肉表面或与肉混合制成火腿；与高压 CO_2 技术复合，在产品加工过程中，如酵母浸出物制备过程中防腐。

转谷氨酰胺酶(transglutaminase，EC2.3.2.13，缩写为 TGase)，可通过催化转酰基反应，使蛋白质或多肽之间发生交联。转谷氨酰胺酶在自然界中广泛存在，已经从许多动物组织、鱼类和植物中分离出来。大多数转谷氨酰胺酶需要 Ca^{2+} 参与，微生物所产转谷氨酰胺酶有较广的 pH 适用范围，最适 pH 为 6～7，最适作用温度为 50～55 ℃，反应时间为 2～5 h。在肉制品、水产品、豆制品、面制品、乳制品等食品加工业中得到了广泛的应用。

脂肪酶：脂肪的变性常导致食品化学性腐败，脂肪酶甘油三酯水解酶水解鱼片中的脂肪可以保鲜。

10.3.2　酶在淀粉类食品及甜味剂生产中的应用

淀粉类食品是指含大量淀粉或以淀粉为主要原料加工而成的食品，是世界上产量最大的一类食品。在淀粉类食品的加工中，多种酶被广泛地应用，主要有 α-淀粉酶（α-amylase，EC3.2.1.1）、β-淀粉酶（β-amylase）、糖化酶、支链淀粉酶、葡萄糖异构酶等。淀粉可以通过酶水解作用生成糊精、低聚糖、麦芽糊精和葡萄糖等产物，这些产物又可进一步转化为其他产物。

目前双酶法，即淀粉酶液化、糖化酶糖化，已取代酸酶法用于从淀粉生产葡萄糖，它对环境污染少、产品质量高、节能降耗。生产工艺可以分批罐式进行，也可将酶固定化后连续进行。液化效果主要需控制合理的 DE 值，注意均匀性、流动性，无麦芽酮糖检出。糖化效果以 DE、DX、过滤性、色泽、OD 值考察。糖化酶又称为葡萄糖淀粉酶（glucoamylase，EC 3.2.1.3），它作用于淀粉时，从淀粉分子的非还原端开始逐个地水解 α-1，4-葡萄糖苷键，生成葡萄糖。该酶还有一定的水解 α-1，6-葡萄糖苷键和 α-1，3-葡萄糖苷键的能力。

功能性低聚糖已被广泛应用于婴幼儿乳粉及食品中，目前合成这些功能糖的主要途径是利用微生物所产的 α-葡萄糖基转移酶、果糖基转移酶、岩藻糖基转移酶或唾液酸转移酶等糖基转移酶，以葡萄糖、蔗糖或乳糖等作为底物进行合成。

α-葡萄糖基转移酶（glucoinvertase，a-glucosidase，EC 3.2.1.20）能切开麦芽糖和麦芽低聚糖分子结构中 α-1，6 糖苷键，并能将游离出来的一个葡萄糖残基转移到另一个葡萄糖分子或麦芽糖、麦芽三糖等分子中的 α-1，6 位上，形成异麦芽糖、异麦芽三糖、异麦芽四糖、异麦芽五糖和潘糖等，是低聚异麦芽糖制备过程中的关键酶。糖苷酶是酶法合成寡糖的关键酶。

低聚果糖（fructooligosaccharides，FOS）又名蔗果低聚糖、寡果糖或蔗果三糖族低聚糖，是指在果糖基转移酶的作用下，通过转移果糖基作用所形成的蔗果三糖（GF_2）、蔗果四糖（GF_3）和蔗果五糖（GF_4）的混合物。果糖基转移酶（fructosyltransferase，EC 2.4.1.9）主要以蔗糖为底物，转移果糖基至蔗糖分子上合成 FOS。

具有转苷活性的 β-葡萄糖苷酶（EC 3.2.1.21）、α-半乳糖苷酶（EC 3.2.1.22）、β-半乳糖苷酶（EC 3.2.1.23）、β-木糖苷酶（EC 3.2.1.37）等，可应用于寡聚半乳糖、龙胆二糖、水苏糖、寡聚木糖等的研制与生产。

10.3.3　酶在蛋白质类食品生产方面的应用

肉类加工酶在肉类食品加工中有多方面的作用，其主要作用为改善组织结构，嫩化肉类。目前，作为嫩化剂的蛋白酶除微生物蛋白酶外，还有植物蛋白酶，如木瓜蛋白酶、菠萝蛋白酶、中华猕猴桃蛋白酶等；嫩化的肉类品种可以是牛肉、羊肉、猪肉，也可以是禽肉等。

蛋白酶（proteinases）类应用：利用米曲霉分泌的蛋白酶分解原料中的蛋白质，使其降解为胨、多肽、氨基酸，生成色、香、味于一体的产品。也有直接用蛋白酶制剂酿造酱油，但风味欠佳。啤酒酿造中，当麦芽糖用量减少辅料增加时，常需要补充蛋白酶，使蛋白质充分降解，霉菌和细菌蛋白酶适合这一用途。微生物酸性蛋白酶还是有效的啤酒澄清剂。鱼露是鲜鱼加 25%～30%食盐自然发酵 6～12 个月而成，若添加少许霉菌蛋白酶可缩短发酵时间，提高风味；添加氨肽酶、羧肽酶可水解苦味肽，减少鱼露或饲用品的苦味。

制造明胶和可溶性胶原纤维：工业上用石灰水浸去皮、骨等原料中的油脂与杂蛋白等，此工艺耗时长达数月，劳动强度大，出胶率低而且能耗大，用蛋白酶净化胶原，明胶纯度高，质量好，相对分子质量均匀，分子排列整齐，生产周期短，明胶收率高，几乎达100%。

10.3.4　酶在果蔬类食品生产方面的应用

人类已开发出应用于果蔬汁中的多种酶类，如果胶酶、果胶酯酶、纤维素酶、中性蛋白酶、半乳甘露聚糖酶、液化葡萄糖苷酶等，用纤维素酶、半纤维素酶、果胶酶的混合物处理柑橘瓣，可脱去囊衣，得到质量上乘的橘子罐头。用橙皮苷酶将橘肉中的不溶性橙皮苷水解为水溶性橙皮苷，可消除橘子罐头中的白色沉淀。花青素酶是催化花青素水解生成在β-葡萄糖和它的配基的一种β-葡萄糖苷酶（β-D-glucosidase，EC 3.2.1.21）。在实际应用过程中，只需要将果蔬制品加入一定浓度的花青素酶，于40℃条件下保温20～30 min，即可达到脱色效果。柑橘的脱苦是柑橘制品加工中的重要问题，利用柠碱酶处理可消除柠檬苦素带来的苦味，用柚苷酶处理，可消除未成熟橘子中的柚皮苷。

果汁加工中压榨、澄清是影响产品质量和生产效率的重要环节，用果胶酶和纤维素酶处理，可加速果汁过滤，促进澄清。

果胶酶（pectinase）是催化果胶质分解的一类酶的总称。主要包括果胶酯酶（PE）、聚半乳糖醛酸酶（PG）、聚甲基半乳糖醛酸酶（PMG）、聚半乳糖醛酸裂合酶（PGL）和聚甲基半乳糖醛酸裂合酶（PMGL）等。其中PE和PG最为常见。

果胶酶是果汁生产中最重要的酶制剂之一，已被广泛应用于果汁的提取和澄清、改善果汁的通量以及植物组织的浸渍和提取。在许多国家，添加果胶酶已是制造澄清或者浓缩的草莓汁、葡萄汁、苹果汁及梨汁的标准加工作业。大部分原果汁、浓缩果汁的生产过程中，都在使用果胶酶，但由于各种水果中果胶含量差别较大，而且果胶质的成分也有差异，因此，应根据水果的不同品种、不同加工目的来确定合适组成的果胶酶。

10.3.5　酶在面制品生产中的应用

焙烤食品在面团中添加淀粉酶、蛋白酶、转化酶、脂肪酶等，可使发酵的面团气孔细而均匀，体积大、弹性好，色泽佳。

木聚糖酶在食品工业中的应用主要是在小麦改良方面。就面包而言，木聚糖酶的添加主要在制作过程及防止老化这两方面起着积极的作用。

在面包制作过程中的作用。许多试验观察得出，适量添加木聚糖酶的面团弹性显著增强；切分、搓团、成型时易于操作；面团的形成时间和稳定时间明显缩短，醒发后的面团体积明显增加；烘烤后的面包不仅表皮颜色适中且硬度下降，而且质地洁白、组织细腻、气孔均匀，入口松软且有咬劲。

面包在储藏过程中会产生非常显著的老化现象：表皮干裂、内部组织变硬、易掉渣、风味损失等，丧失了食用功能。面包老化主要是由于水分的损失、重新分配及结构的变化所导致的。适量添加木聚糖酶，导致黏度更高的物质显著增加，提高了面包在储藏过程中的持水性，优化了面筋网络，从而阻碍了水分的损失和重新分配，稳定了面包的组织结构，面包在储藏7 d后，其硬度和弹性没有明显的变化。木聚糖酶同样可以应用在馒头、蛋糕等其他小麦食品中，通过改善面团的持水性和面筋结构进而改善其品质，并延长其货架期。

10.4　酶在轻工、化工方面的应用

酶在轻工、化工方面有着广泛的用途。酶在轻工、化工业中的用途主要包括：纺织业材料处理、洗涤剂制造（增强去垢能力）、毛皮工业、牙膏和化妆品的生产、造纸、饲料添加剂和有机酸生产等。

10.4.1　酶在纺织、皮革、造纸工业中的应用

酶制剂已广泛地应用于纺织、皮革、造纸工业，主要用于原材料处理，可以缩短原料处理时间，增强处理效果，减轻劳动强度并提高产品质量。

1. 酶在纺织业中的应用

酶已在纺织工业的多个工艺流程中发挥着重要作用，其应用技术仍在不断提高，应用领域继续扩展。

酶应用于纺织工业最早是从织物退浆开始的。用α-淀粉酶催化水解织物上的淀粉浆料已经有多年历史，目前仍然是去除织物上的淀粉浆料的主要方法。现在用于退浆的淀粉酶主要向高温高效方向发展，使用高温淀粉酶，不仅可以提高退浆效率，而且可以同时去除混合浆料中的聚氯乙烯（PVC）等化学浆料。

纤维素酶广泛应用于牛仔石磨水洗和织物光洁柔软整理。纤维素酶可代替浮石打磨出流行的石洗效果，称之"酶洗"，可减少对衣物的伤害、对机器的磨损及对环境的污染，节约了水资源。同时纤维素酶可使织物呈现明亮的色泽，并赋予织物永久性的柔软度及抗起毛、抗起球的性能。

过氧化氢酶应用于氧漂的生物净化，纺织品在染色之前，去除氧漂后残留于纺织品及其工艺环境中的过氧化氢。氧漂生物净化不仅可以提高生产效率和降低成本，还使染色质量稳定。过氧化氢被分解成天然组分水和氧气，使染色更安全。

生产麻类织物需去除麻类纤维中非纤维素杂质，传统方法是采用高浓度的强酸强碱进行长时间高温蒸煮，这对纤维素部分会造成损伤而影响后续加工的产品质量，还会增加环境污染。目前使用的复合脱胶酶可以在缓和条件下去除麻类纤维中的果胶、半纤维素等杂质，改善麻纤维的可纺性能、染色性能和手感，并且减少废液对环境的污染。

羊毛纤维表面的鳞片结构使毛类制品易毡缩和起毛起球，还使纤维刚性较强，有毛刺感，其表面形成漫反射而缺乏光泽。在羊毛染色前利用菠萝蛋白酶、木瓜蛋白酶等植物蛋白酶进行处理，能使羊毛制品有光泽、防毡缩、手感柔软、不易起球，还能使染色在温和条件下进行。

2. 酶在制革工业中的应用

酶制剂在制革中的应用由来已久。在制革工艺中酶早期主要用于脱毛和软化，随着生物技术的发展，开发使用的酶种类越来越多，目前，酶制剂已被广泛地应用于浸水、浸灰、脱毛、软化、脱脂等工序，成为制革生产必不可少的材料。

皮革是由动物的皮经过脱毛处理后鞣制而成，传统脱毛方法是采用石灰和硫酸钠溶液浸渍，时间长，劳动强度大，且严重污染环境。采用酶法脱毛就是利用皮上的微生物生长繁殖过程中分泌的蛋白酶，将毛与真皮连接的毛囊中的蛋白质水解除去，来达到脱毛的效果。

酶法脱脂主要是利用脂肪酶对油脂分子的水解作用。脂肪酶主要是由动物胰腺中提取的或是由不同种类的霉菌发酵制得的。酶制剂用于脱脂可减少表面活性剂的使用,有利于生产防水革和耐水洗革,且利于环保。生产绒面革可使绒头细致、松散、染色性能好。用酶制剂脱脂,既可单独进行,也可在浸水、浸灰、软化、浸酸等其他工序中进行。在软化工序中加入脂肪酶,可与胰酶具有协同性,使软化效果更好。酸性脂肪酶用于酸性条件下的皮革脱脂,因此特别适合于湿皮的脱脂,也可用于浸酸皮的脱脂。由于脂肪酶对细胞膜的作用甚微,常在脱脂中加入蛋白酶来破坏脂肪细胞膜,以增强脱脂效果。

3. 酶在造纸工业中的应用

在造纸工序的磨浆工段,生物酶可对浆料纤维的细胞壁进行改性处理,使纤维加速润涨、松软,促进磨浆的作用效果,降低磨浆能耗,提高成纸强度等。制浆过程中加入生物酶,还可减少后续漂白化学药品用量和减轻漂白废水污染负荷。

造纸原料的纤维中含有大量木质素,如果不除去,将使纸张变黄,且纸张强度降低。用木质素酶处理,可将木质素水解除去,提高纸的质量,并减小对环境的污染。

纸浆漂白也是造纸过程中的重要步骤。利用酶制剂,可减少含氯漂白化学品用量或有助于取消含氯漂白工段,从而减少漂白废水中可吸附有机卤化物(AOX)的排放量,降低环境污染,同时达到提高纸浆性能以及降低生产成本等目的。水中的有机卤化物具有致癌、致畸和致突变性。利用半纤维素酶预处理能够提高纸浆的可漂性,减少漂白化学药品的用量,大大降低漂白废水中 AOX 等污染物的含量,并有助于实现无元素氯(ECF)和全无氯(TCF)漂白。

造纸工业大量回收的废纸需要进行脱墨处理。传统的脱墨方法是使用化学药品,在适当的温度及机械作用下,将油墨粒子从纤维上分离下来,然后采用浮选、洗涤或两者相结合的方法将剥离下来的油墨粒子从纸浆中除去。生物酶法脱墨是利用酶处理废纸,并辅助以浮选或洗涤,以及两者并用的工艺,从而除去油墨的技术。生物酶使油墨更容易剥离脱落,降低油墨在纤维上的沉积,提高浆料的洁净度和白度,降低尘埃度。

10.4.2 酶在洗化工业中的应用

1. 加酶洗涤剂

洗涤剂是工业用酶最大的应用领域。在洗涤剂中加入适当的酶能增强洗涤剂的去污能力,对洗涤品损伤轻,可降低洗涤温度以及减少水的用量而节约能耗。

不同酶有利于各种不同污渍的分解、洗净。如蛋白酶可以除去青草、血液等蛋白质为基质的污渍;脂肪酶有助于除去来自人体皮脂以及某些化妆品的油脂污渍;淀粉酶用于清除淀粉基食品的残余;纤维素酶用于织物的颜色护理、柔软以及微粒污垢的清除。

现在市场上常见的酶洗涤剂通常含有表面活性剂成分。使用该类产品后,污物受到周围的表面活性剂阻碍而不能与酶进行接触,由此降低了洗涤效能,而含有表面活性剂的废水排放后会污染环境。现在已经开发出含酶的香精油洗涤剂,香精油可以乳化脂肪等污物,使酶与污垢接触反应。使用后香精油挥发因而不会污染水系统。

2. 加酶牙膏

加酶牙膏是在牙膏的膏体中加入蛋白酶、淀粉酶、葡聚糖酶、溶菌酶或葡萄糖氧化酶等多种不同类型的酶制剂制成的牙膏。这些酶制剂各有其独特作用,例如,葡聚糖酶能分解黏着在牙齿上形成齿垢的葡聚糖,能有效地抑制龋齿病的发生;蛋白酶不仅能除掉牙齿表面主要脏物的蛋白质,而且也是良好的消炎剂,对龋齿和牙周病有预防作用,对牙龈炎和牙出血有治疗效果，并有较强的去污力。所以在膏体中加入一种或几种酶的含酶牙膏，能杀死口腔中某些病原菌和分解葡聚糖、蛋白质等物质，以及由这些物质形成的齿垢，故对牙齿常见的多发病有预防作用。

3. 加酶化妆、护肤用品

在化妆品和护肤品中添加超氧化物歧化酶（SOD）、溶菌酶、弹性蛋白酶等，可以达到不同的护肤功效。

超氧化物歧化酶具有抗氧化、抗衰老、抗辐射的功效。使用添加有超氧化物歧化酶的护肤及化妆品，可有效地防止紫外线对皮肤的伤害，减少色素沉着，消除自由基的影响。

护肤品中加入溶菌酶，可起到杀菌消炎的作用，有效去除皮肤表面的细菌。

护肤品中加入弹性蛋白酶，可以水解皮肤表面老化或死亡细胞的蛋白质，使得皮肤表面光洁，有弹性。

10.4.3　酶在饲料工业中的应用

酶在动物体内消化与新陈代谢过程中起着非常重要的作用。动物能分泌到消化道内的酶主要属于蛋白酶、脂肪酶类和碳水化合物酶类。在消化酶的作用下，底物大分子物质（如蛋白质、脂肪、多糖等）降解为易被吸收的小分子物质，如寡肽、氨基酸、脂肪酸、葡萄糖等。

饲用酶制剂大致可分为消化酶和非消化酶两大类。消化酶是指动物自身能够分泌的淀粉酶、蛋白酶和脂肪酶类等。非消化酶是指动物自身不能分泌到消化道内的酶，这类酶能消化动物自身不能消化的物质或降解一些抗营养因子，主要有纤维素酶、木聚糖酶、β-葡聚糖酶、植酸酶、果胶酶等。

作为饲料添加剂的酶制剂是一种环保和绿色饲料添加剂，能有效提高饲料利用率、节约饲料资源、无副作用、不存在药物添加剂的药物残留和产生耐药性等不良影响。合理应用酶制剂类饲料添加剂，充分发挥酶制剂的作用效果，可以提高饲料的质量水平。

酶制剂饲料添加剂的作用：①直接分解营养物质，提高饲料利用率。具有活性的多种酶，能有效将饲料中一些大分子多聚体分解和消化成动物容易吸收的营养物质，或分解成为小片段营养物质，供其他消化酶进一步消化。一些大分子物质动物难以分解和吸收，添加酶制剂后可促进饲料中营养物质的分解和消化，从而提高饲料的利用率。在幼龄动物消化酶发育不完善、年老动物消化酶分泌能力降低以及受到应激或疾病感染后的动物引起消化酶分泌紊乱等情况下，外源消化酶可补充内源酶的不足，增强动物对饲料养分消化吸收能力，从而提高畜禽生产力和饲料转化效率。②消除抗营养因子，改善消化机能。植物性饲料原料中常存在一些非淀粉多糖、果胶、纤维素聚合物，豆粕等饼粕类饲料中含有多种抗营养因子（胰蛋白酶抑制因子、植物凝集素和 α-半乳糖苷）。这些物质使动物消化道中内容物和黏度增加，影响动物对有效营养成分的消化和吸收，酶制剂中的多种酶特别是 β-葡聚糖酶、果胶酶和纤维素酶能将这些物质分解为小分子物质，从而降低消化道中物质的黏度，有效消除这些抗营养因子的不良影响，改善动物的消化性能。③激活内源酶的分泌，提高消化酶的浓度。酶制剂的使用，可以提供更多可供多种酶分解的基质，从而刺激动物体内多种消化酶的分泌，提高消化酶的有效含量，加速营养物质的消化和吸收，从而提高饲料的利用率并加速动物的新陈代谢，促进动物的生长。④提高植酸磷的利用率，减轻畜牧生产对环境的污染。配合饲料多以植物性原料为主，在饲料中应用植酸酶添加剂，可利用 30%以上的植酸磷，从而减少或替代无机磷酸盐的用量，有一定的经济效益。由于可减少 1%～2%无机磷酸盐的用量，扩大了配方空间，便于灵活设计饲料配方，有利于提高饲料的营养水平，改善饲料配方质量。由于单胃动物大多数不能利用植酸磷，多数植酸磷从粪便中排出，会造成一定的环境污染，使用植酸酶，能有效地提高植酸磷的利用率，从而减少植酸磷的排放。

10.4.4 酶在化工原料和产品制造方面的应用

利用酶的催化作用，可以将原料转变为所需的轻工、化工产品，或将原料中不需要的物质去除，得到所需的产品。

1.酶法生产有机酸

有机酸是指一些具有酸性的有机化合物，在食品、医药生产中作为原料或辅料得到广泛应用。有机酸可以用化学合成法生产，也可以用发酵法生产，但化学合成法在原材料及化学反应过程中存在不安全因素，而发酵法是采用淀粉质物质或含糖物质为原料，经安全的微生物发酵并精制而得。因此，发酵法生产有机酸已成为有机酸产业的主要方法，并得到不断的发展。

用发酵法生产的有机酸主要有柠檬酸、乳酸、衣康酸和苹果酸等，其生产一般以淀粉为原料，与酒精工业相似，正在不断引进新的酶水解工艺，如加入中温和高温α-淀粉酶、采用连续喷射液化和清液发酵工艺，取得了明显的经济效益。

(1)α-淀粉酶及葡萄糖淀粉酶催化生产柠檬酸　柠檬酸是有机酸中产量与消费量最大的一种有机酸，广泛应用于食品工业、医药工业及化学工业等领域。用于发酵产生柠檬酸的微生物主要是黑曲霉和酵母菌，尤其是黑曲霉，凡是用含淀粉质物质或含糖物质(玉米、薯干、淀粉、糖蜜等)作为发酵原料的，全部用黑曲霉作发酵微生物。

黑曲霉具有水解淀粉的酶，其中主要为α-淀粉酶及葡萄糖淀粉酶(糖化酶)。黑曲霉中的α-淀粉酶是耐酸性的，在pH 2.0时仍能保持活力，使淀粉液化生成糊精及少量还原糖，但是酶活力不高，作用很缓慢。因此在原料处理时，需外加α-淀粉酶来加快及提高原料液化的质量，缩短发酵周期，提高生产效率。黑曲霉中的糖化酶，耐酸耐热，在淀粉发酵pH降至2.0～2.5时，仍能保持大部分活力，使糊精进一步水解成葡萄糖，进入三羧酸循环而产生柠檬酸。故淀粉发酵时，不再外加糖化酶来提高起始葡萄糖浓度。

$$\underset{\text{葡萄糖}}{2C_6H_{12}O_6} + 3O_2 \longrightarrow \underset{\text{柠檬酸}}{2C_6H_8O_7} + 4H_2O$$

(2)α-淀粉酶及糖化酶催化生产乳酸　乳酸是有机酸中产量及消费量仅次于柠檬酸的第二种重要的有机酸。乳酸根据旋光不同，可分为L-乳酸(右旋)、D-乳酸(左旋)、DL-乳酸(消旋)。

乳酸杆菌能以葡萄糖、麦芽糖等为底物产生乳酸，且产生速度较快。乳酸杆菌具有分解淀粉的α-淀粉酶及糖化酶，这两种酶不但不耐酸且产酶量少，而且酶活力又随菌种的生长状态而变化。因此，若依靠菌种自身的淀粉水解酶的作用，使淀粉水解而发酵，产酸速度极慢，酸浓度又低，发酵周期很长，对原料利用很差。在工业生产上必须外加酶制剂，加快淀粉水解。

近年来，以高温α-淀粉酶及高质量糖化酶的双酶法水解淀粉的成功应用，使乳酸工业的生产水平得到进一步提高，产品提取的发酵液不结晶工艺也得到顺利实施，收率由过去的50%左右提高到70%以上，产品的质量也得到了明显的提高。

(3)延胡索酸酶催化生产苹果酸　苹果酸又名羟基丁二酸，由于有一个不对称碳原子，故苹果酸有三种：L-苹果酸、D-苹果酸、DL-苹果酸。

苹果酸也是用途较为广泛的一种有机酸。苹果酸在食品工业上，如饮料、果酱、果冻、果酒中作酸味剂；在日用化工上用于牙膏、化妆品以改善品质；在医药上与氨基酸复配制成注射液，作为手术后的营养液，也是肝功能异常患者的良好药物。此外，还用作化学工业的涂料及洗涤剂、除臭剂的成分。

延胡索酸水合酶(fumarate hydratase，EC 4.2.1.2)是催化延胡索酸与水反应，水合生成 L-苹果酸的裂合酶。

$$\underset{\text{延胡索酸}}{\begin{array}{c}\mathrm{H{-}C{-}COOH}\\ \|\\ \mathrm{HOOC{-}C{-}H}\end{array}} + \mathrm{H_2O} \xrightarrow{\text{延胡索酸水合酶}} \underset{\text{L-苹果酸}}{\begin{array}{c}\mathrm{COOH}\\ |\\ \mathrm{CH_2}\\ |\\ \mathrm{H{-}C{-}OH}\\ |\\ \mathrm{COOH}\end{array}}$$

(4)环氧琥珀酸酶催化生产 L-酒石酸　L-酒石酸是从葡萄酒的酒石中分离得到的一种有机酸。环氧琥珀酸酶可以催化环氧琥珀酸水解，开环生成 L-酒石酸。

$$\underset{\text{L-环氧琥珀酸}}{\begin{array}{c}\mathrm{COOH}\\ |\\ \mathrm{CH}\\ \mathrm{O}\langle\ \ |\\ \mathrm{CH}\\ |\\ \mathrm{COOH}\end{array}} \xrightarrow{\text{环氧琥珀酸酶}} \underset{\text{L-酒石酸}}{\begin{array}{c}\mathrm{COOH}\\ |\\ \mathrm{HO{-}C{-}H}\\ |\\ \mathrm{HO{-}C{-}H}\\ |\\ \mathrm{COOH}\end{array}}$$

2. 酶法生产 L-氨基酸

利用酶或固定化酶的催化作用，可以将各种底物转化为 L-氨基酸，或者将 DL-氨基酸拆分生成 L-氨基酸。

(1)用氨基酰化酶光学拆分 DL-酰基氨基酸生产 L-氨基酸　氨基酰化酶(aminoacylase，EC 3.5.1.14)可以催化外消旋的 *N*-酰基-DL-氨基酸进行不对称水解，其中 L-酰基氨基酸被水解生成 L-氨基酸，余下的 *N*-酰基-D-氨基酸经化学消旋再生成 DL-酰基氨基酸，重新进行不对称水解。如此反复进行，几乎可以将 DL-酰基氨基酸全部变成 L-氨基酸。

$$\underset{N\text{-酰基-L-氨基酸}}{\begin{array}{c}\mathrm{H{-}N{-}OOC{-}R'}\\ |\\ \mathrm{R{-}CH{-}COOH}\end{array}} + \mathrm{H_2O} \xrightarrow{\text{L-酰基氨基酸}} \underset{\text{L-氨基酸}}{\begin{array}{c}\mathrm{NH_2}\\ |\\ \mathrm{R{-}CH{-}COOH}\end{array}} + \underset{\text{有机酸}}{\mathrm{R'COOH}}$$

(2)用噻唑啉羧酸水解酶合成 L-半胱氨酸　将化学合成的 DL-2-氨基噻唑啉-4-羧酸中的 L-2-氨基噻唑啉-4-羧酸经噻唑啉羧酸水解酶作用生成 L-半胱氨酸。

$$\underset{\text{L-2-氨基噻唑啉-4-羧酸}}{\begin{array}{c}\mathrm{COOH}\\ \mathrm{S}\quad\mathrm{N}\\ |\\ \mathrm{NH_2}\end{array}} + 2\mathrm{H_2O} \xrightarrow{\text{噻唑啉羧酸水解酶}} \underset{\text{L-半胱氨酸}}{\begin{array}{c}\mathrm{NH_2}\\ |\\ \mathrm{CH_2{-}CH{-}COOH}\\ |\\ \mathrm{SH}\end{array}} + \mathrm{NH_3} + \mathrm{CO_2}$$

余下的 D-2-氨基噻唑啉-4-羧酸再经消旋酶作用变为 DL-型。如此反复进行，不断地生成 L-半胱氨酸。

(3)用天冬氨酸酶将延胡索酸氨基化生成L-天冬氨酸　天冬氨酸酶(aspartase,EC 4.3.1.1)是一种催化延胡索酸氨基化生成L-天冬氨酸的裂合酶。工业上已经用固定化的大肠杆菌的天冬氨酸酶连续生产L-天冬氨酸。

$$\underset{\text{延胡索酸}}{\text{H—C—COOH} \atop \text{HOOC—C—H}} + \underset{\text{氨}}{NH_3} \xrightarrow{\text{天冬氨酸酶}} \underset{\text{L-天冬氨酸}}{\text{HOOC—CH}_2\text{—CH(NH}_2\text{)—COOH}}$$

(4)用L-天冬氨酸-4-脱羧酶生产L-丙氨酸　用固定化假单胞菌菌体的L-天冬氨酸-4-脱羧酶(aspartate-4-decarboxylase,EC 4.1.1.12)将L-天冬氨酸的4-位羧基脱去,而连续生产L-丙氨酸。

$$\underset{\text{L-天冬氨酸}}{\text{HOOC—CH(NH}_2\text{)—CH—COOH}} \xrightarrow{\text{L-天冬氨酸-4-脱羧酶}} \underset{\text{L-丙氨酸}}{CH_3\text{—CH(NH}_2\text{)—COOH}} + CO_2$$

10.5 酶在能源、环保方面的应用

现在世界上使用的能源主要是石油、煤炭、天然气等不可再生能源,随着人类社会的不断发展,这些能源的消耗也越来越快,能源枯竭的危机已不可忽视。水力、风力、核能、太阳能、地热等虽然得到一定应用,但在总的能源消耗中所占比例不大,除了继续发展这些能源应用外,还需要寻找开发其他新的能源。

在人类面临能源问题的同时,环境质量恶化的问题也日益严重。环境保护已成为当前国际关系、经贸合作中的一个极为重要的问题。如何在经济高速发展的同时控制环境污染,改善环境质量,以实现社会经济可持续发展是世界各国所面临的一个重大课题。

10.5.1 酶在能源生产方面的应用

生物质是可再生资源,包括所有的植物、微生物以及以植物、微生物为食物的动物及其生产的废弃物,如农作物、农作物废弃物、木材、木材废弃物和动物粪便。这些物质的主要成分是纤维素、半纤维素、淀粉等,水解后产生葡萄糖及其他糖类,再通过微生物的作用可产生甲醇、乙醇、氢气、甲烷等燃料。另外,在石油资源的开发中,利用微生物作为石油勘探、二次采油、石油精炼等手段也是近年来国内外普遍关注的课题。

1. 生产燃料乙醇

用固定化淀粉酶和固定化纤维素酶可以将植物来源的原料水解成糖,再用固定化的增殖酵母将葡萄糖转化成乙醇。酵母菌含有丰富的蔗糖水解酶和酒化酶,蔗糖水解酶是胞外酶,能将蔗糖水解为单糖,酒化酶是参与乙醇发酵的多种酶的总称,单糖透过细胞膜进入细胞后在酒化酶的作用下进行厌氧发酵反应并转化为乙醇和 CO_2,然后再通过细胞膜将产物排出。

我国燃料乙醇产业起步较晚,但发展迅速,已成为世界上继巴西、美国之后第三大生物燃

料乙醇生产国和应用国。

乙醇的氧含量高达34.7%，将乙醇加入汽油中可帮助汽油完全燃烧，以减少对大气的污染。使用燃料乙醇取代四乙基铅作为汽油添加剂，可消除空气中铅的污染；取代甲基叔丁基醚(MTBE)，可避免对地下水和空气的污染。另外，除了提高汽油的辛烷值和含氧量，乙醇还能改善汽车尾气的质量，减轻污染。一般当汽油中的乙醇的添加量不超过15%时，对车辆的行驶性能没有明显影响，但尾气中碳氢化合物、NO_x 和 CO 的含量明显降低。

2. 生产氢气

氢作为一种清洁能源已被广泛重视，并普遍作为燃料电池的动力源，然而制取氢的传统方法成本高，技术复杂。生物制氢是以废糖液、纤维素废液及污泥废液等为原料，利用微生物和藻类制取氢气。

在生物制氢过程中，起重要作用的是氢化酶，氢化酶是自然界厌氧微生物体内存在的一种金属酶，它能够催化氢气的氧化或者质子的还原这一可逆化学反应。但氢化酶在有氧的情况下极不稳定，容易失活。采用酶固定化技术的包埋法来固定微生物，使其处于厌氧的环境中，可有效提高氢化酶的稳定性，使之能通过常用的发酵方法连续高效地生产氢气。

3. 生产甲烷

沼气是有机物质在厌氧条件下，经过微生物的发酵作用而生成的一种可燃气体，其主要成分为甲烷，一般含量为50%～70%，其余为二氧化碳和少量的氮、氢和硫化氢等。沼气的特性与天然气相似，可直接燃烧用于炊事、烘干农副产品、供暖、照明和气焊等，还可用于生产甲醇、福尔马林、四氯化碳等化工原料以及内燃机的燃料。经沼气装置发酵后排出的料液和沉渣，含有较丰富的营养物质，可用作肥料和饲料。

中国作为能源消费大国，新能源的开发利用对国民经济的可持续发展具有重要的意义，随着农村社会经济的迅速发展，农村能源消耗也日益增大，在此背景下，沼气资源作为一项极具应用前景的新能源，其开发利用是解决能源紧张形势下农村能源供应问题的有效举措，其发展日益受到国家的重视。

10.5.2 酶在环境保护方面的应用

现代生物技术不但在净化环境，减少污染和改造传统产业等方面发挥出重要的作用，还可以为保护人类生存环境和社会可持续发展作出积极的贡献。在环境保护方面，酶和酶技术的应用因其投资少，处理效率高，运行成本低等优点而得到越来越广泛的应用。

1. 酶在环境监测方面的应用

环境监测是通过对人类和环境有影响的各种物质的含量、排放量的检测，跟踪环境质量的变化，确定环境质量水平，可以为环境管理、污染治理等工作提供基础和保证。环境监测技术中，传统的色谱法和光谱分析技术具有高灵敏度、高选择性等优点，但是这些方法耗时且昂贵。

生物传感器是由固定化的生物敏感材料作识别元件(包括酶、抗体、抗原、微生物、细胞、组织、核酸等生物活性物质)与适当的理化换能器(如氧电极、光敏管、场效应管、压电晶体等)及信号放大装置构成的分析工具或系统。生物传感器特别是酶传感器由于可以实时、原位、有选择性、灵敏快速地进行环境污染物监测而被广泛应用。酶传感器可用于监测环境中有机污染物、无机污染物和重金属等。随着现代酶工程的发展，酶传感器在环境监测中已取得诱人的成就，而且应用范围继续扩大，目前发现的酶传感器已有多种。

(1)检测有机磷农药污染　有机磷农药被广泛用作农业杀虫剂，它可以通过抑制酯酶的活性从而导致类胆碱功能紊乱并且致死，对人类和动物的健康构成严重威胁。有机磷农药的检测对于保护人类健康具有重要的意义。

胆碱酯酶可以催化胆碱酯水解生成胆碱和有机酸：

$$\underset{\text{胆碱酯}}{R{-}\underset{\underset{O}{\|}}{C}{-}O{-}CH_2{-}N^+(CH_3)_3} + H_2O \xrightarrow{\text{胆碱酯酶}} \underset{\text{胆碱}}{HO{-}CH_2CH_2{-}N^+(CH_3)_3} + \underset{\text{脂肪酸}}{R{-}COOH}$$

有机磷农药是胆碱酯酶的一种抑制剂，可以通过检测胆碱酯酶的活性变化来判断是否受到有机磷的污染。对基于胆碱酯酶的抑制型酶传感器的研究已经相当广泛。

基于有机磷水解酶的非抑制型酶传感器是另一种直接监测有机磷农药的传感器，有机磷水解酶可以通过形成低毒产物（例如对硝基酚和磷酸二乙酯）而催化水解有机磷农药，如对氧磷、对硫磷等。有机磷水解酶被广泛用于构建监测有机磷农药的传感器，其具有以下几方面的优势：可作为酶反应的底物而非抑制剂；与胆碱酯酶相比，有机磷水解酶专一性强、选择性好、反应中酶活性损失小、可重复利用等。

（2）检测硝酸盐和亚硝酸盐浓度　硝酸盐是水质分析中用于指示湖泊和沿海航道富营养化的一个重要指标，硝酸盐摄入量过多会对人类的健康造成严重影响。近些年来对硝酸还原酶电极的研究日益增多，该方法的工作原理：在酶促反应过程中，硝酸盐被还原为亚硝酸盐的同时硝酸还原酶被氧化，电子经媒介体从电极表面传递到硝酸还原酶的活性位点上将硝酸还原酶还原，而后根据电流的响应大小来确定硝酸盐的浓度。

亚硝酸根离子是废水生物处理过程中硝化及反硝化过程的中间产物，此外，该物质还广泛存在于食品中，对人类有致癌的危险性。亚硝酸还原酶可催化亚硝酸还原生成一氧化氮，基于亚硝酸还原酶制作的酶传感器已被广泛地应用于亚硝酸盐的检测。此外，基于辣根过氧化物酶和过氧化氢酶制备的电化学酶传感器也可用于亚硝酸盐的检测，研究结果表明，这些酶传感器对于亚硝酸盐具有很好的检测限以及灵敏度。

（3）检测重金属污染　重金属如 Cu、Cd、Hg、Zn 等具有高毒性，并且可以在生物体内累积而对生物体产生毒害作用，当它存在于饮用水中时会对人体健康构成威胁。金属离子通常与酶结构中的巯基结合从而导致酶构象的改变，进而影响酶的催化活性，通过检测酶的活性变化，可以快速地确定环境样品中的重金属。

研究表明，抑制型酶传感器对于抑制剂的检测比对于酶底物的检测更加灵敏，检测限通常远低于环境样品中最大允许量以及传统方法所获得的数值。已研究的用于重金属检测的抑制型电化学酶传感器包括基于葡萄糖氧化酶、碱性磷酸酶、尿素酶以及转化酶等构建的传感器。

2. 酶在废水处理方面的应用

生物酶是一种能力巨大的催化剂，酶可以作用于污染物质中复杂的化学链，将其降解为小分子有机物或 CO_2、H_2O 等无机物，有机物的处理则通过酶反应形成游离基，游离基发生化学聚合反应生成高分子化合物沉淀，经过滤即可除去。与其他微生物处理方法相比，酶技术的应用具有催化效率高、反应条件温和、对设备要求低、反应速度快等优点。

传统的物理和化学方法处理废水时，对污染物的去除不够理想，还会造成二次污染。国内外许多学者致力于将生物技术和环境工程技术相结合的新技术体系来解决废水处理问题，酶技术的应用是环境生物技术应用中的重要部分，相比而言，生物酶技术处理废水既环保又降低了重复污染。

由于不同的废水中含有不同的物质，所以对不同的废水应该采用不同的酶来进行处理。若废水中含有淀粉、蛋白质、脂肪等有机物质，可以通过固定化淀粉酶、蛋白酶、脂肪酶等进行处理。

石油化工、塑料、树脂、印染等企业的工业废水中都含有酚和芳香胺等芳香类化合物，含酚废水是我国水污染控制中列为重点的有害废水。过氧化物酶能催化 H_2O_2 氧化酚类、芳香胺类的聚合反应，对这类废水可用过氧化物酶来处理。

含有硝酸盐、亚硝酸盐的废水或地下水，可以用固定化的硝酸还原酶、亚硝酸还原酶和一氧化氮还原酶进行处理，将硝酸根、亚硝酸根逐步还原而最终生成氮气。

3. 酶在可生物降解材料开发方面的应用

随着工业化的不断发展，高分子材料已成为与钢铁、水泥和木材等并重的四大支柱材料之一，虽然许多新材料的生产改善了人类的物质生活，但是因为大多数的高分子材料是生物不可降解或不可完全降解，同时也带来了大量的污染废弃物，加速了环境的恶化。因此可生物降解材料越来越引起人们的关注，并且对人类的生存、健康与发展将起重要作用。近些年来，可生物降解高分子材料的研发已成为高分子领域的热点之一，它具有质量轻、化学稳定性好、价格低廉以及可生物降解等优点，因此应用领域也比较广泛，例如建材业、农业和医学领域等。真正的生物降解高分子是在有水存在的环境下，能被酶或微生物促进水解降解，高分子主链断裂，相对分子质量逐渐变小以致最终成为单体或代谢成 CO_2 和 H_2O。

目前传统开发的可生物降解高分子材料的方法有天然高分子改造法、化学合成法、微生物发酵法等；传统的方法虽然各有特点，但是它们的缺点也是显而易见的。用酶法合成可生物降解高分子材料，实际上得益于非水酶学的发展。酶在有机介质中表现出与其在水溶液中不同的性质，并拥有催化一些特殊反应的能力，从而显现出许多水相中所没有的特点。利用酶在有机介质中的催化作用合成的可生物降解材料主要有利用脂肪酶催化合成聚酯类物质、聚糖类物质；利用蛋白酶或脂肪酶合成多肽类或聚酰胺类物质等。

当前生物材料研究中的一个重要趋势是发展可降解聚合物新的应用。其最广泛的应用是作为药物控制体系的载体材料和体内短期植入物。当用生物降解高分子作为载体的长效药物植入体内，在药物释放完之后也不需要再经手术将其取出，这可以减少用药者的痛苦和麻烦。因此生物降解高分子材料是抗癌、青光眼、心脏病、高血压、止痛、避孕等长期服用药物的理想载体。

（本章内容由薛胜平和胡超编写、徐伟初审、方俊审核）

思考题

1. 你认为制约酶制剂发展的主要瓶颈是什么？

2. 如果你创业研制生产酶制剂，将从哪些方面着手？

3. 你认为酶制剂在生物经济中将如何发挥作用？请举例说明。

4. 食品工业用酶从种类和市场份额上均远多于医药用酶，原因何在？应该从何处着手，改变这种局面？

5. 举例说明酶在轻工、化工业方面的应用。

6. 简述酶传感器的原理及其在环境监测中的应用前景。

参考文献

[1] 奥托迎，张兰草. 家禽日粮中酶制剂使用的现状和展望[J]. 山西农业科学，2013，41(3)：289-293.

[2] 崔先龙. 生物酶在造纸工业上的应用[J]. 湖北造纸，2007，2：31-33.

[3] 陈坚，刘龙，堵国成. 中国酶制剂产业的现状与未来展望[J]. 食品与生物技术学报，2012，32(1)：1-7.

[4] 董科利，马晓建，鲁锋. 酶在环境保护方面的应用[J]. 化学与生物工程，2007，24(2)：63-65.

[5] 方尚玲，李世杰. 生物工程酶在化工中的应用进展[J]. 化学与生物工程，2008，25(3)：5-9.

[6] 范雪荣，王强，王平，等. 可用于纺织工业清洁生产的新型酶制剂[J]. 针织工业，2011，5：29-33.

[7] 郭玉华，李钰金. 食品用酶制剂及其在肉类工业中的应用[J]. 肉类研究，2011，25(6)：41-46.

[8] 郭勇. 酶工程[M]. 2 版. 北京：科学出版社，2004.

[9] 韩莉，陶菡，张义明，等. 酶传感器的应用[J]. 传感器世界，2012，18(4)：9-12.

[10] 李晓燕. 2011 工业生物技术发展报告[M]. 北京：科学出版社，2011.

[11] 刘柏楠，刘立国. 酶制剂在食品工业中的发展及应用[J]. 中国调味品，2011，36(1)：14-16.

[12] 李玉，路福平，王正祥. 功能性低聚糖合成中糖基转移酶研究进展[J]. 食品科学，2013，34(9)：358-363.

[13] 李谦，王友同，吴梧桐. 酶作为治疗药物的应用研究[J]. 生物产业技术，2012，8(1)：10-19.

[14] 孙莉.《中国药典》2010 年版二部生化药品增修订概况[J]. 中国现代药物应用，2011，5(4)：248-250.

[15] 孙梅. 酶在蛋白质类食品生产加工方面的应用[J]. 轻工设计，2010，4(2)：9-11.

[16] 邵凤琴，韩庆祥. 酶工程在污染治理中的应用[J]. 石油化工高等学校学报，2003，16(2)：36-40.

[17] 熊飞. 饲用酶制剂应用现状与前景[J]. 畜牧与饲料科学，2010，31(3)：22-23.

[18] 袁敬伟. 浅析纤维素酶在酒精生产中的应用[J]. 科技创新与应用，2013，7(31)：287.

[19] 尤新. 根据国情发展我国的食糖和甜味剂工业[J]. 中国食品添加剂，2013，14(1)：53-57.

[20] 张伟，詹志春. 饲用酶制剂研究进展与发展趋势[J]. 酶制剂的技术理论与应用，2011，增刊：11-18.

[21] Herbert A Kt，Yeh W K，Milton J Z. Enzyme technologies for pharmaceutical and biotechnological applications [M]. New York：Marcel Dekker Inc.，2001.

附录　中英文名词对照

abzyme	抗体酶
Achromobacter lydicus proteinase	无色杆菌蛋白酶
activator	激活剂，活化剂
active center	活性中心
active energy	活化能
active site	活性部位
adaptive enzyme	适应酶
alcohol dehydrogenase	醇脱氢酶
aldolase	醛缩酶
alkaline phosphatase	碱性磷酸酶
amino acylase	酰化氨基酸水解酶
aminoacyl-tRNA synthetase	氨酰 tRNA 合成酶
α-amylase	α-淀粉酶
β-amylase	β-淀粉酶
antibody	抗体
aspartate ammonia-lyase	天冬氨酸氨裂合酶
aspartate 4-decarboxylase	L-天冬氨酸-4-脱羧酶
carboxyl proteinase	酸性蛋白酶
cellulase	纤维素酶
cholesterol oxidase	胆固醇氧化酶
cholinesterase	胆碱酯酶
chloramphenicol acetyl transferase，CAT	氯霉素乙酰转移酶
cis-trans isomerase	顺反异构酶
constitutive enzyme	组成酶
cyclodextrin glycosyl transferase，CGT	环状糊精葡萄糖苷转移酶
decarboxylase	脱羧酶
deformylase	去甲酰酶
dehydratase	脱水酶
diastase	淀粉酶
DNA cleavage ribozyme	DNA 剪切酶
DNA-polymerase	DNA 聚合酶
double-headed enzyme	双头酶
enzyme	酶
enzyme activity	酶活力

enzyme application	酶的应用
enzyme biosynthesis	酶的生物合成
enzyme catalysis in nonaqueous phase	酶的非水相催化
enzyme classification	酶的分类
enzyme immobilization	酶固定化
enzyme improving	酶的改性
enzyme molecule modification	酶分子修饰
enzyme nomenclature	酶的命名
enzyme production	酶的生产
enzyme production kinetics	产酶动力学
enzyme reactor	酶反应器
epimerase	差向异构酶
error-prone polymerase reaction	易错聚合酶链反应
formyl transferase	甲酰转移酶
fumarate hydratase	延胡索酸水合酶
fumarate reductase	延胡索酸还原酶
β-galactosidase	β-半乳糖苷酶
β-D-galactoside galactohydrolase	β-D-半乳糖苷半乳糖水解酶
glucoamylase	葡糖淀粉酶
glucose isomerase	葡糖异构酶
glucose oxidase	葡糖氧化酶
glucose-phosphate isomerase	葡糖磷酸异构酶
β-D-glucosidase	β-D-葡糖苷酶
β-glucuronidase	β-葡萄糖醛酸苷酶
glutamate pyruvate transaminase，GPT	谷丙转氨酶
glutamate oxaloacetate transaminase，GOT	谷草转氨酶
glutamic acid，Glu	谷氨酸
glutaminase	谷氨酰胺酶
L-2-haloacid dehalogenase	L-2-卤代酸脱卤酶
hesperidinase	橘皮苷酶
holoenzyme	全酶
hydrogenase	氢化酶
hydrolase	水解酶
immobilized enzyme	固定化酶
in cis ribozyme	分子内催化核酸类酶
in trans ribozyme	分子间催化核酸类酶
International Commission of Enzymes	国际酶学委员会
isomerases	异构酶
isozyme	同工酶
lactate dehydrogenase，LDH	乳酸脱氢酶

levansucrase	果聚糖蔗糖酶
ligase	连接酶
ligninase	木质素酶
lignin peroxidase	木质素过氧化物酶
lipase	脂[肪]酶
lyases	裂合酶,裂解酶
lysozyme	溶菌酶
mimic enzyme	模拟酶
multifunction ribozyme	多功能核酸类酶
mutase	变位酶
naringinase	柚苷酶
nattokinase	纳豆激酶
nitrate reductase	硝酸还原酶
nitric-oxide reductase	一氧化氮还原酶
nitrite reductase	亚硝酸还原酶
nonaqueous enzymology	非水酶学
nucleoside phosphorylase	核苷磷酸化酶
oxido-reductases	氧化还原酶
pectinase	果胶酶
pectinesterase	果胶酯酶
PEG-asparaginase	聚乙二醇-天冬酰胺酶
PEG-arginase	聚乙二醇-精氨酸酶
penicillin acylase	青霉素酰基转移酶
peptide cleavage ribozyme	多肽剪切酶
peptidyl transferase	肽基转移酶
plasminogen activator,PA	纤溶酶原激活剂
polygalacturonase	多聚半乳糖醛酸酶
polymerase chain reaction,PCR	聚合酶链反应
polynucleotide phosphorylase,PNP	多核苷酸磷酸化酶
polysaccharide splicing ribozyme	多糖剪接酶
proteinase	蛋白酶
protein disulfide isomerase,PDI	蛋白质二硫键异构酶
protein folding enzyme	蛋白质折叠酶
proteozyme	蛋白类酶
racemase	消旋酶
regulated enzyme	可调节型酶
β-rhamnosidase	β-鼠李糖苷酶
ribozyme	核酸类酶
RNA cleavage ribozyme	RNA 剪切酶
RNase P	核糖核酸酶 P

RNA polymerase	RNA 聚合酶
self-cleavage ribozyme	自我剪切酶
self-splicing ribozyme	自我剪接酶
subtilisin	枯草杆菌蛋白酶
succinate dehydrogenase	琥珀酸脱氢酶
succinate-semialdehyde dehydrogenase	琥珀酸半醛脱氢酶
succinate oxidase	琥珀酸氧化酶
superoxide dismutase,SOD	超氧化物歧化酶
synthase	合酶
synthetase	合成酶
take-diastase	高峰淀粉酶
tannase	单宁酶
Taq DNA polymerase	DNA 聚合酶
telomerase	端粒酶
terminal deoxynucleotidyl transferase	末端脱氧核苷酸转移酶
thermophilic-bacterial proteinase	嗜热菌蛋白酶
thrombin	凝血酶
transcriptase	转录酶
transferases	转移酶
trypsin	胰蛋白酶
trypsinogen	胰蛋白酶原
β-tyrosinase	β-酪氨酸酶
urease	尿素酶
urokinase	UK 尿激酶
urokinase plasminogen activator	尿激酶纤溶酶原激活剂
uropepsin	尿胃蛋白酶
xylanase	木聚糖酶
xylose isomerase	木糖异构酶
yellow enzyme	黄酶

（附录由符晨星编写、胡永红初审、方俊审核）